Britzelmaier
Kompakt-Training
Rechnungswesen

AF716109

Zusätzliche digitale Inhalte für Sie!

Zu diesem Buch stehen Ihnen kostenlos folgende digitale Inhalte zur Verfügung:

@ Online-Buch

Die digitale Version dieses Buches finden Sie mit vielen hilfreichen Verlinkungen zur komfortablen Recherche in mein**kiehl**.

Schalten Sie sich das Buch inklusive Mehrwert direkt frei.

Scannen Sie den QR-Code **oder** rufen Sie die Seite mein**kiehl** auf.
Geben Sie den Freischaltcode ein und folgen Sie dem Anmeldedialog. Fertig!

Ihr Freischaltcode

CDFH-KWMR-XSOO-OZIX-NJWW-VD

Kompakt-Training Praktische Betriebswirtschaft

Begründet von Professor Klaus Olfert

www.kiehl.de

Rechnungswesen

Von
Prof. Dr. Bernd Britzelmaier

3., aktualisierte Auflage

kiehl

Herausgeber:

Prof. Klaus Olfert
76530 Baden-Baden

ISBN 978-3-470-**10163**-7 • 3. Auflage 2023

Kiehl ist eine Marke des NWB Verlags
www.kiehl.de

Satz: Ansichtssachen, Egelsbach
Druck: Stückle Druck und Verlag, Ettenheim

Klimaneutral
Druckprodukt
ClimatePartner.com/16605-2106-1001

Scannen Sie den QR-Code oder besuchen Sie **Climate-Partner.com/16605-2106-1001** und erfahren Sie mehr zu unseren klimaneutralen Druckprodukten.

Kompakt-Training Praktische Betriebswirtschaft

Das Kompakt-Training Praktische Betriebswirtschaft ist aus der Notwendigkeit entstanden, dass Wissen immer häufiger unter erheblichem Zeit- und Erfolgsdruck erworben oder reaktiviert werden muss. Den vielfältigen betriebswirtschaftlichen Faktoren und Zusammenhängen, die aufzunehmen sind, stehen eng begrenzte Zeitbudgets gegenüber.

Die vorliegende Fachbuchreihe ist darauf ausgerichtet, die Leser darin zu unterstützen, rasch und fundiert in die verschiedenen betriebswirtschaftlichen Themenbereiche einzudringen sowie diese aufzufrischen. Sie eignet sich in besonderer Weise für:

- Studierende an (Fach-)Hochschulen, Akademien und Universitäten
- Fortzubildende an öffentlichen und privaten Bildungsinstitutionen
- Fach- und Führungskräfte in Unternehmen und sonstigen Organisationen.

Das Kompakt-Training Praktische Betriebswirtschaft ist auch zum Selbststudium sehr geeignet, nicht zuletzt wegen seiner herausragenden Gestaltungsmerkmale. Jeder einzelne Band der Fachbuchreihe zeichnet sich u. a. aus durch:

- kompakte und praxisbezogene Darstellung
- systematischen und lernfreundlichen Aufbau
- viele einprägsame Beispiele, Tabellen, Abbildungen
- praxisbezogene Übungen mit Lösungen
- MiniLex mit 150 - 200 Stichworten.

Fur Anregungen, die der weiteren Verbesserung dieses Lernkonzeptes dienen, bin ich dankbar.

Prof. Klaus Olfert
Herausgeber

Feedbackhinweis

Kein Produkt ist so gut, dass es nicht noch verbessert werden könnte. Ihre Meinung ist uns wichtig. Was gefällt Ihnen gut? Was können wir in Ihren Augen noch verbessern? Bitte schreiben Sie einfach eine E-Mail an: **feedback@kiehl.de**

Als kleines Dankeschön verlosen wir unter allen Teilnehmern einmal pro Monat ein Buchgeschenk!

Vorwort

Die systematische Erfassung, Überwachung und Auswertung der durch den betrieblichen Leistungsprozess entstehenden Geld- und Leistungsströme ist in allen Branchen und Unternehmen von herausragender Bedeutung. Nur wer „die Zahlen im Griff hat", wird nachhaltig unternehmerisch erfolgreich sein. Die etwas spröde Bezeichnung „Rechnungswesen" als Oberbegriff für die Verarbeitung aller monetären Vorgänge im Unternehmen und in seinen Außenbeziehungen wirkt dabei wenig spannend und motiviert kaum, sich mit dieser Materie auseinanderzusetzen. Eine Zielsetzung dieses Buches ist es daher auch, den sehr trockenen Stoff in ansprechender und praxisrelevanter Form zu vermitteln.

Dieses Buch wendet sich an Studierende aller Hochschularten sowie an Teilnehmer von Weiterbildungsveranstaltungen, die sich mit dem Thema Rechnungswesen auseinandersetzen dürfen oder müssen. Es richtet sich ebenso an Praktiker, die sich einen aktuellen Einblick in die Grundlagen des Rechnungswesens verschaffen möchten.

Der Fokus dieses Buches liegt in der Vermittlung des Gesamtzusammenhanges über alle Teilgebiete des Rechnungswesens hinweg. Es ist so angelegt, dass Leserinnen und Leser – ohne spezielle Vorkenntnisse und mit möglichst geringem Zeitaufwand – einen raschen Überblick gewinnen. Dabei wurde ein integrativer Ansatz gewählt; es werden alle wichtigen Gebiete des Rechnungswesens grundlegend und im Zusammenhang vermittelt.

Dieses Lehrbuch ist bewusst knapp und prägnant gehalten, um einen raschen Lernerfolg zu ermöglichen. Wer als Fach- oder Führungskraft in Unternehmen tätig ist, kommt ohne solide Grundkenntnisse im Rechnungswesen nicht aus. Ich freue mich, mit diesem Buch eine praktische Anleitung zur Lösung alltäglicher Aufgaben im Bereich des Rechnungswesens vorlegen zu können.

Mein besonderer Dank gilt Herrn Prof. Klaus Olfert und Frau Corinna Ziegler für die Aufnahme des Werkes in die Reihe sowie für die sehr angenehme, geduldige und unkomplizierte Unterstützung bei der Entstehung des Buches. Herzlich danke ich auch Herrn Stefan Bantscheff, Student in unserem Masterstudiengang „Controlling, Finance and Accounting", für die konstruktiven Hinweise zur Verbesserung der Lesbarkeit meiner Texte und die Erarbeitung von Musterlösungen sowie Frau Britta Veenaas, Studentin in in unserem Masterstudiengang „Controlling, Finance and Accounting", für die Erarbeitung von Musterlösungen. Ein besonderer Dank gilt meiner Frau Jutta für die Anfertigung vieler Abbildungen und ihre Unterstützung meiner vielfältigen Projekte.

Für Verbesserungsvorschläge der Leserinnen und Leser bin ich stets dankbar.

Prof. Dr. Bernd Britzelmaier
Pforzheim, im Juni 2017

Vorwort zur zweiten Auflage

Die zweite Auflage des Kompakt-Trainings „Rechnungswesen" wurde auf den aktuellen Rechtsstand gebracht. Ferner wurde sie um zusätzliche Themen ergänzt und an manchen Stellen inhaltlich vertieft. Alle Kapitel wurden, wo nötig, überarbeitet.

Ich bedanke mich bei Prof. Klaus Olfert und Frau Annika Fallsehr für die Zweitauflage des Werkes und die damit verbundene sehr gute Betreuung. Ein besonderer Dank gilt meiner Frau Jutta für die Anfertigung zahlreicher Abbildungen und die fortwährende Unterstützung meiner Publikationsaktivitäten. Ferner bedanke ich mich bei allen, die zur Verbesserung des Buches beigetragen haben.

Prof. Dr. Bernd Britzelmaier
Pforzheim, im Juni 2020

Vorwort zur dritten Auflage

Die dritte Auflage des Kompakt-Trainings „Rechnungswesen" wurde überarbeitet und auf den aktuellen Rechtsstand gebracht. Das Kapitel Teilkostenrechnung um zusätzliche Themen erweitert. Ich bedanke mich bei Frau Annika Fallsehr für die dritte Auflage des Werkes und die damit verbundene sehr gute Betreuung. Ein besonderer Dank gilt meiner Frau Jutta für die Anfertigung einiger Abbildungen und die fortwährende Unterstützung meiner Publikationsaktivitäten. Ferner bedanke ich mich bei allen, die zur Verbesserung des Buches beigetragen haben.

Prof. Dr. Bernd Britzelmaier
Pforzheim, im Juli 2023

Benutzungshinweise

Aufgaben/Fälle

Die Aufgaben/Fälle im Übungsteil dienen der Wissens- und Verständniskontrolle. Auf sie wird jeweils im Textteil hingewiesen:

Aufgabe 1 > Seite 297

Der Übungsteil befindet sich im Anschluss an Kapitel F. Es wird empfohlen, die Aufgaben/Fälle unmittelbar nach Bearbeitung der entsprechenden Textstellen zu lösen.

Aus Gründen der Praktikabilität und besseren Lesbarkeit wird darauf verzichtet, jeweils männliche und weibliche Personenbezeichnungen zu verwenden. So können z. B. Mitarbeiter, Arbeitnehmer, Vorgesetzte grundsätzlich sowohl männliche als auch weibliche Personen sein.

Dozentenservice

Als besonderer Service für Dozenten steht zu diesem Titel ein kompletter **Foliensatz als Gratis-Download** in mein**kiehl** zur Verfügung. Lösen Sie hierfür auf „http://www.kiehl.de“ **www.kiehl.de** den Freischaltcode für das Online-Buch ein. Nutzen Sie dazu einfach Ihr bestehendes Benutzerkonto oder registrieren Sie sich neu und lassen Sie sich als Dozent/in von unserem Dozentenservice freischalten. Das Dozentenmaterial ist auf der Startseite des Online-Buches über den Button „Dozentenmaterial“ abrufbar.

Zur Reihe: Kompakt-Training Praktische Betriebswirtschaft 5
Vorwort 7
Vorwort zur zweiten Auflage 9
Vorwort zur dritten Auflage 9
Benutzungshinweise 10
Abkürzungsverzeichnis 17

A. Grundlagen des Rechnungswesens 19

1. Rechnungswesen aus historischer Sicht: ein kurzer Abriss 19
2. Aufgaben und Teilgebiete des Rechnungswesens 21
2.1 Aufgaben des Rechnungswesens 21
2.2 Teilgebiete des Rechnungswesens 22
2.3 Internes und externes Rechnungswesen 25
2.4 System des Rechnungswesens 27
3. Grundbegriffe des Rechnungswesens 30

B. Grundlagen der Buchführung 35

1. Gesetzliche Grundlagen 35
2. Inventar und Inventur 38
3. Bilanz und Gewinn- und Verlustrechnung 40
3.1 Bilanz 40
3.2 Gewinn- und Verlustrechnung 46
4. Konto, Kontenrahmen und Kontenpläne 50
4.1 Konto 50
4.2 Kontenrahmen und Kontenpläne 50
5. Buchungstechnik 54
5.1 Buchungen auf aktiven Bestandskonten 54
5.2 Buchungen auf passiven Bestandskonten 55
6. Erfolgsneutrale Buchungen 57
7. Erfolgswirksame Buchungen 58
7.1 Gewinnwirksame Buchungen 58
7.2 Ertragsbuchungen 59
7.3 Aufwandsbuchungen 60
8. Verbuchung wichtiger Geschäftsvorfälle 61
8.1 Umsatzsteuerbuchungen 61
8.2 Lohn- und Gehaltsbuchungen 64

8.3 Buchung von planmäßigen Abschreibungen 68
8.4 Buchung des Warenverkehrs 71
8.5 Buchung der Bestandsveränderungen an unfertigen Erzeugnissen und Fertigerzeugnissen 73
8.6 Verbuchung von Preisnachlässen 74
8.7 Privatentnahmen und Privateinlagen 79
8.8 Eröffnungs- und Abschlussbuchungen 81

C. Grundlagen der Bilanzierung (Einzelabschluss) 86

1. Gesetzliche Grundlagen 87
1.1 Handelsrechtliche Vorschriften 87
1.2 Steuerrechtliche Vorschriften 89
1.3 Einzel- und Konzernabschluss 90
2. Grundsätze ordnungsgemäßer Buchführung und Bilanzierung 91
2.1 Systematik 91
2.2 Allgemeine Grundsätze ordnungsgemäßer Buchführung 92
2.3 Spezielle Grundsätze ordnungsgemäßer Buchführung 94
3. Ansatz, Ausweis und Bewertung 95
3.1 Grundlagen 95
3.2 Ansatzwahlrechte und -verbote 96
3.3 Ausweis und Bewertung 97
4. Grundlegende Bewertungsmaßstäbe 98
4.1 Bewertung von Vermögensgegenständen 98
4.2 Anschaffungskosten 98
4.3 Herstellungskosten 99
4.4 Festwert, Gruppenbewertung, Verbrauchsfolgeverfahren 102
4.5 Bewertung von Verbindlichkeiten und Rückstellungen 103
5. Anlagevermögen 104
5.1 Definition 104
5.2 Bestandteile 105
5.3 Aktivierungswahlrecht nach § 248 Abs. 2 HGB 105
5.4 Geschäfts- oder Firmenwert 106
5.5 Sach- oder Finanzanlagen 108
5.6 Folgebewertung 108
6. Umlaufvermögen 111
6.1 Bestandteile 111
6.2 Bewertung 111

7. Eigenkapital 114
7.1 Definition und Komponenten 114
7.2 Kapitalrücklagen 116
7.3 Gewinnrücklagen 118
7.4 Vorträge, Jahresüberschuss, Bilanzgewinn 119
8. Verbindlichkeiten 120
8.1 Passivierungsfähigkeit 120
8.2 Arten von Verbindlichkeiten 121
9. Rückstellungen 124
9.1 Definition 124
9.2 Ansatz 125
9.3 Ausweis 128
9.4 Auflösung von Rückstellungen 128
10. Rechnungsabgrenzungsposten 129
11. Latente Steuern 131
12. Weitere Posten 134
13. Gewinn- und Verlustrechnung 135
14. Anhang 139
15. Lagebericht 143

D. Grundzüge der Konzernrechnungslegung 145

1. Aufgaben des Konzernabschlusses 145
1.1 Kennzeichen eines Konzerns 145
1.2 Einheitstheorie 149
1.3 Aufgaben des Konzernabschlusses 150
2. Rechtlicher Rahmen 151
2.1 Pflicht zur Aufstellung 151
2.2 Einheitliche Leitung und Control-Konzept 152
2.3 Konsolidierungsarten 154
2.4 Kapitalmarktorientierte Konzerne 155
3. Vollkonsolidierung 157
3.1 Voraussetzungen und Grundsätze 157
3.2 Arbeitsschritte 158
3.3 Passiver Unterschiedsbetrag 164
4. Equity-Methode 165
5. Eigenkapitalveränderungsrechnung 167
6. Kapitalflussrechnung 168
7. Konzernanhang und Konzernlagebericht 177
8. Wesentliche Unterschiede zwischen HGB und IFRS 178

E. Grundlagen der Vollkostenrechnung 185

1. Ziele und Aufgaben der Kostenrechnung 185
1.1 Zwecke der Kostenrechnung 185
1.2 Aufgaben der Kostenrechnung 186
1.3 Istkosten, Normalkosten, Plankosten 189
1.4 Vollkosten- und Teilkostenrechnung 190
1.5 Teilgebiete der Kostenrechnung 191
2. Kostenartenrechnung 193
2.1 Sachliche und zeitliche Abgrenzung 193
2.2 Systematisierung der Kostenarten 195
2.3 Wichtige Kostenarten 197
2.3.1 Materialkosten 197
2.3.2 Personalkosten 199
2.3.3 Weitere wichtige Kostenarten 200
2.3.4 Kalkulatorische Kosten 200
2.3.4.1 Kalkulatorische Abschreibungen 201
2.3.4.2 Kalkulatorische Zinsen 207
2.3.4.3 Kalkulatorische Wagnisse 212
3. Kostenstellenrechnung 213
3.1 Aufgaben der Kostenstellenrechnung 213
3.2 Bildung und Gliederung der Kostenstellen 214
3.3 Durchführung der Kostenstellenrechnung 216
3.4 Verfahren der innerbetrieblichen Leistungsverrechnung 217
3.4.1 Block-/Anbauverfahren 218
3.4.2 Treppen-/Stufenleiterverfahren 219
3.4.3 Gleichungsverfahren 221
3.4.4 Leistungsverrechnung mit Verrechnungspreisen 223
3.5 Verrechnung der Endkostenstellen 224
4. Kostenträgerzeitrechnung 225
4.1 Betriebliche Leistungen (Kostenträger) 225
4.2 Aufgaben und Ausprägungen der Kostenträgerrechnung 226
4.3 Gesamt- und Umsatzkostenverfahren 227
5. Kostenträgerstückrechnung 237
5.1 Vor-, Zwischen- und Nachkalkulation 237
5.2 Kalkulationsverfahren 237
5.3 Ein- und mehrstufige Divisionskalkulation 238
5.4 Kalkulation in der Mehrproduktfertigung 239
5.4.1 Äquivalenzziffernkalkulation 240
5.4.2 Zuschlagskalkulation 241

5.4.2.1 Summarische und differenzierende Zuschlagskalkulation 241
5.4.2.2 Maschinenstundensatzrechnung 244
5.4.2.3 Prozesskostenrechnung 246
5.4.3 Kuppelproduktkalkulation 251

F. Grundlagen der Teilkostenrechnung 253

1. Mängel der Vollkostenrechnung 253
2. Aufteilung der Kosten in fixe und variable Anteile 255
2.1 Buchtechnische Methode 255
2.2 Minimax-Verfahren 256
2.3 Lineare Regression 257
3. Betriebsabrechnung im System der Teilkostenrechnung 259
4. Ergebnisrechnung im System der Teilkostenrechnung 263
4.1 Einstufige Deckungsbeitragsrechnung 263
4.2 Mehrstufige Deckungsbeitragsrechnung 264
5. Break-even-Analyse 267
5.1 Break-even-Analysen im Einproduktunternehmen 267
5.2 Break-even-Analysen im Mehrproduktunternehmen 269
6. Engpassbezogene Programmplanung 272
7. Bestimmung von Preisuntergrenzen 274
8. Make-or-Buy-Entscheidungen 277
8.1 Anwendungsgebiete und Entscheidungssituationen 277
8.2 Kurzfristige Entscheidungen ohne Kapazitätsengpass 279
8.3 Kurzfristige Entscheidungen mit Kapazitätsengpass 280
9. Abweichungsanalysen 282
9.1 Grundlagen 282
9.2 Analyse von Erlös- und Deckungsbeitragsabweichungen 285
9.3 Abweichungsanalysen im Bereich der Einzelkosten 289
9.4 Abweichungsanalysen im Bereich der Gemeinkosten 290

Übungsteil (Aufgaben und Fälle) 297

Lösungen 333

MiniLex 375

Literaturverzeichnis 389

Anhang 397

Stichwortverzeichnis 405

AO	Abgabenordnung
AV	Anlagevermögen
BAB	Betriebsabrechnungsbogen
BDI	Bundesverband der Deutschen Industrie
BGA	Betriebs- und Geschäftsausstattung
DB	Deckungsbeitrag
EBK	Eröffnungsbilanzkonto
ERP	Enterprise Resource Planning
EstG	Einkommensteuergesetz
FE	Fertigerzeugnisse
FIFO	first in – first out
GK	Gemeinkosten
GKR	Gemeinschaftskontenrahmen der Industrie
GKV	Gesamtkostenverfahren
GoB	Grundsätze ordnungsmäßiger Buchführung
GuV	Gewinn- und Verlustrechnung
HGB	Handelsgesetzbuch
HIFO	highest in – first out
HK	Herstellkosten
HKA	Herstellkosten des Absatzes
HKP	Herstellkosten der Produktion
IAS	International Accounting Standards
IFRS	International Financial Reporting Standards
IKR	Industriekontenrahmen
KLR	Kosten- und Leistungsrechnung
LIFO	last in – last out
LOFO	lowest in – first out
L. u. L.	Lieferungen und Leistungen
MwSt	Mehrwertsteuer
p. a.	per annum (pro Jahr)
RAP	Rechnungsabgrenzungsposten
SBK	Schlussbilanzkonto
SEK	Sondereinzelkosten
UE	Unfertige Erzeugnisse
UKV	Umsatzkostenverfahren
USt	Umsatzsteuer
UStG	Umsatzsteuergesetz
UV	Umlaufvermögen
WACC	Weighted Average Cost of Capital
VGV	Verwaltungs- und Vertriebsgemeinkosten

A. Grundlagen des Rechnungswesens

Nach Studium dieses Kapitels ...

- *haben Sie einen Einblick in die Entstehungsgeschichte des Rechnungswesens*
- *kennen Sie die Gründe für die Entstehung des Rechnungswesens*
- *haben Sie einen Überblick über die Zwecke und Aufgaben des Rechnungswesens*
- *kennen Sie die Teilgebiete des Rechnungswesens und können diese unterscheiden*
- *können Sie mit wichtigen Grundbegriffen des Rechnungswesens arbeiten.*

Im Rahmen dieses einführenden Grundlagenkapitels sollen behandelt werden:

Grundlagen des Rechnungswesens	Rechnungswesen aus historischer Sicht: ein kurzer Abriss
	Aufgaben und Teilgebiete des Rechnungswesens
	Grundbegriffe des Rechnungswesens

1. Rechnungswesen aus historischer Sicht: ein kurzer Abriss

Der Wunsch, die mengenmäßigen Vorgänge im Kontext der verschiedenartigen Unternehmen (Handel, verarbeitendes Gewerbe etc.) wertmäßig abbilden zu wollen, besteht spätestens seit der Verwendung von Primitivgeld wie Muscheln oder Reis. So finden sich in **Mesopotamien** die ersten rudimentären Systeme zur Buchführung. Auch bei den Ägyptern, Indern, Chinesen, Griechen und Römern wurden Systeme zur Verbuchung von Warenein- und Warenausgängen, zur Dokumentation von Einnahmen und Ausgaben und zur Steuerschätzung eingesetzt.

Aus der Rechnungsführung der Klöster und Kirchen entwickelten **Mönche** ab dem 8. Jahrhundert allmählich Buchhaltungssysteme heutiger Prägung. Für das Stammesherzogtum **Bayern** ist geschichtlich gesichert, dass im 8. Jahrhundert Besitz- und Einnahmenkontrolle über Traditionsbücher (Sammlung von Besitztiteln) bzw. Urbare (Aufstellungen über an den Landesherrn zu leistende Abgaben) Verwendung fanden. Die Ausgabenseite war dem Landesherrn vorbehalten; sie unterlag keiner Kontrolle *(Igelspacher)*.

Ein Mönch war es dann auch, der die erste bedeutende Abhandlung über die Buchhaltung 1494 veröffentlichte. ***Luca Pacioli*** beschrieb in seinem Buch *„Summa de Arithmetica, Geometria, Proportioni et Proportionalità“* neben mathematischen Ausführungen die erste geschlossene Darstellung der doppelten Buchführung nach der „Venezianischen Methode“, wie sie zu dieser Zeit in Venedig, Genua und Mailand gebräuchlich war. Als Erfinder der Buchhaltung gilt jedoch nicht *Luca Pacioli*, sondern ***Benedetto Cotrugli***, ein Händler aus Ragusa. *Paciolis* Buch stellte aus damaliger Sicht wohl ein „internationales Standardwerk der Buchhaltung“ dar; es wurde in viele Sprachen übersetzt und leistete einen wichtigen Beitrag zur Verbreitung der Buchhaltung.

Zu *Paciolis* Zeit absolvierten junge deutsche Kaufleute häufig ihre Ausbildung in Handelsschulen des heutigen Norditaliens. Es war die Zeit der Fugger, einer durch den Baumwollhandel reich gewordenen Augsburger Familie, die durch ihren Handel, ihre Bergwerke und vor allem durch ihre Bankgeschäfte zu einem europaweit agierenden Konzern aufstieg. ***Jakob Fugger***, genannt „der Reiche“, hatte seine Ausbildung ebenfalls in Venedig absolviert und war dort wohl auch mit der venezianischen Buchführung in Kontakt gekommen. *Jakob Fugger* beeinflusste maßgeblich die europäische Politik seiner Zeit, indem er u. a. Königshäuser finanzierte. Auch der spätere „Hauptbuchhalter“ des „Fugger-Konzerns“, ***Matthäus Schwarz***, erwarb seine Buchhaltungskenntnisse in Italien. Er schrieb 1518 mit dem Werk *„Musterbuchhaltung“* ein kaufmännisches Lehrbuch *(Weitnauer)*.

In **Preußen** wurde 1794 die gesetzliche Bilanzierungspflicht eingeführt. Das Preußische Allgemeine Landrecht von 1794 bestimmte: *„Ein Kaufmann, welcher entweder gar keine ordentliche Bücher führt, oder die Balance seines Vermögens, wenigstens alljährlich einmal zu ziehen unterlässt, und sich dadurch in Ungewissheit über die Lage seiner Umstände erhält, wird bey ausbrechendem Zahlungsunvermögen als fahrlässiger Bankerutirer (Bankrotteur) bestraft.“*

Auch ***Johann Wolfgang von Goethe*** lobpreiste in seinem Roman *„Wilhelm Meisters Lehrjahre“* die Buchhaltung: *„Welche Vorteile gewährt die doppelte Buchhaltung dem Kaufmanne! Es ist eine der schönsten Erfindungen des menschlichen Geistes, und ein jeder Haushalter sollte sie in seiner Wirtschaft einführen.“*

1898 wurde in Deutschland das **Handelsgesetzbuch** in Kraft gesetzt, das umfassende Bestimmungen zu Buchführung und Bilanzierung enthält.

Bedingt durch Internationalisierung und Globalisierung hat die Vergleichbarkeit von Finanzinformationen an Bedeutung gewonnen. Neben nationalen Rechnungslegungsstandards wie dem HGB in Deutschland werden Normen wie die **International Financial Reporting Standards (IFRS)** immer wichtiger.

Neben dem Bestreben, die finanzwirtschaftlichen Beziehungen mit der Außenwelt in Buchführung und Bilanzierung abzubilden, entwickelte sich rasch auch der Wunsch nach einer Abbildung der leistungswirtschaftlichen Prozesse im Unternehmen selbst. Bereits im 15. Jahrhundert finden sich in **Frankreich** und **England** Organisationseinheiten (Stellen), die sich mit dem Führen der **„contre-rôle“** als „Gegenrolle“ bzw. mit der Überprüfung der Aufzeichnungen über den Geld- und Güterverkehr befassten *(Jung)*. Die ersten Controller-Stellen in **US-amerikanischen Unternehmen** wurden wohl 1880 bei der „Atchison, Topeka & Santa Fe Railway System“ *(Jung)*, bei weiteren Eisenbahngesellschaften *(Peemöller)* sowie bei der „General Electric Company“ 1892 *(Joos)* eingerichtet. Vor allem in Deutschland fand eine intensive wissenschaftliche Auseinandersetzung mit Kostenrechnungsthemen statt; Autoren wie *Schmalenbach*, *Kilger* oder *Riebel* haben wesentlich zur Verbreitung der Kostenrechnung im deutschsprachigen Raum beigetragen.

Von der Kostenrechnung kommend fand in den 1970er-Jahren zur Unterstützung des Managements der Controlling-Gedanke Eingang in die deutsche Unternehmenswelt. *Albrecht Deyhle* gründete 1971 seine **„Controller-Akademie“** und trug damit stark zur Verbreitung des Controllings in Deutschland bei. Er prägt die Controlling-Community Deutschlands seit Jahrzehnten und schuf 1975 mit dem Controller-Verein e. V. die wichtigste Interessenvertretung der Controller in Deutschland. Mittlerweile heißt die Organisation **„Internationaler Controller Verein e. V.“** und umfasst über 6.000 Mitglieder weltweit.

Die **Hochschulen** zeigten sich gegenüber Controllern zunächst abweisend. Erst ab Mitte der 1970er-Jahre setzten sich verstärkt deutsche Wissenschaftler mit dem Thema „Controlling“ auseinander, allerdings weniger praxisorientiert, sondern eher theoretisch *(Barth/Barth)*. Als Hochschulpioniere in Sachen Controlling können *Peter Horváth* und *Elmar Mayer* betrachtet werden. *Horváth* baute ab 1973 den ersten Lehrstuhl für Controlling an der TU Darmstadt auf. *Mayer* gründete 1971 an der FH Köln die „Arbeitsgemeinschaft Wirtschaftswissenschaft und Wirtschaftspraxis im Controlling und Rechnungswesen der FH Köln im Fachbereich Wirtschaft“ und wirkte dort als Professor für Controlling und Rechnungswesen.

Mittlerweile ist das Rechnungswesen mit beiden Ausrichtungen (finanzwirtschaftliche Außenbeziehungen und Abbildung der leistungswirtschaftlichen Prozesse im Unternehmen) fest in den Unternehmen verankert.

2. Aufgaben und Teilgebiete des Rechnungswesens

2.1 Aufgaben des Rechnungswesens

Im betrieblichen Rechnungswesen werden die finanzwirtschaftlichen Beziehungen mit der Außenwelt **(externes Rechnungswesen)** und die leistungswirtschaftlichen Prozesse im Unternehmen **(internes Rechnungswesen)** abgebildet. Nach Abbildung und Erfassung der Daten des Rechnungswesens werden diese aufbereitet und ausgewertet. Als wesentliche Aufgaben des betrieblichen Rechnungswesens können dabei Dokumentation, Rechnungslegungs- und Informationsaufgabe, Kontrollfunktion und Disposition genannt werden *(Wöltje)*:

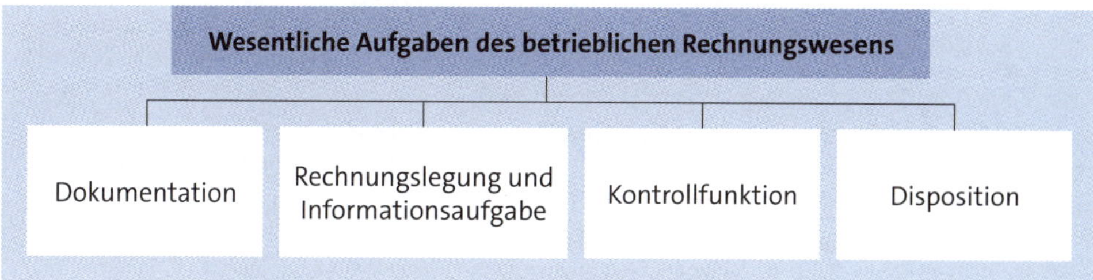

Diese Aufgaben sollen anhand von Beispielen erläutert werden. Geschäftsvorfälle werden in Form von Buchungen **dokumentiert**; beispielsweise mindert der Zahlungseingang einer Kundenforderung den Forderungsbestand und erhöht das Geldvermögen (Näheres vgl. » Kapitel B. Buchführung).

Die **Rechnungslegung** beinhaltet die Aufstellung und Bewertung von Vermögen und Schulden eines Unternehmens sowie die Ermittlung von Gewinn oder Verlust derselben (Näheres vgl. » Kapitel C. Einzelabschluss und » Kapitel D. Konzernabschluss). Über beides werden die betreffenden Anspruchsgruppen wie Eigentümer, Mitarbeiter oder Staat **informiert**.

Kontrolle kann z. B. als Wirtschaftlichkeitskontrolle in den einzelnen Abteilungen eines Unternehmens verstanden werden.

Unter **Disposition** wird die Zuteilung und Überwachung von Diensten und Waren verstanden; sie erfolgt häufig auf Basis von Rechnungswesen-Informationen.

2.2 Teilgebiete des Rechnungswesens

Das betriebliche Rechnungswesen kann in die in der folgenden Abbildung aufgeführten **Bereiche** gegliedert werden *(Meyer)*:

Bereich	Gebiet	Segment
Finanzbuchhaltung	Inventar	Inventur
	Jahresabschluss	Bilanz
		Gewinn- und Verlustrechnung
		Anhang
	Nebenbuchhaltung	Anlagenbuchhaltung
		Materialbuchhaltung
		Lohnbuchhaltung
Betriebsbuchhaltung (= Kostenrechnung)	Betriebsabrechnung	Kostenartenrechnung
		Kostenstellenrechnung
		Kostenträgerzeitrechnung
		Kurzfristige Erfolgsrechnung
	Selbstkostenrechnung	Kostenträgerstückrechnung (= Kalkulation)
Statistik und Vergleichsrechnung	Statistik	Beschreibende Statistik
		Erklärende Statistik
	Vergleichsrechnung	Zeitvergleich
		Soll-Ist-Vergleich
		Verfahrensvergleich
		Zwischenbetrieblicher Vergleich

Bereich	Gebiet	Segment
Planungsrechnung	Einzelplanung	Absatz-, Produktions-, Beschaffungs-, Finanzplan u. a.
	Gesamtplanung	Integriertes System aller Teilpläne

In der **Finanzbuchhaltung** oder **Geschäftsbuchhaltung** werden die Geschäftsvorfälle des Unternehmens buchhalterisch erfasst. Geschäftsvorfälle sind z. B. der Kauf von Materialien, die Überweisung der Löhne und Gehälter, Bezahlung von Lieferanten oder die Rechnungsstellung an Kunden. Hierbei sind **handels- und steuerrechtliche Vorschriften** zu beachten, vgl. >> Kapitel B.

Zum Ende jedes Geschäftsjahrs ist ein **Inventar** zu erstellen, in dem alle Vermögensgegenstände und Schulden des Unternehmens verzeichnet und bewertet sind. Der Vorgang der Aufnahme der Vermögensgegenstände und Schulden wird als **Inventur** bezeichnet. Aus den Buchhaltungsdaten, die gegebenenfalls auf Inventurwerte anzupassen sind, werden Bilanz und Gewinn- und Verlustrechnung erzeugt, die im Jahresabschluss um den Anhang ergänzt werden. In der **Bilanz** werden Vermögen (Aktiva) und Schulden (Passiva) zum Bilanzstichtag in Kontenform gegenübergestellt; in der **Gewinn- und Verlustrechnung** ergibt sich aus der Differenz von Erträgen und Aufwänden der Gewinn des betreffenden Zeitraums, vgl. >> Kapitel B.8 und >> Kapitel C.

Kleine Gewerbetreibende und freie Berufe stellen keine Bilanz auf; an die Stelle der Gewinn- und Verlustrechnung tritt bei ihnen die Einnahmenüberschussrechnung. In der Praxis spielen in der täglichen Arbeit die **Debitoren- und Kreditorenbuchhaltung** eine herausragende Rolle. In der Debitorenbuchhaltung werden Kundenrechnungen und Zahlungen sowie das Mahnwesen bearbeitet; in der Kreditorenbuchhaltung die Verbindlichkeiten aus Lieferungen und Leistungen.

Die **Betriebsbuchhaltung** oder **Kostenrechnung** gliedert sich in die **Kostenarten-, Kostenstellen- und Kostenträgerrechnung**. Die Kostenartenrechnung zeigt, welche Kosten angefallen sind (z. B. Personalkosten, Materialkosten). Die Kostenstellenrechnung ordnet die Kosten den Orten ihrer Entstehung zu (z. B. Kantine, Fertigung, Vertrieb). Sie klärt die Frage, wo die Kosten entstanden sind. Die Kostenträgerstückrechnung beantwortet die Frage, wofür die Kosten entstanden sind. Sie rechnet die angefallenen Kosten Kalkulationsobjekten, i. d. R. Produkten, zu. Dies kann zeitraumbezogen als Kostenträgerzeitrechnung zur Bestimmung des Periodenerfolgs von Produkten und Unternehmen (z. B. Gewinn des Produkts A im Dezember 2023) erfolgen oder stückbezogen als Produktkalkulation (z. B. Kosten für eine Einheit von Produkt A), siehe auch >> Kapitel E.

Die **Nebenbuchhaltungen** in Form von Anlagen-, Material- und Lohnbuchhaltung werden von Finanz- und Betriebsbuchhaltung gleichermaßen benötigt. So werden z. B. Anlagenzu- und -abgänge verbucht, Abschreibungen und Zinsen auf Kostenstellenebene ermittelt, Materialverbräuche dokumentiert und in der Produktkalkulation verarbeitet, Sozialabgaben für Löhne ermittelt, Lohnzahlungen veranlasst und Lohnkosten Kostenstellen zugerechnet.

In der **Statistik** werden Daten der Finanz- und Betriebsbuchhaltung, aber auch andere Informationen verarbeitet und zu Vergleichszwecken verwendet (z. B. Höhe des Anteils der Materialkosten an den Gesamtkosten im Vergleich zum Vormonat).

Die **Planungsrechnung** liefert die operative Planung für das gesamte Unternehmen (z. B. Absatzplanung, Produktionsplanung, Finanzplanung). Dadurch soll sichergestellt werden, dass Ziele mess- und kontrollierbar sind. So können z. B. jeden Monat die geplanten Umsätze mit den tatsächlichen Umsätzen verglichen und bei Plan-Ist-Abweichungen frühzeitig Maßnahmen wie zusätzliche Werbung eingeleitet werden.

Die Finanzbuchhaltung bildet das Fundament des **externen Rechnungswesens**, während das **interne Rechnungswesen** auf der Kostenrechnung aufbaut. Kostenrechnung und Finanzbuchhaltung können dabei wie folgt voneinander abgegrenzt werden *(Jórasz):*

Kosten- (und Leistungs-)rechnung	**Finanzbuchhaltung**
Interne Informationsempfänger	Externe Informationsempfänger
Teilrechnung (betriebstypischer Leistungserstellungsprozess)	Gesamtrechnung (Unternehmen – Umwelt – unternehmensinterne Vorgänge)
Grundsätzlich keine Vorschriften (Ausnahme: öffentliche Aufträge)	Vielfältige Vorschriften (HGB, EStR, AktG, GmbHG, PublG usw.)
Zweckorientierte Bewertung (Prinzip der substanziellen Kapitalerhaltung)	Anschaffungswertprinzip (Prinzip der nominellen Kapitalerhaltung)
Kurze Abrechnungsperioden	Abschluss am Ende des Geschäftsjahres
Ergebnis = Differenz von Kosten und Leistungen	Ergebnis = Differenz von Aufwand und Ertrag
Abbildung des tatsächlichen Geschehens	Steuerliche Aspekte stehen im Vordergrund
Kalkulatorische Rechnung (enthält auch Rechengrößen, die nicht zu Zahlungen führen)	Pagatorische Rechnung (auf tatsächlichen Zahlungen basierend)

2.3 Internes und externes Rechnungswesen

Eine Zuordnung der **Instrumente zu externem und internem Rechnungswesen** liefert die folgende Abbildung:

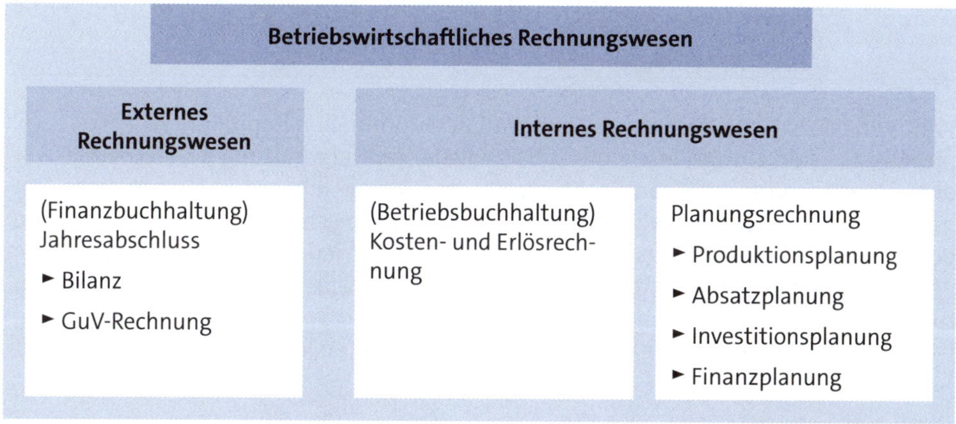

Traditionelle Einteilung des betriebswirtschaftlichen Rechnungswesens *(Wöhe/Döring/Brösel)*

Internes und externes Rechnungswesen weisen demnach **unterschiedliche Schwerpunkte** auf *(Friedl/Hofmann/Pedell)*:

	Internes Rechnungswesen	Externes Rechnungswesen
Adressaten der Informationen	Unternehmensangehörige (Vorstand, Geschäftsleitung, Bereichs- und Abteilungsleiter, Sachbearbeiter)	Unternehmensexterne (Aktionäre, Gläubiger, Finanzanalysten, Banken, Lieferanten, Gewerkschaften, Kunden, Fiskus, Öffentlichkeit)
Rechnungszweck	Informationen für Planung, Steuerung und Kontrolle sowie zur Entscheidungsfindung	Darstellung der Vermögens-, Finanz- und Ertragslage; Ausschüttungs- und Steuerbemessung
Vorgaben für die Ausgestaltung der Rechnung	Kaum Vorgaben; Ausgestaltung, sodass die Rechnungszwecke bestmöglich erreicht werden	Ausgestaltung entsprechend den Vorgaben z. B. des Handelsgesetzbuches (§§ 238 ff. HGB), der International Financial Reporting Standards (IFRS) und des Steuerrechts (Einkommensteuergesetz, Abgabenordnung)
Abbildungsgegenstand	Disaggregierte Rechnung für Teile des Unternehmens wie Geschäftsbereiche oder Abteilungen, geografische Regionen, Produktgruppen oder einzelne Produkte sowie Kundengruppen oder einzelne Kunden	Aggregierte Rechnung für Segmente und das Gesamtunternehmen

	Internes Rechnungswesen	Externes Rechnungswesen
Zeitlicher Rhythmus	Variabel (Tages-, Wochen-, Monats- oder Jahresberichte)	Fest (Jahres-, Halbjahres- und Quartalsberichte)
Zeitlicher Fokus	Zukunfts- und vergangenheitsorientiert (Plan- und Istrechnung)	Vergangenheitsorientiert (Istrechnung)

Während das externe Rechnungswesen auf den **nominellen Kapitalerhalt** abstellt, soll im internen Rechnungswesen die **substanzielle Kapitalerhaltung** sichergestellt werden. So werden im externen Rechnungswesen – vorgegeben durch gesetzliche Normen – bei gekauften Vermögensgegenständen die Anschaffungskosten abgeschrieben, im internen Rechnungswesen kommen häufig Wiederbeschaffungskosten zum Ansatz. Schreibt man im externen Rechnungswesen z. B. ein Fahrzeug mit Anschaffungskosten von 40.000 € über seine Nutzungsdauer ab, so wird man aus den verdienten Abschreibungen kein gleichwertiges Fahrzeug kaufen können.

Aufgabe 1 > Seite 297

In deutschen Unternehmen finden sich im Rechnungswesen und seinem Umfeld die **Aufgabenfelder** Controlling, Interne Revision, Treasury/Finanzen und Buchhaltung/Externes Rechnungswesen. Diese Aufgabenfelder werden in der Praxis nicht zwingend als eigene Bereiche oder Abteilungen geführt, sie können auch in Organisationseinheiten zusammengefasst werden. In vielen Unternehmen bilden z. B. Treasury/Finanzen und Buchhaltung/Externes Rechnungswesen eine organisatorische Einheit.

Die folgende Tabelle grenzt diese vier Aufgabenbereiche voneinander ab (vgl. dazu z. B. *Preißner, Jung, Preißler*):

Kategorie	Buchführung/ Externes Rechnungswesen	Treasury/ Finanzen	Controlling	Interne Revision
Zeitbezug	Vergangenheitsbewältigung auf Basis gesetzlicher Vorschriften (z. B. Jahresabschluss nach HGB)	Gegenwarts- und zukunftsorientiert	Zukunftsorientiert	Vergangenheitsorientiert
Aufgaben	Dokumentation und Berichterstattung nach gesetzlichen Vorschriften	Sicherstellung der Zahlungsbereitschaft, Cash- und Kreditmanagement	Unterstützung des Managements bei Planung, Steuerung, Kontrolle; Informationsversorgung	Überprüfung und Kontrolle, z. B. Ordnungsmäßigkeit der Buchführung, Geschäftsprozesse

Kategorie	Buchführung/ Externes Rechnungswesen	Treasury/ Finanzen	Controlling	Interne Revision
Fallweise/dauernder Anfall	Dauerhafter Aufgabenkomplex	Dauerhafter Aufgabenkomplex	Dauerhafter Aufgabenkomplex	Sporadische und wechselnde Aufgabenkomplexe
Ausrichtung	An Rechtsnormen ausgerichtet	An Finanz- und Liquiditätszielen ausgerichtet	An Unternehmenszielen ausgerichtet	An Einhaltung von Rechts- und Unternehmensnormen ausgerichtet
Rolle	Erbsenzähler	Schatzmeister	Lotse	Kontrolleur
Bezug zur Unternehmensumwelt	Sehr starke externe Beziehungen	Sehr starke externe Beziehungen	Kaum externe Beziehungen	Interne und externe Beziehungen

Zwischen den Aufgabenfeldern gibt es Berührungspunkte und Überschneidungen. So bestehen Zusammenhänge zwischen externem und internem Rechnungswesen z. B. in Form der Überleitung von Buchführung zu Kostenartenrechnung oder bei der Bewertung von Fertigerzeugnissen. Aufgabenüberschneidungen existieren z. B. zwischen Treasury und Controlling bei der Erstellung von Finanzplänen, die aus der operativen Unternehmensplanung abgeleitet werden.

2.4 System des Rechnungswesens

Heute wird daher über eine **Harmonisierung von externem und internem Rechnungswesen** diskutiert. Ein gangbarer Weg dazu dürfte die Nutzung einer gemeinsamen Datenbasis darstellen, auf der kontextspezifische Regeln und Auswertungen zu entscheidungsorientierten Sichten führen.

Schmalenbach hat den Gedanken einer **„zweckneutralen Grundrechnung“** lange vor der Einführung von Datenbanken vorgeschlagen *(Schmalenbach, Schmalenbach/Bauer)*. Seine Grundrechnung stellt die Daten bereit, ohne sie bereits in irgendeiner Form zwangsläufig zuzurechnen. Die Verrechnung erfolgt bei ihm in sogenannten Sonderrechnungen. Die Grundrechnung bildet damit die zweckneutrale gemeinsame Basis für eine Vielzahl von Sonderrechnungen. Heute lässt sich dieser Ansatz über ein integriertes ERP-System oder Data-Warehousing-Ansätze realisieren. Aktuell folgt z. B. der SAP HANA-Ansatz dieser Logik. Basierend auf einer zentralen Belegerfassung lassen sich verschiedene Sichten (Views) erzeugen.

Das System des Rechnungswesens lässt sich dann wie folgt darstellen (*Britzelmaier* in Anlehnung an *Ortner*):

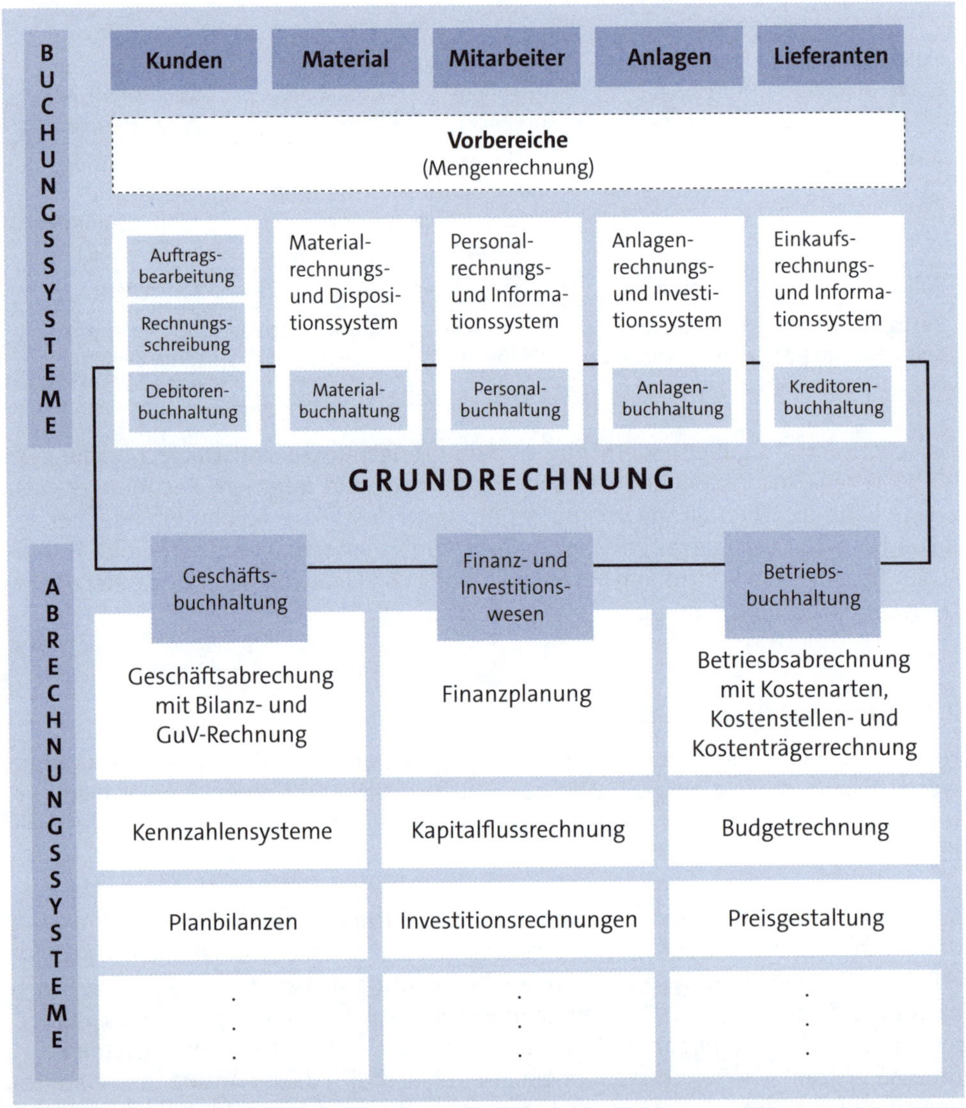

In den **Buchungssystemen** werden die verschiedenen Ressourcenbereiche, die Leistungserstellung (Vorbereiche) sowie die Kunden erfasst und dargestellt. Sie bilden den wesentlichen Input für die Grundrechnung, auf deren Basis die verschiedenen **Abrechnungssysteme** durchgeführt werden können. In der vorstehenden Abbildung sind dabei exemplarisch die wesentlichen Abrechnungssysteme „Geschäftsbuchhaltung", „Finanz- und Investitionswesen" sowie „Betriebsbuchhaltung" aufgeführt. Die Geschäftsbuchhaltung wird auch als Finanzbuchhaltung, die Betriebsbuchhaltung auch als Kostenrechnung bezeichnet. Ergänzt wurden beide um das Finanz- und Investitionswesen.

Im Bereich der **Sonderrechnungen** wird unterschieden zwischen Buchungs- und Abrechnungssystemen, die auf einer gemeinsamen, integrierenden Grundrechnung aufsetzen. Die wesentlichen **Buchungssysteme** beziehen sich auf die Objekte „Kunden", „Material", „Mitarbeiter", „Anlagen" und „Lieferanten" und stellen Nebenbuchhaltungen wie Debitoren- (Kunden-), Material-, Personal- (Mitarbeiter-), Anlagen- und Kreditoren-(Lieferanten-)buchhaltung dar. Diese Systeme werden dabei nicht nur wert-, sondern auch mengenmäßig verarbeitet. So müssen z. B. neben den periodischen, wertmäßigen Abschreibungen auch die eingesetzten Maschinenstunden erfasst, d. h. „gebucht" werden.

Die Auswertung in den **Abrechnungssystemen** kann in drei Richtungen erfolgen, die in der obigen Abbildung als „Geschäftsbuchhaltung", „Finanz- und Investitionswesen" und „Betriebsbuchhaltung" bezeichnet sind. Die Daten für die Abrechnungssysteme stammen dabei aus den verschiedenen Buchungssystemen, wobei die Grundrechnung den Strukturrahmen bildet.

Die **Geschäftsbuchhaltung** beinhaltet die Geschäftsabrechnung, die aus Bilanz und Gewinn- und Verlustrechnung besteht. Es handelt sich dabei um die Darstellung von Vermögen und Schulden zu Stichtagen sowie die (globale) Erfolgsermittlung aus der Differenz zwischen Ertrag und Aufwand einer Periode. Die Geschäftsabrechnung erfolgt in erster Linie nach handels- und steuerrechtlichen Vorschriften. Sie kann in Kennzahlensystemen, z. B. hinsichtlich Liquidität und Rentabilität, ausgewertet werden. Die Geschäftsbuchhaltung kann neben den herkömmlichen retrospektiven Abrechnungssystemen auch prospektive wie Planbilanzen beinhalten.

Der Bereich des **Finanz- und Investitionswesens** bezieht sich auf Vorgänge auf der Ebene der Zahlungsmittelbewegungen. Er dient der Sicherstellung der Liquidität und umfasst die Finanzplanung, beinhaltet die Analyse der Veränderung der Liquidität in der Kapitalflussrechnung und dient der Wirtschaftlichkeitsbetrachtung von Investitionsalternativen.

Die **Betriebsbuchhaltung** stellt eine kalkulatorische Rechnung dar und bezieht sich auf Kosten- und Leistungsgrößen. Es wird eine Betriebsabrechnung mit Kostenarten-, Kostenstellen-, Kostenträgerzeit- und Kostenträgerstückrechnung durchgeführt, die den betrieblichen Leistungserstellungsprozess mengen- und wertmäßig abbildet. Im Sinne einer Planungsrechnung können z. B. Budgets erstellt werden. Auch liefert die Betriebsbuchhaltung wertvolle Entscheidungshilfen für die Preisgestaltung.

3. Grundbegriffe des Rechnungswesens

Die Teilgebiete des betrieblichen Rechnungswesens folgen unterschiedlichen Zielsetzungen; zudem bestehen für das externe Rechnungswesen gesetzliche Vorschriften. Daher müssen verschiedene **Strom- und Bestandsgrößen** unterschieden werden:

Stromgrößen			**Bestandsgrößen**
positiv	**negativ**		
Einzahlung	Auszahlung		Bargeld
		+	jederzeit verfügbare Bankguthaben
		=	Zahlungsmittelbestand
Einnahme	Ausgabe		Zahlungsmittelbestand
		+	Forderungen
		-	Verbindlichkeiten
		=	Geldvermögen
Ertrag	Aufwand		Geldvermögen
		+	Sachvermögen
		=	Netto- oder Reinvermögen
Leistung	Kosten		Betriebsnotwendiges Vermögen
		-	Abzugskapital
		=	Betriebsnotwendiges Vermögen

Von **Ein- und Auszahlungen** spricht man, wenn liquide Mittel zu- oder abfließen und sich damit der Zahlungsmittelbestand verändert (z. B. Kauf von Rohstoffen gegen Barzahlung). Als **Zahlungsmittelbestand** gelten Bargeld und jederzeit verfügbare Bankguthaben. Ein- und Auszahlungen werden in der Investitionsrechnung (dynamische Verfahren) und in der Finanzplanung verwendet.

Stellt man auf die Veränderung der Bestandsgröße „Geldvermögen" ab, so spricht man von **Einnahmen und Ausgaben**. Das **Geldvermögen** umfasst neben dem Zahlungsmittelbestand die Forderungen und Verbindlichkeiten. Der Verkauf einer Ware auf Ziel fällt unter diese Rubrik. Bei Erstellung der Rechnung fällt eine Einnahme in Höhe des Rechnungsbetrags an; sie wird ersichtlich durch die Erhöhung der Forderungen aus Lieferungen und Leistungen. Zur Einzahlung kommt es erst, wenn der Kunde bezahlt.

Von herausragender Bedeutung im externen Rechnungswesen sind **Erträge und Aufwendungen**. Sie stellen auf Veränderungen des Reinvermögens ab. Das **Reinvermögen** umfasst neben dem Geldvermögen auch das Sachvermögen, also z. B. Maschinen oder Vorräte. Aufwendungen repräsentieren den Wert aller verbrauchten Leistungen einer Periode, während Erträge den Wert aller erbrachten Leistungen einer Periode repräsentieren. Erträge und Aufwendungen sind gewinnwirksam; aus ihrer Differenz wird in der Gewinn- und Verlustrechnung der Gewinn oder Verlust berechnet. Der Verkauf eines Produktes stellt einen Ertrag dar. Wird das Produkt auf Ziel verkauft, entsteht eine Einnahme. Aus der Kundenzahlung resultiert eine Einzahlung.

Im Gegensatz zu Aufwendungen und Erträgen, zu denen jede Wertminderung und jeder Wertzuwachs der betreffenden Periode gezählt werden, stellen **Kosten und Leistungen** auf das Kerngeschäft ab und umfassen daher nur betriebszweckbezogene Wertminderungen und -zuwächse. Sie übernehmen den Zweckaufwand und -ertrag als Grundkosten bzw. Grundleistungen. Darüber hinaus beziehen sie kalkulatorische Kosten und Leistungen ein. Man unterscheidet dabei Anderskosten/-leistungen bzw. Zusatzkosten/-leistungen. Anderskosten/-leistungen fallen in anderer Höhe als in der Finanzbuchhaltung an; Zusatzkosten/-leistungen werden zusätzlich einbezogen. Die für die Kosten- und Leistungsbetrachtung relevante Bestandsgröße ist das **betriebsnotwendige Kapital**. Vom Wert aller betriebsnotwendigen Vermögensgegenstände wird das zinslos zur Verfügung stehende Kapital, das sogenannte Abzugskapital, subtrahiert.

Aufgabe 2 > Seite 297

Das folgende Beispiel soll die Unterschiede und Gemeinsamkeiten zwischen Einzahlungen/Auszahlungen, Ertrag/Aufwand sowie Leistungen/Kosten unter vereinfachenden Annahmen (jeder Aufwand bzw. Ertrag wird in der Periode zahlungswirksam) illustrieren:

Beispiel

Sachverhalt	Einzahlung/ Auszahlung	Ertrag/ Aufwand	Leistung/ Kosten
Umsatzerlöse	10.000	10.000	10.000
Neutrale Erträge	2.000	2.000	
Materialaufwand	- 5.000	- 5.000	- 5.000
Personalaufwand	- 2.500	- 2.500	- 2.500
Abschreibungen		- 500	- 500
Kalkulatorische Miete			- 100
Rückzahlung eines Kredits	- 4.500		
Summe	0	4.000	1.900
Bezeichnung	**Cashflow**	**Ordentliches Ergebnis**	**Betriebsergebnis**

Die einzelnen Strom- und Bestandsgrößen lassen sich **Teilgebieten des Rechnungswesens** zuordnen *(Coenenberg/Fischer/Günther)*:

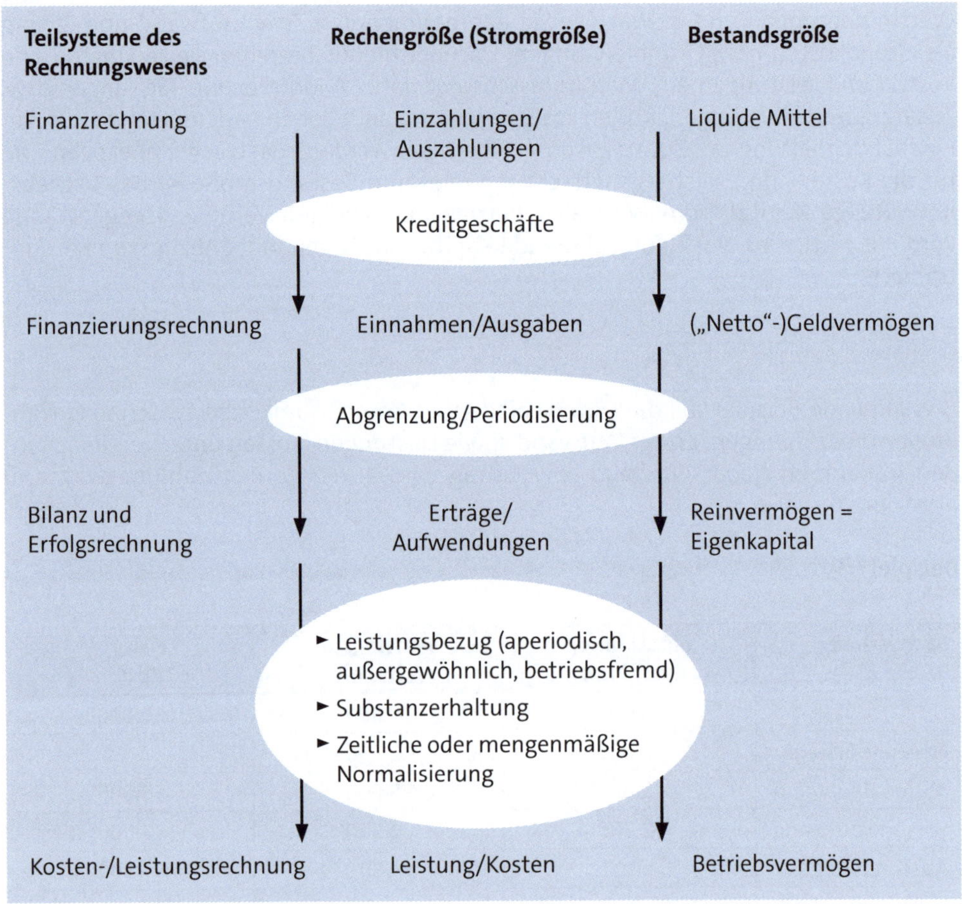

Von zentraler Bedeutung im Rechnungswesen ist die Abgrenzung von **Aufwand** und **Kosten** sowie von **Ertrag** und **Leistungen**. Auszahlungen und Einzahlungen sind durch den konkreten Zahlungsmittelfluss einfach abzugrenzen; Ausgaben und Einnahmen weisen geringere Relevanz auf.

Schematisch lassen sich Ertrag und Leistungen sowie Aufwand und Kosten wie folgt abgrenzen *(Coenenberg/Fischer/Günther)*:

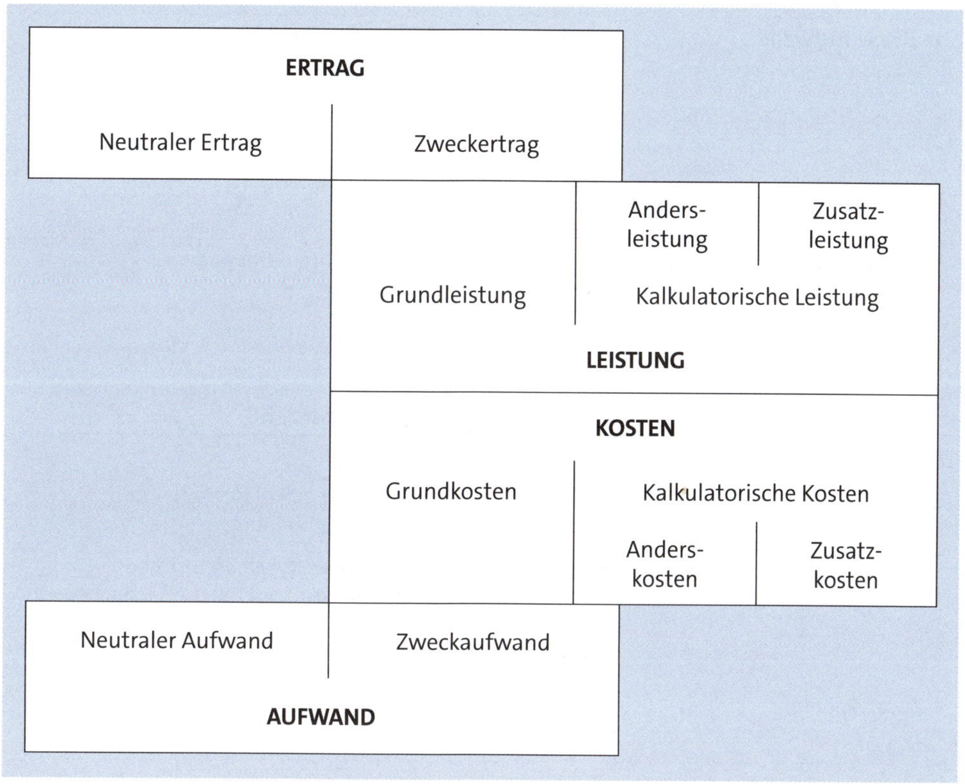

Von den ordentlichen Erträgen **(Zweckertrag)** und Aufwendungen **(Zweckaufwand)** aus dem Kerngeschäft sind die **neutralen Erträge und Aufwendungen** zu unterscheiden. Diese können **betriebsfremd** (z. B. Gewinn aus Wertpapierspekulationen in Krankenhaus), **außerordentlich** (z. B. Brandkatastrophe) oder **periodenfremd** (z. B. erfolgswirksame Auflösung einer Prozessrückstellung) sein.

Zur Ermittlung von **Kosten und Leistungen** werden Zweckaufwand und -ertrag als Grundkosten bzw. Grundleistungen übernommen. Darüber hinaus werden **die kalkulatorischen Kosten und Leistungen** einbezogen. Man unterscheidet dabei **Anderskosten/-leistungen** bzw. **Zusatzkosten/-leistungen**. Anderskosten/-leistungen fallen in anderer Höhe als in der Finanzbuchhaltung an, Zusatzkosten/-leistungen werden zusätzlich einbezogen.

Als Beispiele lassen sich anführen:

Abgrenzungsbegriffe	Beispiele
Neutraler Aufwand	Spende an „Ärzte ohne Grenzen“ Verlust beim Verkauf eines Firmen-Lkw (Verkaufserlös unter Buchwert) Reparaturen an nicht betriebsnotwendigen Gebäuden Spekulationsverluste mit Aktien Steuernachzahlung
Zweckaufwand = Grundkosten	Mieten für betrieblich genutzte Gebäude Versicherung für Firmen-Pkw Energiekosten Löhne und Gehälter Beitrag zur Berufsgenossenschaft
Zusatzkosten	
► **Anderskosten**	Differenz zwischen höherer kalkulatorischer und niedrigerer bilanzieller Abschreibung Unterschied zwischen höheren kalkulatorischen Wagnissen für Garantieleistungen und tatsächlichen niedrigeren Garantieleistungen Kalkulatorische Eigenkapitalzinsen
► **Zusatzkosten**	Kalkulatorischer Unternehmerlohn Kalkulatorische Miete

Abgrenzungsbegriffe	Beispiele
Neutraler Ertrag	Verkauf eines Pkw über Buchwert (Differenz zum Buchwert) Mieterträge aus nicht betriebsnotwendigen Gebäuden Auflösung nicht benötigter Rückstellungen (z. B. Prozess wird gewonnen)
Zweckertrag = Grundleistung	Verkauf von Fertigerzeugnissen, Waren, Dienstleistungen Bestandserhöhungen an Fertigerzeugnissen, unfertigen Erzeugnissen
Kalkulatorische Leistungen	
► **Andersleistung**	Differenz zwischen höherer kalkulatorischer und niedrigerer bilanzieller Bewertung von Beständen
► **Zusatzleistung**	Ansatz von Investitionen zur Unternehmens-restrukturierung

Aufgabe 3 - 4 > Seite 298

B. Grundlagen der Buchführung

Nach Studium dieses Kapitels ...

- *kennen Sie die gesetzlichen Grundlagen für die Buchführung*
- *kennen Sie den Zusammenhang zwischen Inventar, Inventur und Bilanz*
- *kennen Sie Aufgaben, Bedeutung und Inhalt von Bilanz und Gewinn- und Verlustrechnung*
- *beherrschen Sie die grundsätzlichen Buchungstechniken*
- *können Sie Kontenrahmen und Kontenpläne verstehen*
- *können Sie die wichtigsten betrieblichen Geschäftsvorfälle verbuchen*
- *können Sie Eröffnungs- und Abschlussbuchungen durchführen.*

Im Rahmen dieses Kapitels zur Buchführung werden folgende Inhalte behandelt:

Grundlagen der Buchführung	Gesetzliche Grundlagen
	Inventar und Inventur
	Bilanz und Gewinn- und Verlustrechnung
	Konto, Kontenrahmen und Kontenpläne
	Buchungstechnik
	Erfolgsneutrale Buchungen
	Erfolgswirksame Buchungen
	Verbuchung wichtiger Geschäftsvorfälle

1. Gesetzliche Grundlagen

Die Buchführung unterliegt gesetzlichen Vorschriften, die sich vor allem im **Handels- und Steuerrecht** finden. **Handelsrechtlich** ist nach § 238 Abs. 1 Satz 1 Handelsgesetzbuch (HGB) jeder Kaufmann verpflichtet, Bücher zu führen. Die **Kaufmannseigenschaft** ergibt sich dabei aus § 1 Abs. 1 HGB; sie setzt das Führen eines **Handelsgewerbes** voraus. Als Handelsgewerbe wird nach § 1 Abs. 2 HGB ein **Gewerbebetrieb** verstanden.

Ein **Gewerbebetrieb** liegt nach § 15 Abs. 2 Einkommensteuergesetz (EStG) vor, wenn folgende **Bedingungen** zutreffen:

- Selbstständigkeit
- Nachhaltigkeit
- Gewinnerzielungsabsicht
- Beteiligung am allgemeinen wirtschaftlichen Verkehr
- keine Land- und Forstwirtschaft
- keine freie Berufstätigkeit und keine andere Selbstständigkeit.

Selbstständigkeit bedeutet, dass der Unternehmer auf eigenes Risiko handelt und nicht weisungsgebunden ist. Nachhaltigkeit setzt voraus, dass der Gewerbebetrieb auf Dauer ausgerichtet ist; der Verkauf eines gebrauchten Gegenstandes auf einer Internetauktionsplattform erfüllt das Nachhaltigkeitskriterium nicht. Die Gewinnerzielungsabsicht muss für die gesamte Dauer der gewerblichen Tätigkeit gegeben sein. Ein klares Indiz für die Beteiligung am allgemeinen wirtschaftlichen Verkehr stellt Werbung für die angebotenen Leistungen dar. Die freien Berufe (beratende Betriebswirte, Steuerberater, Rechtsanwälte, Ärzte u. a.) sind im § 18 EStG aufgeführt. Die Verwaltung des eigenen Vermögens wird als andere selbstständige Arbeit aufgefasst.

Zur Prüfung des **in kaufmännischer Weise eingerichteten Geschäftsbetriebs** werden **Kriterien** wie Höhe des Umsatzes, Anzahl der Mitarbeiter, umfassendes Angebot an Produkten und Anzahl von Geschäftskontakten herangezogen.

Von der handelsrechtlichen Buchführungspflicht sind **Einzelkaufleute nach § 241a HGB**, die an den Abschlussstichtagen von zwei aufeinander folgenden Geschäftsjahren nicht mehr als 600.000 € Umsatzerlöse und 60.000 € Jahresüberschuss aufweisen, **befreit**. Sie müssen eine **Einnahme-Überschuss-Rechnung** nach § 4 Abs. 3 EStG erstellen. Für neu gegründete Unternehmen dieser Kategorie liegt der Befreiungstatbestand bereits dann vor, wenn die oben genannten Werte am Ende des ersten Geschäftsjahrs nicht überschritten werden.

Das Handelsrecht umfasst weitere Vorschriften zur Buchführung, diese sind im dritten Buch des HGB geregelt. Sie werden in den folgenden Kapiteln diskutiert. Darüber hinaus finden sich weitere Regelungen im Aktiengesetz, im GmbH-Gesetz und im Genossenschaftsgesetz.

Im **Steuerrecht** wird zwischen **originärer** und **abgeleiteter Buchführungspflicht** unterscheiden. So besagt § 140 Abgabenordnung (AO), dass wer nach anderen Gesetzen bereits buchführungspflichtig ist, auch nach dem Steuerrecht buchführungspflichtig wird. Damit liegt **abgeleitete Buchführungspflicht** vor.

Im Gegensatz dazu regelt § 141 AO die **originäre Buchführungspflicht**; sie ergibt sich, wenn bestimmte **Grenzwerte** überschritten werden. Diese betragen aktuell:

- Umsätze von mehr als 600.000 € im Kalenderjahr
- Gewinn aus Gewerbebetrieb von mehr als 60.000 € im Wirtschaftsjahr
- Gewinn aus Land- und Forstwirtschaft von mehr als 60.000 € im Kalenderjahr oder
- selbstbewirtschaftete land- und forstwirtschaftliche Flächen mit einem Wirtschaftswert von mehr als 25.000 €.

Die wichtigsten rechtlichen Grundlagen zur Buchführungspflicht sind in den folgenden Abbildungen zusammengefasst. Folgende Abbildung zeigt die Buchführungspflicht nach Handels- und Steuerrecht:

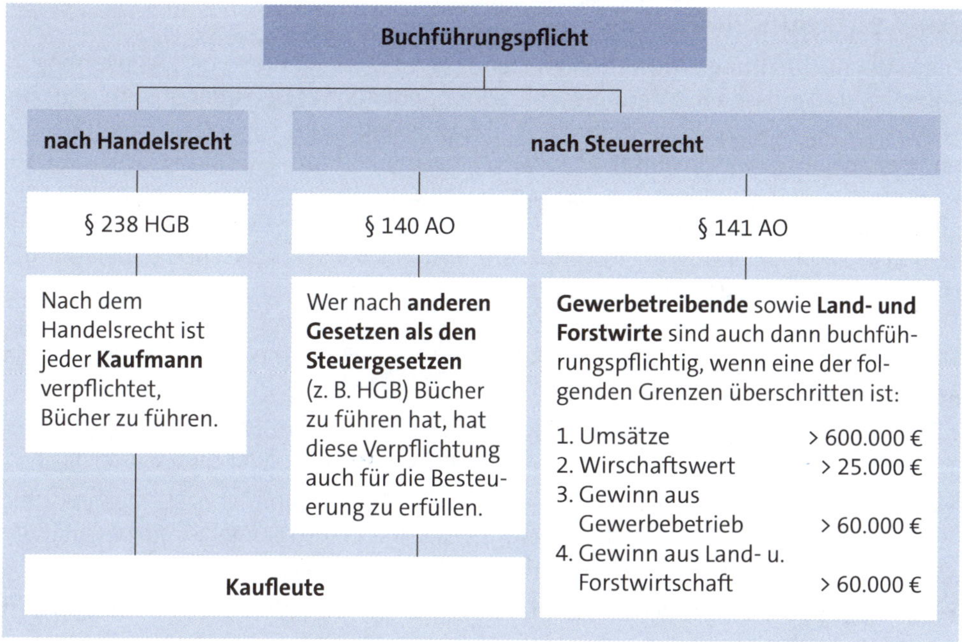

Folgende Abbildung stellt dar, unter welchen Bedingungen ein gewerbliches Unternehmen vorliegt:

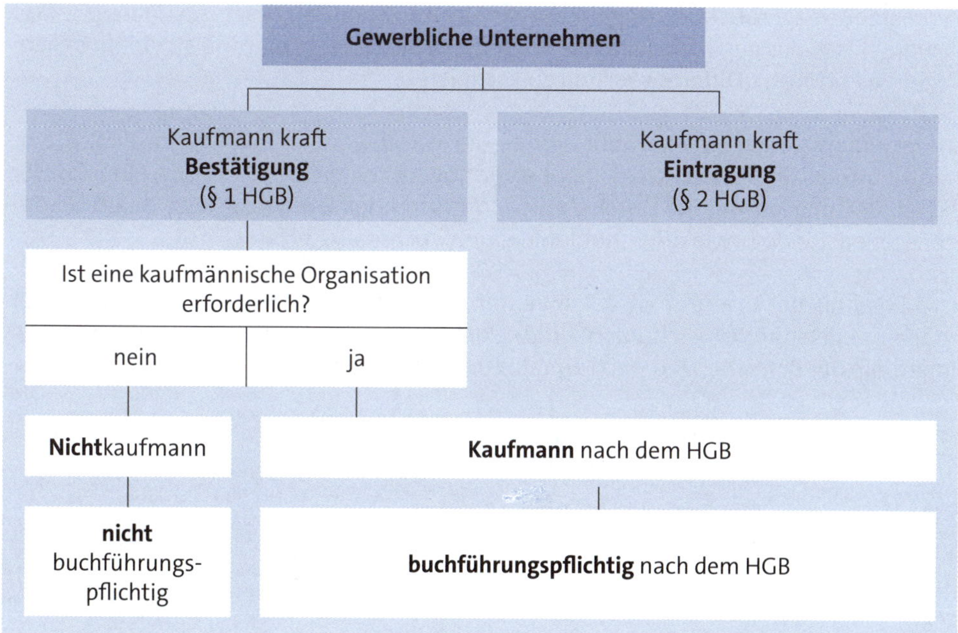

Weitere steuerrechtliche Bestimmungen finden sich in der **Abgabenordnung**, im **Einkommensteuergesetz**, im **Körperschaftsteuergesetz** und im **Umsatzsteuergesetz**.

2. Inventar und Inventur

Die in der Buchhaltung ermittelten Werte für Vermögen, Schulden und Reinvermögen (Eigenkapital) müssen mit den tatsächlich vorhandenen Werten übereinstimmen. Zur Sicherstellung wird zu Beginn der Geschäftstätigkeit und für jedes Geschäftsjahresende ein sogenanntes **Inventar** erstellt, das nach § 240 Abs. 1 HGB die Grundstücke, Forderungen und Schulden, den Wert des Bargelds sowie die sonstigen Vermögensgegenstände verzeichnet und dabei den Wert der einzelnen Vermögensgegenstände und Schulden angibt. Der Begriff „Inventar" stammt aus dem Italienischen **(„inventario")** und bezeichnet ein „Bestandsverzeichnis".

Die zur Erstellung des Inventars nötigen Bestandsaufnahmen werden als **Inventur** bezeichnet. Man unterscheidet nach dem Zeitpunkt der Inventurdurchführung:

- **Stichtagsinventur:** Die Aufnahme der Bestände erfolgt am Stichtag (Ende des Geschäftsjahres) oder an einem arbeitsfreien Tag direkt davor oder direkt danach.
- **Ausgeweitete Stichtagsinventur:** Sie wird in einem Zeitraum von 10 Tagen vor bis 10 Tagen nach dem Stichtag durchgeführt. Es erfolgt eine mengen- und wertmäßige Fortschreibung bzw. Rückrechnung der Inventurergebnisse.
- **Vor- oder nachverlagerte Inventur:** Die Inventur findet in den letzten drei Monaten vor dem Stichtag oder den ersten zwei Monaten nach dem Stichtag statt. Es erfolgt ebenfalls eine mengen- und wertmäßige Fortschreibung bzw. Rückrechnung der Inventurergebnisse.
- **Permanente Inventur:** Voraussetzung für die permanente Inventur ist eine funktionierende Lagerbuchführung, in der die Lagerzu- und -abgänge zuverlässig erfasst werden. Ist dies gegeben, kann die körperliche Bestandsaufnahme an einem beliebigen Tag erfolgen. Differenzen sind zu korrigieren.

In der Praxis finden sich Kombinationen der verschiedenen Inventurformen. Die Inventur erfolgt für physisch vorhandene Vermögensgegenstände in Form einer **körperlichen Bestandsaufnahme** durch Zählen, Messen oder Wiegen. Alle anderen Vermögensgegenstände sowie die Schulden werden **buchmäßig erfasst**.

Das Ergebnis der Inventur ist das **Inventar**, das in Deutschland in die Bereiche „Vermögensgegenstände", „Schulden" und „Reinvermögen (Eigenkapital)" gegliedert ist. Innerhalb der Bereiche wird nach zunehmender Liquidierbarkeit sortiert.

Die folgende Auflistung zeigt exemplarisch ein Inventar.

Beispiel

A	**Vermögensgegenstände**	
	1. Anlagevermögen	
	5 Tische	2.000 €
	5 Stühle	1.000 €
	5 Computer	5.000 €
	2 Drucker	1.000 €
Summe		9.000 €
	2. Umlaufvermögen	
	Forderungen an Kunde A	4.500 €
	Forderungen an Kunde B	1.500 €
	Bankguthaben	1.500 €
	Kassenbestand	500 €
Summe		8.000 €
Summe Vermögen		**17.000 €**
B	**Schulden**	
	Bankdarlehen	8.000 €
	Verbindlichkeit Lieferant A	1.500 €
Summe Schulden		**9.500 €**
C	**Reinvermögen (Eigenkapital)**	
Vermögen abzüglich Schulden		**7.500 €**

Das Inventar ermöglicht somit:

- **Kontrolle und ggf. Korrektur der Buchbestände:** Sind die in den Büchern ausgewiesenen Vermögensgegenstände tatsächlich zu den angegebenen Werten vorhanden? Müssen Werte in den Büchern korrigiert werden? So könnten z. B. Vermögensgegenstände gestohlen worden sein. Diebe verbuchen i. d. R. Diebstähle nicht; die fehlenden Gegenstände bleiben demnach in den Büchern enthalten, obwohl sie nicht mehr vorhanden sind. Sie müssen auf Basis der Inventurerkenntnisse ausgebucht werden.
- **Ermittlung des Materialverbrauchs:** Aus Anfangsbestand, Zugängen der Periode und Endbestand kann der Verbrauch berechnet werden.

Beispiel

Hatte ein Schraubenhändler zu Beginn des Geschäftsjahres 100 Packungen des Typs M10 auf Lager, während des Geschäftsjahres 200 Packungen gekauft und ermittelt nun einen Endbestand von 160 Packungen, so wurden 140 Packungen verbraucht (hoffentlich verkauft und nicht gestohlen!).

Aus dem Inventar lässt sich die Höhe des Eigenkapitals ermitteln:

Vermögen - Schulden = Eigenkapital

Dabei werden auch die Begriffe **Bruttovermögen** für das Vermögen sowie **Reinvermögen** oder **Nettovermögen** für das Eigenkapital verwendet.

3. Bilanz und Gewinn- und Verlustrechnung

3.1 Bilanz

Aus dem Inventar abgeleitet wird die Bilanz, die stichtagsbezogen Vermögen und Schulden gegenüberstellt. Der Begriff „Bilanz" stammt aus dem Italienischen; **„bilancia"** bedeutet Waage. Vermögen und Schulden stehen im Gleichgewicht.

Im Gegensatz zum Inventar enthält die Bilanz keine Mengenangaben. Auch werden die Vermögensgegenstände nicht einzeln ausgewiesen; sie werden zu sogenannten Bilanzpositionen zusammengefasst.

Die Bilanz ist eine **systematisch gegliederte Gegenüberstellung** von **Vermögen** und **Schulden**. Auf der linken Seite werden die **Aktiva**, die Vermögensgegenstände des Unternehmens, aufgeführt; die rechte Seite umfasst die **Passiva**, die Schulden des Unternehmens. Die Aktivseite wird auch als Mittelverwendung (Investition) bezeichnet, die Passivseite als Mittelherkunft (Finanzierung). Die Grundstruktur einer Bilanz ergibt sich aus § 247 HGB; sie stellt die Mindestgliederung dar:

AKTIVA	PASSIVA
Anlagevermögen Umlaufvermögen Aktive Rechnungsabgrenzung	Eigenkapital Schulden Passive Rechnungsabgrenzung

Beim **Anlagevermögen** handelt es sich um Vermögensgegenstände, die dazu bestimmt sind, dem Geschäftsbetrieb länger zu dienen (§ 247 Abs. 2 HGB), wie z. B. eine Fertigungseinrichtung. Im Umkehrschluss liegt ein Vermögensgegenstand des **Umlaufvermögens** vor, wenn diese Bedingung nicht gegeben ist, z. B. für Rohstoffe.

Als **Rechnungsabgrenzungsposten** sind auf der Aktivseite Ausgaben vor dem Abschlussstichtag auszuweisen, soweit sie Aufwand für eine bestimmte Zeit nach diesem Tag darstellen (§ 250 Abs. 1 HGB). Als Beispiel können Versicherungsbeiträge angeführt werden, die im Dezember des Jahres 2023 für den Versicherungsschutz des Jahres 2024 bezahlt wurden.

Das **Eigenkapital** ist jener Teil des Kapitals, der dem Unternehmen durch seine Gesellschafter zeitlich unbefristet zur Verfügung gestellt wird und somit generell keiner Rückzahlungsverpflichtung unterliegt. Eigenkapital kann durch Einlage oder Einbehaltung von Gewinnen entstehen.

Verbindlichkeiten (Schulden) im Unternehmen sind i. d. R. zeitlich befristet und unterliegen einer Rückzahlungsverpflichtung wie z. B. Bankverbindlichkeiten.

Auf der Passivseite sind als **Rechnungsabgrenzungsposten** Einnahmen vor dem Abschlussstichtag auszuweisen, soweit sie Ertrag für eine bestimmte Zeit nach diesem Tag darstellen (§ 247 Abs. 2 HGB). Als Beispiel kann eine im Dezember 2023 für das Jahr 2024 vereinnahmte Miete angeführt werden.

Überführt man die Inventarwerte aus dem Beispiel auf Seite 37 in die oben angeführte Grundstruktur der Bilanz, so ergibt sich folgendes Bild:

AKTIVA			**PASSIVA**
	Euro		Euro
Anlagevermögen	9.000	Eigenkapital	7.500
Umlaufvermögen	8.000	Schulden	9.500
	17.000		17.000

Die Grundgliederung nach § 247 HGB gilt nur für kleine Unternehmen. Größenabhängig müssen die in § 266 HGB aufgeführten Bilanzpositionen teilweise oder ganz verwendet werden (§ 267 HGB, § 5 Publizitätsgesetz).

Rechtsform	**Bilanzinhalte**
Einzelunternehmen, Kommanditgesellschaft oder Offene Handelsgesellschaft, die nicht dem Publizitätsgesetz unterliegt sowie Kleinstkapitalgesellschaften	§ 247 HGB
Einzelunternehmen, Kommanditgesellschaft oder Offene Handelsgesellschaft, die dem Publizitätsgesetz unterliegt	Vollständiger Inhalt nach § 266 Abs. 2 und Abs. 3 HGB
Kleine Kapitalgesellschaft	Vollständiger oder verkürzter Inhalt nach § 266 Abs. 2 und Abs. 3 HGB
Mittelgroße oder große Kapitalgesellschaft	Vollständiger Inhalt nach § 266 Abs. 2 und Abs. 3 HGB

Das vollständige Bilanzschema nach § 266 HGB enthält die folgenden Positionen:

AKTIVA	PASSIVA
A. Anlagevermögen **I. Immaterielle Vermögensgegenstände** 1. selbst geschaffene gewerbliche Schutzrechte und ähnliche Rechte und Werte 2. entgeltlich erworbene Konzessionen, gewerbliche Schutzrechte und ähnliche Rechte und Werte sowie Lizenzen an solchen Rechten und Werten 3. Geschäfts- oder Firmenwert 4. geleistete Anzahlungen **II. Sachanlagen** 1. Grundstücke, grundstücksgleiche Rechte und Bauten einschließlich der Bauten auf fremden Grundstücken 2. technische Anlagen und Maschinen 3. andere Anlagen, Betriebs- und Geschäftsausstattung 4. geleistete Anzahlungen und Anlagen im Bau **III. Finanzanlagen** 1. Anteile an verbundenen Unternehmen 2. Ausleihungen an verbundene Unternehmen 3. Beteiligungen 4. Ausleihungen an Unternehmen, mit denen ein Beteiligungsverhältnis besteht 5. Wertpapiere des Anlagevermögens 6. sonstige Ausleihungen **B. Umlaufvermögen** **I. Vorräte** 1. Roh-, Hilfs- und Betriebsstoffe 2. unfertige Erzeugnisse, unfertige Leistungen 3. fertige Erzeugnisse und Waren 4. geleistete Anzahlungen **II. Forderungen und sonstige Vermögensgegenstände** 1. Forderungen aus Lieferungen und Leistungen 2. Forderungen gegen verbundene Unternehmen 3. Forderungen gegen Unternehmen, mit denen ein Beteiligungsverhältnis besteht 4. sonstige Vermögensgegenstände	**A. Eigenkapital** **I. Gezeichnetes Kapital** **II. Kapitalrücklage** **III. Gewinnrücklagen** 1. gesetzliche Rücklage 2. Rücklage für Anteile an einem herrschenden oder mehrheitlich beteiligten Unternehmen 3. satzungsmäßige Rücklagen 4. andere Gewinnrücklagen **IV. Gewinnvortrag/Verlustvortrag** **V. Jahresüberschuss/Jahresfehlbetrag** **B. Rückstellungen** 1. Rückstellungen für Pensionen und ähnliche Verpflichtungen 2. Steuerrückstellungen 3. sonstige Rückstellungen **C. Verbindlichkeiten** 1. Anleihen, davon konvertibel 2. Verbindlichkeiten gegenüber Kreditinstituten 3. erhaltene Anzahlungen auf Bestellungen 4. Verbindlichkeiten aus Lieferungen und Leistungen 5. Verbindlichkeiten aus der Annahme gezogener Wechsel und der Ausstellung eigener Wechsel 6. Verbindlichkeiten gegenüber verbundenen Unternehmen 7. Verbindlichkeiten gegenüber Unternehmen, mit denen ein Beteiligungsverhältnis besteht 8. sonstige Verbindlichkeiten, davon aus Steuern, davon im Rahmen der sozialen Sicherheit **D. Rechnungsabgrenzungsposten** **E. Passive latente Steuern**

AKTIVA	PASSIVA
III. Wertpapiere 1. Anteile an verbundenen Unternehmen 2. sonstige Wertpapiere **IV. Kassenbestand, Bundesbankguthaben, Guthaben bei Kreditinstituten und Schecks** **C. Rechnungsabgrenzungsposten** **D. Aktive latente Steuern** **E. Aktiver Unterschiedsbetrag aus der Vermögensverrechnung**	

Zunächst werden die wichtigsten Bilanzpositionen anhand der Gliederung nach § 266 HGB für kleine Kapitalgesellschaften diskutiert; auf die restlichen Positionen wird in >> Kapitel C. eingegangen.

AKTIVA	PASSIVA
A. Anlagevermögen **I. Immaterielle Vermögensgegenstände** **II. Sachanlagen** **III. Finanzanlagen** **B. Umlaufvermögen** **I. Vorräte** **II. Forderungen und sonstige Vermögensgegenstände** **III. Wertpapiere** **IV. Kassenbestand, Bundesbankguthaben, Guthaben bei Kreditinstituten und Schecks** **C. Rechnungsabgrenzungsposten** **D. Aktive latente Steuern** **E. Aktiver Unterschiedsbetrag aus der Vermögensverrechnung**	**A. Eigenkapital** **I. Gezeichnetes Kapital** **II. Kapitalrücklage** **III. Gewinnrücklagen** **IV. Gewinnvortrag/Verlustvortrag** **V. Jahresüberschuss/Jahresfehlbetrag** **B. Rückstellungen** **C. Verbindlichkeiten** **D. Rechnungsabgrenzungsposten** **E. Passive latente Steuern**

Das **Anlagevermögen**, das dazu bestimmt ist, dem Unternehmen länger zu dienen, wird in die Positionen „Immaterielle Vermögensgegenstände", „Sachanlagen" und „Finanzanlagen" unterteilt:

- **Immaterielle Vermögensgegenstände** weisen keine Materie auf; man kann sie nicht „greifen". Als Beispiele können Software, Patente oder Konzessionen angeführt werden.
- **Sachanlagen** sind im Gegensatz dazu „greifbar"; sie können immobil oder mobil sein. Zu den Immobilien zählen die unbeweglichen Vermögensgegenstände wie z. B. Grundstücke oder Gebäude; Mobilien sind z. B. der Fuhrpark oder die Büroausstattung.
- Bei **Finanzanlagen** handelt es sich um Kapitalanlagen, die längerfristig gehalten werden sollen, wie z. B. die Beteiligung an einem anderen Unternehmen.

Im Gegensatz zum Anlagevermögen ist das **Umlaufvermögen** dazu bestimmt, dem Unternehmen nicht auf Dauer zu dienen. Es umfasst die „Vorräte", „Forderungen und sonstige Vermögensgegenstände", „Wertpapiere" sowie „Kassenbestand, Bundesbankguthaben, Guthaben bei Kreditinstituten und Schecks":

- Unter **Vorräten** werden die Lagerbestände verstanden. Zu diesen gehören Roh-, Hilfs- und Betriebsstoffe, unfertige Erzeugnisse und unfertige Leistungen, fertige Erzeugnisse und Waren sowie bestimmte Anzahlungen.
- Die **Forderungen und sonstigen Vermögensgegenstände** umfassen vor allem die Forderungen aus Lieferungen und Leistungen, wie z. B. Forderungen an Kunden, die auf Rechnung beliefert wurden. Unter sonstigen Vermögensgegenständen ist ein Sammelposten für Ansprüche zu verstehen, die keinem anderen Umlaufvermögen zugeordnet werden können. Darunter fallen z. B. Steuererstattungsansprüche, Schadensersatzansprüche oder Ersatzansprüche aus durchlaufenden Posten. Durchlaufende Posten sind im Namen und für Rechnung eines anderen vereinnahmte oder verausgabte Beträge wie z. B. die Umsatzsteuer.
- Unter **Wertpapieren** (des Umlaufvermögens) werden Wertpapiere zusammengefasst, die dem Unternehmen nur kurzfristig dienen sollen.
- **Kassenbestand, Bundesbankguthaben, Guthaben bei Kreditinstituten und Schecks** werden auch als „flüssige Mittel" oder „liquide Mittel" bezeichnet; sie können sofort zur Begleichung von Verbindlichkeiten herangezogen werden.

Der aktive **Rechnungsabgrenzungsposten** beinhaltet Auszahlungen der Periode, die Aufwand der Folgeperiode darstellen. Auf aktive latente Steuern sowie den aktiven Unterschiedsbetrag aus der Vermögensverrechnung wird in >> Kapitel C. eingegangen.

Auf der Passivseite findet sich als erste Position das **Eigenkapital**, das bei einer Kapitalgesellschaft gezeichnetes Kapital, Kapitalrücklage, Gewinnrücklagen, Gewinnvortrag/Verlustvortrag sowie Jahresüberschuss/Jahresfehlbetrag beinhaltet.

Das **gezeichnete Kapital** ist jener Teil des Eigenkapitals von Kapitalgesellschaften, auf den die Haftung der Gesellschafter für die Verbindlichkeiten der Kapitalgesellschaft gegenüber den Gläubigern beschränkt ist. Das gezeichnete Kapital entsteht zunächst bei Gründung des Unternehmens durch Einzahlungen der Gesellschafter; später kann es im Rahmen von Kapitalerhöhungen erhöht werden. Bei der Aktiengesellschaft wird das gezeichnete Kapital auch als Grundkapital, bei der GmbH als Stammkapital bezeichnet.

Kapitalrücklagen entstehen bei bestimmten Vorgängen, die im § 272 Abs. 2 HGB genannt sind; der „Klassiker" ist die Ausgabe junger Aktien über Nennwert.

Beispiel

Es werden junge Aktien zu einem Ausgabekurs von 120 € bei einem Nennwert von 50 € ausgegeben. Folglich wandern 50 € in das gezeichnete Kapital, 70 € in die Kapitalrücklage. Die liquiden Mittel nehmen um 120 € zu.

Gewinnrücklagen entstehen durch einbehaltene Gewinne.

Gewinnvortrag/Verlustvortrag stellen Gewinne/Verluste aus Vorperioden dar, **Jahre süberschuss/Jahresfehlbetrag** den Überschuss nach Ertragssteuern bzw. den Verlust der Periode.

Rückstellungen sind Verbindlichkeiten, die dem **Grund und/oder der Höhe nach ungewiss** sind. Als Beispiele können Pensions-, Prozess- oder Garantierückstellungen angeführt werden. Bei dieser Art von Verbindlichkeit ist nicht sicher, in welcher Höhe bzw. ob überhaupt eine Zahlung in der Zukunft erfolgen wird.

Aufgabe 5 > Seite 298

3.2 Gewinn- und Verlustrechnung

Im Gegensatz zur Bilanz, die zu einem bestimmten Zeitpunkt aufgestellt wird, stellt die Gewinn- und Verlustrechnung eine Gegenüberstellung der Aufwendungen und Erträge für eine bestimmte Periode, also eine Zeitraumrechung, dar.

Zur Erstellung von Produkten oder Dienstleistungen werden Produktionsfaktoren eingesetzt, was Lohnzahlungen, Materialverbrauch, Maschinenabnutzung usw. verursacht. Diese Vermögensverminderungen (Wertverzehr) werden in der Buchhaltung als **Aufwand** bezeichnet.

Die erstellten Waren oder Dienstleistungen werden an Kunden verkauft; Waren können für spätere Verkäufe auch auf Lager gelegt werden. Dieser Vermögenszuwachs (Wertzufluss) heißt **Ertrag**.

Die Gliederung der Gewinn- und Verlustrechnung (GuV) ist in § 275 HGB geregelt. Es gibt zwei Ermittlungsmethoden bzw. **Darstellungsformen:** das **Gesamtkostenver-**

fahren (§ 275 Abs. 2 HGB) und das **Umsatzkostenverfahren** (§ 275 Abs. 3 HGB). Beide führen bei korrekter Anwendung zu demselben Jahresüberschuss (Gewinn nach Ertragssteuern) oder Verlust. Während das Gesamtkostenverfahren von den gesamten Kosten der Periode ausgeht, bilden die Umsatzerlöse den Ausgangspunkt der Berechnung beim Umsatzkostenverfahren. Falls sich Produktionsmenge und Absatzmenge unfertiger oder fertiger Erzeugnisse unterscheiden, sind beim Gesamtkostenverfahren Bestandsveränderungen an unfertigen und fertigen Erzeugnissen in der GuV zu berücksichtigen. Das Umsatzkostenverfahren setzt auf der Absatzmenge auf und rechnet den Umsatzerlösen der Periode die zu ihrer Erzielung nötigen Aufwendungen zu. Bestandsveränderungen werden hier nicht ausgewiesen.

Zur Verdeutlichung des Unterschieds soll ein einfaches Beispiel dienen.

Beispiel

Der Tischlermeister Hugo Hobel hat im April 2023 zwei identische Tische gefertigt. Für die Tische sind 1.000 € Materialaufwendungen und 500 € Lohnaufwendungen angefallen; ein Tisch wurde für 900 € verkauft. Gemeinkosten kennt Herr Hobel nicht.

Die **gesamten Aufwendungen** betrugen demnach 1.500 €, die **Umsatzerlöse** 900 €. Es wurde ein Tisch auf Lager gelegt, für den 750 € Aufwendungen entstanden (500 € Materialaufwendungen und 250 € Lohnaufwendungen).

Damit ergibt sich nach **Gesamtkostenverfahren** folgender Gewinn vor Steuern als Differenz (Saldo) von Erträgen und Aufwendungen:

Aufwendungen			**Erträge**
Materialaufwendungen	1.000	Umsatzerlöse	900
Lohnaufwendungen	500	Bestandserhöhung	750
Gewinn	150		
Summe	**1.650**	**Summe**	**1.650**

Das **Umsatzkostenverfahren** rechnet den Umsatzerlösen die durch diese verursachten Aufwendungen zu; es resultiert folgende Darstellung:

Aufwendungen			**Erträge**
Aufwendungen zur Erzielung der Umsatzerlöse	750	Umsatzerlöse	900
Gewinn	150		
Summe	**900**	**Summe**	**900**

Aufgabe 6 > Seite 299

Die vollständige Gliederung der Gewinn- und Verlustrechnung nach **Gesamtkostenverfahren** (§ 275 Abs. 2 HGB) stellt sich wie folgt dar:

1.	Umsatzerlöse
2.	Erhöhung oder Verminderung des Bestands an fertigen und unfertigen Erzeugnissen
3.	andere aktivierte Eigenleistungen
4.	sonstige betriebliche Erträge
5.	Materialaufwand a) Aufwendungen für Roh-, Hilfs- und Betriebsstoffe und für bezogene Waren b) Aufwendungen für bezogene Leistungen
6.	Personalaufwand a) Löhne und Gehälter b) soziale Abgaben und Aufwendungen für Altersversorgung und für Unterstützung, davon für Altersversorgung
7.	Abschreibungen a) auf immaterielle Vermögensgegenstände des Anlagevermögens und Sachanlagen b) auf Vermögensgegenstände des Umlaufvermögens, soweit diese die in der Kapitalgesellschaft üblichen Abschreibungen überschreiten
8.	sonstige betriebliche Aufwendungen
9.	Erträge aus Beteiligungen, davon aus verbundenen Unternehmen
10.	Erträge aus anderen Wertpapieren und Ausleihungen des Finanzanlagevermögens, davon aus verbundenen Unternehmen
11.	sonstige Zinsen und ähnliche Erträge, davon aus verbundenen Unternehmen
12.	Abschreibungen auf Finanzanlagen und auf Wertpapiere des Umlaufvermögens
13.	Zinsen und ähnliche Aufwendungen, davon an verbundene Unternehmen
14.	Steuern vom Einkommen und vom Ertrag
15.	sonstige Steuern
16.	Jahresüberschuss/Jahresfehlbetrag

Der Ausweis des Aufwands erfolgt dabei nach Aufwandsarten, während er im **Umsatzkostenverfahren** (§ 275 Abs. 3 HGB) nach betrieblichen Funktionen erfolgt:

1.	Umsatzerlöse
2.	Herstellungskosten der zur Erzielung der Umsatzerlöse erbrachten Leistungen
3.	Bruttoergebnis vom Umsatz
4.	Vertriebskosten
5.	allgemeine Verwaltungskosten
6.	sonstige betriebliche Erträge
7.	sonstige betriebliche Aufwendungen
8.	Erträge aus Beteiligungen, davon aus verbundenen Unternehmen
9.	Erträge aus anderen Wertpapieren und Ausleihungen des Finanzanlagevermögens, davon aus verbundenen Unternehmen
10.	sonstige Zinsen und ähnliche Erträge, davon aus verbundenen Unternehmen
11.	Abschreibungen auf Finanzanlagen und auf Wertpapiere des Umlaufvermögens
12.	Zinsen und ähnliche Aufwendungen, davon an verbundene Unternehmen
13.	Steuern vom Einkommen und vom Ertrag
14.	sonstige Steuern
15.	Jahresüberschuss/Jahresfehlbetrag

In beiden Darstellungsformen werden **außerordentliche Aufwendungen und Erträge nicht mehr gesondert ausgewiesen**. Bis 2016 wurden ungewöhnliche und seltene Aufwendungen und Erträge separat ausgewiesen. Ungewöhnliche Aufwendungen oder Erträge liegen vor, wenn sie in hohem Maß außergewöhnlich im Sinne der normalen Geschäftstätigkeit sind. Selten sind sie, wenn nicht von einer Wiederholung des Sachverhalts in absehbarer Zeit auszugehen ist. Heute sind derartige Aufwendungen und Erträge nicht mehr direkt für den externen Betrachter erkennbar.

Adressaten der Bilanzierung sind nicht nur die Finanzbehörden (Fiskus), sondern auch Mitarbeiter, Anteilseigner (Eigenkapitalgeber), Gläubiger (Fremdkapitalgeber) und die Öffentlichkeit.

4. Konto, Kontenrahmen und Kontenpläne

4.1 Konto

Grundlage der Buchungstechnik sind Konten, auf denen Geschäftsvorfälle verbucht werden. Der Begriff **„Konto"** stammt aus dem Italienischen und bedeutet „Rechnung". Der **Grundaufbau eines Kontos** weist zwei Seiten auf, die **Sollseite** und die **Habenseite**, die sich wertmäßig entsprechen.

S	Bank	H
Summe		Summe

Soll und **Haben** sind dabei aus dem Italienischen ins Deutsche übertragene Begriffe. Die Liste der offenen Forderungen gegenüber Kunden trug die Überschrift **„deve dare"**, das bedeutet „er/sie soll geben". Im Deutschen übrig geblieben ist dabei der Begriff **„Soll"**. Analog verhält es sich mit der Habenseite; die Liste der an die Lieferanten zu bezahlenden Rechnungsbeträge trug den Titel **„deve avere"**; das heißt „er/sie soll haben". Verkürzt blieb im Deutschen **„Haben"**.

Unter einem **Konto** versteht man eine weitergehende Untergliederung von Bilanz- bzw. GuV-Positionen. So könnte die Bilanzposition „Sachanlagen" z. B. weiter unterteilt werden in die Konten „Grundstücke", „Gebäude", „Maschinen" und „Fuhrpark".

In der Praxis werden die einzelnen Konten mit Nummern versehen. Dabei könnte jedes Unternehmen eigene Nummerierungen und Bezeichnungen verwenden.

4.2 Kontenrahmen und Kontenpläne

Eine Vereinheitlichung der Kontenorganisation und -gliederung sowie Kontenbezeichnungen erscheint sinnvoll, sei es aus Gründen der Vergleichbarkeit oder auch der Vereinfachung der Buchhaltung im Verhältnis von Mutter- zu Tochterunternehmen.

Dies hat zu Vorschlägen von sogenannten **Kontenrahmen** geführt, die eine Ordnung der Konten vorgeben, ohne die letzten Detaillierungsstufen vorzuschreiben. Die unternehmensspezifischen Details werden ausgehend von einem allgemeinen Kontenrahmen im unternehmensbezogenen Kontenplan vorgenommen. So könnte eine Bilanzposition (z. B. Vorräte) in einem Kontenrahmen weiter unterteilt sein (z. B. Rohstoffe, Hilfsstoffe, Betriebsstoffe, Handelswaren, unfertige Erzeugnisse, Fertigerzeugnisse) und im konkreten Unternehmen die Betriebsstoffe ihre letzte Detaillierung in den Konten für die tatsächlich benötigten Betriebsstoffarten finden. In der Regel übernimmt der Kontenplan die führenden Ziffern des Kontenrahmens und ergänzt diese um Unternehmensspezifika.

In der Praxis sind folgende **Kontenrahmen** von **besonderer Bedeutung:**

- Gemeinschaftskontenrahmen der Industrie (GKR)
- DATEV-Kontenrahmen SKR
- Industriekontenrahmen (IKR)
- Einzelhandelskontenrahmen (EKR)
- Kontenrahmen für den Groß- und Außenhandel.

Diese Kontenrahmen sind formal alle nach dem dekadischen Prinzip, also numerisch, gegliedert. Sie weisen **Kontenklassen** auf, die in **Kontengruppen** unterteilt werden. Auf der nächsten Detaillierungsstufe stehen die **Konten**, die sich ggf. in **Unterkonten** unterteilen lassen.

Funktional kann man nach der Prozessfolge oder nach dem **Abschlussgliederungsprinzip** differenzieren. Eine Orientierung an der Prozessfolge **(Prozessgliederungsprinzip)** bedeutet, dass sich der Kontenrahmen an der betrieblichen Leistungserstellung orientiert. Die Orientierung an der Prozessfolge geht zurück auf *Eugen Schmalenbach*; von den oben genannten Kontenrahmen folgen ihr GKR, SKR sowie der Kontenrahmen für den Groß- und Außenhandel.

Den Gemeinschaftskontenrahmen (GKR) der Industrie zeigt die folgende Abbildung *(Bieg)*:

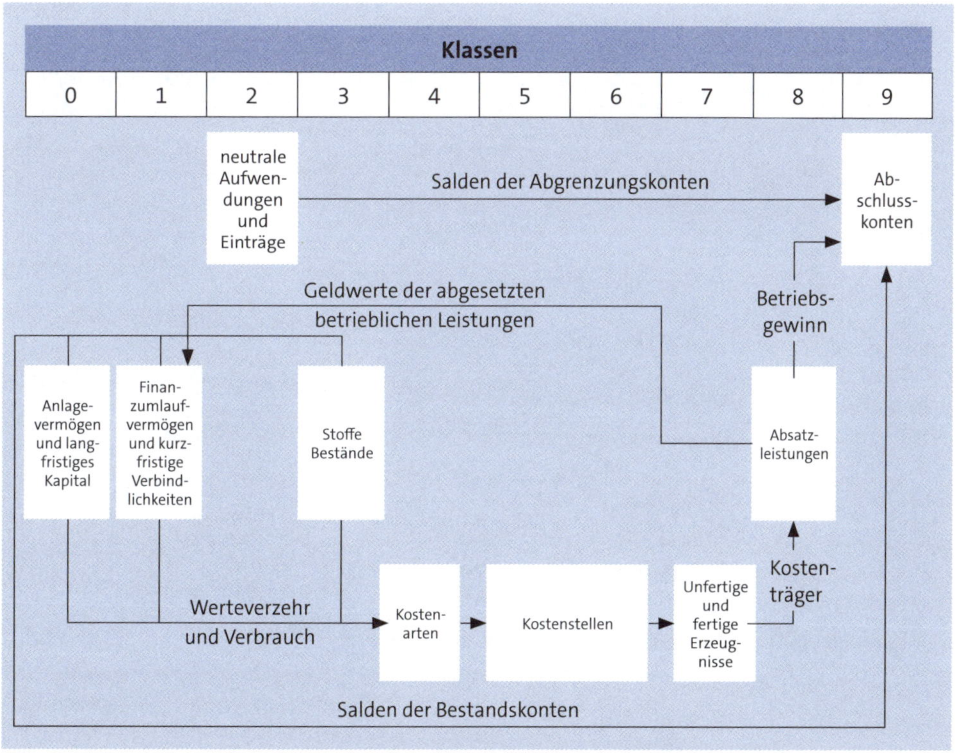

Die Kontenklassen 0 - 3 beinhalten die Vorbereitung der Produktion, die Klassen 4 - 7 die Produktion und die Klasse 8 deren Verwertung. Die Klasse 9 ist Abschlussbuchungen vorbehalten.

Der weit verbreitete Industriekontenrahmen (IKR) sowie der EKR folgen dem Abschlussgliederungsprinzip. Sie folgen in ihrer Systematik der Gliederung von Bilanz und Gewinn- und Verlustrechnung.

Der IKR folgt in den Kontenklassen 0 - 7 der Gliederung von Bilanz und Gewinn- und Verlustrechnung; die Kontenklasse 8 ist für die Eröffnungs- und Abschlussbuchungen vorgesehen. Die Betriebsbuchhaltung (Kosten- und Leistungsrechnung) findet in der Klasse 9 statt. Es handelt sich daher um ein sogenanntes Zweikreissystem (externes Rechnungswesen Klassen 0 - 8, internes Rechnungswesen Klasse 9). Folgende Abbildung zeigt den Industriekontenrahmen:

	Rechnungskreis I									Rechnungskreis II
	Finanzbuchhaltung									Betriebsbuchhaltung
Kontenbereich	Bestandskonten					Erfolgskonten				
	aktive			passive		Ertragskonten	Aufwandskonten			
Klasse	0	1	2	3	4	5	6	7	8	9
Inhalt	Immaterielle Anlagewerte und Sachanlagen	Finanzanlagen	Vorräte, Forderungen, Geldkonten, Rechnungsabgrenzung	Eigenkapital, Wertberichtigung, Rückstellung	Verbindlichkeiten und passive Rechnungsabgrenzung	Erträge	Material- und Personalaufwendungen, Abschreibungen	Zinsen, Steuern, a. o. Aufwendungen	Eröffnung und Abschluss	Kosten- und Leistungsrechnung

Ein detaillierter IKR mit Kontenklassen und Kontengruppen findet sich im Anhang auf den Seiten 397 - 403.

5. Buchungstechnik

5.1 Buchungen auf aktiven Bestandskonten

Konten, die zur Aktivseite der Bilanz (Vermögen) gehören, werden als aktive Bestandskonten bezeichnet, jene, die zur Passivseite der Bilanz (Schulden) gehören, als passive Bestandskonten. **Aktive Bestandskonten** werden wie nachfolgend dargestellt bebucht:

S	H
Anfangsbestand	Abgänge
Zugänge	Endbestand (Saldo)
Summe	Summe

Der Anfangsbestand befindet sich auf der Sollseite, auf der auch Zugänge gebucht werden. Abgänge werden auf der Habenseite verbucht. Der Endbestand ergibt sich als Saldo (Differenz) zwischen Anfangsbestand und Zugängen einerseits und Abgängen andererseits.

Beispiele

Als Beispiel kann ein aktives Bankkonto (Vermögen) gelten. Der Anfangsbestand beträgt 1.000 €. Es werden zunächst 500 € eingezahlt und dann 700 € abgehoben. Somit bleibt ein Endbestand von 800 €.

S		Bank	H
Anfangsbestand	1.000 €	Abgänge	700 €
Zugänge	500 €	Endbestand	800 €
	1.500 €		1.500 €

Als weiteres Beispiel kann das Konto „Forderungen aus Lieferungen und Leistungen“ gelten. Aus offenen Rechnungen an Kunden bestehen Forderungen in Höhe von 20.000 €, die auf der Sollseite eingetragen werden. Werden weitere Rechnungen an Kunden ausgestellt, z. B. in Höhe von 30.000 €, so findet die Buchung wieder auf der Sollseite statt (Zugang). Subtrahiert man von der Summe beider Positionen die eingegangenen Kundenzahlungen in Höhe von 40.000 € (Abgang, also Habenseite), so verbleibt ein Endbestand von 10.000 €.

S	Forderungen		H
Anfangsbestand	20.000 €	Abgänge	40.000 €
Zugänge	30.000 €	Endbestand	10.000 €
	50.000 €		50.000 €

5.2 Buchungen auf passiven Bestandskonten

Passive Bestandskonten, also Konten, die der Passivseite der Bilanz zuzurechnen sind, werden „spiegelverkehrt" bebucht:

S			H
Abgänge		Anfangsbestand	
Endbestand		Zugänge	
	Summe		Summe

Der Anfangsbestand findet sich nun auf der Habenseite („deve avere", der Lieferant soll **haben**). Dort werden auch die Zugänge verbucht; die Abgänge werden sollseitig gebucht. Der Endbestand ergibt sich aus der Differenz von Anfangsbestand und Zugängen einerseits sowie den Abgängen andererseits.

Beispiel

Als Beispiel dient das Konto „Verbindlichkeiten aus Lieferungen und Leistungen". Der Anfangsbestand beträgt 300 €; es fallen zusätzlich Eingangsrechnungen von Lieferanten in Höhe von 150 € an. Beide Sachverhalte finden sich bei passiven Bestandskonten auf der Habenseite des entsprechenden Kontos. Schließlich werden Lieferantenrechnungen in Höhe von 200 € bezahlt (Minderung der Lieferantenschulden, also Abgang und damit Sollseite). Als Saldo verbleibt ein Endbestand von 250 €.

S	Verbindlichkeiten aus L. u. L.		H
Abgänge	200 €	Anfangsbestand	300 €
Endbestand	250 €	Zugänge	150 €
	450 €		450 €

Bei der Verbuchung eines Geschäftsvorfalls wird mindestens auf zwei Konten gebucht – ein Konto erhält eine Sollbuchung, das anderer eine Habenbuchung. Der Geschäftsvorfall wird in einem Buchungssatz abgebildet, der die beteiligten Konten (wobei die Sollbuchungen vor den Habenbuchungen genannt werden) und die jeweiligen Beträge enthält. Ein vollständiger Buchungssatz wird daher wie folgt formuliert:

Konto, das im Soll gebucht wird	Betrag	an	Konto, das im Haben gebucht wird	Betrag

Beispiele

a)	Fuhrpark	20.000 €	an	Kasse	20.000 €
b)	Kasse	1.000 €	an	Bank	1.000 €
c)	Maschinen	100.000 €	an	Darlehen	100.000 €
d)	Darlehen	10.000 €	an	Bank	10.000 €

Bei a) handelt es sich um aktive Bestandskonten (Aktivseite der Bilanz, Vermögen). Die Sollbuchung auf dem Konto Fuhrpark zeigt, dass ein Fahrzeug für 20.000 € gekauft wurde (Mehrung). Dieses wurde bar bezahlt (Minderung auf dem Konto Kasse).

Bei b) sind wiederum zwei aktive Bestandskonten betroffen (Bank könnte auch ein passives Bestandskonto sein; hier wird von einem Guthaben auf dem Bankkonto ausgegangen). Die Kasse nimmt zu, die Bank ab. Dies bedeutet, dass 1.000 € vom Bankkonto abgehoben und in die Kasse einbezahlt wurden.

Bei c) sind ein aktives Bestandskonto (Maschinen) und ein passives Bestandskonto (Darlehen) involviert. Das Aktivkonto erfährt einen Zugang in Höhe von 100.000 €, ebenso wie das Passivkonto. Eine Maschine wurde für 100.000 € erworben und über ein Darlehen finanziert.

Bei d) wird eine Darlehenstilgung in Höhe von 10.000 € dargestellt. Das passive Bestandskonto Darlehen nimmt um 10.000 € ab; ebenso erfährt das Bankkonto eine Minderung.

Zur Vermeidung von Verwirrung sei darauf hingewiesen, dass Kontoauszüge von Banken immer die Sicht der Bank darstellen. Eine Habenbuchung auf einem Girokontoauszug bedeutet demnach, dass die Bank dem Kunden Geld schuldet. Der Kunde müsste dieselbe Buchung in seiner Buchhaltung als Sollbuchung darstellen; er hat eine Forderung an die Bank.

6. Erfolgsneutrale Buchungen

Unter erfolgsneutralen Buchungen wird die Verbuchung von Geschäftsvorfällen verstanden, die den **Gewinn nicht unmittelbar beeinflussen**. Man unterscheidet dabei vier Typen:

- Aktivtausch
- Passivtausch
- Bilanzverlängerung
- Bilanzverkürzung.

Von einem **Aktivtausch** spricht man, wenn auf einem aktiven Bestandskonto eine Sollbuchung erfolgt und die Gegenbuchung ebenfalls auf einem aktiven Bestandskonto im Haben durchgeführt wird. Der Buchungssatz bei einem Aktivtausch lautet daher:

Aktives Bestandskonto	Betrag	an	Aktives Bestandskonto	Betrag

Beispiel

Kauf von Rohstoffen gegen Barzahlung:

Rohstoffe	50 €	an	Kasse	50 €

Die Bilanzsumme bleibt unverändert.

Ähnlich verhält es sich mit dem **Passivtausch**. Von einem Passivtausch spricht man, wenn auf einem passiven Bestandskonto eine Sollbuchung erfolgt und die Gegenbuchung ebenfalls auf einem passiven Bestandskonto im Haben durchgeführt wird. Der Buchungssatz bei einem Passivtausch lautet daher:

Passives Bestandskonto	Betrag	an	Passives Bestandskonto	Betrag

Beispiel

Begleichung kurzfristiger Verbindlichkeiten (hier: Verbindlichkeiten aus Lieferungen und Leistungen) in Höhe von 10.000 € durch Aufnahme eines langfristigen Darlehens:

Verbindlichkeiten aus L. u. L.	10.000 €	an	Langfristiges Darlehen	10.000 €

Eine **Bilanzverlängerung** (Erhöhung der Bilanzsumme) resultiert aus dem Zusammentreffen einer Sollbuchung auf einem aktiven Bestandskonto mit einer Habenbuchung auf einem passiven Bestandskonto. Der Buchungssatz dazu lautet:

Aktives Bestandskonto	Betrag	an	Passives Bestandskonto	Betrag

Beispiel

Dies ist z. B. beim Kauf von Waren auf Rechnung gegeben.

Waren	10.000 €	an	Verbindlichkeiten aus L. u. L.	10.000 €

Eine **Bilanzverkürzung** (Minderung der Bilanzsumme) resultiert aus dem Zusammentreffen einer Sollbuchung auf einem passiven Bestandskonto mit einer Habenbuchung auf einem aktiven Bestandskonto. Der Buchungssatz dazu lautet:

Passives Bestandskonto	Betrag	an	Aktives Bestandskonto	Betrag

Beispiel

Als Beispiel kann die Rückzahlung von Schulden mittels Barzahlung angeführt werden.

Schulden	10.000 €	an	Kasse	10.000 €

7. Erfolgswirksame Buchungen

7.1 Gewinnwirksame Buchungen

Erfolgsneutrale Buchungen haben keine unmittelbare Auswirkung auf Gewinn oder Verlust des Unternehmens; sie verändern die Höhe des Eigenkapitals nicht. Erfolgswirksame Buchungen haben unmittelbaren Einfluss auf Gewinn oder Verlust des Unternehmens. Sie wirken eigenkapitalerhöhend bzw. -mindernd und beinhalten daher immer eine Aufwands- oder eine Ertragsbuchung. Vermögensminderungen (Wertverzehr) stellt Aufwand dar, z. B. Material- oder Personalaufwand. Vermögenzuwachs (Wertzufluss) stellt Ertrag dar, z. B. Verkauf von Waren oder Fertigerzeugnissen.

Betrachtet man das Eigenkapital näher, so kann es durch erfolgsneutrale Buchungen (Einlagen, Entnahmen) und erfolgswirksame Buchungen (Erträge, Aufwendungen) in seiner Höhe verändert werden:

S	Eigenkapital	H
Entnahmen	Anfangsbestand	
Aufwendungen	Einlagen	
Schlussbestand	Erträge	
Summe		Summe

Technisch gesprochen, könnten damit alle Aufwendungen und Erträge direkt über das Eigenkapitalkonto gebucht werden. Da dies sehr unübersichtlich wäre und jegliche Transparenz zur Erfolgsanalyse verhindern würde, gliedert man die **Aufwendungen und Erträge in der Gewinn- und Verlustrechnung** aus. Die Buchungstechnik für die Ertragskonten zeigt die nachfolgende Abbildung.

S	Ertragskonto	H
Erstattungen, Stornierungen	Einzelbeträge der erzielten Erträge	
Saldo		
Summe		Summe

7.2 Ertragsbuchungen

Erträge bewirken Wertezufluss; sie **erhöhen das Eigenkapital**. Das Eigenkapital befindet sich auf der Passivseite der Bilanz; Mehrungen und damit auch die Erträge werden folglich im **Haben** gebucht. Die Sollseite dient der Verbuchung von der Erstattungen und Stornierungen sowie der Ermittlung des Saldos.

Der **Buchungssatz zur Buchung von Erträgen** hat damit folgende Struktur:

Aktives oder passives Bestandskonto	Betrag	an	Ertragskonto	Betrag

Beispiele

Verkauf von Waren gegen Barzahlung (aktives Bestandskonto)
Verkauf von Waren auf Rechnung (aktives Bestandskonto):

Kasse	an	Umsatzerlöse

bzw.

Forderungen aus L. u. L.	an	Umsatzerlöse

Eine Erstattung könnte z. B. durch eine Rücksendung von Waren an den Lieferanten erfolgen:

Umsatzerlöse	an	Forderungen aus L. u. L.

Es sei darauf hingewiesen, dass hier nur die Ertragsseite abgebildet wurde; der dabei entstehende Aufwand (Wertabfluss durch Warenabgang) muss als Aufwand Berücksichtigung finden. Zudem wurde bisher auf die Verbuchung von Umsatzsteuer verzichtet.

7.3 Aufwandsbuchungen

Das „Gegenstück" zu den Ertragsbuchungen sind die Aufwandsbuchungen. Die Technik zur Buchung in Aufwandskonten zeigt die folgende Abbildung:

S	Aufwandskonto	H
Einzelbeträge der getätigten Aufwendungen		Erstattungen, Stornierungen Saldo
Summe		Summe

Aufwendungen wirken eigenkapitalmindernd; sie werden **sollseitig gebucht**. Erstattungen und Stornierungen von Aufwendungen werden auf der Habenseite gebucht, auf der auch der Saldo ermittelt wird.

Der **Buchungssatz zur Buchung von Aufwendungen** hat damit folgende Struktur:

Aufwandskonto	Betrag	an	Aktives oder passives Bestandskonto	Betrag

Beispiele

Als erstes Beispiel wird das Gegenstück zur obigen Ertragsbuchung angeführt:

Warenaufwand	an	Waren

Damit insgesamt Gewinn entsteht, sollten die Umsatzerlöse den Warenaufwand übersteigen und einen genügend hohen Betrag zur Deckung der anderen Aufwendungen abdecken.

Ein anderes Beispiel für eine Aufwandsbuchung stellt der Personalaufwand dar, der hier ohne jegliche Berücksichtigung von Sozialversicherungsbeiträgen oder Steuern dargestellt wird. Damit ein passives Bestandskonto involviert ist, wird die Buchung auf Ziel vorgenommen:

Personalaufwand	an	Sonstige Verbindlichkeiten

Eine Aufwandserstattung könnte z. B. eine Heizkostenerstattung sein:

Bank	an	Heizkosten

Aufgabe 7 > Seite 299
Aufgabe 8 - 9 > Seite 300

8. Verbuchung wichtiger Geschäftsvorfälle

8.1 Umsatzsteuerbuchungen

Alle Einnahmen der Unternehmen unterliegen grundsätzlich der **Umsatzsteuer**. Diese ist im **Umsatzsteuergesetz (UStG)** geregelt und beträgt 19 %, in Sonderfällen, wie z. B. bei vielen Lebensmitteln, 7 %. Kleinunternehmer können sich von der Umsatzsteuer befreien lassen. **Umgangssprachlich** wird diese auch als **Mehrwertsteuer** bezeichnet.

Der Begriff Mehrwertsteuer charakterisiert den Umfang der Steuer; besteuert wird jeweils der geschaffene Mehrwert. Die auf die Umsatzerlöse und andere umsatzsteuerpflichtige Erträge anfallende Umsatzsteuer ist vom Unternehmen zu erheben und abzuführen. Im Gegenzug erhält das Unternehmen die von ihm auf seine Vorleistungen entrichtete Umsatzsteuer, die sogenannte Vorsteuer. Letztlich handelt es sich bei der Umsatzsteuer um eine Verbrauchsteuer, die vom Endverbraucher zu tragen ist. Die Umsatzsteuer stellt damit aus Sicht des Unternehmens einen durchlaufenden Posten dar. Sie ist vom Steueraufkommen her nach der Einkommensteuer die zweitwichtigste Steuerart in Deutschland. Die Umsatzsteuer ist nicht nach erzielten Einzahlungen bzw. getätigten Auszahlungen, sondern bereits grundsätzlich nach vereinbarten Entgelten zu entrichten.

Es werden drei **Kategorien von Umsätzen** unterschieden:

- steuerbare Umsätze, die der Besteuerung unterliegen (§ 1 UStG)
- steuerbefreite Umsätze (§ 4 UStG) und
- nichtsteuerbare Umsätze.

Zu den **steuerbaren Umsätzen** zählen z. B.

- Lieferungen und Leistungen von Unternehmen im Inland gegen Entgelt
- innergemeinschaftlicher Erwerb im Inland gegen Entgelt oder
- Eigenverbrauch (Entnahme oder Gebrauch von Gegenständen für eigene Zwecke).

Zu den **steuerbefreiten Umsätzen** zählen z. B. Finanzdienstleistungen oder die Vermietung bzw. Verpachtung von Grundstücken. **Nichtsteuerbar** ist z. B. der Verkauf eines Autos von Privatperson an Privatperson.

Für die Erfassung der umsatzsteuerrelevanten Geschäftsvorfälle werden zunächst zwei Konten benötigt, das **Vorsteuer-Konto (Vorsteuer)** und das **Umsatzsteuerschuld-Konto (USt-Schuld)**. Auf dem Konto Vorsteuer werden die Umsatzsteuerbeträge, die zu einer Umsatzsteuererstattung führen, gesammelt. Das Konto USt-Schuld dient der Erfassung aller Umsatzsteuerbeträge, die an das Finanzamt abzuführen sind. Vorsteuer hat damit immer mit Aufwand bzw. Aufwanderstattung zu tun, USt-Schuld jedoch mit Ertrag bzw. Ertragsstornierung.

Der **Buchungssatz zur Buchung von vorsteuerrelevanten Geschäftsvorfällen** hat damit folgende Struktur:

Aufwandskonto Vorsteuer	Betrag Betrag	an	Aktives oder passives Bestandskonto	Betrag

Das **Vorsteuer-Konto** stellt ein **aktives Bestandskonto** dar; es enthält Forderungen an das Finanzamt.

Beispiel

Als Beispiel wird ein Dienstleistungsaufwand herangezogen. Für eine erhaltene IT-Dienstleistung werden 200 € zuzüglich 19 % Umsatzsteuer, insgesamt also 238 € in Rechnung gestellt (Zahlungsziel 30 Tage):

Sonstiger Aufwand Vorsteuer	200 € 38 €	an	Verbindlichkeiten aus L. u. L.	238 €

Die Umsatzsteuerrelevanz entsteht dabei bei der Aufwandsbuchung, nicht bei der ggf. später erfolgenden Zahlung. Begleicht das Unternehmen seine Verbindlichkeit aus o. a. Aufwand, so resultiert folgende Buchung:

Verbindlichkeiten aus L. u. L.	238 €	an	Bank	238 €

Das Gegenstück der aufwandsbezogenen Buchungssätze mit Umsatzsteuerrelevanz stellen die **Buchungen umsatzsteuerpflichtiger Erträge** dar, die folgende Grundstruktur aufweisen:

Aktives oder passives Bestandskonto	Betrag	an	Ertrag USt-Schuld	Betrag Betrag

Das **USt-Schuld**-Konto stellt ein **passives Bestandskonto** dar; es enthält Schulden gegenüber dem Finanzamt.

Beispiel

Als Beispiel wird ein Ertrag aus Beratungsdienstleistung herangezogen. Für eine gewährte Beratung werden 1.000 € zuzüglich 19 % Umsatzsteuer, insgesamt also 1.190 € in Rechnung gestellt (Zahlungsziel 30 Tage):

Forderungen aus L. u. L.	1.190 €	an	Umsatzerlöse USt-Schuld	1.000 € 190 €

Begleicht der Kunde die Rechnung in voller Höhe, so resultiert folgende Buchung:

Bank	1.190 €	an	Forderungen aus L. u. L.	1.190 €

Um am Ende der Periode festzustellen, ob ein Umsatzsteuerguthaben oder eine Umsatzsteuerzahllast vorliegt, werden das Vorsteuer- und das USt-Konto über das Konto **Mehrwertsteuerverrechnung (MwSt-Verrechnung)** abgeschlossen. Es resultieren folgende Buchungssätze:

MwSt-Verrechnung	38 €	an	Vorsteuer	38 €

Damit weist das Vorsteuer-Konto einen Saldo von 0 auf.

USt-Schuld	1.000 €	an	MwSt-Verrechung	1.000 €

Nun ist auch das USt-Schuld-Konto abgeschlossen; der Saldo ist ebenfalls 0.

Im MwSt-Verrechnung-Konto ergibt sich ein Saldo von 962 €, der an das Finanzamt überwiesen wird:

MwSt-Verrechnung	962 €	an	Bank	962 €

Damit ist die Verbindlichkeit aus Umsatzsteuer gegenüber dem Finanzamt ausgeglichen.

Aufgabe 10 > Seite 301

8.2 Lohn- und Gehaltsbuchungen

Die Arbeiter und Angestellten eines Unternehmens erhalten Löhne und Gehälter. Historisch betrachtet erhielten Arbeiter Löhne und Angestellte Gehälter. Gehälter werden unabhängig von der tatsächlich erbrachten Leistung monatlich in gleicher Höhe bezahlt, wohingegen Löhne leistungsabhängig als Stunden- und/oder Stücklohn vergütet werden. Heute gilt diese Einteilung vielfach nicht mehr, auch Arbeiter können Gehälter erhalten. Für die Arbeitgeber stellen die Personalkosten Aufwand dar, dessen Verbuchung aufgrund der **komplexen Steuer- und Sozialgesetzgebung** nicht einfach ist.

Ausgangspunkt der Betrachtung ist das sogenannte **Bruttoarbeitsentgelt**, das vertraglich zwischen Arbeitgeber und Arbeitnehmer als Bruttolohn oder Bruttogehalt unter Beachtung von Tarifverträgen, Mindestlohngesetz und weiteren Vorschriften vereinbart wurde.

Zusätzlich zum Bruttoarbeitsentgelt fallen für den **Arbeitgeber** weitere Aufwendungen an. Diese umfassen die Arbeitgeberanteile zur Sozialversicherung (Kranken-, Pflege-, Renten-, Arbeitslosenversicherung) sowie die Beiträge zur Unfallversicherung und die Insolvenzgeldumlage. Buchungstechnisch wird daher unterschieden zwischen **Lohn- und Gehaltsaufwand** einerseits sowie **Sozialaufwand (Arbeitgeber)** andererseits.

Der **Arbeitnehmer** erhält das **Nettoarbeitsentgelt** (Nettolohn bzw. Nettogehalt) ausbezahlt. Vom Bruttoarbeitsentgelt werden die **Arbeitnehmeranteile zur Sozialversicherung** sowie Lohnsteuer, Solidaritätszuschlag und ggf. Kirchensteuer abgezogen. Diese werden vom Arbeitgeber an die zuständigen Zahlungsempfänger (Finanzamt, Krankenkasse, Rentenkasse, Pflegekasse, Bundesanstalt für Arbeit, Berufsgenossenschaft) weitergeleitet.

Die abzuführenden Sozialversicherungsbeiträge für Arbeitnehmer und Arbeitgeber zeigt die folgende Abbildung (Sätze von 2023 ab zweitem Halbjahr):

Abzuführen an die Einzugsstellen der Krankenkassen

Gesamtsozialversicherungsbeitrag		
	Krankenversicherung (Allgemeiner Beitragssatz)	
Arbeitnehmer	**Gesamt**	**Arbeitgeber**
7,300 % **(+ halber Zusatzbeitrag)**	**14,60 %** (durchschnittlicher Zusatzbeitragssatz 1,1 %)	7,300 % **(+ halber Zusatzbeitrag)**
AN	**Rentenversicherung**	**AG**
9,300 %	18,60 %	9,300 %
AN	**Arbeitslosenversicherung**	**AG**
1,300 %	2,60 %	1,300 %
AN	**Pflegeversicherung**	**AG**
1,700 % 2,200 % nur Sachsen Der Beitrag wird ab dem zweiten Kind um 0,25 % pro Kind gesenkt. Die Entlastung ist auf maximal 1 % begrenzt. Der Abschlag gilt nur bis zum Ablauf des Monats, in dem das jeweilige Kind das 25. Lebensjahr vollendet hat.	3,400 %	1,700 % nur Sachsen 1,200 %

Insolvenzgeldumlage	AG
Trägt der Arbeitgeber allein	0,060 %

U1 – Entgeltfortzahlung im Krankheitsfall

An dieser Versicherung nehmen alle Firmen teil, die regelmäßig nicht mehr als 30 Arbeitnehmer beschäftigen. Trägt der Arbeitgeber allein.

U2 – Mutterschaftsaufwendungen

Unabhängig von der Betriebsgröße nehmen an der U2 grundsätzlich alle Arbeitgeber teil. Trägt der Arbeitgeber allein.

Die Höhe der Umlagesätze (U1, U2) wird in der Satzung der Krankenkasse festgelegt.

Abzuführen an die Berufsgenossenschaft
Gesetzliche Unfallversicherung

Trägt der Arbeitgeber allein.
Die Beiträge sind abhängig von Gefahrenklassen, die für den Betrieb gelten.

Beispiel

Emil Emsig ist 25 Jahre alt, ledig, römisch-katholisch, lebt in Baden-Württemberg und erhält ein Bruttogehalt von 4.000 €. Aus Arbeitgebersicht fällt das Bruttogehalt als Lohn- und Personalaufwand an. Zusätzlich entsteht folgender Aufwand (Sozialversicherungssätze 2. Halbjahr 2023):

Rentenversicherung (9,3 % vom Gehalt)	372,00 €
Arbeitslosenversicherung (1,3 % vom Gehalt)	52,00 €
Krankenversicherung (7,3 % vom Gehalt plus halber Zusatzbeitrag 0,45 %)	310,00 €
Pflegeversicherung (1,700 % vom Gehalt)	68,00 €
Insolvenzumlage (0,06 % vom Gehalt)	2,40 €
Unfallversicherung (abhängig von Gefahrenklasse, hier 0,20 % vom Gehalt)	8,00 €
U2-Umlage (0,40 % vom Gehalt)	16,00 €
Summe Sozialaufwand Arbeitgeber	**828,40 €**

Beim Arbeitnehmer werden folgende Sozialversicherungsbeiträge vom Bruttogehalt abgezogen:

Rentenversicherung (9,3 % vom Gehalt)	372,00 €
Arbeitslosenversicherung (1,3 % vom Gehalt)	52,00 €
Krankenversicherung (7,3 % vom Gehalt plus halber Zusatzbeitrag 0,45 %)	310,00 €
Pflegeversicherung (1,700 % vom Gehalt)	68,00 €
Summe Arbeitnehmeranteile zur Sozialversicherung	**802,00 €**

Die Steuerbelastung von Emil Emsig stellt sich wie folgt dar:

Lohnsteuer laut Lohnsteuertabelle	599,58 €
Kirchensteuer (8 % der Lohnsteuer)	47,96 €
Summe Steuerbelastung	**647,54 €**

Das Nettogehalt von Emil Emsig beträgt damit:

Bruttogehalt	4.000,00 €
Summe Arbeitnehmeranteile zur Sozialversicherung	- 802,00 €
Summe Steuerbelastung	- 647,54 €
Nettogehalt	**2.550,46 €**

Die vollständige Buchung des Personalaufwands hat folgende Struktur:

Soll	Betrag		Haben	Betrag
Lohn- und Gehaltsaufwand	Betrag	an	Bank (Nettogehalt)	Betrag
		an	Noch abzuführende Abgaben (Arbeitnehmeranteil Sozialversicherung)	Betrag
		an	Noch abzuführende Abgaben (Steuerbelastung)	Betrag
Sozialaufwand Arbeitgeber	Betrag	an	Noch abzuführende Abgaben	Betrag

Beispiel

Im obigen Beispiel ergibt sich:

Soll	Betrag		Haben	Betrag
Lohn- und Gehaltsaufwand	4.000,00 €	an	Bank (Nettogehalt)	2.550.46 €
		an	Noch abzuführende Abgaben (Arbeitnehmeranteil Sozialversicherung)	802,00 €
		an	Noch abzuführende Abgaben (Steuerbelastung)	647,54 €
Sozialaufwand Arbeitgeber	828,40 €	an	Noch abzuführende Abgaben	828,40 €

Manchmal sind **Vorschüsse an Arbeitnehmer** erforderlich. Es empfiehlt sich, diese als Darlehen auszureichen. Der entsprechende Buchungssatz lautet:

Soll	Betrag		Haben	Betrag
Sonstige Forderungen	Betrag	an	Bank (ggf. auch Kasse)	Betrag

Beispiel

Hätte in obigem Beispiel Emil Emsig zunächst einen Vorschuss von 1.000 € in bar erhalten, hätte das Unternehmen wie folgt gebucht:

Soll	Betrag		Haben	Betrag
Sonstige Forderungen	1.000 €	an	Kasse	1.000 €

Mit der Gehaltszahlung hätte das Unternehmen die Begleichung des Vorschusses eingefordert und 1.000 € weniger ausbezahlt. Die Buchung wäre in diesem Fall gewesen:

Soll	Betrag		Haben	Betrag
Lohn- und Gehaltsaufwand	4.000,00 €	an	Bank (Nettogehalt minus Vorschuss)	1.550,46 €
		an	Sonstige Forderungen (Rückzahlung Vorschuss)	1.000,00 €
		an	Noch abzuführende Abgaben (Arbeitnehmeranteil Sozialversicherung)	802,00 €
		an	Noch abzuführende Abgaben (Steuerbelastung)	647,54 €
Sozialaufwand Arbeitgeber	828,40 €	an	Noch abzuführende Abgaben	828,40 €

Zum jeweiligen Zahlungstermin sind die noch anzuführenden Abgaben zu überweisen, Steuern jeweils zum 10. des Folgemonats, Sozialversicherung zum 15. des Folgemonats (ohne Berufsgenossenschaft, die andere Zahlungstermine kennt).

Der Buchungssatz für die entsprechenden Zahlungen lautet dann:

Soll	Betrag		Haben	Betrag
Noch abzuführende Abgaben	Betrag	an	Bank	Betrag

Aufgabe 11 > Seite 301

8.3 Buchung von planmäßigen Abschreibungen

Zur Leistungserstellung setzen die Unternehmen **abnutzbare Vermögensgegenstände des Anlagevermögens** ein, wie z. B. Maschinen, Gebäude oder Fahrzeuge. Potenzialfaktoren werden aufgrund ihrer langen Lebensdauer nicht in einer Periode verbraucht. Um den **Werteverzehr** dieser Vermögensgegenstände **periodengerecht** abzubilden, werden daher die Anschaffungs- oder Herstellungskosten auf die Nutzungsdauer verteilt.

Beispiel

Verursacht eine Maschine beispielsweise Anschaffungskosten von 500.000 € und kann voraussichtlich 10 Jahre genutzt werden, führt dies zu einer durchschnittlichen Abschreibung von 50.000 € pro Jahr.

Es wird unterschieden zwischen **Abschreibungen nach der Beschäftigung und Abschreibungen nach der Zeit**. Die Abschreibung nach der Beschäftigung ist **leistungsabhängig** und erfolgt leistungsproportional nach der Inanspruchnahme (z. B. Betriebsstunden einer Maschine, gefahrene Kilometer eines Kraftfahrzeugs). Die **Abschreibung nach der Zeit** bezieht sich auf einen **Zeitabschnitt**; meist wird ein Abschreibungsbetrag pro Jahr festgelegt.

Theorie und Praxis haben verschiedene **Abschreibungsverfahren** entwickelt *(Olfert)*:

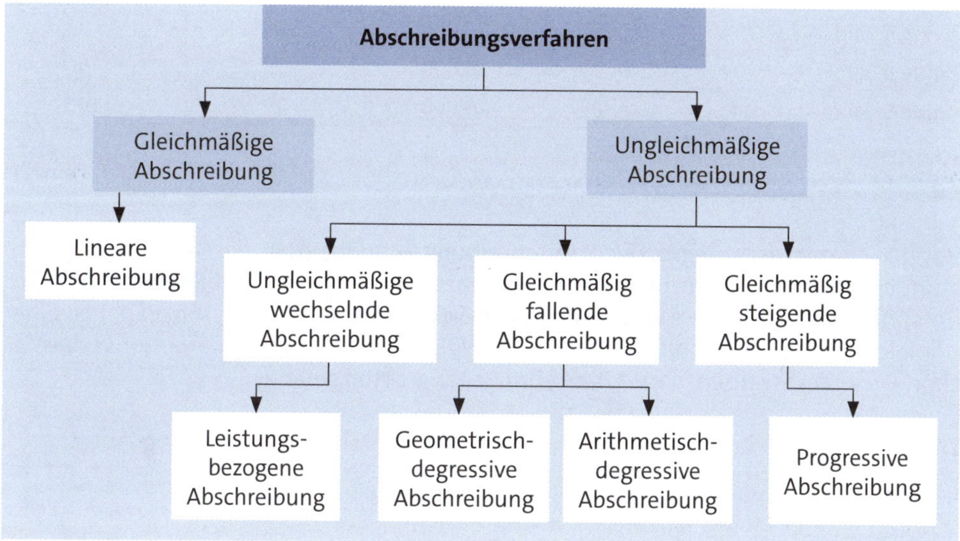

Von praktischer Bedeutung im externen Rechnungswesen sind bei den zeitabhängigen Verfahren die lineare Abschreibung sowie die geometrisch-degressive Abschreibung.

Bei der **linearen Abschreibung** werden die Vermögensgegenstände mit einem **gleich bleibenden Abschreibungssatz** abgeschrieben; der jährliche Abschreibungsbetrag bleibt konstant.

Die Formel für die Ermittlung der linearen Abschreibung lautet:

$$\text{Abschreibung} = \frac{\text{Anschaffungs- oder Herstellungskosten}}{\text{voraussichtliche Nutzungsdauer}}$$

Beispiel

Der Anschaffungswert einer Anlage beträgt 100.000 €; ihre Nutzungsdauer wird auf 5 Jahre geschätzt. Daraus resultiert folgende Abschreibungstabelle:

Jahr	**Restwert**	**Abschreibung in Euro**	**Abschreibung in Prozent**	
			von den Anschaffungskosten	vom Restwert
Anschaffungskosten	100.000			
Ende 1. Jahr	80.000	20.000	20	20
Ende 2. Jahr	60.000	20.000	20	25
Ende 3. Jahr	40.000	20.000	20	33,33
Ende 4. Jahr	20.000	20.000	20	50
Ende 5. Jahr	0	20.000	20	100

Bei der **geometrisch-degressiven Abschreibung** schreibt man die Vermögensgegenstände mit einem **gleich bleibenden Prozentsatz vom jeweiligen Restwert** ab. Dies entspricht zwar in vielen Fällen eher dem Wertverlust der Anlagen, führt aber zu einer ungleichmäßigen Belastung der Produkte. Während der Nutzungsdauer muss die Methode geändert werden, damit man zum Restwert Null gelangt.

Die Formel für die Ermittlung der geometrisch-degressiven Abschreibung lautet:

Abschreibung = jeweiliger Restwert • Abschreibungssatz

Beispiel

Ausgegangen wird wieder von 100.000 € Anschaffungskosten, einer Nutzungsdauer von 5 Jahren und einem Abschreibungssatz von 40 % auf den jeweiligen Restwert:

Jahr	**Restwert**	**Abschreibung in Euro**	**Abschreibung in Prozent**	
			von den Anschaffungskosten	vom Restwert
Anschaffungskosten	100.000			
Ende 1. Jahr	60.000	40.000	40,00	40
Ende 2. Jahr	36.000	24.000	24,00	40
Ende 3. Jahr	21.600	14.400	14,40	40
Ende 4. Jahr	10.800	10.800	10,80	50
Ende 5. Jahr	0	10.800	10,80	100

Im 4. Jahr wird auf lineare Abschreibung gewechselt, da diese dann höhere Abschreibungen bedingt (2 Jahre Restnutzungsdauer entspricht im 4. Jahr 50 % Abschreibung auf den Restwert) und zu einer vollständigen Abschreibung am Ende des 5. Jahres führt.

Der Buchungssatz zur **Verbuchung von planmäßigen Abschreibungen** hat folgende **Grundstruktur**:

Abschreibungen (Anlagevermögen)	Betrag	an	Anlagevermögenkonto	Betrag

Beispiel

Zur Verdeutlichung im Gesamtzusammenhang dient folgendes Beispiel: Kauf einer Maschine auf Rechnung für 100.000 € zuzüglich 19 % Umsatzsteuer am 01.01.2023, Nutzungsdauer 4 Jahre.

Zunächst wird der Kauf gebucht; er führt zu folgenden Buchungen:

Maschinen	100.000 €	an	Verbindlichkeiten aus L. u. L.	119.000 €
Vorsteuer	19.000 €			

Es folgt die Buchung der Abschreibungen:

Abschreibungen (Anlagevermögen)	25.000 €	an	Maschinen	25.000 €

8.4 Buchung des Warenverkehrs

Unternehmen erstellen und verkaufen Produkte, die Dienstleistungen oder Fertigerzeugnisse sein können. Im Unterschied dazu sind **Waren** zu sehen, welche eingekauft und ohne weitere Verarbeitung verkauft werden. Zu unterscheiden sind dabei **Wareneinkauf, Wareneinsatz** und **Warenverkauf**.

Die **Verbuchung des Wareneinkaufs** stellt einen **erfolgsneutralen Geschäftsvorfall** dar. Sie hat folgende **Grundstruktur**:

Waren	Betrag	an	Aktives oder passives	Betrag
Vorsteuer	Betrag	an	Bestandskonto	

Beispiel

Die Felix Fleischer GmbH handelt mit Wurstwaren. Sie kauft von der Siegfried Schlachthof AG 50 kg Leberwurst zum Kilopreis von 2,00 € zuzüglich 7 % Umsatzsteuer gegen Barzahlung. Der Buchungssatz lautet:

Waren	100 €	an	Kasse	107 €
Vorsteuer	7 €	an		

Zu den Anschaffungskosten zählen dabei nicht nur der Anschaffungspreis, sondern auch die einzeln zurechenbaren Nebenkosten (Transportkosten, Transportversicherung etc.). Von den Anschaffungskosten sind Preisminderungen wie Rabatte zu subtrahieren.

Beispiel

Die Felix Fleischer AG verkauft 40 kg der Leberwurst an die Alois Mayr KG zum Kilopreis von 5,00 € zuzüglich 7 % Umsatzsteuer auf Rechnung (Zielverkauf). Der Buchungssatz dazu lautet:

Forderungen aus L. u. L.	214 €	an	Umsatzerlöse	200 €
		an	USt-Schuld	14 €

Abschließend muss noch der **Wareneinsatz** gebucht werden. Durch den Verkauf an Alois Mayr verringert sich der Lagerbestand auf dem Warenkonto um 40 kg zum Einstandspreis von 2,00 € je kg:

Warenaufwand	80 €	an	Waren	80 €

Das Unternehmen hat aus der Transaktion einen Gewinn von 120 € erzielt (Umsatzerlöse 200 €, Warenaufwand 80 €). Die Bestandsveränderung im Warenkonto beträgt 20 € (Einkauf 100 €, Warenaufwand 80 €).

8.5 Buchung der Bestandsveränderungen an unfertigen Erzeugnissen und Fertigerzeugnissen

Bei produzierenden Unternehmen kann es zu Bestandsveränderungen an unfertigen Erzeugnissen und Fertigerzeugnissen oder auch unfertigen bzw. fertigen Leistungen kommen. In der Bilanz müssen daher Bestandsveränderungen im Vorratsvermögen berücksichtigt und gebucht werden.

Zu Verdeutlichung dient ein stark vereinfachtes Beispiel:

Beispiel

Der Schneidermeister Fritz Faden hat im Kundenauftrag einen Maßanzug hergestellt, der zum 31.12. fertig wurde, aber erst im Januar ausgeliefert und fakturiert werden soll. Für die Herstellung sind 200 € Materialaufwendungen (Materialien wurden dem Lager entnommen), 500 € Lohnaufwendungen und 300 € fertigungsbezogener Gemeinkostenaufwand (Miete, Strom etc.) entstanden. Herr Faden hat folgende Aufwandsbuchungen vorgenommen:

Materialaufwand	200 €	an	Vorräte	200 €
Lohnaufwand	500 €	an	Bank	500 €
Sonstige Aufwendungen	300 €	an	Kasse	300 €

Der vereinbarte Preis beträgt 1.600 €. In die Bilanz aufzunehmen sind jedoch nur die Herstellungskosten in Höhe von 1.000 €. Dies bedeutet, dass eine Sollbuchung in Höhe von 1.000 € bei den Fertigerzeugnissen als Teil der Vorräte erfolgen muss. Zu unterscheiden ist nun wiederum, ob Herr Faden seinen Periodenerfolg nach Gesamt- oder Umsatzkostenverfahren ermittelt.

Im **Gesamtkostenverfahren** wird der zur Herstellung des Anzuges ermittelte Aufwand kompensiert, in dem eine **Habenbuchung** vorgenommen wird:

Fertigerzeugnisse	1.000 €	an	Bestandserhöhung an Fertigerzeugnissen	1.000 €

Damit entsprechen sich Aufwand und Ertrag, der Periodenerfolg ist 0 €.

Im **Umsatzkostenverfahren** werden die zur Herstellung des Anzugs nötigen Aufwendungen auf den Aufwandskonten storniert:

Fertigerzeugnisse	1.000 €	an	Materialaufwand	200 €
			Lohnaufwand	500 €
			Sonstige Aufwendungen	300 €

Das Ergebnis ist identisch, der Periodenerfolg wiederum 0 €. Im Unterschied zum Gesamtkostenverfahren werden in diesem Fall aber weder Erträge noch Aufwendungen ausgewiesen, da keine Umsatzerlöse erzielt wurden und damit auch keine auf den (hier nicht vorhandenen) Umsatz entfallenden Aufwendungen zu berücksichtigen sind.

Bei **Bestandsminderungen** ist **analog** vorzugehen. Im **Gesamtkostenverfahren** lautet die entsprechende **Buchung** dann:

Bestandsminderung unfertige Erzeugnisse bzw. Fertigerzeugnisse	Betrag	an	Unfertige Erzeugnisse bzw. Fertigerzeugnisse	Betrag

Die Bestandsminderung ist dabei zu den Herstellungskosten des Entstehungszeitpunktes der Erzeugnisse zu bewerten.

Im **Umsatzkostenverfahren** lauten die **Buchungssätze**:

Herstellungskosten der betreffenden unfertigen Erzeugnisse bzw. Fertigerzeugnisse	Betrag	an	Unfertige Erzeugnisse bzw. Fertigerzeugnisse	Betrag

Die Bewertung erfolgt wie beim Gesamtkostenverfahren.

Aufgabe 12 > Seite 302

8.6 Verbuchung von Preisnachlässen

Bei Verhandlungen mit Lieferanten werden häufig Preisnachlässe in Form von Skonti, Boni und Rabatten vereinbart.

Ein **Rabatt** führt zu einem sofortigen Preisnachlass, während ein Bonus nachträglich z. B. beim Erreichen bestimmter Umsätze gewährt wird. Häufig wird eine **Skonto**-Möglichkeit gewährt; dies bedeutet, dass bei Zahlung innerhalb bestimmter Fristen ein Preisnachlass eingeräumt wird.

Da Unternehmen sowohl Lieferanten als auch Kunden sein können, können Preisnachlässe als Aufwand und Ertrag auftreten.

Lieferantenrabatte werden nach der sogenannten **Nettomethode** verbucht. Die Grundstruktur der Buchung lautet:

Waren Vorsteuer	Betrag Betrag	an	Verbindlichkeiten aus L. u. L.	Betrag

Beispiel

Unser Lieferant gewährt uns auf den Warenwert in Höhe von 100.000 € 20 % Rabatt. Der Buchungssatz lautet dann:

Waren Vorsteuer	80.000 € 15.200 €	an	Verbindlichkeiten aus L. u. L.	95.200 €

Gebucht wird demnach der Nettobetrag in Höhe von 80.000 € (100.000 € minus 20 %).

Analog verhält es sich mit **Kundenrabatten**. Die Grundstruktur der Buchung lautet dann:

Forderungen aus L. u. L.	Betrag	an	Umsatzerlöse	Betrag
		an	USt-Schuld	Betrag

Beispiel

Unser Lieferant würde den oben dargestellten Fall wie folgt buchen:

Forderungen aus L. u. L.	95.200 €	an	Umsatzerlöse	80.000 €
		an	USt-Schuld	15.200 €

Anders gestaltet sich die Buchung von **Boni**, welche nachträglich gewährt werden. Bei Erhalt eines **Lieferantenbonus** ist zu berücksichtigen, dass dadurch die Anschaffungskosten sinken. Im Gesamtkontext (Wareneinkauf mit nachträglicher Bonusgutschrift) entstehen folgende Buchungen:

Zunächst wird der Wareneinkauf – hier auf Ziel – gebucht.

Waren	Betrag	an	Verbindlichkeiten aus L. u. L.	Betrag
Vorsteuer	Betrag			

Es erfolgt die **Bonusgutschrift**. Zu beachten ist, dass die Vorsteuer um den auf den Bonus entfallenden Betrag zu korrigieren ist.

Verbindlichkeiten aus L. u. L.	Betrag	an	Lieferantenboni	Betrag
		an	Vorsteuer	Betrag

Abschließend ist zu berücksichtigen, dass der **Bonus** die **Anschaffungskosten** der Waren **mindert**.

Lieferantenboni	Betrag	an	Waren	Betrag

Beispiel

Die Huber AG hat von der Maier GmbH Waren im Wert von 100.000 € zuzüglich 19 % Umsatzsteuer erhalten. Das Zahlungsziel beträgt 30 Tage. Am Jahresende gewährt die Maier GmbH einen Bonus von 5 %.

Es resultieren folgende Buchungen:

Waren	100.000 €	an	Verbindlichkeiten aus L. u. L.	119.000 €
Vorsteuer	19.000 €			

Es erfolgt die Bonusgutschrift in Höhe von 5.000 €. Zu beachten ist, dass die Vorsteuer um den auf den Bonus entfallenden Betrag zu korrigieren ist.

Verbindlichkeiten aus L. u. L.	5.950 €	an	Lieferantenboni	5.000 €
		an	Vorsteuer	950 €

Abschließend ist zu berücksichtigen, dass der Bonus die Anschaffungskosten der Waren um 5.000 € mindert.

Lieferantenboni	5.000 €	an	Waren	5.000 €

Analog verhält es sich mit **Kundenboni**. Die Grundstruktur der Buchungen lautet wie folgt:

Zunächst werden die Umsatzerlöse – hier auf Ziel – gebucht.

Forderungen aus L. u. L.	Betrag	an	Umsatzerlöse	Betrag
		an	USt-Schuld	Betrag

Es erfolgt die Gutschrift an den Kunden.

Kundenboni	Betrag	an	Forderungen aus L. u. L.	Betrag
USt-Schuld	Betrag			

Gegebenenfalls werden die Umsatzerlöse korrigiert, um einen Nettoausweis zu erreichen.

Umsatzerlöse	Betrag	an	Kundenboni	Betrag

Die Buchung von **Skonti** ähnelt den Boni-Buchungen. Zu unterscheiden sind wieder **Lieferantenskonto und Kundenskonto**.

Im Gesamtkontext des **Lieferantenskonto** (bei Wareneinkauf mit späterer Ausnutzung des Skonto) resultieren folgende Buchungssätze:

Zunächst wird der Wareneinkauf – hier auf Ziel – gebucht.

Waren	Betrag	an	Verbindlichkeiten aus L. u. L.	Betrag
Vorsteuer	Betrag			

Es erfolgt der **Skontoabzug** bei der Zahlung (hier: Überweisung). Zu beachten ist, dass die Vorsteuer um den auf den Skonto entfallenden Betrag zu korrigieren ist.

Verbindlichkeiten aus L. u. L.	Betrag	an	Bank	Betrag
		an	Lieferantenskonto	Betrag
		an	Vorsteuer	Betrag

Abschließend ist zu berücksichtigen, dass der erhaltene Skonto die **Anschaffungskosten** der Waren **mindert**.

Lieferantenskonto	Betrag	an	Waren	Betrag

Skonto betrifft nicht nur Warengeschäfte, sondern beispielsweise auch die Inanspruchnahme von Dienstleistungen. Statt der Verrechnung des Lieferantenskontos mit dem Warenkonto bleibt der Lieferantenskonto dann als Aufwand bestehen.

Beispiel

Die Kunde GmbH kauft bei der Lieferant AG Waren im Wert von 1.000 € zuzüglich 19 % Umsatzsteuer auf Ziel. Bei Begleichung der Rechnung innerhalb von 10 Tagen gewährt die Lieferant AG 3 % Skonto.

Zunächst wird der Wareneinkauf gebucht.

Waren	1.000,00 €	an	Verbindlichkeiten aus L. u. L.	1.190,00 €
Vorsteuer	190,00 €			

Es erfolgt der Skontoabzug bei der Zahlung (hier: Überweisung). Zu beachten ist, dass die Vorsteuer um den auf den Skonto entfallenden Betrag zu korrigieren ist.

Verbindlichkeiten aus L. u. L.	1.190,00 €	an	Bank	1.154,30 €
		an	Lieferantenskonto	30,00 €
		an	Vorsteuer	5,70 €

Abschließend ist zu berücksichtigen, dass der erhaltene Skonto die Anschaffungskosten der Waren mindert.

Lieferantenskonto	30,00 €	an	Waren	30,00 €

Im Gesamtkontext des **Kundenskontos** (bei Warenverkauf mit späterer Ausnutzung des Skontos durch den Kunden) resultieren folgende Buchungssätze:

Zunächst wird der Warenverkauf – hier auf Ziel – gebucht.

Forderungen aus L. u. L.	Betrag	an	Umsatzerlöse	Betrag
		an	USt-Schuld	Betrag

Es erfolgt der Skontoabzug bei der Zahlung (hier: Überweisung). Zu beachten ist, dass die USt-Schuld um den auf den Skonto entfallenden Betrag zu korrigieren ist.

Bank	Betrag	an	Forderungen aus L. u. L.	Betrag
Kundenskonto	Betrag			
USt-Schuld	Betrag			

Beispiel

Die Lieferant AG verkauft der Kunden GmbH Waren zum Preis von 1.000 € zuzüglich 19 % Umsatzsteuer auf Ziel. Bei Begleichung der Rechnung innerhalb von 10 Tagen gewährt die Lieferant AG 3 % Skonto, die die Kunden GmbH beansprucht

Zunächst wird der Warenverkauf – hier auf Ziel – gebucht.

Forderungen aus L. u. L.	1.190,00 €	an	Umsatzerlöse	1.000,00 €
		an	USt-Schuld	190,00 €

Es erfolgt der Skontoabzug bei der Zahlung (hier: Überweisung). Zu beachten ist, dass die USt-Schuld um den auf den Skonto entfallenden Betrag zu korrigieren ist.

Bank	1.154,30 €	an	Forderungen aus L. u. L.	1.190,00 €
Kundenskonto	30,00 €			
USt-Schuld	5,70 €			

Aufgabe 13 > Seite 302

8.7 Privatentnahmen und Privateinlagen

Das Eigenkapital verändert sich erfolgswirksam, indem das Unternehmen Gewinne oder Verluste generiert. Daneben kann das Eigenkapital durch erfolgsneutrale Vorgänge erhöht oder verringert werden. Für Kapitalgesellschaften werden diese im Rahmen des >> Kapitels C. diskutiert. Bei Einzelunternehmen und Personengesellschaften spricht man von Privateinlagen und Privatentnahmen, die das Eigenkapital verändern können.

Bei **Privateinlagen** wird das Eigenkapital erhöht, in dem der Unternehmer Geld oder Güter aus seinem Privatvermögen in das Unternehmen einbringt. Bei **Privatentnahmen** entnimmt der Unternehmer aus dem Unternehmen Geld oder Güter in sein Privatvermögen. **Einlagen** wirken **eigenkapitalerhöhend, Entnahmen eigenkapital-**

mindernd. Beide Vorgänge werden direkt auf dem Privatkonto, einem Unterkonto des Eigenkapitalkontos, gebucht.

Bei **Privateinlagen** lautet der **Buchungssatz**:

Aktives oder passives Bestandskonto	Betrag	an	Privatkonto	Betrag

In der Regel erfolgt die Sollbuchung auf einem aktiven Bestandskonto, da Geld oder Güter – also Vermögensgegenstände – eingebracht werden. Es könnte aber auch sein, dass der Unternehmer aus seinem Privatvermögen Schulden des Unternehmens begleicht.

Beispiel

Ein Unternehmer bringt eine Geldeinlage in Höhe von 10.000 € ins Unternehmen ein. Daraus resultiert folgender Buchungssatz:

Bank	10.000 €	an	Privatkonto	10.000 €

Das Eigenkapital erhöht sich erfolgsneutral um 10.000 €.

Die **Buchung** einer **Privatentnahme** folgt folgender Struktur:

Privatkonto	Betrag	an	Aktives oder passives Bestandskonto	Betrag

Sie wirkt eigenkapitalmindernd.

Handelt es sich um Sachentnahmen, wird der Vorgang **umsatzsteuerrelevant**, wie das folgende Beispiel zeigt.

Beispiel

Der Weinhändler Rudi Riesling entnimmt seinem Warenlager zwei Flaschen Champagner, die er mit Freunden am Abend genießen möchte. Der Einstandspreis pro Flasche beträgt 20 €, der übliche Verkaufspreis 50 €. Der Umsatzsteuersatz für Champagner beträgt 19 %.

Der Buchungssatz lautet dann:

Privatkonto	47,60 €	an	Waren	40,00 €
		an	USt-Schuld	7,60 €

Die Entnahme ist zum Einstandspreis zu bewerten; der Unternehmer hat die Umsatzsteuer aus seinem Privatvermögen zu entrichten.

8.8 Eröffnungs- und Abschlussbuchungen

Zu Beginn jedes Geschäftsjahres werden zunächst die Bestandskonten eröffnet. Damit eine Gegenbuchung auf den Bestandskonten möglich ist, wird das Sammelkonto **„Eröffnungsbilanzkonto"** bebucht. Es stellt eine spiegelbildliche Darstellung der Eröffnungsbilanz dar.

Beispiel

Ausgehend von der folgenden Eröffnungsbilanz zum 01.01.2023 werden die Eröffnungsbuchungssätze formuliert:

AKTIVA	**Eröffnungsbilanz zum 01.01.2023**		**PASSIVA**
Sachanlagen	200.000 €	Eigenkapital	300.000 €
Vorräte	50.000 €	Fremdkapital	200.000 €
Forderungen	150.000 €		
Liquide Mittel (Kasse, Bank)	100.000 €		
	500.000 €		500.000 €

Die Eröffnungsbuchungen lauten:

Eröffnungsbilanzkonto	200.000 €	an	Sachanlagen	200.000 €
Eröffnungsbilanzkonto	50.000 €	an	Vorräte	50.000 €
Eröffnungsbilanzkonto	150.000 €	an	Forderungen	150.000 €
Eröffnungsbilanzkonto	100.000 €	an	Liquide Mittel (Kasse, Bank)	100.000 €
Eigenkapital	300.000 €	an	Eröffnungsbilanzkonto	300.000 €
Fremdkapital	200.000 €	an	Eröffnungsbilanzkonto	200.000 €

Damit stehen die Anfangsbestände der Bestandskonten auf den „richtigen" Seiten – die Vermögensgegenstände im Soll, die Schulden im Haben. Die Buchung der Geschäftsvorfälle kann beginnen.

Dazu werden nun auch die Erfolgskonten eingesetzt; Aufwendungen führen zu Sollbuchungen, Erträge zu Habenbuchungen.

Folgende Geschäftsvorfälle führen das obige Beispiel fort; zur Vereinfachung wird die Umsatzsteuer nicht berücksichtigt:

Beispiel

a) Kauf einer Maschine für 100.000 € auf Ziel
b) Verkauf von Waren für 100.000 € auf Ziel (Einstandspreis 50.000 €)
c) Personalaufwand 30.000 €, Überweisung
d) Abschreibungen auf Sachanlagen 20.000 €

Daraus resultieren fünf Buchungssätze:

Sachanlagen	100.000 €	an	Fremdkapital	100.000 €
Forderungen	100.000 €	an	Umsatzerlöse	100.000 €
Warenaufwand	50.000 €	an	Vorräte	50.000 €
Personalaufwand	30.000 €	an	Liquide Mittel	30.000 €
Abschreibungen Anlagevermögen	20.000 €	an	Sachanlagen	20.000 €

Die Saldi der Konten können nun ermittelt werden:

a) aktive Bestandskonten

Sachanlagen	280.000 €
Vorräte	0 €
Forderungen	250.000 €
Liquide Mittel	70.000 €

b) passive Bestandskonten

Eigenkapital	300.000 €
Fremdkapital	300.000 €

c) Ertragskonto

Umsatzerlöse	100.000 €

d) Aufwandskonten

Warenaufwand	50.000 €
Personalaufwand	30.000 €
Abschreibungen Anlagevermögen	20.000 €

Die **Aufwands- und Ertragskonten** werden über das **Gewinn- und Verlustrechnungskonto abgeschlossen. Aufwandskonten** haben einen **Saldo** auf der **Habenseite; Ertragskonten** weisen den **Saldo** auf der **Sollseite** aus. Prinzipiell erfolgen die Abschlussbuchungen daher folgendem Muster:

Gewinn- und Verlustkonto	Betrag	an	Aufwandskonto	Betrag

Ertragskonto	Betrag	an	Gewinn- und Verlustkonto	Betrag

Beispiel

Es resultieren im obigen Beispiel folgende Buchungen:

Gewinn- und Verlustkonto	50.000 €	an	Warenaufwand	50.000 €
Gewinn- und Verlustkonto	30.000 €	an	Personalaufwand	30.000 €
Gewinn- und Verlustkonto	20.000 €	an	Abschreibungen Anlagevermögen	20.000 €
Umsatzerlöse	100.000 €	an	Gewinn- und Verlustkonto	100.000 €

Der im Gewinn- und Verlustkonto ausgewiesene Saldo wird auf das Eigenkapitalkonto gebucht. Im Gewinnfall lautet der Buchungssatz:

Gewinn- und Verlustkonto	Betrag	an	Eigenkapital	Betrag

Im Verlustfall wird das Eigenkapital verringert:

Eigenkapital	Betrag	an	Gewinn- und Verlustkonto	Betrag

Beispiel

Es entstehen im obigen Beispiel weder Gewinn noch Verlust; die Gewinn- und Verlustrechnung ist ausgeglichen:

AUFWENDUNGEN	Gewinn- und Verlustrechnung 01.01. - 31.12.2023		ERTRÄGE
Warenaufwand	50.000 €	Umsatzerlöse	100.000 €
Personalaufwand	30.000 €		
Abschreibungen Anlagevermögen	20.000 €		
Gewinn (Saldo)	0 €		
	100.000 €		100.000 €

Nun werden die Bestandskonten analog der Vorgehensweise bei der Eröffnung über das sogenannte **Schlussbilanzkonto** abgeschlossen.

Beispiel

Es resultieren im Beispiel folgende Abschlussbuchungen:

Schlussbilanzkonto	280.000 €	an	Sachanlagen	280.000 €
Schlussbilanzkonto	0 €	an	Vorräte	0 €
Schlussbilanzkonto	250.000 €	an	Forderungen	250.000 €
Schlussbilanzkonto	70.000 €	an	Liquide Mittel (Kasse, Bank)	70.000 €
Eigenkapital	300.000 €	an	Schlussbilanzkonto	300.000 €
Fremdkapital	300.000 €	an	Schlussbilanzkonto	300.000 €

Damit liegt die Schlussbilanz vor:

AKTIVA	Schlussbilanz zum 31.12.2023		PASSIVA
Sachanlagen	280.000 €	Eigenkapital	300.000 €
Vorräte	0 €	Fremdkapital	300.000 €
Forderungen	250.000 €		
Liquide Mittel (Kasse, Bank)	70.000 €		
	600.000 €		600.000 €

Aufgabe 14 > Seite 303
Aufgabe 15 > Seite 304
Aufgabe 16 > Seite 308
Aufgabe 17 > Seite 312

C. Grundlagen der Bilanzierung (Einzelabschluss)

Nach Studium dieses Kapitels ...

- *kennen Sie die gesetzlichen Grundlagen für die Bilanzierung*
- *sind Sie mit den Grundsätzen ordnungsgemäßer Buchführung und Bilanzierung vertraut*
- *haben Sie die grundsätzlich zu klärenden Fragen hinsichtlich „Ansatz", „Ausweis" und „Bewertung" verstanden*
- *können Sie die wesentlichen Bewertungsmaßstäbe des HGB anwenden*
- *kennen Sie besondere Vorschriften zu Ansatz, Ausweis und Bewertung in Anlage- und Umlaufvermögen und können diese anwenden*
- *kennen Sie die Positionen des Eigenkapitals und können diese bilanzieren*
- *können Sie Verbindlichkeiten bewerten und ausweisen*
- *können Sie Rückstellungen hinsichtlich Ansatz, Ausweis und Bewertung beurteilen*
- *verstehen Sie Rechnungsabgrenzungsposten, latente Steuern und den aktivischen Unterschiedsbetrag aus der Vermögensrechnung und können diese bilanzieren*
- *können Sie die Gewinn- und Verlustrechnung nach Gesamt- und Umsatzkostenverfahren erstellen*
- *kennen Sie die wesentlichen Inhalte von Anhang und Lagebericht.*

Im Rahmen dieses Kapitels zur Bilanzierung werden folgende Inhalte behandelt:

<table>
<tr><td rowspan="15">Grundlagen der Bilanzierung (Einzelabschluss)</td><td>Gesetzliche Grundlagen</td></tr>
<tr><td>Grundsätze ordnungsgemäßer Buchführung und Bilanzierung</td></tr>
<tr><td>Ansatz, Ausweis und Bewertung</td></tr>
<tr><td>Grundlegende Bewertungsmaßstäbe</td></tr>
<tr><td>Anlagevermögen</td></tr>
<tr><td>Umlaufvermögen</td></tr>
<tr><td>Eigenkapital</td></tr>
<tr><td>Verbindlichkeiten</td></tr>
<tr><td>Rückstellungen</td></tr>
<tr><td>Rechnungsabgrenzungsposten</td></tr>
<tr><td>Latente Steuern</td></tr>
<tr><td>Weitere Posten</td></tr>
<tr><td>Gewinn- und Verlustrechnung</td></tr>
<tr><td>Anhang</td></tr>
<tr><td>Lagebericht</td></tr>
</table>

1. Gesetzliche Grundlagen

1.1 Handelsrechtliche Vorschriften

Für das externe Rechnungswesen gelten rechtliche Vorschriften. Für alle in Deutschland ansässigen Unternehmen ist dabei zunächst das **Handelsgesetzbuch** (HGB) zu beachten. Darin finden sich für die **Rechnungslegung** folgende **wesentliche Abschnitte:**

§§ 238 ff.	Vorschriften für alle Kaufleute
§§ 264 ff.	Ergänzende Vorschriften für Kapitalgesellschaften (AG, KGaA, GmbH) sowie bestimmte Personenhandelsgesellschaften
§§ 336 ff.	Ergänzende Vorschriften für eingetragene Genossenschaften
§§ 340 ff.	Ergänzende Vorschriften für Kreditinstitute usw.
§§ 341 ff.	Ergänzende Vorschriften für Versicherungsunternehmen usw.

Abhängig von der Rechtsform und der Größe des Unternehmens bestehen unterschiedliche **Offenlegungspflichten** (Publizitätsgesetz (PublG), HGB). Außer den nicht dem PublG unterliegenden Personengesellschaften mit natürlicher Person als Vollhafter (Bilanzsumme nicht größer als 65 Mio. €, Umsatzerlöse nicht größer als 130 Mio. €, nicht mehr als 5.000 Arbeitnehmer) müssen alle Unternehmen ihre publizitätspflichtigen Unterlagen beim elektronischen Bundesanzeiger **(https://www.ebundesanzeiger.de)** einreichen, wo sie der Öffentlichkeit frei zugänglich sind.

Bei den **Kapitalgesellschaften** werden vier **Größenklassen** (§ 267 und § 267a HGB) unterschieden. Erfüllt ein Unternehmen an drei aufeinanderfolgenden Abschlussstichtagen jeweils mindestens zwei der drei Merkmalsausprägungen, sind die diese Größenklasse betreffenden Publizitätspflichten zu erfüllen.

Größenklasse	Bilanzsumme	Umsatzerlöse	Arbeitnehmer
kleinst	bis 0,35 Mio. €	bis 0,7 Mio. €	bis 10
klein	bis 6 Mio. €	bis 12 Mio. €	bis 50
mittelgroß	bis 20 Mio. €	bis 40 Mio. €	51 - 250
groß	über 20 Mio. €	über 40 Mio. €	ab 251

Für kleine, mittelgroße und große Kapitalgesellschaften ergeben sich folgende **Offenlegungspflichten** *(Wöltje)*:

Kriterien	Kleine Kapitalgesellschaft oder Kapitalgesellschaft & Co. KG	Mittelgroße Kapitalgesellschaft oder Kapitalgesellschaft & Co. KG	Große Kapitalgesellschaft oder Kapitalgesellschaft & Co. KG
Frist für die Offenlegung	12 Monate nach Abschlussstichtag (4 Monate für börsennotierte Unternehmen)		

Kriterien	**Kleine Kapitalgesellschaft oder Kapitalgesellschaft & Co. KG**	**Mittelgroße Kapitalgesellschaft oder Kapitalgesellschaft & Co. KG**	**Große Kapitalgesellschaft oder Kapitalgesellschaft & Co. KG**
Offenlegungspflichtige Unterlagen	Verkürzte Bilanz Anhang (ohne Angabe oder GuV)	Bilanz (Sonderform) GuV verkürzt Anhang (verkürzt)	Bilanz GuV Anhang (ungekürzt)
	keine GuV (nur Jahresergebnis) Kein Lagebericht Keine Ergebnisverwendung Beteiligungsliste	Lagebericht Bericht des Aufsichtsrates Ergebnisverwendungsvorschlag und -beschluss Betätigungsvermerk	Lagebericht Bericht des Aufsichtsrates Ergebnisverwendungsvorschlag und -beschluss Betätigungsvermerk
Kapitalmarktorientierte Kapitalgesellschaften	Nicht konzernierte Einzelgesellschaften müssen ihren Jahresabschluss um eine Kapitalflussrechnung und einen Eigenkapitalspiegel ergänzen; für die Segmentberichterstattung besteht ein Wahlrecht (§ 264 Abs. 1 HGB). Börsennotierte Aktiengesellschaften haben eine „Erklärung zur Unternehmensführung“ abzugeben, die sich im Wesentlichen auf die Empfehlung des deutschen Corporate Kodex (DCGK) bezieht (§ 289a HGB).		

Für den Jahresabschluss (JA) ergeben sich damit rechtsform- und größenabhängig folgende Komponenten:

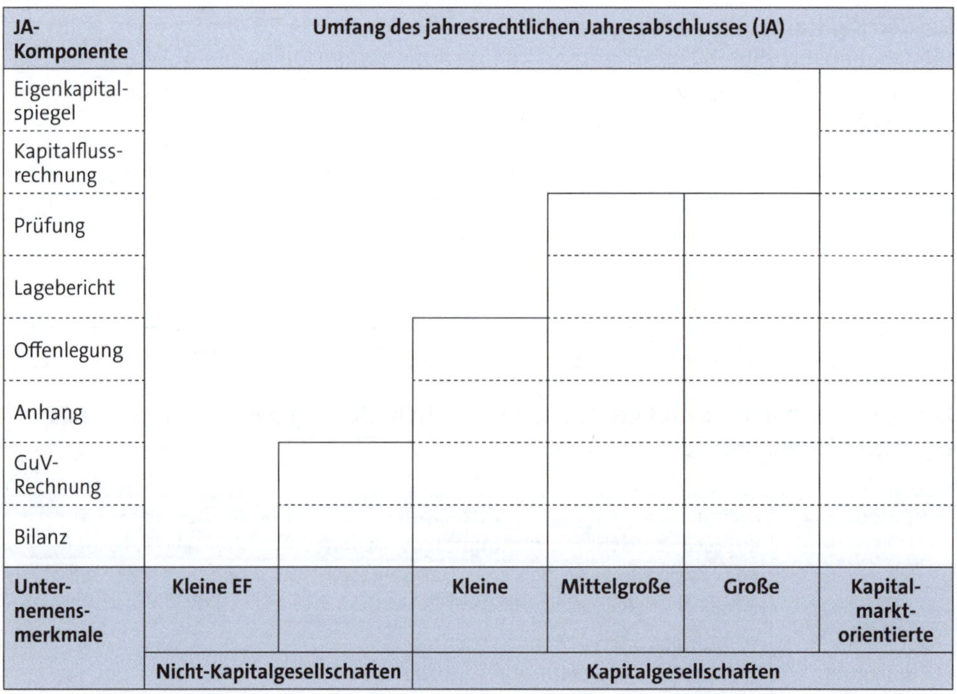

Gestufte Vorschriften zum handelsrechtlichen Abschluss *(Wöhe/Döring/Brösel)*

Für die **Kleinst-Kapitalgesellschaften** gelten gemäß § 326 Abs. 2 HGB weitere **Erleichterungen**. So muss der Jahresabschluss nicht veröffentlicht, sondern nur hinterlegt werden.

Bis zur Veröffentlichung des Jahresabschlusses (§ 325 HGB, § 326 HGB, § 15 PublG) sind verschiedene Schritte nötig, die nachfolgend für eine **Aktiengesellschaft** skizziert werden:

- Erstellung der „vorläufigen Bilanz" (gemeint ist ein vorläufiger Jahresabschluss)
- Beschluss des Vorstands (damit wird aus der „vorläufigen Bilanz" die „aufgestellte Bilanz")
- Prüfung der „aufgestellten Bilanz" durch Wirtschaftsprüfer (§§ 316 ff. HGB) und Aufsichtsrat (§ 171 AktG); es resultiert die „geprüfte Bilanz"
- durch Beschluss des Aufsichtsrats ergibt sich die „festgestellte Bilanz"
- die nach der Veröffentlichung zur „offengelegten Bilanz" wird.

Auf Inhalt und Aufbau von Bilanz und Gewinn- und Verlustrechnung wurde bereits in » Kapitel B. eingegangen. Anhang und Lagebericht des Einzelabschlusses werden später in » Kapitel C. behandelt. Anhang und Lagebericht des Konzernabschlusses, Kapitalflussrechnung und Eigenkapitalspiegel werden in » Kapitel D. diskutiert.

1.2 Steuerrechtliche Vorschriften

Neben den handelsrechtlichen Abschlüssen müssen die Unternehmen auch **Steuerbilanzen** erstellen. Die handelsrechtliche Buchführungspflicht wird durch § 141 Abgabenordnung erweitert. Für die steuerliche Gewinnermittlung und Bilanzierung sind vielfältige Vorschriften aus der Abgabenordnung (AO), dem Einkommensteuergesetz (EStG), dem Körperschaftssteuergesetz (KStG), Gewerbesteuergesetz (GewStG) sowie den betreffenden Durchführungsverordnungen und Richtlinien zu beachten.

Bei den **Verfahren zur steuerlichen Erfolgsermittlung** ist zwischen großen Kaufleuten, großen Nichtkaufleuten und Kleinbetrieben zu unterscheiden *(Wöhe/Döring/Brösel)*:

Betriebe		
(1) Große Kaufleute	**(2) Große Nicht-Kaufleute**	**(3) Kleinbetriebe**
Buchführungspflicht	Buchführungspflicht	Keine Buchführungspflicht
Derivative Steuerbilanz	Originäre Steuerbilanz	Keine Steuerbilanz
Betriebsvermögens-vergleich nach § 5 EStG	**Betriebsvermögens-vergleich nach § 4 Abs. 1 EStG**	**Betriebsvermögens-vergleich nach § 4 Abs. 3 EStG**

1.3 Einzel- und Konzernabschluss

Von den bisher diskutierten Vorschriften zum Jahresabschluss für einzelne Unternehmen **(Einzelabschluss)** zu unterscheiden ist der **Konzernabschluss**. Unter einem Konzern wird die Zusammenfassung mehrerer rechtlich selbstständiger Unternehmen unter einer einheitlichen Leitung verstanden. Einfach ausgedrückt handelt es sich bei einem Konzern um ein Mutterunternehmen und seine Töchter, also einer Verbindung rechtlich selbstständiger Unternehmen, die wirtschaftlich von einem Mutterunternehmen abhängig sind.

Beispiel

Der Lufthansa-Konzern umfasst die Deutsche Lufthansa AG als Mutterunternehmen und verschiedene Tochtergesellschaften in Form von Fluggesellschaften wie SWISS oder Austrian Airlines, aber auch Servicetöchter wie LSG Skychefs oder Lufthansa Technik.

Der Konzernabschluss erfüllt dabei andere Funktionen als der Einzelabschluss. Er soll die Einzelabschlüsse aller beteiligten Unternehmen so zusammenfassen, als wären sie ein einheitliches Unternehmen (Einheitstheorie). Durch eine simple Addition der Werte aller Einzelabschlüsse würden Werte mehrfach erfasst (z. B. Beteiligung der Mutter und Eigenkapital der Tochter) und ein falsches Bild gezeichnet.

Der Konzernabschluss hat weder steuerrechtliche Relevanz noch ergeben sich aus ihm Zahlungsbemessungen. Er soll die Vermögens-, Ertrags- und Finanzlage aller einbezogenen Unternehmen aus der Einheitstheorie heraus darstellen und hat ausschließlich Informationsfunktion.

Grundsätzlich ist jede Konzernmutter in Deutschland zur Aufstellung eines Konzernabschlusses nach § 290 HGB verpflichtet. Kapitalmarktorientierte Konzerne müssen nach den Regeln der International Financial Reporting Standards, kurz: IFRS, bilanzieren.

Für die Jahresabschlüsse deutscher Unternehmen gilt im **Einzelabschluss grundsätzlich** die Pflicht zur Bilanzierung nach **HGB**. Optional kann ein IFRS-Abschluss erstellt werden, der jedoch nur Informationsfunktion aufweist.

Für börsennotierte Kapitalgesellschaften bestehen zusätzliche Anforderungen der Deutschen **Börse**. Ein viel zitiertes Beispiel ist die Porsche AG, die den Anforderungen nach Quartalsberichten im Prime Standard der Börse nicht nachkam und daher in den General Standard zurückgestuft wurde.

Rechnungslegung in Deutschland *(Buchholz)*

Die Grundlagen des Konzernabschlusses werden in >> Kapitel D. vermittelt.

2. Grundsätze ordnungsgemäßer Buchführung und Bilanzierung

2.1 Systematik

Einzelabschlüsse erfüllen vielfältige Funktionen; zudem sind sie Voraussetzung für die Erstellung von Konzernabschlüssen. Einzelabschlüsse deutscher Unternehmen sind grundsätzlich nach HGB aufzustellen. Daneben sind die steuerrechtlichen Gewinnermittlungsvorschriften einzuhalten.

Die **handelsrechtliche Buchhaltungspflicht** ergibt sich laut § 238 HGB; wichtige Grundlagen resultieren aus den **Grundsätzen ordnungsmäßiger Buchführung und Bilanzierung**. Generell ist der Jahresabschluss gemäß § 243 Abs. 1 HGB nach den Grundsätzen ordnungsmäßiger Buchführung aufzustellen.

Diese **Grundsätze** können wie folgt **systematisiert** werden *(Schweitzer/Baumeister)*:

Grundsätze ordnungsmäßiger Buchführung (GoB)

- **Allgemeine Grundsätze**
  - **Grundsatz der Bilanzwahrheit**
    - Grundsatz der Vollständigkeit (§ 246 Abs. 1 Satz HGB)
    - Grundsatz der Richtigkeit
    - Grundsatz der Willkürfreiheit
  - **Grundsatz der Bilanzklarheit** (§ 243 Abs. 2 Satz HGB)
    - Klare Bilanzgliederung und Bezeichnung (§§ 247, 265, 266, 275 HGB)
    - Saldierungsverbot (§ 246 Abs. 2 Satz 1 HGB)
  - **Grundsatz der Vorsicht** (§ 252 Abs. 1 Nr. 4 1. HS HGB)
  - **Grundsatz der Bilanzkontinuität**
    - Bilanzidentität (§ 252 Abs. 1 Nr. 1 HGB)
    - materielle Stetigkeit (§§ 246 Abs. 3, 252 Abs. 1 Nr. 6 HGB)
    - formelle Stetigkeit (§ 265 Abs. 1 HGB)
- **Spezielle GoB**
  - **GoB zur formellen Ordnungsmäßigkeit der Buchführung** (§§ 238 f. HGB)
  - **GoB zu Inventur und Inventar** (§§ 240 f. HGB)
  - **GoB zu Aktivierung und Passivierung** (§§ 246 - 251 HGB, §§ 240 - 274 HGB)
    - Aktivierung von Vermögen
    - Passivierung von Schulden und Rückstellungen
    - wirtschaftliche Zurechnung (§ 246 Abs. 1 Satz 2 HGB)
  - **GoB und Bewertung**
    - Realisations- und Imparitätsprinzip (§ 252 Abs. 1 Nr. 4, §§ 253 - 256a HGB)
      - Niederstwertprinzip bei Aktiva
      - Höchstwertprinzip bei Passiva
    - Planmäßigkeit, Einzelbewertung, Wertansätze (§252 Abs. 1 Nr. 3 HGB; §§ 253 - 256 HGB)
    - Stetigkeit (vgl. Allgemeine Grundsätze)

2.2 Allgemeine Grundsätze ordnungsgemäßer Buchführung

Zu den **allgemeinen Grundsätzen** zählen jene der Bilanzwahrheit, der Bilanzklarheit, der Vorsicht und der Bilanzkontinuität.

Der **Grundsatz der Bilanzwahrheit** erfährt seine Konkretisierung durch den Grundsatz der Vollständigkeit sowie die Grundsätze der Richtigkeit und Willkürfreiheit. Der Grundsatz der Vollständigkeit nach § 246 Abs. 1 Satz 1 HGB besagt, dass der Jahresabschluss sämtliche Vermögensgegenstände, Schulden, Rechnungsabgrenzungsposten sowie Aufwendungen und Erträge zu enthalten hat, soweit gesetzlich nichts anderes bestimmt ist. Konkret bedeutet dies, dass alle genannten Elemente vollständig aufzunehmen sind, sofern keine Bilanzierungsverbote oder Bilanzierungswahlrechte zu beachten sind bzw. ausgeübt werden können. Die nicht im Gesetz aufgeführten Grundsätze der Richtigkeit und Willkürfreiheit stellen darauf ab, dass der Jahresabschluss nachprüfbar und korrekt aus Buchführung und Inventar abgeleitet wurde.

Der **Grundsatz der Bilanzklarheit** nach § 243 Abs. 2 HGB besagt, dass der Jahresabschluss klar und übersichtlich sein muss. Die eindeutige Bezeichnung der Posten der Bilanz sowie jener der Gewinn- und Verlustrechnung ergibt sich aus den grundsätzlichen Vorschriften des § 247 Abs. 1 HGB und des § 265 HGB, die ihre Erweiterung in den Gliederungsschemata von Bilanz (§ 266 HGB) und Gewinn- und Verlustrechnung (§ 275 HGB) erfahren sowie dem Saldierungsverbot nach § 246 Abs. 2 Satz 1. Der Jahresabschluss soll übersichtlich, klar und für sachverständige Dritte verständlich sein (§ 238 Abs. 1 Nr. 2 HGB).

Der **Grundsatz der Vorsicht** (Vorsichtigkeitsprinzip) ergibt sich aus § 252 Abs. 1 Nr. 4 1. HS HGB. Er besagt, dass vorsichtig zu bewerten ist; alle vorhersehbaren Risiken und Verluste, die bis zum Abschlussstichtag entstanden sind, sind zu berücksichtigen. Unter dem Grundsatz der Vorsicht sind Realisations-, Imparitäts- und Einzelbewertungsprinzip zu berücksichtigen.

Das **Realisationsprinzip** nach § 252 Abs. 4 2. HS HGB besagt, dass Gewinne erst ausgewiesen werden dürfen, wenn sie am Abschlussstichtag realisiert sind. So finden sich z. B. häufig in Bilanzen Grundstücke, die zu ihren Anschaffungskosten bewertet sind, obwohl der Marktwert heute viel höher wäre.

Im Gegensatz dazu steht das **Imparitätsprinzip**, das besagt, dass Verluste bereits auszuweisen sind, wenn sie vorhersehbar sind. Steigen die Wiederbeschaffungskosten eines Rohstoffes, so bleibt es aufgrund des Realisationsprinzips in der Bilanz bei den niedrigeren Anschaffungskosten. Fallen die Wiederbeschaffungskosten jedoch, so wird der Rohstoff in der Bilanz infolge des Imparitätsprinzips abgewertet. Für die Realisation entscheidend ist, dass der Gefahrenübergang stattgefunden hat und die Leistung erbracht wurde. Die Bezahlung der Rechnung kann durchaus später erfolgen.

Zu unterscheiden sind **Werterhellung** und **Wertbegründung**. Werterhellung bedeutet nach § 252 Abs. 1 Nr. 4, dass Sachverhalte nach dem Abschlussstichtag bekannt werden, aber zum Abschlussstichtag bereits bestanden. Wertbegründung bedeutet, dass der Sachverhalt erst nach dem Abschlussstichtag begründet wurde; er ist dem neuen Geschäftsjahr zuzurechnen.

Mit dem Realisationsprinzip verbunden sind das **Prinzip der Einzelbewertung** nach § 252 Abs. 1 Nr. 3 HGB und das **Anschaffungskostenprinzip** nach § 253 Abs. 1 Nr. 1 HGB. Grundsätzlich sind daher Vermögensgegenstände und Schulden einzeln zu bewerten; Ausnahmen von dieser Regel wie z. B. die Fest- oder Gruppenbewertung werden noch zu diskutieren sein. Vermögensgegenstände sind höchstens mit ihren Anschaffungskosten (gekaufte Vermögengegenstände) bzw. ihren Herstellungskosten (selbst erstellte Vermögensgegenstände) zu bewerten. Für Verbindlichkeiten gilt der Erfüllungsbetrag als Wertobergrenze. Eine ausführliche Diskussion der Bewertungsmaßstäbe „Anschaffungskosten", „Herstellungskosten" und „Erfüllungsbetrag" erfolgt in » Kapitel C.4.

Der **Grundsatz der Bilanzkontinuität** umfasst die Bilanzidentität sowie die materielle und die formelle Stetigkeit. Es geht dabei um die Sicherstellung der zeitlichen und sachlichen Vergleichbarkeit von Jahresabschlüssen.

Die **Bilanzidentität** stellt nach § 252 Abs. 1 Nr. 1 darauf ab, dass die Wertansätze in der Eröffnungsbilanz und der ihr vorangegangenen Schlussbilanz übereinstimmen. Die **materielle Stetigkeit** stellt darauf ab, dass die auf den vorangegangenen Jahresabschluss angewandten Ansatzmethoden und Bewertungsmethoden beibehalten wurden (§ 246 Abs. HGB bzw. § 252 Abs. 1 Nr. 6 HGB). Die **formelle Stetigkeit** ergibt sich aus § 265 Abs. 1 HGB. Sie besagt, dass grundsätzlich die Form der Darstellung, insbesondere die Gliederung der aufeinanderfolgenden Bilanzen und Gewinn- und Verlustrechnungen beizubehalten ist.

2.3 Spezielle Grundsätze ordnungsgemäßer Buchführung

Zu den **speziellen GoB** zählen die GoB zur formellen Ordnungsmäßigkeit der Buchführung, die GoB zu Inventur und Inventar, die GoB zu Aktivierung und Passivierung sowie die GoB zur Bewertung. Zu beachten ist, dass die speziellen GoB den allgemeinen GoB vorgehen.

Die **GoB zur formellen Ordnungsmäßigkeit** ergeben sich aus §§ 238 f. HGB. Dazu zählen u. a.:

- geordnete und zeitgerechte Buchungen
- keine Buchung ohne Beleg
- Verwendung einer lebenden Sprache
- Verbot von nachträglichen Änderungen
- Erfüllung der Aufbewahrungspflichten.

Die **GoB zu Inventur und Inventar** ergeben sich aus §§ 240 f. HGB; sie werden auch als Grundsätze ordnungsmäßiger Inventur bezeichnet. Wichtig dabei sind Vollständigkeit und Richtigkeit, Wirtschaftlichkeit und Wesentlichkeit sowie Klarheit und Nachprüfbarkeit.

Die **GoB zu Aktivierung und Passivierung** ergeben sich aus den §§ 246 - 251 HGB sowie den §§ 270 - 274 HGB. Auf sie wird in den folgenden Kapiteln näher eingegangen.

Die **GoB zur Bewertung** umfassen das Realisationsprinzip sowie das Imparitätsprinzip. Das Imparitätsprinzip führt auf der Aktivseite der Bilanz zum sogenannten **Niederstwertprinzip**, auf der Passivseite zum **Höchstwertprinzip**. Bei der Folgebewertung von Vermögensgegenständen wird der niedrigere von zwei möglichen Wertansätzen gewählt (z. B. Anschaffungskosten von 500.000 € statt Marktwert von 600.000 €). Bei der Folgebewertung von Passiva wird von zwei möglichen Wertansätzen der höhere Wertansatz verwendet. Sinn des Niederstwert- bzw. Höchstwertprinzips ist der Ausweis nicht realisierter Verluste und damit der Gläubigerschutz. Auf wichtige Bewertungsvorschriften wird in den folgenden Kapiteln näher eingegangen.

Ein weiterer wichtiger Grundsatz ist die richtige **Periodenabgrenzung**. Nach § 252 Abs. 1 Nr. 5 HGB sind Aufwendungen und Erträge des Geschäftsjahres unabhängig von den Zeitpunkten der entsprechenden Zahlungen zu berücksichtigen. Es spielt daher keine Rolle, wann eine Lieferantenrechnung bezahlt wird oder ein Kunde eine Forderung begleicht. Entscheidend ist der Zeitpunkt des Entstehens eines Aufwands bzw. Ertrags.

Für die Bewertung wird grundsätzlich nach § 252 Abs. 1 Nr. 2 HGB von einer Weiterführung des Unternehmens ausgegangen **(going concern principle)**.

Nicht zu den GoB zählt das Maßgeblichkeitsprinzip. Es verbindet die steuerrechtliche mit der handelsrechtlichen Gewinnermittlung und besagt, dass die GoB des Handelsrechts auch für das Steuerrecht gelten, sofern es keine steuerlichen Sonderregelungen gibt.

3. Ansatz, Ausweis und Bewertung

3.1 Grundlagen

Prinzipiell sind für jeden Vermögensgegenstand und jede Schuldenposition drei Fragen zu klären:

- **Ansatz:** Ist der Vermögensgegenstand oder die Schuldenposition dem Grunde nach zu bilanzieren? Besteht Bilanzierungspflicht, ein Bilanzierungswahlrecht oder Bilanzierungsverbot?
- **Ausweis:** Unter welchem Bilanzposten ist das betreffende Element zu bilanzieren?
- **Bewertung:** Wie ist zu bewerten?

Gemäß § 246 HGB Abs. 1 sind Vermögen und Schulden vollständig zu erfassen. Im Sinne des Bilanzansatzes bedeutet dies, dass generell alle Vermögensgegenstände und Schulden der Bilanzierungspflicht unterliegen, sofern keine Wahlrechte oder Verbote im Gesetz genannt sind. Dies setzt jedoch zudem wirtschaftliches Eigentum, Zugehörigkeit zum Betriebsvermögen und Bilanzierungsfähigkeit voraus. Die **Bilanzierungsfähigkeit** wiederum ist an Voraussetzungen geknüpft *(Wöltje)*:

Bilanzierungsfähigkeit

Aktivierungsfähigkeit	**Passivierungsfähigkeit**
Aktivierbar sind Vermögensgegenstände, wenn sie: ► verkehrsfähig (= selbstständig veräußerbar) sind ► einen wirtschaftlichen Vorteil bieten und ► rechnerisch klar abgrenzbar (= selbstständig bewertbar) sind.	**Passivierbar sind sämtliche Schulden (= Oberbegriff für Verbindlichkeiten und Rückstellungen). Dazu zählen:** ► bestehende oder erwartete Belastungen des Vermögens, die ► auf Leistungsverpflichtungen des Unternehmens beruhen und ► klar abgrenzbar, d. h. selbstständig bewertbar sind.

Liegen die generellen Voraussetzungen zur Bilanzierung vor, ist zu prüfen, ob Gebote, Wahlrechte oder Verbote bestehen. Zudem ist zu entscheiden, ob Wahlrechte ausgeübt werden sollen. Die Ausübung eines Aktivierungswahlrechts führt zu einem höheren Gewinn in der betreffenden Periode; die Ausübung eines Passivierungswahlrechts mindert den Gewinn des betreffenden Zeitraums.

3.2 Ansatzwahlrechte und -verbote

Derzeit bestehen folgende **Aktivierungsgebote, -wahlrechte und -verbote:**

Aktivierungsgebote	
► Sämtliche Vermögensgegenstände (sofern kein Verbot oder Wahlrecht), also alle materiellen Vermögensgegenstände, alle entgeltlich erworbenen immateriellen Vermögensgegenstände sowie alle selbst geschaffenen immateriellen Vermögensgegenstände des Umlaufvermögens	§ 246 Abs. 1 HGB
► Sämtliche aktiven (transitorischen) Rechnungsabgrenzungsposten	§ 246 Abs. 1 i. V. m. § 250 Abs. 1 Satz 1 HGB
► Entgeltlich erworbener Firmenwert [Kaufpreis eines Unternehmens – (Zeitwert der Vermögensgegenstände – Zeitwert der Schulden)]	§ 246 Abs. 1 Satz 2 HGB
► Entwicklungskosten als Herstellungskosten i. V. m. Ausschüttungssperre (§ 268 Abs. 8 HGB)	§ 255 Abs. 2a HGB

Aktivierungswahlrechte	
► Disagio bei Kreditaufnahme als aktiver Rechnungsabgrenzungsposten	§ 250 Abs. 3 HGB
► Selbst erstellte immaterielle Vermögensgegenstände des Anlagevermögens	§ 248 Abs. 2 HGB
► Aktive latente Steuern (bei Kapitalgesellschaften) – (Ergebnis Steuerbilanz > Ergebnis Handelsbilanz) – i. V. m. Ausschüttungssperre (§ 268 Abs. 8 HGB)	§ 274 Abs. 1 HGB
Aktivierungsverbote	
► Gründungsaufwendungen	§ 248 Abs. 1HGB
► Aufwendungen für die Eigenkapitalbeschaffung	§ 248 Abs. 1HGB
► Aufwendungen für den Abschluss von Versicherungsverträgen	§ 248 Abs. 1HGB
► Aufwendungen für selbst geschaffene Marken, Kundenlisten u. Ä.	§ 248 Abs. 2 HGB
► Selbst geschaffene immaterielle Vermögensgegenstände des Anlagevermögens soweit Forschungskosten	§ 255 Abs. 2a HGB

Passivierungswahlrechte bestehen noch für Pensionsrückstellungen, wenn der Rechtsanspruch auf laufende Pension oder Anwartschaften auf Pension vor dem 01.01.1987 erworben wurden. Ebenfalls bestehen Bilanzierungswahlrechte, wenn Pensionen für vor dem 01.01.1987 erworbene Rechtsansprüche nach dem 31.12.1986 erhöht worden sind.

3.3 Ausweis und Bewertung

Der **Ausweis** hat, sofern nicht eine Bilanzierung nach § 247 HGB zulässig ist, nach § 266 HGB zu erfolgen. Das Anlagevermögen umfasst Vermögensgegenstände, die dem Geschäftsbetrieb dauernd dienen sollen (§ 247 HGB Abs. 2).

Bei der **Bewertung** ist zwischen **Zugangs- und Folgebewertung** zu unterscheiden. Ausgangspunkt der Bewertung von Vermögensgegenständen sind die Bewertungsmaßstäbe „Anschaffungskosten" oder „Herstellungskosten"; bei Schulden tritt an deren Stelle der „Erfüllungsbetrag".

4. Grundlegende Bewertungsmaßstäbe

4.1 Bewertung von Vermögensgegenständen

Vermögensgegenstände sind grundsätzlich einzeln zu bewerten (§ 252 Abs. 3 HGB). Sie sind höchstens mit ihren **Anschaffungs- oder Herstellungskosten**, gegebenenfalls vermindert um Abschreibungen, anzusetzen (§ 253 Abs. 1 HGB).

Das Bewertungskonstrukt **„Anschaffungskosten"** wird **für gekaufte Vermögensgegenstände** verwendet. Die **„Herstellungskosten"** kommen bei **selbst erstellten Vermögensgegenständen** zum Einsatz. Bei der Definition beider Begriffe verwendet der Gesetzgeber den Ausdruck „Kosten", gemeint sind jedoch immer „Aufwendungen". So ist in § 255 Abs. 1 und Abs. 2 HGB jeweils zu lesen *„Anschaffungskosten bzw. Herstellungskosten sind die Aufwendungen..."*, was interessierte Studierende regelmäßig verwirrt, da ihnen bewusst ist, dass Kosten und Aufwendungen in der Betriebswirtschaftslehre keineswegs synonym verwendet werden dürfen. In der praktischen Anwendung bedeutet diese überaus unglückliche Formulierung, dass kalkulatorische Kosten nicht Bestandteil von Anschaffungskosten oder Herstellungskosten sind.

4.2 Anschaffungskosten

Die Anschaffungskosten sind in § 255 Abs. 1 HGB geregelt. Sie umfassen:

Bestandteil	Beispiele
Anschaffungspreis (Aufwendungen zum Kauf eines Vermögensgegenstands)	Kaufpreis (ohne Umsatzsteuer)
Anschaffungsnebenkosten	Bezugskosten, Transportkosten, Zölle, Grunderwerbssteuer, Fundament
Nachträgliche Anschaffungskosten	Umbaukosten, Erschließungskosten, Abrisskosten, Zubehör
Anschaffungspreisminderungen	Rabatte, Boni, Skonti, Subventionen

Wesentlich ist, dass die Anschaffungskosten dem Vermögensgegenstand **einzeln zugerechnet** werden können. Dies ist bei echten Gemeinkosten nicht gegeben. In der Praxis von Bedeutung sind häufig Aufwendungen, die nötig sind, um den Vermögensgegenstand in einen **betriebsbereiten Zustand** zu versetzen, wie z. B. das Gießen eines Fundaments für eine Presse.

Handelsrecht und Steuerrecht definieren die Anschaffungskosten identisch. **Verboten** ist der Ansatz von **Anschaffungsgemeinkosten**.

Beispiel

Der leitende Angestellte Bruno Boss erhält von seinem Arbeitgeber einen Geschäftswagen. Dafür sind folgende Aufwendungen angefallen:

- Kaufpreis 40.000 € zuzüglich 19 % Umsatzsteuer
- Skonto 2 %
- Zulassungskosten 200 €
- nachträglicher Einbau eines Soundsystems für 3.000 € zuzüglich 19 % Umsatzsteuer
- Im Einkauf fallen durchschnittlich 5 % des Einkaufswertes als Gemeinkosten an.
- Das Fahrzeug wird zu 70 % über einen Kredit (4 % Zinsen p. a.), zu 30 % über Eigenkapital (geplante Verzinsung 12 %) finanziert.

Die Finanzbuchhaltung ermittelt korrekt folgende Anschaffungskosten:

Position	**Wert**	**Begründung**
Kaufpreis	40.000 €	Aufwendungen zum Kauf eines Vermögensgegenstandes; Umsatzsteuer ist durchlaufender Posten
Skonto	- 800 €	Anschaffungspreisminderung
Zulassungskosten	200 €	Versetzung in den betriebsbereiten Zustand
Soundsystem	3.000 €	Nachträgliche Anschaffungskosten
Einkaufskosten	0 €	Nicht einzeln zurechenbare Gemeinkosten
Finanzierungskosten	0 €	Nicht ansetzbar
Summe Anschaffungskosten	**42.400 €**	

Aufgabe 18 > Seite 313

4.3 Herstellungskosten

Die Herstellungskosten sind in § 255 Abs. 2 und 3 HGB definiert. Der Gesetzgeber hat für ihre Ermittlung Bewertungsspielräume eingeräumt. Es gibt Pflichtbestandteile (Untergrenze) und Wahlbestandteile (Obergrenze). Eine Bewertung von Vermögensgegenständen an der Obergrenze führt zu einem höheren Gewinn in der betreffenden Periode als eine Bewertung an der Untergrenze.

Grundsätze ordnungsmäßiger Buchführung (GoB)

- **Pflichtbestandteile (Untergrenze der Bewertung)**
  - Materialeinzelkosten
  - Materialgemeinkosten
  - Fertigungseinzelkosten
  - Fertigungsgemeinkosten
  - Sonderkosten der Fertigung
- **Wahlbestandteile (Obergrenze der Bewertung)**
  - Allgemeine Verwaltungskosten
  - Kosten sozialer Leistungen im weiteren Sinne
  - Fremdfinanzierungskosten, wenn direkt zurechenbar
- **Unzulässige Bestandteile**
  - Forschungskosten
  - Vertriebskosten
  - Nicht angemessene Teile der Abschreibungen, Verwaltungs- und Sozialkosten

Elemente der handelsrechtlichen Herstellungskosten *(Weber/Weißenberger)*

Zu beachten gilt, dass „Herstellungskosten" Aufwendungen darstellen. Daraus ergibt sich, dass kalkulatorische Kosten nicht angesetzt werden dürfen. Ferner findet sich in § 255 Abs. 2 HGB die Vorschrift, dass nur **angemessene Teile** der Materialgemeinkosten, der Fertigungsgemeinkosten und des Werteverzehrs des Anlagevermögens (gemeint sind die Abschreibungen) angesetzt werden dürfen.

In Zeiten niedriger Kapazitätsauslastung steigen die Gemeinkosten pro Stück, da diese weitgehend Fixkostencharakter aufweisen. Würde man nun diese „überhöhten" Gemeinkosten aktivieren, so würde man sich „reich rechnen". Dies verhindert der Gesetzgeber, indem er Angemessenheit verlangt. In Zeiten schlechter Auslastung ist daher für die Festlegung der aktivierungsfähigen Gemeinkosten von der höheren Normalauslastung auszugehen.

Beispiel

Die Max Müller GmbH hat im Jahr 2023 Regenschirme produziert, von denen noch 10.000 Stück am 31.12.2023 auf Lager liegen. Bei der Herstellung sind folgende Aufwendungen pro Stück angefallen:

Fertigungsmaterial:	3,00 €
Fertigungslöhne:	2,00 €
Materialgemeinkosten:	2,00 €
Fertigungsgemeinkosten:	3,00 €
Allgemeine Verwaltungskosten:	1,00 €
Vertriebskosten:	1,50 €

Der Kostenrechner Costa Mortalis hat als Mindestwert 10 € je Regenschirm berechnet, als Höchstwert 11 €. Es besteht ein Wahlrecht für die Verwaltungskosten sowie ein Verbot für die Vertriebskosten. Bilanziert werden die Regenschirme im Umlaufvermögen unter den Vorräten als Fertigerzeugnisse. Wünscht die Max Müller GmbH einen niedrigen Gewinn, kommen 100.000 € zum Ansatz, für einen hohen Gewinn wären es 110.000 €. Den Zusammenhang verdeutlicht auch der Buchungssatz

Fertigerzeugnisse	100.000 €	an	Bestandserhöhung an Fertigerzeugnissen	100.000 €

bzw.

Fertigerzeugnisse	110.000 €	an	Bestandserhöhung an Fertigerzeugnissen	110.000 €

Es wird klar, dass die Bestandserhöhung (Ertragskonto) bei höherem Wertansatz größer ausfällt und damit ein größerer Gewinn ausgewiesen wird.

Aufgabe 19 > Seite 313

Die folgende Übersicht stellt die **Herstellungskostenbestandteile** nach Handelsrecht, Steuerrecht und IFRS vergleichend dar.

Herstellungskostenbestandteile	HGB	EStG/EStR	IFRS
Materialeinzelkosten Fertigungseinzelkosten Sondereinzelkosten der Fertigung Materialgemeinkosten Fertigungsgemeinkosten Abschreibungen auf Anlagevermögen	Pflicht	Pflicht	Pflicht
Verwaltungskosten (herstellungsbezogen)	Wahlrecht	Wahlrecht	Pflicht
Verwaltungskosten (allgemein)	Verbot	Verbot	Verbot
Aufwendungen für soziale Einrichtungen, freiwillige soziale Leistungen, betriebliche Altersversorgung	Wahlrecht	Wahlrecht	Pflicht (produktionsbezogen)
Fremdkapitalzinsen zur Finanzierung der Herstellung eines Vermögensgegenstands, die auf die Dauer der Herstellung entfallen	Wahlrecht	Wahlrecht	Einbeziehungspflicht bei qualifying assets (IAS 23.5-11)
Entwicklungskosten	Pflicht	Verbot	Pflicht
Forschungskosten	Verbot	Verbot	Verbot
Vertriebskosten	Verbot	Verbot	Verbot
Kalkulatorische Kosten	Verbot	Verbot	Verbot

4.4 Festwert, Gruppenbewertung, Verbrauchsfolgeverfahren

Für bestimmte Vermögensgegenstände kann vom Grundsatz der Einzelbewertung abgesehen werden; Festwertverfahren und Gruppenbewertung sind hier zulässig.

Das **Festwertverfahren** ist in § 240 Abs. 3 HGB geregelt: „*Vermögensgegenstände des **Sachanlagevermögens** sowie **Roh-, Hilfs- und Betriebsstoffe** können, wenn sie regelmäßig ersetzt werden und ihr Gesamtwert für das Unternehmen von nachrangiger Bedeutung ist, mit einer gleichbleibenden Menge und einem gleichbleibenden Wert angesetzt werden, sofern ihr Bestand in seiner Größe, seinem Wert und seiner Zusammensetzung nur geringen Veränderungen unterliegt. Jedoch ist in der Regel alle drei Jahre eine körperliche Bestandsaufnahme durchzuführen.*“

Als Beispiel im Umlaufvermögen können Schmierstoffe angeführt werden. Die Festbewertung ist auch im Sachanlagevermögen zulässig. Anzumerken ist, dass die Festbewertung nicht nur den Grundsatz der Einzelbewertung, sondern auch den Grundsatz einer jährlichen Inventur „verletzt“.

Für die **Gruppenbewertung** gilt nach § 240 Abs. 4 HGB: *„Gleichartige Vermögensgegenstände des Vorratsvermögens sowie andere gleichartige oder annähernd gleichwertige bewegliche Vermögensgegenstände und Schulden können jeweils zu einer Gruppe zusammengefasst und mit dem gewogenen Durchschnittswert angesetzt werden."* Die Bewertung hat zum gewogenen Durchschnitt zu erfolgen.

Nach § 256 Abs. 1 HGB ist auch die Anwendung der **Verbrauchsfolgeverfahren** nach **FIFO** oder **LIFO** zulässig. Unter FIFO versteht man „first in, first out"; diese Verbrauchsfolge ist z. B. bei verderblichen Lebensmitteln oder bei Lagerung in Silos anzutreffen. LIFO steht für „last in, first out"; in der Praxis findet sich diese Verbrauchsfolge z. B. bei Schüttgut. Während bei FIFO zur Bewertung des Lagerbestands die letzten Einkäufe herangezogen werden, sind dies bei FIFO der Anfangsbestand und darauf folgende Lieferungen.

4.5 Bewertung von Verbindlichkeiten und Rückstellungen

Für Verbindlichkeiten und Rückstellungen gilt als Bewertungsmaßstab der **Erfüllungsbetrag**, der i. d. R. dem Rückzahlungsbetrag entspricht. Während bei **Verbindlichkeiten** eine eindeutige Bewertung möglich ist, muss die Höhe der jeweiligen **Rückstellungen** nach **vernünftiger kaufmännischer Bewertung** erfolgen (§ 253 Abs. 1 HGB). Zudem sind Rückstellungen mit einer Restlaufzeit von mehr als einem Jahr mit dem ihrer Restlaufzeit entsprechenden durchschnittlichen Marktzins der vergangenen sieben Geschäftsjahre abzuzinsen (§ 253 Abs. 2 HGB).

Gemäß **§ 256a HGB** sind auf fremde Währung lautende Vermögensgegenstände und Verbindlichkeiten zum Devisenkassamittelkurs am Abschlussstichtag abzuzinsen. Diese Vorschrift kann zum Durchbrechen des Realisationsprinzips führen.

Beispiel

Wurden z. B. im Januar eines Jahres 100 US$ zum Kurs von 1 € = 0,90 US$ gekauft, so wurde dieser Kassenzugang mit 90,00 € verbucht. Würde der Kurs des Euro zum Jahresende nun auf 1 € = 1,00 US$ fallen, so ergibt sich für die 100 US$ in der Kasse ein Wert von 100,00 €. Ein nicht realisierter, jedoch auszuweisender Gewinn von 10,00 € ist die Folge!

5. Anlagevermögen

5.1 Definition

Das Anlagevermögen umfasst nur die Vermögensgegenstände, die dazu bestimmt sind, dem **Geschäftsbetrieb dauernd** zu **dienen** (§ 247 Abs. 2 HGB). Es kommt also nicht nur auf die Dauer des Verbleibs der Gegenstände an, sondern auch auf ihre Bestimmung.

Beispiel

Eine zu Produktionszwecken angeschaffte Maschine dient dem Unternehmen mehrere Jahre; damit ist sie dem Anlagevermögen zuzuordnen. Eine Handelsware, die nicht verkauft werden konnte, liegt als Ladenhüter bereits 2 Jahre in einem Lagerhaus. Sie ist nicht Bestandteil des Anlagevermögens, da sie dazu bestimmt ist, verkauft zu werden.

Die Zurechnung des jeweiligen Vermögensgegenstandes zum Anlage- oder Umlaufvermögen ist nicht immer eindeutig.

Beispiel

Eine Aktie kann zu kurzfristigen spekulativen Zwecken gehalten werden oder als langfristige Kapitalanlage dienen. Im ersten Fall handelt es sich um Umlaufvermögen, da die Aktie nicht dazu bestimmt ist, dem Geschäftsbetrieb dauernd zu dienen. Im zweiten Fall erfolgt die Zurechnung zum Anlagevermögen.

5.2 Bestandteile

Zum Anlagevermögen gehören nach § 266 Abs. A HGB:

I. Immaterielle Vermögensgegenstände:	
1.	Selbst geschaffene gewerbliche Schutzrechte und ähnliche Rechte und Werte
2.	entgeltlich erworbene Konzessionen, gewerbliche Schutzrechte und ähnliche Rechte und Werte sowie Lizenzen an solchen Rechten und Werten
3.	Geschäfts- oder Firmenwert
4.	geleistete Anzahlungen
II. Sachanlagen:	
1.	Grundstücke, grundstücksgleiche Rechte und Bauten einschließlich der Bauten auf fremden Grundstücken
2.	technische Anlagen und Maschinen
3.	andere Anlagen, Betriebs- und Geschäftsausstattung
4.	geleistete Anzahlungen und Anlagen im Bau
III. Finanzanlagen:	
1.	Anteile an verbundenen Unternehmen
2.	Ausleihungen an verbundene Unternehmen
3.	Beteiligungen
4.	Ausleihungen an Unternehmen, mit denen ein Beteiligungsverhältnis besteht
5.	Wertpapiere des Anlagevermögens
6.	sonstige Ausleihungen

Das Anlagevermögen umfasst die Positionen „Immaterielle Vermögensgegenstände“, „Sachanlagen“ und „Finanzanlagen“, die dem Unternehmen längerfristig zur Verfügung stehen.

5.3 Aktivierungswahlrecht nach § 248 Abs. 2 HGB

Bei den immateriellen Vermögensgegenständen des Anlagevermögens sind selbst geschaffene und entgeltlich erworbene Vermögensgegenstände zu unterscheiden. Die **selbst erstellten immateriellen Vermögensgegenstände des Anlagevermögens** unterliegen nach § 248 Abs. 2 HGB einem **Aktivierungswahlrecht**, sofern es sich nicht um Marken, Drucktitel, Verlagsrechte, Kundenlisten oder vergleichbare Vermögensgegenstände handelt. Das Wahlrecht ist demnach an drei Bedingungen geknüpft:

a) selbst erstellt

b) immateriell

c) Anlagevermögen.

Fehlt eine der drei Voraussetzungen, so liegt nach § 246 Abs. 1 HGB Aktivierungspflicht vor.

Beispiele

Hat z. B. die Oskar Online AG eine Software zur Auswertung der Kundenbesuche auf ihrer Website programmiert, die sie längerfristig nutzen möchte, so liegt ein Aktivierungswahlrecht vor. Würde die Oskar Online AG ein derartiges System kaufen, bestünde Aktivierungspflicht.

Eine selbst erstellte Marke unterliegt nach § 248 Abs. 2 HGB einem Aktivierungsverbot, eine gekaufte Marke der Aktivierungspflicht.

Die **Ausübung des Aktivierungswahlrechts** wirkt im Jahre der Aktivierung **gewinnerhöhend**.

5.4 Geschäfts- oder Firmenwert

Ein wichtiges Element der immateriellen Vermögensgegenstände ist der Geschäfts- oder Firmenwert, der in § 246 Abs. 1 Satz 4 HGB explizit geregelt ist: *„Der Unterschiedsbetrag, um den die für die Übernahme eines Unternehmens bewirkte Gegenleistung den Wert der einzelnen Vermögensgegenstände des Unternehmens abzüglich der Schulden im Zeitpunkt der Übernahme übersteigt (entgeltlich erworbener Geschäfts- oder Firmenwert), gilt als zeitlich begrenzt nutzbarer Vermögensgegenstand.“* Er stellt keinen Vermögensgegenstand im eigentlichen Sinne dar, da er nicht selbstständig veräußerbar ist. Der Gesetzgeber deklariert ihn als Vermögensgegenstand und nimmt ihm damit den Makel der fehlenden Bilanzierungsfähigkeit.

Es geht demnach nicht um einen selbst erstellten, also originären, Geschäfts- oder Firmenwert, sondern um einen aus einem Unternehmenskauf resultierenden Betrag, um den der Kaufpreis die Differenz aus dem Zeitwert von Vermögen und Schulden übersteigt. Dieser wird auch als derivativer, aus der Transaktion abgeleiteter Geschäfts- oder Firmenwert bezeichnet.

Beispiel

Die Konrad Kaufrausch GmbH hat wie folgt bilanziert:

AKTIVA	**Eröffnungsbilanz zum 01.01.2023**		**PASSIVA**
Liquide Mittel (Kasse, Bank)	500.000 €	Eigenkapital	500.000 €
	500.000 €		500.000 €

Die GmbH erwirbt für 400.000 € das Einzelunternehmen von Kai Klever, das zum Kaufzeitpunkt folgende Bilanz zu Marktwerten aufweist:

AKTIVA	Eröffnungsbilanz zum 01.01.2023		PASSIVA
Maschinen	100.000 €	Eigenkapital	150.000 €
Vorräte	50.000 €	Rückstellungen	20.000 €
Forderungen	50.000 €	Verbindlichkeiten	30.000 €
	200.000 €		200.000 €

Die Kaufrausch GmbH überweist den Kaufbetrag von 400.000 € an Kai Klever und übernimmt die Vermögensgegenstände und Schulden des Einzelunternehmens in ihre Bilanz. Das Einzelunternehmen existiert nun nicht mehr.

Die Kaufrausch GmbH hat 400.000 € bezahlt und dafür Vermögensgegenstände in Höhe von 200.000 € sowie Schulden in Höhe von 50.000 € erhalten, demnach 400.000 € für einen bilanziellen Gegenwert von 150.000 € bezahlt. Die Differenz von 250.000 € erklärt sich aus erwarteten Gewinnen der Zukunft. Sie wird als Geschäfts- oder Firmenwert ausgewiesen. Die Bilanz der Kaufrausch GmbH sieht nun wie folgt aus:

AKTIVA	Bilanz zum 01.01.2023		PASSIVA
Geschäfts- oder Firmenwert	250.000 €	Eigenkapital	500.000 €
Maschinen	100.000 €	Rückstellungen	20.000 €
Vorräte	50.000 €	Verbindlichkeiten	30.000 €
Forderungen	50.000 €		
Liquide Mittel (Kasse, Bank)	100.000 €		
	550.000 €		550.000 €

Der Geschäfts- oder Firmenwert tritt in der vorgestellten Form nur auf, wenn das gekaufte Unternehmen im kaufenden Unternehmen aufgeht. Das gekaufte Unternehmen existiert nach der Transaktion nicht mehr; sein Vermögen und seine Schulden finden sich nun in der Bilanz des kaufenden Unternehmens. Diese Art des Unternehmenskaufs wird als **„Asset Deal"** bezeichnet.

Daneben kann ein Unternehmenskauf auch in Form eines **„Share Deal"** erfolgen: Das kaufende Unternehmen erwirbt ein anderes Unternehmen oder eine Beteiligung daran. Das gekaufte Unternehmen besteht weiter. Beim kaufenden Unternehmen wird dann der Kaufpreis im Finanzanlagevermögen ausgewiesen (Anteile an verbundenen

Unternehmen, Beteiligungen); ein Geschäfts- oder Firmenwert wird im Einzelabschluss nicht ersichtlich.

Aufgabe 20 > Seite 314

5.5 Sach- oder Finanzanlagen

Die Posten innerhalb der Sachanlagen sind selbsterklärend. Bei den Finanzanlagen wird zwischen verbundenen Unternehmen, Beteiligungen und sonstigen Wertpapieren unterschieden. Von verbundenen Unternehmen spricht man, wenn ein Mutter-Tochter-Verhältnis vorliegt. Von einer Beteiligung wird ausgegangen, wenn bedeutsame Mitsprachrechte, aber keine unmittelbare Durchsetzbarkeit gegeben ist. Im Zweifel gilt nach § 271 Abs. 1 Nr. 1 HGB eine Beteiligungsvermutung, wenn der Anteil am betreffenden Unternehmen 20 % übersteigt. Unterhalb dieser Grenze spricht man von Wertpapieren des Anlagevermögens. Von Anteilen zu unterscheiden sind Ausleihungen, also ausgereichte Kredite.

Nachdem Ansatz und Ausweis geklärt sind, sind die Vermögensgegenstände zu bewerten. Den Ausgangspunkt bilden dabei bei entgeltlich erworbenen Vermögensgegenständen (z. B. Gabelstapler) die Anschaffungskosten, bei selbst erstellten Vermögensgegenständen (z. B. Stanzwerkzeug) die Herstellungskosten.

5.6 Folgebewertung

Für die Folgebewertung ist § 253 Abs. 3 und 5 HGB zu beachten. § 253 Abs. 3 HGB lautet wie folgt:

„Bei Vermögensgegenständen des Anlagevermögens, deren Nutzung zeitlich begrenzt ist, sind die Anschaffungs- oder die Herstellungskosten um planmäßige Abschreibungen zu vermindern. Der Plan muss die Anschaffungs- oder Herstellungskosten auf die Geschäftsjahre verteilen, in denen der Vermögensgegenstand voraussichtlich genutzt werden kann. Kann in Ausnahmefällen die voraussichtliche Nutzungsdauer eines selbst geschaffenen immateriellen Vermögensgegenstands des Anlagevermögens nicht verlässlich geschätzt werden, sind planmäßige Abschreibungen auf die Herstellungskosten über einen Zeitraum von zehn Jahren vorzunehmen. Satz 3 findet auf einen entgeltlich erworbenen Geschäfts- oder Firmenwert entsprechende Anwendung. Ohne Rücksicht darauf, ob ihre Nutzung zeitlich begrenzt ist, sind bei Vermögensgegenständen des Anlagevermögens bei voraussichtlich dauernder Wertminderung außerplanmäßige Abschreibungen vorzunehmen, um diese mit dem niedrigeren Wert anzusetzen, der ihnen am Abschlussstichtag beizulegen ist. Bei Finanzanlagen können außerplanmäßige Abschreibungen auch bei voraussichtlich nicht dauernder Wertminderung vorgenommen werden."

Zunächst muss demnach geprüft werden, ob die **Nutzungsdauer** des betreffenden Vermögensgegenstandes **zeitlich begrenzt ist**. Dies ist bei immateriellen Vermögensgegenständen und bei Sachanalagen (ohne Grundstücke) zu bejahen, sofern es sich nicht um Anzahlungen handelt. Für Vermögensgegenständen des Anlagevermögens, deren Nutzung zeitlich begrenzt ist, sind **planmäßige Abschreibungen** vorzunehmen. Damit wird der Ressourcenverzehr abgebildet.

Handelsrechtlich ist auf die wirtschaftliche Nutzungsdauer abzustellen; steuerrechtlich kommen die Nutzungsdauern der allgemeinen Abschreibungstabellen der Finanzverwaltung zum Einsatz.

Beispiel

Wurde z. B. ein Pkw am 01.07.2023 gekauft, für den 20.000 € Anschaffungskosten anfielen, so ergibt sich bei einer angenommenen Nutzungsdauer von 10 Jahren eine planmäßige Abschreibung in Höhe von 1.000 € für 2023 (6 Monate).

Steuerrechtlich besteht für sogenannte **geringwertige Wirtschaftsgüter** ein Abschreibungswahlrecht (§ 6 Abs. 2 EStG), das auch handelsrechtlich angewendet werden kann. Unter geringwertigen Wirtschaftsgütern werden **selbstständig nutzbare** Vermögengegenstände mit **Anschaffungskosten bis 1.000 €** verstanden. Sie können im Jahr der Anschaffung als Aufwand gebucht werden. Gegenstände mit Anschaffungskosten bis 250 € netto werden in der Regel nicht abgeschrieben, sondern als Sofortaufwand verbucht.

Für Vermögensgegenstände mit Anschaffungskosten **zwischen 250,01 € und 1.000 € kann** auch ein **Sammelposten** gebildet werden, der über 5 Jahre abzuschreiben ist (§ 6 Abs. 2a EStG).

Für alle Vermögensgegenstände des Anlagevermögens ist darüber hinaus zu prüfen, ob **außerplanmäßige Abschreibungen** vorgenommen werden müssen. Dies ist immer dann der Fall, wenn es am Abschlussstichtag einen **niedrigeren beizulegenden Wert** für den betreffenden Vermögensgegenstand gibt und eine **voraussichtlich dauernde Wertminderung** vorliegt. Bei voraussichtlich dauernder Wertminderung besteht Abschreibungspflicht!

Beispiel

Wurde z. B. ein Grundstück zum Preis von 200 € je Quadratmeter erworben und der Marktpreis sinkt kurzfristig auf 190 € je Quadratmeter, so besteht Abschreibungsverbot. Ist jedoch von dauernder Wertminderung auszugehen, so ist auf 190 € je Quadratmeter abzuschreiben.

Eine Ausnahme bilden vorübergehende Wertminderungen im Finanzanlagevermögen. Für diese besteht ein Abschreibungswahlrecht.

Unter **Zuschreibungen** wird die Aufhebung von außerplanmäßigen Abschreibungen verstanden, für die der Grund weggefallen ist. Sie sind nach § 253 Abs. 5 HGB im Anlage- und Umlaufvermögen mit Ausnahme des Geschäfts- oder Firmenwerts vorgeschrieben.

Für das **Anlagevermögen** ergibt sich zusammenfassend folgende **Bewertungskonzeption** *(Wöltje)*:

<table>
<tr><th>Abnutzbares Anlagevermögen</th><th>Nicht abnutzbares Anlagevermögen</th></tr>
<tr><td>Sachanlagen abnutzbar, z. B. Gebäude, Maschinen, BGA

Immaterielle Vermögensgegenstände, z. B. Lizenzen, Konzessionen, derivativer Firmenwert</td><td>Sachanlagen nicht abnutzbar, z. B. Grundstücke

Finanzanlagen, z. B. Wertpapiere, Beteiligungen</td></tr>
<tr><td colspan="2">Bewertung zum Bilanzstichtag</td></tr>
<tr><td>Höchstens zu den Anschaffungs- oder Herstellungskosten

planmäßige Abschreibung
► lineare Abschreibung
► degressive (steuerlich seit 01.01.2008 verboten) Abschreibung
► progressive Abschreibung
► Leistungsabschreibung</td><td>Höchstens zu den Anschaffungskosten

Ausnahme: Zu Handelszwecken erworbene Finanzinstrumente sind zum beizulegenden Zeitwert zu bewerten</td></tr>
<tr><td>= fortgeführte Anschaffungs- oder Herstellungskosten (AHK)</td><td></td></tr>
<tr><td>Zusätzlich außerplanmäßige Abschreibung bei dauernder Wertminderung „strenges Niederstwertprinzip“</td><td>Nur außerplanmäßige Abschreibung bei dauernder Wertminderung „strenges Niederstwertprinzip“</td></tr>
<tr><td colspan="2">Vorübergehende Wertminderung</td></tr>
<tr><td colspan="2">Es dürfen außerplanmäßige Abschreibungen nur bei Finanzanlagen (z. B. Wertpapiere) vorgenommen werden. Es gilt das „eingeschränkte Mindestwertprinzip“.</td></tr>
<tr><td colspan="2">Spätere Wertaufholung</td></tr>
<tr><td colspan="2">Es besteht ein Wertaufholungsgebot (-pflicht) (§ 253 Abs. 5 HGB), maximal bis zu den fortgeführten Anschaffungs- oder Herstellungskosten. Ausnahme: derivativer Firmenwert (Zuschreibungsverbot).</td></tr>
</table>

Aufgabe 21 - 22 > Seite 314
Aufgabe 23 > Seite 315

6. Umlaufvermögen

6.1 Bestandteile

Im Umkehrschluss zu § 247 Abs. 2 HGB umfasst das **Umlaufvermögen** jene Vermögensgegenstände, die **nicht** dazu bestimmt sind, dem **Geschäftsbetrieb dauernd** zu **dienen**.

Das **Umlaufvermögen** umfasst nach § 266 Abs. 2 B HGB folgende **Positionen**:

I. Vorräte:	
1.	Roh-, Hilfs- und Betriebsstoffe
2.	unfertige Erzeugnisse, unfertige Leistungen
3.	fertige Erzeugnisse und Waren
4.	geleistete Anzahlungen
II. Forderungen und sonstige Vermögensgegenstände:	
1.	Forderungen aus Lieferungen und Leistungen
2.	Forderungen gegen verbundene Unternehme
3.	Forderungen gegen Unternehmen, mit denen ein Beteiligungsverhältnis besteht
4.	sonstige Vermögensgegenstände
III. Wertpapiere:	
1.	Anteile an verbundenen Unternehmen
2.	sonstige Wertpapiere
IV. Kassenbestand, Bundesbankguthaben, Guthaben bei Kreditinstituten und Schecks	

Das Umlaufvermögen ist **nach zunehmender Liquidität** gegliedert.

6.2 Bewertung

Im Umlaufvermögen gibt es **keine planmäßigen Abschreibungen**, da die Vermögensgegenstände des Umlaufvermögens dem Unternehmen nicht von Dauer zur Verfügung stehen sollten. Bei Vermögensgegenständen des Umlaufvermögens sind Abschreibungen vorzunehmen, um diese mit einem niedrigeren Wert anzusetzen, der sich aus einem **Börsen- oder Marktpreis** am Abschlussstichtag ergibt. Ist ein Börsen- oder Marktpreis nicht festzustellen und übersteigen die Anschaffungs- oder Herstellungskosten den Wert, der den Vermögensgegenständen am Abschlussstichtag beizulegen ist, so ist auf diesen Wert abzuschreiben (§ 253 Abs. 4 HGB).

Ausgehend vom **Basiswert** (Anschaffungskosten, Herstellungskosten, fortgeführte Anschaffungs- bzw. Herstellungskosten) ist zu prüfen, ob ein niedrigerer **Vergleichswert** existiert, auf den abzuschreiben ist **(„strenges Niederstwertprinzip")**. Die Abbildung enthält zusätzlich das steuerlich relevante Bewertungskonstrukt **„Teilwert"**, das handelsrechtlich keine Relevanz mehr hat:

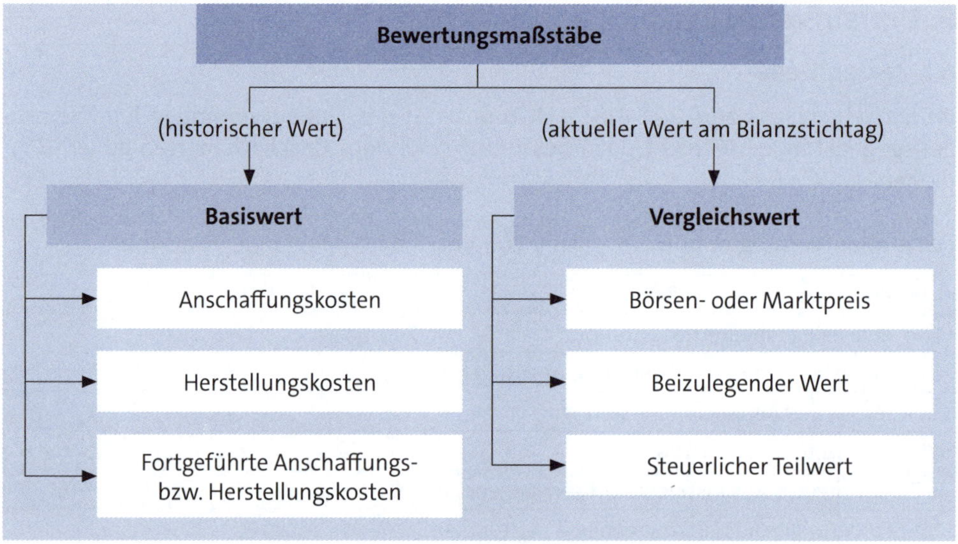

Wertvergleich für Vermögensgegenstände nach dem Niederstwertprinzip *(Wöhe/Döring/Brösel)*

Beispiele

a) Am 17.02.2023 wurden aus spekulativer Absicht eine Aktie zu Anschaffungskosten von 1.000 € erworben; am 31.12.2023 ist der Kurs für die Aktie auf 900 € gefallen. Es ist auf den niedrigeren Börsenpreis abzuschreiben. Die Aktie wird bilanziell mit 900 € bewertet.

b) Am 27.10.2023 wurden 100 Stück eines Bauteils zu Anschaffungskosten von 30 € je Stück erworben. Am 31.12.2023 sind noch 5 Stück auf Lager. Der Lieferant hat den Preis je Stück auf 25 € gesenkt; Anschaffungsnebenkosten, Skonto etc. sind nicht zu berücksichtigen. Der Lagerbestand von 5 Bauteilen ist mit 125 € zu bewerten; eine Abschreibung in Höhe von 25 € ist vorzunehmen.

c) Eine Schneiderin hat einen Anzug angefertigt; dafür sind im Jahr 2023 insgesamt 400 € Herstellungskosten angefallen. Im Dezember 2023 wird klar, dass der Anzug aufgrund modischer Trends in 2024 nur noch für 300 € verkauft werden kann. Der niedrigere beizulegende Wert beträgt 300 €; es sind Abschreibungen in Höhe von 100 € zu tätigen.

Auch im Umlaufvermögen besteht nach § 253 HGB Abs. 5 Zuschreibungspflicht.

Beispiel

Steigt der Aktienkurs im obigen Beispiel a) auf 1.200 €, so ist eine Zuschreibung in Höhe von 100 € vorzunehmen (maximal in Höhe der vorausgegangenen Abschreibungen).

Für bestimmte Vermögensgegenstände kann vom **Prinzip der Einzelbewertung abgewichen** werden. Im **Vorratsvermögen** sind dies:

- Festwertverfahren (§ 240 Abs. 3 HGB)
- Gruppenbewertung (§ 240 Abs. 4 HGB)
- Sammelbewertung mittels Verbrauchsfolgeverfahren (§ 256 HGB).

Festwertverfahren bedeutet, dass Vermögensgegenstände des Sachanlagevermögens sowie Roh-, Hilfs- und Betriebsstoffe, wenn sie regelmäßig ersetzt werden und ihr Gesamtwert für das Unternehmen von nachrangiger Bedeutung ist, mit einer gleichbleibenden Menge und einem gleichbleibenden Wert angesetzt werden können. sofern ihr Bestand in seiner Größe, seinem Wert und seiner Zusammensetzung nur geringen Veränderungen unterliegt. Jedoch ist i. d. R. alle drei Jahre eine körperliche Bestandsaufnahme durchzuführen. Bei der Festwertbildung wird unterstellt, dass die Aufwendungen für die regelmäßigen Ersatzbeschaffungen den möglichen Abschreibungen und Abgängen in etwa entsprechen. Als Beispiel können Kleinmaterialien, Schrauben oder geringwertige Rohstoffe angeführt werden.

Von einer **Gruppenbewertung** spricht man, wenn gleichartige Vermögensgegenstände des Vorratsvermögens oder andere gleichartige oder annähernd gleichwertige bewegliche Vermögensgegenstände und Schulden zu einer Gruppe zusammengefasst und mit dem gewogenen Durchschnittswert angesetzt werden. Die Durchschnittsmethode zählt im Rahmen der Sammelbewertung von Vorräten zu den verbreitetsten Bewertungsverfahren in der Praxis. Durch ihren Einsatz wird vermieden, dass für gleichartige Vermögensgegenstände jede einzelne Entnahme mit ihren tatsächlichen Anschaffungskosten bewertet werden muss. Die Durchschnitte können als gewogene oder gleitende Durchschnitte ermittelt werden. Bei der gewogenen Durchschnittsmethode bildet man aus den Anfangsbeständen und den Zugängen während des Geschäftsjahres einen gewogenen Durchschnittspreis, mit dem sowohl die Abgänge als auch der Endbestand bewertet werden. Bei der gleitenden Durchschnittsmethode wird nach jedem Zugang ein neuer Durchschnittspreis errechnet und jeder Abgang bis zum nächsten Zugang damit bewertet. Die gleitende Durchschnittsmethode hat den Vorteil, die aktuelle Marktpreisentwicklung im Durchschnittswert besser abzubilden, als die gewogene Durchschnittsmethode.

Soweit es den Grundsätzen ordnungsmäßiger Buchführung entspricht, kann für den Wertansatz gleichartiger Vermögensgegenstände des Vorratsvermögens unterstellt werden, dass die zuerst oder dass die zuletzt angeschafften oder hergestellten Vermögensgegenstände zuerst verbraucht oder veräußert worden sind. Dieser Ansatz wird als **Sammelbewertung mittels Verbrauchsfolgeverfahren** bezeichnet. Man unterscheidet fifo (first in – first out), dabei werden die zuerst angeschafften Vermögensgegenstände auch zuerst veräußert, wie dies bei Ware mit Verfallsdatum gegeben ist. Lifo (last in – first out) bedeutet, dass die zuletzt angeschafften Vermögensgegenstände zuerst veräußert werden, wie dies z. B. bei Schüttgut erfolgt.

Bei Forderungen ist zwischen einer Pauschalwertberichtigung und der Abschreibung einzelner Forderungen zu unterscheiden. Erfolgte Einzelwertberichtigungen dürfen nicht zusätzlich einer Pauschalwertberichtigung unterworfen werden.

Aufgabe 24 - 25 > Seite 315
Aufgabe 26 > Seite 316

7. Eigenkapital

7.1 Definition und Komponenten

Das Eigenkapital stellt die von den **Unternehmenseignern unbefristet** zur Verfügung gestellten **Mittel** dar. Es kann von den Unternehmenseigentümern eingebracht worden sein **(Außenfinanzierung)** oder vom Unternehmen erwirtschaftet und einbehalten (thesauriert) worden sein **(Innenfinanzierung)**. Bei der Unternehmensgründung entsteht das Eigenkapital durch Bareinlage oder Sacheinlage.

Abhängig von der jeweiligen **Rechtsform** ergeben sich unterschiedliche Formate und **Bezeichnungen** im **Eigenkapital**. Die nachfolgenden Abbildungen zeigen die **Komponenten** des Eigenkapitals für wesentliche Rechtsformen.

Einzel-unternehmen		Anfangskapital
	+/-	Einlagen/Entnahmen
	+/-	Gewinn/Verlust
	=	**Endkapital**

OHG		Kapitalkonto I für A + B (Festkonto)
	+	Kapitalkonto II für A + B (Verrechnungskonto)
	+/-	Einlagen/Entnahmen
	+/-	Gewinn/Verlust
	=	**Endkapital**

Es wird von den beiden Gesellschaftern A und B ausgegangen.

KG		Komplementär, Konten wie OHG
	+	Kommanditeinlage
	+/-	Gewinn/Verlust
	=	**Endkapital**

e. G.		Geschäftsguthaben
	+	Rücklagen
	+/-	Gewinn- bzw. Verlustvortrag
	+/-	Jahresabschluss/-fehlbetrag
	=	**Endkapital**

GmbH		Stammkapital
	+	Rücklagen
	+/-	Gewinn- bzw. Verlustvortrag
	+/-	Jahresabschluss/-fehlbetrag
	=	**Endkapital** (Haftkapital)

AG		Grundkapital
	+	Rücklagen
	+/-	Gewinn- bzw. Verlustvortrag
	+/-	Jahresabschluss/-fehlbetrag
	=	**Endkapital** (Haftkapital)

Bei Personengesellschaften werden für jeden Gesellschafter Kapitalkonten geführt. In der OHG und KG werden für die Vollhafter zwei getrennte Kapitalkonten geführt, das fixe Kapitalkonto I und das variable Kapitalkonto II. Die Kapitalkonten I repräsentieren den Anteil der Gesellschafter an Gewinn- und Verlust; Privatentnahmen und Privateinlagen werden auf den Kapitalkonten II verbucht. Vollhafter haften mit ihrem Privatvermögen für die Verbindlichkeiten des Unternehmens. Das Eigenkapital von Kapitalgesellschaften weist neben dem **Geschäftsguthaben** (eingetragene Genossenschaft), dem **Stammkapital** (Gesellschaft mit beschränkter Haftung) und dem **Grundkapital** (Aktiengesellschaft) **Kapitalrücklagen, Gewinnrücklagen, Gewinn- bzw. Verlustvortrag** sowie **Jahresüberschuss oder Jahresfehlbetrag** auf.

Das Grundkapital der Aktiengesellschaft wird auch als gezeichnetes Kapital bezeichnet. Nach § 272 Abs. 1 HGB wird damit das Kapital bezeichnet, auf das die Haftung der Gesellschafter für die Verbindlichkeiten einer Kapitalgesellschaft gegenüber den Gläubigern beschränkt ist. Es wird mit dem Nominalwert angegeben. Bei Aktiengesellschaften ist dies das Grundkapital.

7.2 Kapitalrücklagen

Die Unterarten der Kapitalrücklage sind in § 272 Abs. 2 HGB aufgezählt:

- Agiobeträge aus der Emission von Anteilen (insbesondere Aktien), Vorzugsaktien, Bezugsrechten und Wandel- und Optionsanleihen
- Beträge von Zuzahlungen durch Gesellschafter für die Gewährung von Vorzügen
- Beträge von anderen Zuzahlungen der Gesellschafter in das Eigenkapital.

Beispiel

Die Alfons Aktionär AG weist folgende Bilanz auf:

AKTIVA	Bilanz zum 01.01.2023		PASSIVA
Anlagevermögen	1.000.000 €	Eigenkapital	
Umlaufvermögen	1.000.000 €	Gezeichnetes Kapital	500.000 €
		Gewinnrücklagen	500.000 €
		Verbindlichkeiten	1.000.000 €
	2.000.000 €		2.000.000 €

An Hauptversammlung der AG haben die Aktionäre eine ordentliche Kapitalerhöhung beschlossen. Es sollen 1.000 Aktien mit einem Nennwert von 100 € und einem Agio (Aufgeld) von 50 % ausgegeben werden. Der Ausgabepreis pro Aktie beträgt demnach 150 €. Bei 1.000 Aktien à 100 € Nennwert erhöht sich das gezeichnete Kapital um 100.000 €. Das Agio in Höhe von 50.000 € wandert in die Kapitalrücklage, gleichzeitig erhöht sich der Bestand an liquiden Mitteln um 150.000 €. Es resultiert folgende Bilanz:

AKTIVA		Bilanz zum 02.01.2023	PASSIVA
Anlagevermögen	1.000.000 €	Eigenkapital	
Umlaufvermögen	1.150.000 €	Gezeichnetes Kapital	600.000 €
		Kapitalrücklagen	50.000 €
		Gewinnrücklagen	500.000 €
		Verbindlichkeiten	1.000.000 €
	2.150.000 €		2.150.000 €

Die Erhöhung der Kapitalrücklagen ist daher regelmäßig mit einem Mittelzufluss von außen (Außenfinanzierung) verbunden.

Kapitalerhöhungen treten bei der Aktiengesellschaft in folgenden Arten auf:

- **ordentliche Kapitalerhöhung** (§§ 182 - 191 Akt)
- **bedingte Kapitalerhöhung** (§§ 192 - 201 AktG) und
- **genehmigtes Kapital** (§§ 202 - 206 AktG).

Bei allen drei Formen fließen Mittel von externen Quellen zu, es handelt sich um Außenfinanzierung. Voraussetzung ist jeweils ein entsprechender Beschluss der Hauptversammlung.

Bei der **ordentlichen Kapitalerhöhung** erfolgt die Ausgabe junger Aktien zu einem Ausgabepreis (Emissionskurs), der nicht unter Nennwert liegen darf. In der Regel ist der Ausgabepreis höher als der Nennwert, die Differenz wandert als Agio in die Kapitalrücklage (s. o. Beispiel).

Die **bedingte Kapitalerhöhung** entsteht durch die Ausgabe von Optionsanleihen, Wandelschuldverschreibungen, Aktienoptionsprogrammen oder die Gewährung von Bezugsrechten an Mitarbeiter zum Bezug neuer Aktien. Werden die damit verbundenen Umtausch- bzw. Bezugsrechte ausgeübt, erhöht sich zwangsläufig das gezeichnete Kapital. Zuzahlungen können zu einer Erhöhung der Kapitalrücklagen führen.

Im Gegensatz zur ordentlichen Kapitalerhöhung ist das **genehmigte Kapital** zeitlich flexibler ausgestaltet. Der Vorstand wird für längstens 5 Jahre ermächtigt, das Grundkapital maximal um 50 % zu erhöhen. Er kann damit die Emission junger Aktien zu günstigen Kapitalmarktzeiten festlegen.

Eine **Kapitalerhöhung ohne Geldmittelzufluss** stellt die **Kapitalerhöhung aus Gesellschaftsmitteln** (§§ 207 - 220 AktG) dar. Bei ihr fließt kein Geld von außen zu; es findet ein reiner Passivtausch statt. Rücklagen werden in gezeichnetes Kapital umgewandelt (Ausgabe von „Gratis-Aktien"). Grund für diese Form ist die Senkung eines hohen Aktienkurses („schwere Aktien") zur Verbesserung der Börsenattraktivität.

7.3 Gewinnrücklagen

Im Gegensatz zu den Kapitalrücklagen entstehen Gewinnrücklagen durch vom Unternehmen erwirtschaftete und einbehaltene Gewinne (Innenfinanzierung). Zu den Gewinnrücklagen zählen nach § 266 Abs. 3 HGB:

- **Gesetzliche Rücklage:** Nach § 150 Abs. 2 AktG haben die Aktiengesellschaft und die Kommanditgesellschaft auf Aktien im Interesse des Gläubigerschutzes so lange 5 % aus dem – um einen etwaigen Verlustvortrag geminderten – Jahresüberschuss in die gesetzliche Rücklage einzustellen, bis diese zusammen mit der Kapitalrücklage (nach § 272 Abs. 2 Nr. 1 - 3 HGB) 10 % des Grundkapitals erreicht.
- **Rücklage für „Anteile an einem herrschenden oder mehrheitlich beteiligten Unternehmen":** In diese ist nach § 272 Abs. 4 HGB der Betrag einzustellen, der dem auf der Aktivseite enthaltenen Betrag der Anteile an dem herrschenden oder mit Mehrheit beteiligten Unternehmen entspricht. Die Rücklage ist aufzulösen, wenn diese Anteile veräußert oder eingezogen werden oder sonst auf der Aktivseite ein niedrigerer Betrag eingestellt wird.
- **Satzungsmäßige Rücklagen** können über die gesetzliche Rücklage hinaus gebildet werden, wenn die Satzung des Unternehmens dies vorsieht (§ 58 AktG).
- **Andere Gewinnrücklagen** sind eine Restgröße, die von obigen Rücklagearten nicht erfasst wird.

Beispiel

Führt man das obige Beispiel fort und geht davon aus, dass im Jahr 2023 ein Jahresüberschuss in Höhe von 100.000 € erwirtschaftet wurde, so ergibt sich folgendes Bild (aus Vereinfachungsgründen bleiben Anlagevermögen und Verbindlichkeiten unverändert):

AKTIVA		**Bilanz zum 31.12.2023**	**PASSIVA**
Anlagevermögen	1.000.000 €	Eigenkapital	
Umlaufvermögen	1.250.000 €	Gezeichnetes Kapital	600.000 €
		Kapitalrücklagen	50.000 €
		Gewinnrücklagen	500.000 €
		Jahresüberschuss	100.000 €
		Verbindlichkeiten	1.000.000 €
	2.250.000 €		2.250.000 €

Die Aktionäre beschließen an der Hauptversammlung 60 % des Jahresüberschusses einzubehalten und den Rest auszuschütten. 60.000 € werden demnach in die Gewinnrücklage eingestellt; 40.000 € werden an die Aktionäre ausbezahlt und mindern die liquiden Mittel. Es resultiert folgende Bilanz:

AKTIVA		Bilanz zum 31.12.2023	PASSIVA
Anlagevermögen	1.000.000 €	Eigenkapital	
Umlaufvermögen	1.210.000 €	Gezeichnetes Kapital	600.000 €
		Kapitalrücklagen	50.000 €
		Gewinnrücklagen	560.000 €
		Verbindlichkeiten	1.000.000 €
	2.210.000 €		2.210.000 €

7.4 Vorträge, Jahresüberschuss, Bilanzgewinn

Beim **Gewinn- bzw. Verlustvortrag** handelt es sich um Gewinne von Vorperioden, über deren Verwendung noch nicht entschieden wurde bzw. um vorgetragene Verluste.

Jahresüberschuss bzw. Jahresfehlbetrag stellen das Ergebnis eines Geschäftsjahrs nach Ertragssteuern dar. Bei Kapitalgesellschaften zählen die Körperschaftssteuer, die Gewerbesteuer und der Solidaritätszuschlag zu den Ertragssteuern.

Vom Jahresüberschuss zu unterscheiden ist der **Bilanzgewinn**. Die Bilanz kann nach § 268 Abs. 1 Satz 1 HGB

1. vor Gewinnverwendung
2. nach *teilweiser* Gewinnverwendung oder
3. nach *vollständiger* Gewinnverwendung

aufgestellt werden. Nur bei Variante 2 wird ein Bilanzgewinn ausgewiesen.

Der Bilanzgewinn wird bei einer Aktiengesellschaft nach § 168 AktG folgendermaßen berechnet:

	Jahresüberschuss (Jahresfehlbetrag)
+/-	Gewinnvortrag (Verlustvortrag) des Vorjahres
+	Entnahmen aus Kapitalrücklage
+	Entnahmen aus Gewinnrücklagen
-	Einstellungen in Gewinnrücklagen
=	**Bilanzgewinn** (Bilanzverlust)

Der Bilanzgewinn (bzw. der Bilanzverlust) ist derjenige Teil des Jahresüberschusses einer Kapitalgesellschaft, der nach Korrektur um den Gewinnvortrag (Verlustvortrag) aus den Vorjahren sowie nach Entnahmen bzw. Einstellung in Rücklagen (Kapitalrücklage oder Gewinnrücklagen) zur Gewinnverwendung (z. B. Dividende, Ausschüttung) übrig bleibt. Über seine Verwendung beschließen die Aktionäre an der Hauptversammlung.

Zur Analyse der Ertragskraft eines Unternehmens ist der Bilanzgewinn nicht geeignet. Dafür sollte man den Jahresüberschuss bzw. die Earnings before Interest and Taxes oder den operativen Cashflow verwenden.

Im Eigenkapital einer Aktiengesellschaft können neben gezeichnetem Kapital, Kapitalrücklagen, Gewinnrücklagen ggf. eigene Anteile ausgewiesen werden:

Beispiel

Gezeichnetes Kapital	1.000.000	
- Eigene Anteile (Nennbetrag)	- 100.000	900.000
Kapitalrücklage		200.000
Gesetzliche Rücklage		300.000
Andere Gewinnrücklagen	400.000	
- Eigene Anteile (Differenz zwischen Anschaffungskosten und Nennbetrag)	- 250.000	150.000
Eigenkapital gesamt		**1.550.000**

Eigene Anteile zeigen Aufkäufe eigener Aktien. In obigem Beispiel hat das Unternehmen für 350.000 € eigene Aktien mit einem Nennwert von 100.000 € gekauft.

Nicht aus der Bilanz ersichtlich werden **stille Reserven** (stille Rücklagen). Sie stellen nicht ausgewiesenes Eigenkapital dar und entstehen durch Unterbewertung von Aktiva bzw. Überbewertung von Passiva.

Aufgabe 27 - 28 > Seite 317

8. Verbindlichkeiten

8.1 Passivierungsfähigkeit

Der Begriff **„Verbindlichkeiten“** ist gesetzlich nicht definiert. **Voraussetzungen** für die **Passivierungsfähigkeit** sind *(Bitz/Schneeloch/Wittstock)*:

- eine Leistungsverpflichtung
- dem Grund und der Höhe nach bestimmt
- gegenüber einem Dritten
- am Bilanzstichtag entstanden
- eine wirtschaftliche Belastung und
- vom Gläubiger durchsetzbar.

8.2 Arten von Verbindlichkeiten

Zu den Verbindlichkeiten gehören:

1.	Anleihen, davon konvertibel
2.	Verbindlichkeiten gegenüber Kreditinstituten
3.	erhaltene Anzahlungen auf Bestellungen
4.	Verbindlichkeiten aus Lieferungen und Leistungen
5.	Verbindlichkeiten aus der Annahme gezogener Wechsel und der Ausstellung eigener Wechsel
6.	Verbindlichkeiten gegenüber verbundenen Unternehmen
7.	Verbindlichkeiten gegenüber Unternehmen, mit denen ein Beteiligungsverhältnis besteht
8.	sonstige Verbindlichkeiten, davon aus Steuern, davon im Rahmen der sozialen Sicherheit

Anleihen stellen langfristige, verzinsliche Darlehen dar, die meist fest verzinst werden und von Unternehmen oder vom Staat über die Börse bei einer Vielzahl von Darlehensnehmern aufgenommen werden. Als fungible Wertpapiere werden diese Teilschuldverschreibungen am Kapitalmarkt gehandelt.

Neben normalen Anleihen werden **besondere Formen** angeboten, die neben Zins und Tilgung weitere Rechte gewähren. Dies sind insbesondere:

- Wandelanleihen
- Optionsanleihen
- Gewinnschuldverschreibungen und auch
- Genussscheine.

Wandelanleihen beinhalten das Recht, innerhalb einer bestimmten Frist in Aktien der ausgebenden Gesellschaft umgewandelt zu werden. Nicht gewandelte Schuldverschreibungen werden am Ende der Laufzeit getilgt. Wandelrecht und Anleihe bilden eine Einheit; sie können nicht getrennt werden.

Bei der **Optionsanleihe** erhält der Inhaber das Recht, zusätzlich während eines bestimmten Zeitraums zu einem vorher festgesetzten Preis Wertpapiere (i. d. R. Aktien) zu erwerben. An der Börse werden bis zu drei Notierungen für eine Optionsanleihe angegeben:

- Optionsanleihe mit Optionsschein
- Optionsanleihe ohne Optionsschein sowie
- Optionsschein.

Bei den Anleihen ist in der Bilanz anzugeben, in welcher Höhe diese **konvertibel** sind. Dies umfasst sowohl Wandel- als auch Optionsanleihen (Umtauschrecht bzw. Bezugsrecht).

Gewinnschuldverschreibungen enthalten oftmals neben einer festen Grundverzinsung eine dividendenabhängige Zusatzverzinsung. Genussscheine verbriefen Genussrechte (z. B. an Gewinn und Liquidationserlös), beinhalten jedoch keine Mitgliedschaftsrechte (z. B. Stimmrecht). Man kann sie damit nicht eindeutig dem Eigen- oder Fremdkapital zuordnen.

Bei den **Verbindlichkeiten gegenüber Kreditinstituten** handelt es sich um Verpflichtungen gegenüber aus- oder inländischen Banken.

Erhaltene Anzahlungen auf Bestellungen stellen i. d. R. Vorauszahlungen von Kunden im Rahmen eines schwebenden Geschäfts dar. Mit dem unbestimmten Rechtsbegriff „schwebendes Geschäft" wird nach herrschender Meinung ein Vertragsverhältnis bezeichnet, das auf einen gegenseitigen Leistungsaustausch gerichtet ist, wobei die Vertragspartner mit der Erfüllung ihrer vertraglichen Verpflichtung noch nicht begonnen oder einer der oder beide Vertragspartner ihre wesentlichen Vertragspflichten noch nicht voll erfüllt haben. So könnte z. B. ein Möbelhaus eine Anzahlung auf ein bestelltes Sofa verlangen.

Verbindlichkeiten aus Lieferungen und Leistungen umfassen Verpflichtungen aus vom Vertragspartner bereits erfüllten Umsatzgeschäften. Hauptsächlich handelt es sich dabei um Verbindlichkeiten gegenüber Lieferanten.

Verbindlichkeiten aus der Annahme gezogener Wechsel und der Ausstellung eigener Wechsel stellen Verbindlichkeiten aus der Annahme und der Ausstellung eigener Wechsel dar.

Für Verbindlichkeiten gegenüber verbundenen Unternehmen und **Verbindlichkeiten gegenüber Unternehmen, mit denen ein Beteiligungsverhältnis besteht** gelten die bereits bei den Finanzanlagen getroffenen Aussagen. Von verbundenen Unternehmen spricht man, wenn ein Mutter-Tochter-Verhältnis vorliegt. Von einer Beteiligung wird ausgegangen, wenn bedeutsame Mitsprachrechte, aber keine unmittelbare Durchsetzbarkeit gegeben ist. Im Zweifel gilt nach § 271 Abs. 1 Nr. 1 HGB eine Beteiligungsvermutung, wenn der Anteil am betreffenden Unternehmen 20 % übersteigt.

Alle nicht den bisher genannten Kategorien zuordenbaren Verbindlichkeiten werden den **sonstigen Verbindlichkeiten** zugerechnet. Gesondert auszuweisen sind dabei jene aus Steuern und jene im Rahmen der sozialen Sicherheit.

Zu den sonstigen Verbindlichkeiten gehören auch **Schuldscheindarlehen**. Diese können im Gegensatz zu Obligationen auch von nicht emissionsfähigen Gesellschaften ausgegeben werden. Als Kreditgeber treten Kapitalsammelstellen (z. B. Lebensversicherer, Sozialversicherungen, Banken) auf. Da keine Börsennotierung erfolgt, sind die Ausgabekosten niedriger als bei Obligationen; der Zinssatz von Schuldscheindarlehen ist i. d. R. jedoch höher. Schuldscheindarlehen erfordern eine einwandfreie Bonität des Gläubigers sowie die Besicherung durch Grundpfandrechte. Von besonderer Bedeutung ist die Deckungsstockfähigkeit. Sie bildet die Voraussetzung, dass Versicherungsunternehmer als Schuldscheindarlehensgeber fungieren können. Der Deckungsstock stellt Sondervermögen dar, das getrennt vom sonstigen Vermögen der Versicherung verwaltet wird, besonders geschützt ist und besonderen gesetzlichen Bestimmungen des Versicherungsaufsichtsgesetzes unterliegt.

Grundsätzlich erfolgt die Bewertung der Verbindlichkeiten nach § 253 Abs. 1 Nr. 1 HGB mit dem **Erfüllungsbetrag**. Das ist jener Betrag, den der Schuldner zur Erfüllung der Schuld aufbringen muss. In der Regel ist dieser vertraglich fixiert.

Bei **Verbindlichkeiten in fremder Währung** ist § 256a HGB zu beachten: *„Auf fremde Währung lautende Vermögensgegenstände und Verbindlichkeiten sind zum Devisenkassamittelkurs am Abschlussstichtag umzurechnen. Bei einer Restlaufzeit von einem Jahr oder weniger sind § 253 Abs. 1 Satz 1 und § 252 Abs. 1 Nr. 4 Halbsatz 2 nicht anzuwenden."* Für Forderungen und Verbindlichkeiten, deren Restlaufzeiten weniger als ein Jahr betragen, ist demnach das Realisationsprinzip gemäß § 252 Abs. 1 Nr. 4 Halbsatz 2 HGB nicht anzuwenden. Die Folge kann im Ausweis nicht realisierter Gewinne bestehen. Wechselkursbedingt können Vermögensgegenstände höher als ihre Ausgangswerte, Verbindlichkeiten niedriger bewertet werden.

Bei Anleihen wie Darlehen können **Auszahlungsbetrag** und **Erfüllungsbetrag voneinander abweichen**. Ist der Auszahlungsbetrag kleiner als der Erfüllungsbetrag, nennt man den Unterschiedsbetrag **Disagio**. Übersteigt der Auszahlungsbetrag den Erfüllungsbetrag, handelt es sich bei der Differenz um ein **Agio**.

Beispiel

Siegfried Saldo nimmt bei der Sparkasse Entenhausen ein Darlehen in Höhe von 100.000 € auf. Die Sparkasse überweist ihm 95.000 € auf sein Bankkonto. Bei der Differenz, dem Disagio in Höhe von 5.000 €, handelt es sich um vorgezogene Zinszahlungen. Für die Bilanzierung besteht nach § 250 Abs. 3 HGB ein Wahlrecht zwischen sofortiger erfolgswirksamer Buchung und Aktivierung als aktiver Rechnungsabgrenzungsposten verbunden mit der Abschreibung über die Laufzeit.

Entscheidet sich Herr Saldo für die **sofortige erfolgswirksame Verbuchung**, so ergibt sich folgender Buchungssatz:

Bank	95.000 €			
Zinsaufwand	5.000 €	an	Darlehen	100.000 €

Wählt er jedoch die **Aktivierung als aktiver Rechnungsabgrenzungsposten**, resultiert folgende Buchung:

Bank	95.000 €			
Aktiver Rechnungsabgrenzungsposten	5.000 €	an	Darlehen	100.000 €

Der aktive Rechnungsabgrenzungsposten wird dann über die Laufzeit abgeschrieben.

Bei der sofortigen erfolgswirksamen Verbuchung mindert das Disagio in voller Höhe den Gewinn des betreffenden Jahres, während bei der Aktivierung als aktiver Rechnungsabgrenzungsposten der Aufwand gleichmäßig über die Laufzeit verteilt wird.

Derzeit gibt es keine Passivierungswahlrechte bei den Verbindlichkeiten. Nach § 246 Abs. 1 HGB sind alle sicheren Verbindlichkeiten aufzunehmen.

Aufgabe 29 > Seite 317

9. Rückstellungen

9.1 Definition

Rückstellungen stellen Verbindlichkeiten dar, die dem **Grund und/oder** der **Höhe** nach **ungewiss** sind. Sie folgen zwei Zielsetzungen:

a) Ermittlung eines periodengerechten Erfolgs (Aufwand in der „richtigen" Periode) zutreffender (Rein-)Vermögensausweis.

b) Die Bildung von Rückstellungen entspricht dem **Imparitätsprinzip**; zu erwartende Verluste sind auszuweisen.

Beispiel

Wird ein Restaurant von einem Kunden auf Schadensersatz verklagt, da der Kunde glaubt, durch den Verzehr einer Mahlzeit im Oktober 2023 eine Lebensmittelvergiftung erlitten zu haben, so folgt die Bildung der Rückstellung beiden Zielsetzungen. Der Aufwand ist dem Jahr 2023 zuzurechnen; die Rückstellung mindert das (Rein-) Vermögen.

9.2 Ansatz

Der Ansatz von Rückstellungen ist in § 249 HGB geregelt. **Passivierungspflicht** besteht für folgende **Rückstellungsarten**:

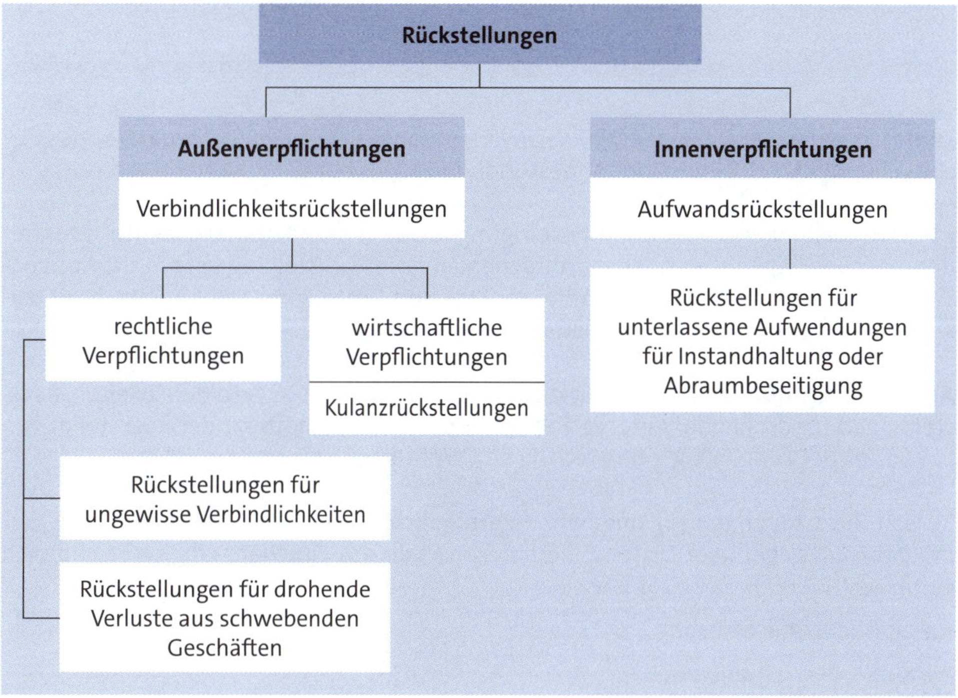

Außenverpflichtungen beruhen auf Verpflichtungen gegenüber Dritten, während **Innenverpflichtungen** eine Art Selbstverpflichtung zur Durchführung bestimmter Maßnahmen in der nahen Zukunft darstellen. Gebräuchlich sind dabei auch die Begriffe **Verbindlichkeitsrückstellungen** als Synonym für **Außenverpflichtungen** sowie **Aufwandsrückstellungen** als gleichbedeutend für **Innenverpflichtungen**. Die Begriffe „Aufwandsrückstellungen“ und „Verbindlichkeiten“ sind weniger aussagekräftig, da jede Rückstellungsbildung mit einem Buchungssatz „Aufwand“ an „Rückstellungen“ einhergeht und Rückstellungen eine besondere Art von Verbindlichkeiten darstellen. Die in § 249 HGB aufgeführten Rückstellungen unterliegen der Ansatzpflicht; Wahlrechte sind nicht vorgesehen. Für andere als die in § 249 Abs. 1 HGB bezeichneten Zwecke besteht ein Ansatzverbot.

Innenverpflichtungen umfassen nach § 249 Abs. 1 Satz 1 HGB „Rückstellungen für im Geschäftsjahr **unterlassene** Aufwendungen für **Instandhaltung**, die im folgenden Geschäftsjahr innerhalb von drei Monaten nachgeholt werden“ bzw. „Rückstellungen für **Abraumbeseitigung**, die im folgenden Geschäftsjahr nachgeholt werden“.

Bei den **Rückstellungen** für **unterlassene Instandhaltung** handelt es sich nicht um regelmäßigen Wartungs- und Instandhaltungsaufwand, sondern um unregelmäßig anfallende Aufwendungen.

Beispiel

Wird z. B. im Dezember 2023 festgestellt, dass das Dach der Lagerhalle undicht geworden ist und die Reparatur erst im Januar 2024 durchgeführt werden kann, so ist im Dezember eine Rückstellung für unterlassene Instandhaltung zu bilden.

Zu beachten ist die Drei-Monats-Frist. Wäre im obigen Beispiel die Reparatur des Daches erst im Mai 2021 geplant, so bestünde Ansatzverbot der Rückstellung.

Die **Rückstellungen** für **Abraumbeseitigung** treten bei Substanzausbeutungsunternehmen wie Bergwerken oder Steinbrüchen auf. Die Rückstellung betrifft die Aufwendungen für die Beseitigung von Abraum (Erd- und Gesteinsmassen), der beim Abbau angefallen ist. Hier gilt eine 12-Monats-Frist.

Außenverpflichtungen können Rückstellungen für ungewisse Verbindlichkeiten, Rückstellungen für drohende Verluste aus schwebenden Geschäften oder Rückstellungen für Gewährleistungen, die ohne rechtliche Verpflichtung erbracht werden sein.

Zu den **Rückstellungen für ungewisse Verbindlichkeiten** zählen alle unsicheren Verpflichtungen gegenüber Dritten, die bis zum Ende des Geschäftsjahrs wirtschaftlich verursacht wurden. Dazu zählen z. B.:

- Garantieverpflichtungen
- Prozessrückstellungen
- Pensionsrückstellungen
- Steuerrückstellungen.

Voraussetzungen für die Bildung einer Rückstellung für ungewisse Verbindlichkeiten sind *(Buchholz)*:

- Verpflichtung gegen Dritte
- wirtschaftliche Verursachung
- Ungewissheit
- hinreichende Konkretisierung.

Rückstellungen für drohende Verluste aus schwebenden Geschäften – in der Praxis häufig als „Drohverlustrückstellungen“ bezeichnet – beinhalten absehbare Verluste aus schwebenden Geschäften. Liegt ein schuldrechtlicher Vertrag zweier Parteien vor, gilt dieser als schwebend, bis die Hauptleistung erfüllt ist. Der schuldrechtliche Vertrag bezieht sich dabei in der Praxis häufig auf Beschaffungsgeschäfte, Absatzgeschäfte oder Dauerschuldverhältnisse.

Beispiel

Die Toy AG hat in China 10.000 Solar-Taschenrechner zum Stückpreis von 1,00 € gekauft. Die Rechner wurden im November 2023 bestellt (rechtskräftiger Kaufvertrag); die Lieferung soll im Januar 2024 erfolgen. Zum Jahresende wird klar, dass die Rechner nur für 0,85 € je Stück verkauft werden können. Im Jahr 2023 ist demnach ein Verlust von 0,15 € je Taschenrechner entstanden. Wäre die Ware bereits am 31.12.2023 auf Lager, so müsste man sie abschreiben. Die Lieferung soll jedoch erst im Januar 2024 erfolgen, daher muss eine Rückstellung für drohende Verluste in Höhe von 1.500 € (10.000 Taschenrechner à 0,15 € Verlust) gebildet werden.

Während handelsrechtlich eine Ansatzpflicht für Drohverlustrückstellungen besteht, ist der Ansatz steuerrechtlich verboten.

Rückstellungen für Gewährleistungen, die ohne rechtliche Verpflichtung erbracht werden, werden auch als **Kulanzrückstellungen** bezeichnet. Sie liegen dann vor, wenn ein Unternehmen über die gesetzlichen Pflichten hinaus freiwillig Gewährleistungen einräumt.

Für die **Bewertung** von **Rückstellungen** gilt, dass diese in Höhe des **nach vernünftiger kaufmännischer Beurteilung notwendigen Erfüllungsbetrages** anzusetzen sind (§ 253 Abs. 1 Satz 2 HGB).

Rückstellungen mit einer **Laufzeit von mehr als einem Jahr** sind nach § 253 Abs. 2 Satz 1 HGB **abzuzinsen**. Die Abzinsung hat dabei nach § 253 Abs. 2 Satz 4 HGB mit dem ihrer Restlaufzeit entsprechenden durchschnittlichen Marktzinssatz der vergangenen sieben Geschäftsjahre zu erfolgen.

Der Ausweis der Rückstellungen ergibt sich aus § 266 Abs. 3 B HGB. Zu unterscheiden sind:

- Rückstellungen für Pensionen und ähnliche Verpflichtungen
- Steuerrückstellungen und
- sonstige Rückstellungen.

9.3 Ausweis

Der Gesetzgeber folgt damit beim Ausweis einer anderen Systematik als beim Ansatz. Den Zusammenhang zeigt die folgende Abbildung:

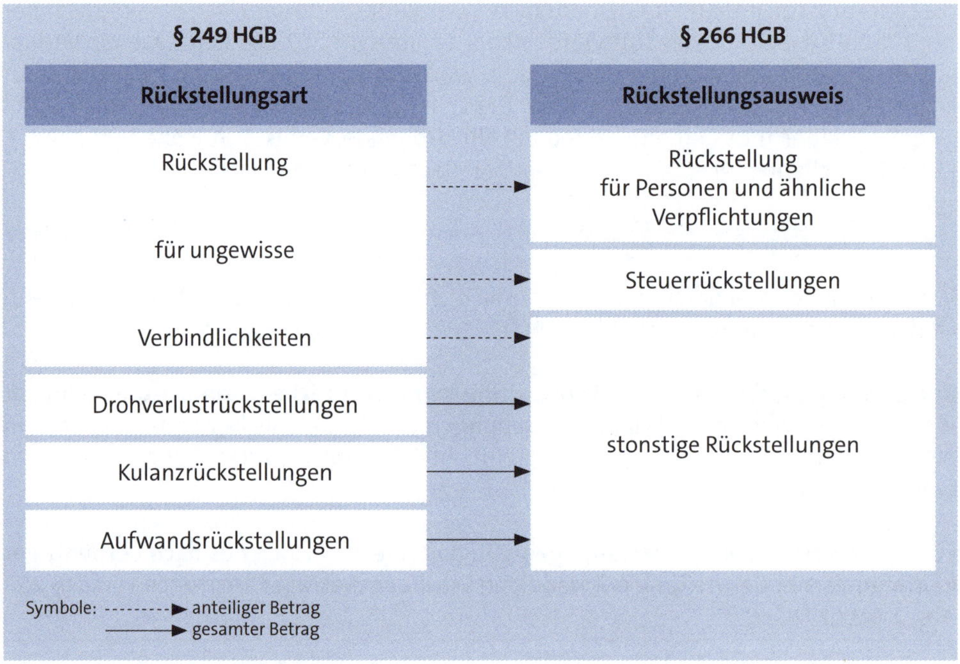

Ansatz und Ausweis von Rückstellungen

9.4 Auflösung von Rückstellungen

Für die Auflösung von Rückstellungen gibt es prinzipiell zwei Möglichkeiten:

a) Die Rückstellung wird benötigt, es erfolgt eine Zahlung.
b) Die Rückstellung wird nicht benötigt, es erfolgt eine erfolgswirksame Auflösung.

Die Buchungssätze dafür lauten:

a) zahlungswirksame Auflösung

Rückstellungen	an	Liquide Mittel

b) erfolgswirksame Auflösung

Rückstellungen	an	Erträge aus der Auflösung von Rückstellungen

Falls eine Rückstellung nicht vollständig benötigt wird, enthält der Buchungssatz beide Komponenten. Reicht die Rückstellung nicht aus, wird eine zusätzliche Aufwandsbuchung benötigt.

Für die **Passivseite** der Bilanz gelten handelsrechtlich folgende **Gebote und Verbote**:

Passivierungsgebote	
Sichere Verbindlichkeiten	
Verbindlichkeitsrückstellungen (= alle ungewissen Verbindlichkeiten gegenüber Dritten)	§ 246 Abs. 1 HGB
Bestimmte Aufwandsrückstellungen	
Unterlassene Instandhaltung (geplant im 1. - 3. Monat der Folgeperiode)	§ 249 Abs. 1 HGB
Unterlassene Abraumbeseitigung (geplant in der Folgeperiode)	§ 249 Abs. 1 HGB
Transitorische Rechnungsabgrenzungsposten	§ 250 Abs. 2 HGB
Passive latente Steuern (bei Kapitalgesellschaften)	§ 274 Abs. 1 HGB
Eigenkapital (Vermögen > Schulden)	§ 247 Abs. 1 HGB
Passivierungsverbote	
Andere als die in § 249 Abs. 1 HGB genannten Rückstellungen	§ 249 Abs. 2 HGB

10. Rechnungsabgrenzungsposten

Auf der Aktiv- wie der Passivseite der Bilanz finden sich Rechnungsabgrenzungsposten. Diese dienen der Zuordnung von Aufwendungen oder Erträgen zur richtigen Rechnungsperiode. Aufwendungen eines Geschäftsjahres sollen unabhängig vom Zeitpunkt der Bezahlung diesem Geschäftsjahr zugerechnet werden. Dies gilt analog für die Ertragsseite.

Aktive Rechnungsabgrenzungsposten fallen unter die Kategorie „Ausgabe jetzt, Aufwand später“, **passive Rechnungsabgrenzungsposten** unter „Einnahme jetzt, Ertrag später“.

Beispiel

Wird z. B. die Miete für den Januar 2024 für eine Lagerhalle bereits im Dezember 2023 überwiesen, stellt dies beim Mieter eine aktive, beim Vermieter eine passive Rechnungsabgrenzung dar.

Der Buchungssatz im Jahre 2023 beim Mieter lautet:

Aktiver Rechnungsabgrenzungsposten an Bank

Damit wird eine Aufwandsbuchung in 2023 vermieden, da es sich um Aufwand des Jahres 2024 handelt. Im Jahr 2024 bucht der Mieter:

Mietaufwand	an	Aktiver Rechnungsabgrenzungsposten

Somit ist der Aufwand der richtigen Periode zugerechnet.

Der Vermieter bucht in 2023:

Bank	an	Passiver Rechnungsabgrenzungsposten

Eine Ertragsbuchung in 2023 wird damit vermieden. Der Vermieter bucht diese periodengerecht in 2024:

Passiver Rechnungsabgrenzungsposten	an	Mietertrag

Somit ist der Ertrag der richtigen Periode zugrechnet.

Ein weiteres Beispiel für aktive Rechnungsabgrenzung wurde bereits in » Kapitel C.8 vorgestellt, das Disagio.

Im Rahmen der aktiven und passiven Rechnungsabgrenzung werden in der vorhergehenden Periode erfolgte Ausgaben und Einnahmen in die neue Periode übertragen. Man nennt sie **transitorische Posten**; der Geldfluss erfolgt im alten Geschäftsjahr, die Erfolgswirksamkeit im neuen Geschäftsjahr. Davon zu unterscheiden sind die **antizipativen Posten**, bei denen die Erfolgswirksamkeit im alten Geschäftsjahr, die Zahlungswirksamkeit im neuen Geschäftsjahr stattfindet. Diese führen nicht zu einem Ausweis als Rechnungsabgrenzungsposten in der Bilanz (§ 250 HGB), sondern werden als Forderungen bzw. Verbindlichkeiten ausgewiesen.

Aufgabe 30 > Seite 318

11. Latente Steuern

Unterschiedliche Ansatz- und Bewertungsvorschriften können zu **abweichenden Gewinnen bzw. Verlusten in Handels- und Steuerbilanz** führen. Diese können **permanenter** Natur sein (z. B. steuerfreie handelsrechtliche Erträge, steuerlich nicht absetzbare handelsrechtliche Aufwendungen) oder nur **temporär** auftreten. Beispiele für temporäre Abweichungen sind z. B.:

- handelsrechtliche Bildung einer Drohverlustrückstellung
- handelsrechtliche Abschreibung von Finanzanlagen bei vorübergehender Wertminderung
- Aktivierung selbst geschaffener immaterieller Vermögensgegenstände des Anlagevermögens in der Handelsbilanz.

Bei **Kapitalgesellschaften** fallen **Ertragssteuern** in Form von Körperschaftssteuer, Solidaritätszuschlag und Gewerbesteuer an. Die Gesamtbelastung variiert mit dem Gewerbesteuerhebesatz und beträgt in Deutschland ca. 30 %. Die Steuerlast bemisst sich an der Steuerbilanz und damit an den dort geltenden Ansatz- und Bewertungsvorschriften.

Latente Steuern werden gebildet, um Differenzen zwischen der Steuerschuld aus der Steuerbilanz (tatsächlich) und der Handelsbilanz (fiktive Berechnung mit Steuersatz) auszugleichen. Die in den handels- und steuerrechtlichen Abschlüssen ausgewiesenen Ertragssteuern sollen sich möglichst entsprechen. Dazu werden im handelsrechtlichen Abschluss latente Steuern verwendet. Aktive latente Steuern zeigen zukünftige Steuervorteile, passive latente Steuern zukünftige Steuerlasten.

Heute wird dabei auch in Deutschland das so genannte Temporary-Konzept verwendet, dass sich im Gegensatz zum Timing-Konzept nicht an der GuV, sondern an den Bilanzwerten orientiert.

Die latenten Steuern sind in § 274 HGB geregelt.

Zu betrachten sind danach temporäre Differenzen; dazu zählen auch quasi-permanente Unterschiede wie die handelsrechtliche Abschreibung auf Finanzanlagen bei vorübergehender Wertminderung. Für **passive latente Steuern** besteht **Ansatzpflicht**, für **aktive latente Steuern** ein **Ansatzwahlrecht**.

Folgende Abweichungen sind möglich:

a) Ein Aktivposten ist in der Handelsbilanz größer als in der Steuerbilanz.

b) Ein Passivposten ist in der Handelsbilanz niedriger als in der Steuerbilanz.

c) Ein Aktivposten ist in der Handelsbilanz niedriger als in der Steuerbilanz.

d) Ein Passivposten ist in der Handelsbilanz höher als in der Steuerbilanz.

Aus a) und b) entstehen passive latente Steuern; aus c) und d) können aktive latente Steuern resultieren.

Beispiel

Die Theo Tax GmbH weist einen Steuersatz von 30 % auf. Sie überlegt für ein selbst erstelltes Patent, das über 4 Jahre genutzt werden soll, das Aktivierungswahlrecht auszuüben. An Herstellungskosten sind 400.000 € angefallen. Die Abschreibung soll linear erfolgen. Die Aktivierung erfolgt zum 31.12.2023; die Abschreibung beginnt am 01.01.2024.

Es ergibt sich folgendes Bild:

	31.12.2024	31.12.2025	31.12.2026	31.12.2027
Vermögen Handelsbilanz	300.000 €	200.000 €	100.000 €	0 €
Vermögen Steuerbilanz	0 €	0 €	0 €	0 €
Differenz	300.000 €	200.000 €	100.000 €	0 €
Passive latente Steuern	90.000 €	60.000 €	30.000 €	0 €
Steueraufwand	90.000 €			
Steuerertrag		30.000 €	30.000 €	30.000 €

Aus der Differenz des Wertes der Vermögensgegenstände werden die latenten Steuern durch Anwendung des Steuersatzes berechnet.

Wesentliche Unterschiede zwischen Handelsbilanz und Steuerbilanz, die zu **latenten Steuern** führen, sind:

	Handelsbilanz	**Steuerbilanz**
Selbst erstellte immaterielle Vermögensgegenstände des Anlagevermögens	Aktivierungswahlrecht, § 248 Abs. 2 HGB	Aktivierungsverbot, § 5 Abs. 2 EStG
Abschreibungsdauer derivativer Geschäfts- oder Firmenwert	Auf die wirtschaftliche Nutzungsdauer abzuschreiben. Ist diese nicht zuverlässig zu bestimmen, wird auf 10 Jahre abgeschrieben, § 253 Abs. 3 Satz 4 HGB	Nach § 7 Abs. 1 Satz 3 EStG über 15 Jahre abzuschreiben
Disagio (RAP)	Aktivierungswahlrecht, § 250 Abs. 3 HGB	Aktivierungspflicht, § 5 Abs. 5 Satz 1 Nr. 1 EStG
Steuerfreie Rücklagen	Passivierungsverbot	Passivierungswahlrecht, § 6b EStG, R 6.6 EStR
Drohverlustrückstellung	Passivierungspflicht, § 246 Abs. 1 Satz 1 HGB	Passivierungsverbot, § 5 Abs. 4a EStG

	Handelsbilanz	Steuerbilanz
Pensionsrückstellungen	Rückstellungen sind mit dem durchschnittlichen Marktzinssatz der vergangenen 7 Jahre oder mit dem durchschnittlichen Marktzinssatz bei einer Laufzeit von 15 Jahren abzuzinsen, § 253 Abs. 2 HGB.	Abzinsung hat mit 5,5 % (§ 6 Abs. 1 Nr. 3a Buchst. e EStG) zu erfolgen.
Außerplanmäßige Abschreibungen im Anlagevermögen	Abschreibung auf den niedrigeren beizulegenden Wert bei voraussichtlich dauernder Wertminderung, § 253 Abs. 3 Nr. 4 HGB	Teilwertabschreibung, § 6 Abs 1 Nr. 1 und Nr. 2 EStG
Abschreibung bei Finanzanlagen auch bei vorübergehender Wertminderung	Wahlrecht	Verbot
Abschreibungsdauer im Anlagevermögen	Wirtschaftliche Nutzungsdauer	AfA-Tabellen der Finanzverwaltung
GWG < 410 €	Aktivierung oder sofortiger Aufwand	Aktivierung oder sofortiger Aufwand
150 € < GWG < 1.000 €	Aktivierung als Sammelposten möglich, sofern von untergeordneter Bedeutung	Aktivierung als Sammelposten möglich
Abschreibungen im Umlaufvermögen	Auf den niedrigeren Börsenpreis, Marktpreis oder beizulegenden Stichtagswert	Teilwertabschreibung
Rechnungsabgrenzungsposten für als Aufwand berücksichtigte Zölle und Verbrauchsteuern sowie für als Aufwand berücksichtige Umsatzsteuer oder auf am Abschlussstichtag auszuweisende oder von den Vorräten offen abgesetzte Anzahlungen	Aktivierungsverbot gem. § 250 Abs. 1 HGB	Aktivierungspflicht gem. § 5 Abs. 5 S. 2 Nr. 1 bzw. Nr. 2 EStG

12. Weitere Posten

Zum Gläubigerschutz hat der Gesetzgeber in § 268 Abs. 8 HGB eine **Ausschüttungssperre** für bestimmte Vermögensgegenstände geschaffen. Dazu zählen selbst erstellte immaterielle Vermögensgegenstände des Anlagevermögens, aktive latente Steuern und Aktiva zur Altersversorgungsverpflichtung. Damit soll vermieden werden, dass Ausschüttungen erfolgen können, bevor die entsprechenden Mittel zur Verfügung stehen.

Beispiel

Die Max Maschine GmbH hat ihre vorläufige Bilanz und Gewinn- und Verlustrechnung erstellt; der Gewinn beträgt 0 €. Leo Leiter, der CEO des Unternehmens, schlägt vor, eine selbst erstellte Software, die in den nächsten fünf Jahren im Unternehmen genutzt werden soll, zu aktivieren. Die Herstellungskosten betragen 100.000 €. Damit würde sich der Gewinn der Periode von 0 € auf 100.000 € erhöhen. Eine darauf gründende Ausschüttung ist verboten.

Bei **Eventualverbindlichkeiten** handelt es sich um Verbindlichkeiten, die zu echten Verbindlichkeiten werden können wie die Übernahme von Haftungen in Form von Bürgschaften, Garantien, sonstigen Gewährleistungsverträgen oder weitergegebenen Wechseln. Eventualverbindlichkeiten sind nach § 251 HGB unter der Bilanz auszuweisen. Nach § 268 Abs. 7 HGB sind für die in § 251 bezeichneten Haftungsverhältnisse:

1. die Angaben zu nicht auf der Passivseite auszuweisenden Verbindlichkeiten und Haftungsverhältnissen im Anhang zu machen,
2. dabei die Haftungsverhältnisse jeweils gesondert unter Angabe der gewährten Pfandrechte und sonstigen Sicherheiten anzugeben und
3. dabei Verpflichtungen betreffend die Altersversorgung und Verpflichtungen gegenüber verbundenen oder assoziierten Unternehmen jeweils gesondert zu vermerken.

Nach § 151 Abs. 5 AktG (a. F.) zählen zu den **Eventualverbindlichkeiten**:

- Verbindlichkeiten aus der Begebung und Übertragung von Wechseln
- Verbindlichkeiten aus Bürgschaften, Wechsel- und Scheckbürgschaften
- Verbindlichkeiten aus Gewährleistungsverträgen
- Haftung aus der Bestellung von Sicherheiten für fremde Verbindlichkeiten.

Aus § 246 Abs. 2 Sätze 2 und 3 kann ein **aktiver Unterschiedsbetrag aus der Vermögensverrechnung** resultieren. Dies ist dann der Fall, wenn Altersversorgungsverpflichtungen durch Vermögensgegenstände gedeckt sind, die dem Zugriff anderer Gläubiger auf Dauer entzogen sind und damit ausschließlich der Erfüllung von Schulden aus Altersversorgungsverpflichtungen oder vergleichbaren langfristig fälligen Verpflichtungen dienen.

13. Gewinn- und Verlustrechnung

Die Gewinn- und Verlustrechnung kann nach § 275 HGB Abs. 1 nach Gesamt- oder Umsatzkostenverfahren erstellt werden. Betriebsergebnis und Finanzergebnis werden separat ausgewiesen.

Unter **Umsatzerlösen** versteht man dabei bei Kapitalgesellschaften nach § 277 Abs. 1 HGB Erlöse aus dem Verkauf und der Vermietung oder Verpachtung von Produkten sowie aus der Erbringung von Dienstleistungen.

Die Gewinn- und Verlustrechnung folgt dem **Bruttoprinzip**; Aufwendungen und Erträge dürfen nicht miteinander verrechnet werden (§ 246 Abs. 1 Satz 1 HGB). Prinzipiell ist sie in **Staffelform** zu erstellen.

Bei Anwendung des **Gesamtkostenverfahrens** ergibt sich nach § 275 Abs. 2 HGB folgende Gliederung:

1. Umsatzerlöse
2. Erhöhung oder Verminderung des Bestands an fertigen und unfertigen Erzeugnissen
3. andere aktivierte Eigenleistungen
4. sonstige betriebliche Erträge
5. Materialaufwand
   a) Aufwendungen für Roh-, Hilfs- und Betriebsstoffe und für bezogene Waren
   b) Aufwendungen für bezogene Leistungen
6. Personalaufwand
   a) Löhne und Gehälter
   b) soziale Abgaben und Aufwendungen für Altersversorgung und für Unterstützung, davon für Altersversorgung
7. Abschreibungen
   a) auf immaterielle Vermögensgegenstände des Anlagevermögens und Sachanlagen
   b) auf Vermögensgegenstände des Umlaufvermögens, soweit diese die in der Kapitalgesellschaft üblichen Abschreibungen überschreiten
8. sonstige betriebliche Aufwendungen
9. Erträge aus Beteiligungen, davon aus verbundenen Unternehmen
10. Erträge aus anderen Wertpapieren und Ausleihungen des Finanzanlagevermögens, davon aus verbundenen Unternehmen
11. sonstige Zinsen und ähnliche Erträge, davon aus verbundenen Unternehmen
12. Abschreibungen auf Finanzanlagen und auf Wertpapiere des Umlaufvermögens
13. Zinsen und ähnliche Aufwendungen, davon an verbundene Unternehmen

14. Steuern vom Einkommen und vom Ertrag
15. Ergebnis nach Steuern
16. sonstige Steuern
17. Jahresüberschuss/Jahresfehlbetrag.

Die Positionen 1 - 8 gehören zum **Betriebsergebnis**, die Positionen 9 - 13 zum **Finanzergebnis**.

Bei Anwendung des **Umsatzkostenverfahrens** resultiert nach § 275 Abs. 3 HGB folgendes Format:

1. Umsatzerlöse
2. Herstellungskosten der zur Erzielung der Umsatzerlöse erbrachten Leistungen
3. Bruttoergebnis vom Umsatz
4. Vertriebskosten
5. allgemeine Verwaltungskosten
6. sonstige betriebliche Erträge
7. sonstige betriebliche Aufwendungen
8. Erträge aus Beteiligungen, davon aus verbundenen Unternehmen
9. Erträge aus anderen Wertpapieren und Ausleihungen des Finanzanlagevermögens, davon aus verbundenen Unternehmen
10. sonstige Zinsen und ähnliche Erträge, davon aus verbundenen Unternehmen
11. Abschreibungen auf Finanzanlagen und auf Wertpapiere des Umlaufvermögens
12. Zinsen und ähnliche Aufwendungen, davon an verbundene Unternehmen
13. Steuern vom Einkommen und vom Ertrag
14. Ergebnis nach Steuern
15. sonstige Steuern
16. Jahresüberschuss/Jahresfehlbetrag

Die Positionen 1 - 7 gehören zum **Betriebsergebnis**, die Positionen 8 - 12 zum **Finanzergebnis**.

Kleinstkapitalgesellschaften (§ 267a HGB) können gemäß § 275 Abs. 4 HGB anstelle der Staffelungen nach den Absätzen 2 und 3 die Gewinn- und Verlustrechnung wie folgt darstellen:

1. Umsatzerlöse
2. sonstige Erträge
3. Materialaufwand
4. Personalaufwand

5. Abschreibungen
6. sonstige Aufwendungen
7. Steuern
8. Jahresüberschuss/Jahresfehlbetrag.

Gemeinsamkeiten und Unterschiede zwischen **Gesamtkosten- und Umsatzkostenverfahren** sollen an einem Beispiel erläutert werden. Die Willy Winner AG hat für das Jahr 2023 folgende Daten ermittelt:

Produktionsmenge:	100 Stück
Absatzmenge:	90 Stück
Fertigungskosten:	20.000,00 €
Materialkosten:	10.000,00 €
Verwaltungskosten:	5.000,00 €
Vetriebskosten	4.000,00 €
Preis je Stück	400 €

Der Chefbuchhalter der Willy Winner AG, Roman Revisor, ermittelt zunächst den Gewinn bzw. Verlust nach dem Gesamtkostenverfahren. Dabei bewertet er die Herstellungskosten der Bestandsveränderung an der Wertuntergrenze. Die Herstellungskosten umfassen damit die Fertigungs- sowie die Materialkosten, also insgesamt 30.000 €, bei 100 Stück demnach 300 € pro Stück. Roman Revisor stellt die Gewinn- und Verlustrechnung in T-Konten-Form auf:

Gesamtkostenverfahren (Herstellungskosten Wertuntergrenze)			
Aufwand		**Ertrag**	
Fertigungskosten:	20.000,00 €	Umsatzerlöse	36.000,00 €
Materialkosten:	10.000,00 €	Bestandserhöhung	3.000,00 €
Verwaltungskosten:	5.000,00 €		
Vetriebskosten	4.000,00 €		
Gewinn	- €		
Summe	39.000,00 €	Summe	39.000,00 €

Er listet die gesamten angefallen Aufwendungen auf der linken Seite auf und stellt diesen die Umsatzerlöse gegenüber, welche 36.000 € betragen (90 Stück à 400 €). Da sich die rechte Seite auf 100 Stück bezieht (Produktionsmenge), die Umsatzerlöse auf der linken Seite jedoch nur für 90 Stück angefallen sind, wird der Ausweis der Bestanderhöhung (10 Stück) nötig, damit beide Seiten sich auf dieselbe Menge beziehen. Die Bestandserhöhung wird an der Wertuntergrenze mit 300 € je Stück bewertet, insgesamt also 3.000 €. Ertrag und Aufwand entsprechen sich (jeweils 39.000 €), es entsteht weder Gewinn noch Verlust.

Roman Revisor untersucht nun, wie sich eine Bewertung der Bestandsveränderung an der Wertobergrenze auf den Gewinn auswirkt. Neben den Material- und Fertigungskosten werden nun auch die Verwaltungskosten einbezogen, die Herstellungskosten insgesamt betragen nun 35.000 €, pro Stück also 350 €. Damit erhöht sich der Wert der Bestandsveränderung auf 3.500 €, es entsteht ein Gewinn von 500 €.

Gesamtkostenverfahren (Herstellungskosten Wertobergrenze)			
Aufwand		**Ertrag**	
Fertigungskosten:	20.000,00 €	Umsatzerlöse	36.000,00 €
Materialkosten:	10.000,00 €	Bestandserhöhung	3.500,00 €
Verwaltungskosten:	5.000,00 €		
Vetriebskosten	4.000,00 €		
Gewinn	500,00 €		
Summe	39500,00 €	Summe	39.500,00 €

Die Bewertung einer Bestandserhöhung an der Wertobergrenze führt somit zu einem höheren Gewinn als an der Wertuntergrenze.

Die Anwendung des Umsatzkostenverfahrens führt zum selben Ergebnis, folgt jedoch einer anderen Ermittlungslogik. Ausgehend von den Umsatzerlösen werden diese den durch sie verursachten Aufwendungen zugerechnet. Roman Revisor stellt demnach den Umsatzerlösen in Höhe von 36.000 €, die durch sie verursachten Herstellungskosten sowie die Verwaltungs- und Vertriebskosten gegenüber. Ausgehend von 300 € Herstellungskosten je Stück (s.o.) ergibt sich folgendes Bild:

Umsatzkostenverfahren (Wertuntergrenze)			
HK abgesetzte Produkte	27.000,00 €	Umsatzerlöse	36.000,00 €
Verwaltungskosten	5.000,00 €		
Vertriebskosten	4.000,00 €		
Gewinn	- €		
Summe	36.000,00 €	Summe	36.000,00 €

Bewertet Roman Revisor an der Wertobergrenze, sind die (anteiligen) Verwaltungskosten Teil der Herstellungskosten (90 Stück à nun 350 €), es resultiert folgende Darstellung:

Umsatzkostenverfahren (Wertobergrenze)			
HK abgesetzte Produkte	31.500,00 €	Umsatzerlöse	36.000,00 €
Vertriebskosten	4.000,00 €		
Gewinn	500,00 €		
Summe	36.000,00 €	Summe	36.000,00 €

Umsatz- und Gesamtkostenverfahren führen demnach zum selben Ergebnis, eine Bewertung an der Wertobergrenze bei Bestandserhöhungen zu einem höheren Gewinn.

Bestandsminderungen erhöhen entsprechend den Aufwand, im Gesamtkostenverfahren ausgewiesen als Bestandsminderung, im Umsatzkostenverfahren als Bestandteil der Herstellungskosten des Absatzes.

Aufgabe 31 > Seite 319

14. Anhang

Umfasst der Jahresabschluss einen Anhang, so enthält dieser folgende Elemente:

Anhang

- **Einordnung:** Anhang als eigenständiger Teil des Jahresabschlusses
- **Gesetzliche Regelung:** §§ 284 - 288 HGB, damit allein für Kapitalgesellschaften obligatorisch
- **Begrenzung:** Einschränkung der Ausweispflicht in besonderen Fällen (z. B. Verzicht auf die Untergliederung der Umsatzerlöse zum Abweisen eines erheblichen Nachteils für das Unternehmen (§ 286 HGB))
- **Wichtige Einzelangaben**
  - Darstellung der Bilanzierungs- und Bewertungsmethoden
  - „Verbindlichkeitenspiegel"
  - Offenlegung wesentlicher Unternehmensverbindungen
  - Sich (noch) nicht im Jahresabschluss niederschlagende finanzielle Verpflichtungen
  - Organbezüge und -kredite
  - Einfluss steuerlicher Vorschriften auf den Jahresabschluss
  - Aufgliederung der Umsatzerlöse nach Tätigkeitsbereichen und geografischen Märkten
- **Dilemma:** Erhöhte Transparenz durch zusätzliche Informationen versus schlechte überschaubarkeit durch Informationsflut

Anhang nach HGB *(Weber/Weißenberger)*

Besonders wichtige Pflichtangaben dabei sind *(Wöhe/Döring/Brösel)*:

Weitere Pflichtangaben im Anhang	
Verbindlichkeiten mit einer Restlaufzeit > 5 Jahren	§ 285 Nr. 1a HGB
Gesamtbetrag gesicherter Verbindlichkeiten	§ 285 Nr. 1b HGB
Umsatzerlöse gegliedert nach	§ 285 Nr. 4 HGB
► Tätigkeitsbereichen	
► geografisch bestimmten Märkten	
Beteiligungen > 20 %-Anteil	§ 285 Nr. 11HGB
► Name der Gesellschaft	
► Kapitalanteil, Ergebnisbeitrag	
Erläuterung des Zeitraums, über den ein entgeltlich erworbener Geschäfts- oder Firmenwert abgeschrieben wird	§ 285 Nr. 13 HGB
Angaben zum Gesamthonorar des Abschlussprüfers	§ 285 Nr. 17 HGB
Aufgliederung der Forschungs- und Entwicklungskosten	§ 285 Nr. 22 HGB

Nach § 268 Abs. 7 HGB sind Angaben zu den in § 251 HGB genannten Haftungsverhältnissen im Anhang vorzunehmen.

Wichtige Pflichtangaben zu GuV und Bilanz sind *(Wöhe/Döring/Brösel)*:

Pflichtangaben zu GuV und Bilanz	
► Angabe der Bilanzierungs- und Bewertungsmethoden	§ 284 HGB
► Umfang der Herstellungskosten	
► Abschreibungsmethoden	
► Bewertungsmethoden gleichartiger Vorräte	
► Nutzung von Bilanzierungs- und Bewertungswahlrechten u. a.	
► Änderung der Bilanzierungs- und Bewertungsmethoden	
► Änderung angeben	
► Änderung begründen	
► Einfluss auf Erfolgsausweis quantifizieren	
► Anlagespiegel	

Nach § 284 Abs. 1 HGB sind die Erläuterungen dabei in der Reihenfolge der einzelnen Posten der Bilanz und GuV vorzunehmen.

Im Anhang ist der Anlagespiegel auszuweisen. Er enthält:

Anlagespiegel									
(1) Bilanz-posten	(2) AHK	(3) Zu-gänge	(4) Ab-gänge	(5) Umbu-chun-gen	(6) Zu-schrei-bungen	(7) Kum. Abschrei-bung	(8) Lfd. Ab-schrei-bung	(9) RBW Vor-jahr	(10) RBW lfd. Jahr
		+	-	+/-	+	-	-		
... techn. Anlagen ...	1.000	+ 500	- 300	+ 20	+ 30	- 650	- 300	850	600

In den Spalten (1) - (4) erfolgt dabei der Ausweis zu AHK (Anschaffungs- oder Herstellungskosten). Damit werden Investitionsquote und Alterungsgrad des Anlagevermögens beurteilbar. Die Buchwertabgänge sind aus dem Anlagespiegel nicht ersichtlich, lassen sich jedoch einfach berechnen:

	Restbuchwert (RBW) Vorjahr
+	Zugänge
+	Umbuchungen
+	Zuschreibungen
-	Abschreibungen laufendes Jahr
-	Restbuchwert laufendes Jahr
=	**Abgänge zu Buchwerten**

Zu den Abschreibungen sind gesondert folgende Angaben zu machen (§ 284 Abs. 3 Satz 3 HGB):

1. die Abschreibungen in ihrer gesamten Höhe zu Beginn und Ende des Geschäftsjahres
2. die im Laufe des Geschäftsjahrs vorgenommenen Abschreibungen und
3. Änderungen in den Abschreibungen in ihrer gesamten Höhe im Zusammenhang mit Zu- und Abgängen sowie Umbuchungen im Laufe des Geschäftsjahres.

Nach § 284 Abs. 3 Satz 4 HGB gilt ferner, dass sofern in die Herstellungskosten Zinsen für Fremdkapital einbezogen wurden, für jeden Posten des Anlagevermögens anzugeben ist, welcher Betrag an Zinsen im Geschäftsjahr aktiviert worden ist.

Der Verbindlichkeitenspiegel hat folgendes Aussehen:

Bilanzposten	**Gesamtbetrag**	**Restlaufzeit**			**Gesicherter Betrag**	**Art der Sicherung**
		< 1 Jahr	**1 - 5 Jahre**	**> 5 Jahre**		
... Verbindlichkeiten gegenüber Kreditinstituten ...	1.000	200	500	300	600	... Grundschuld ...

Er zeigt die Restlaufzeiten aller Verbindlichkeitsarten in den drei vorgegebenen Intervallen sowie die Höhe besicherter Beträge und die Art ihrer Sicherung.

Vorgänge von besonderer Bedeutung, die nach Ende des Geschäftsjahres eingetreten sind und damit weder in Bilanz noch GuV des Geschäftsjahres berücksichtigt wurden, sind nach § 285 Nr. 33 HGB im Nachtragsbericht darzulegen. Dabei sind ihre Art und die finanziellen Auswirkungen anzugeben.

15. Lagebericht

Größen- und rechtsformabhängig ist zusätzlich zum Jahresabschluss ein Lagebericht zu erstellen und zu veröffentlichen. Er hat folgende Charakteristika:

Lagebericht

- **Einordnung:** Lagebericht als zusätzlich zum Jahresabschluss zu erstellende Berichterstattung
- **Gesetzliche Regelung:** § 264 Abs. 1 und § 289 HGB; damit nur für mittelgroße und große Kapitalgesellschaften
- **Zweck:** Lieferung von Aufschlüssen über die gegenwärtigen und zukünftigen wirtschaftlichen Verhältnisse der rechnungslegenden Gesellschaft, die (so) dem Jahresabschluss nicht zu entnehmen sind
- **Bestandteile eines Lageberichts**
  - Geschäftsverlauf und Lage der Gesellschaft
  - Risikobericht
  - Voraussichtliche Entwicklung der Kapitalgesellschaft
  - Forschung und Entwicklung
  - Bestehende Zweigniederlassungen der Gesellschaft

Lagebericht nach HGB *(Weber/Weißenberger)*

Die Informationsschwerpunkte von Anhang und Lagebericht können wie folgt voneinander abgegrenzt werden *(Wöhe/Döring/Brösel)*:

Anhang	Lagebericht
Erläuterung, Aufschlüsselung und Ergänzung verdichteter bzw. verzerrter Informationen aus Bilanz und GuV	Analyse der Unternehmenssituation und zukunftsorientierte Informationen über das Unternehmen, die Branche und das geschäftliche Umfeld

Aufgabe 32 > Seite 319

D. Grundzüge der Konzernrechnungslegung

Nach Studium dieses Kapitels ...

- *wissen Sie, was unter einem Konzern zu verstehen ist*
- *wissen Sie, wozu ein Konzernabschluss nötig ist*
- *kennen Sie die gesetzlichen Vorschriften zum Konzernabschluss*
- *können Sie den Konsolidierungskreis abgrenzen*
- *kennen Sie die Methoden der Konsolidierung bzw. Berücksichtigung*
- *beherrschen Sie die Grundzüge der Vollkonsolidierung*
- *kennen Sie Grundlagen der Segmentberichterstattung*
- *können Sie einen Eigenkapitalspiegel erstellen*
- *können Sie eine Kapitalflussrechnung erstellen*
- *kennen Sie Grundzüge des Inhalts von Konzernanhang und Lagebericht*
- *kennen Sie wesentliche Unterschiede des Konzernabschlusses nach HGB und IFRS.*

Im Rahmen dieses Kapitels zur Konzernrechnungslegung werden folgende Inhalte behandelt:

<table>
<tr><td rowspan="8">Grundzüge der Konzernrechnungslegung</td><td>Aufgaben des Konzernabschlusses</td></tr>
<tr><td>Rechtlicher Rahmen</td></tr>
<tr><td>Vollkonsolidierung</td></tr>
<tr><td>Equity-Methode</td></tr>
<tr><td>Eigenkapitalveränderungsrechnung</td></tr>
<tr><td>Kapitalflussrechnung</td></tr>
<tr><td>Konzernanhang und Konzernlagebericht</td></tr>
<tr><td>Wesentliche Unterschiede zwischen HGB und IFRS</td></tr>
</table>

1. Aufgaben des Konzernabschlusses

1.1 Kennzeichen eines Konzerns

In >> Kapitel C. wurden die Vorschriften zur Bilanzierung einzelner Unternehmen dargelegt. Neben diesen Regelungen bestehen Vorschriften zur Konzernrechnungslegung. Unter einem **Konzern** versteht man eine unter der einheitlichen Leitung eines herrschenden Unternehmens zusammengefasste Unternehmensgruppe. Es handelt sich um eine Verbindung rechtlich selbstständiger Unternehmen, die wirtschaftlich von einem Mutterunternehmen abhängig sind. Als Beispiele können Volkswagen, BASF oder die Deutsche Bahn angeführt werden.

Beispiel

Zur Veranschaulichung dient die Konzernstruktur der Österreichischen Bundesbahnen (ÖBB):

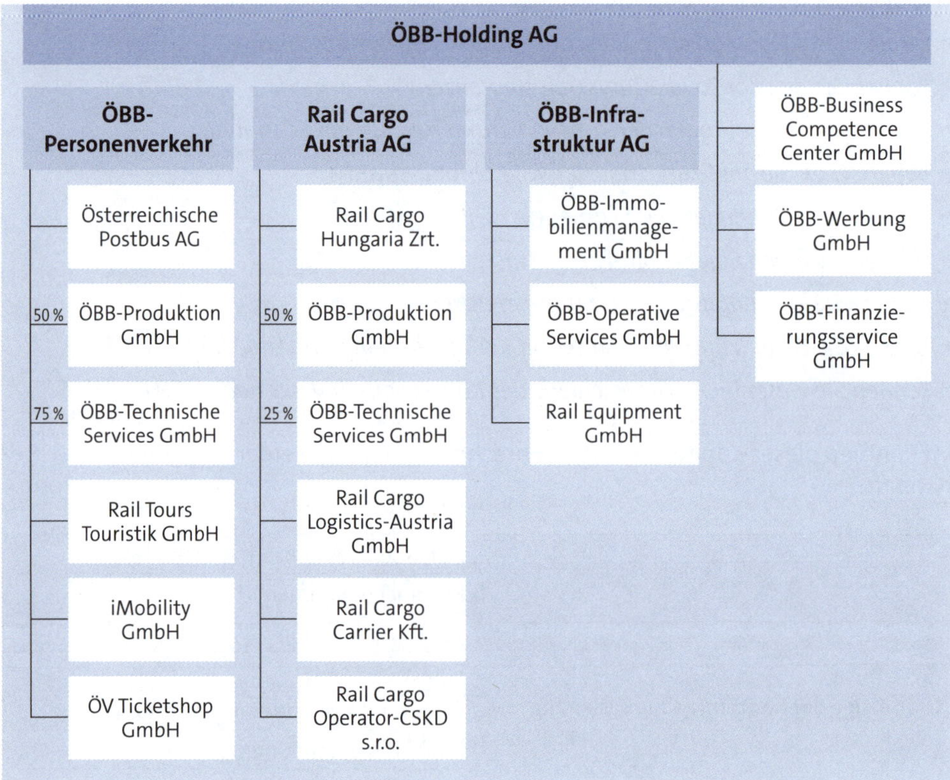

(https://konzern.oebb.at/de/ueber-den-konzern/organisation)

Unter dem Dach der ÖBB-Holding AG finden sich verschiedene Tochtergesellschaften, die ihrerseits wieder Tochtergesellschaften haben.

Ein Konzern bildet, bedingt durch die einheitliche Leitung, eine **wirtschaftliche Einheit**. Er stellt jedoch **keine eigene Rechtspersönlichkeit** und damit auch **keine Haftungseinheit** dar. Die Steuern werden von den einzelnen Unternehmen erhoben; der Konzern an sich ist **kein Steuersubjekt**. Ebenso erfolgt die **Dividendenausschüttung** nicht durch den Konzern, sondern durch einzelne Unternehmen, i. d. R. durch die **Muttergesellschaft**.

Für die Beurteilung der wirtschaftlichen Lage eines Konzerns ist eine bloße Addition der Einzelabschlüsse nicht zielführend, da Sachverhalte doppelt erfasst und Gewinne „verschoben" werden können. Die Problematik soll anhand eines einfachen Beispiels skizziert werden.

Beispiel

Eine Gruppe von Aktionären gründet die Mutter AG, deren Grundkapital in Höhe von 1 Mio. € bar einbezahlt wird. Es resultiert die folgende Eröffnungsbilanz:

AKTIVA	Bilanz Mutter AG		PASSIVA
Kasse	1.000.000 €	Grundkapital	1.000.000 €
	1.000.000 €		1.000.000 €

In weiterer Folge erwirbt die Mutter AG Sachanlagen und Vorräte. Die Bilanz verändert sich wie folgt:

AKTIVA	Bilanz Mutter AG		PASSIVA
Sachanlagen	200.000 €	Grundkapital	1.000.000 €
Vorräte	300.000 €		
Kasse	500.000 €		
	1.000.000 €		1.000.000 €

Danach gründet die Mutter AG die Tochter GmbH durch Bareinlage in Höhe von 100.000 €.

Die Bilanz der Mutter AG beinhaltet nun Anteile an verbundenen Unternehmen (Finanzanlagen); der Kassenbestand reduziert sich entsprechend:

AKTIVA	Bilanz Mutter AG		PASSIVA
Sachanlagen	200.000 €	Grundkapital	1.000.000 €
Finanzanlagen	100.000 €		
Vorräte	300.000 €		
Kasse	400.000 €		
	1.000.000 €		1.000.000 €

Die Bilanz der Tochter GmbH enthält nur zwei Positionen:

AKTIVA		Bilanz Tochter AG	PASSIVA
Kasse	100.000 €	Stammkapital	100.000 €
	100.000 €		100.000 €

Nun produziert die Mutter AG ein Fertigerzeugnis; alle Aufwendungen fallen bar an. Insgesamt betragen die Herstellungskosten 50.000 €. Die Mutter AG verkauft das Fertigerzeugnis für 70.000 € an die Tochter GmbH mit 30 Tagen Zahlungsziel. Damit ergibt sich für die Mutter AG folgende Bilanz. (Hinweis: Auf eine GuV-Darstellung wird verzichtet, der Gewinn wird dem Eigenkapital zugerechnet.)

AKTIVA		Bilanz Mutter AG	PASSIVA
Sachanlagen	200.000 €	Grundkapital	1.000.000 €
Finanzanlagen	100.000 €	Gewinn	20.000 €
Vorräte	300.000 €		
Forderungen an verbundene Unternehmen	70.000 €		
Kasse	350.000 €		
	1.020.000 €		1.020.000 €

Die Tochter GmbH legt das Fertigerzeugnis auf Lager. Es resultiert folgende Bilanz der Tochter GmbH:

AKTIVA		Bilanz Tochter GmbH	PASSIVA
Vorräte	70.000 €	Stammkapital	100.000 €
Kasse	100.000 €	Verbindlichkeiten gegenüber verbundenen Unternehmen	70.000 €
	170.000 €		170.000 €

Würde man nun die beiden Bilanzen addieren, so würden die Forderungen bzw. Verbindlichkeiten an bzw. gegenüber verbundenen Unternehmen sowie das Eigenkapital der Tochter GmbH doppelt erfasst. Ferner würde ein Gewinn ausgewiesen, der gar nicht entstanden ist. Zur Veranschaulichung nehmen wir an, dass es kein Tochterunternehmen gibt, sondern alle Geschäftsvorfälle bei der Mutter AG erfolgen. Wir gehen wieder von folgender Situation (siehe oben) aus:

AKTIVA	Bilanz Mutter AG		PASSIVA
Sachanlagen	200.000 €	Grundkapital	1.000.000 €
Vorräte	300.000 €		
Kasse	500.000 €		
	1.000.000 €		1.000.000 €

Nun produziert die Mutter AG wieder das Fertigerzeugnis; alle Aufwendungen fallen bar an. Insgesamt betragen die Herstellungskosten 50.000 €. Damit erhöht sich auch das Vorratsvermögen um 50.000 €. Ein Gewinn entsteht nicht:

AKTIVA	Bilanz Mutter AG		PASSIVA
Sachanlagen	200.000 €	Grundkapital	1.000.000 €
Vorräte	350.000 €		
Kasse	450.000 €		
	1.000.000 €		1.000.000 €

1.2 Einheitstheorie

Letztendlich wurde der Sachverhalt nun so dargestellt, als ob es sich bei dem Konzern um eine wirtschaftliche Einheit handeln würde. Dies wird auch als **Einheitstheorie** bzw. **Einheitsfiktion** bezeichnet. Dabei werden sämtliche internen Lieferungs- und Leistungsbeziehungen, sämtliche wechselseitigen Forderungen und Schulden sowie Zwischengewinne/-verluste eliminiert. Dieser Vorgang wird als **Konsolidierung** bezeichnet.

Konsolidierung setzt die einheitliche Abbildung gleichartiger Sachverhalte für alle Tochtergesellschaften voraus; Ansatz, Ausweis und Bewertung orientieren sich an den für die Mutter angewendeten Regeln. Im Ergebnis ergibt sich ein Konzernabschluss, der so aussieht, wie der Einzelabschluss, wenn der Konzern eine rechtliche Einheit wäre. Der Konzern wird als wirtschaftliche Einheit betrachtet *(Buchholz)*:

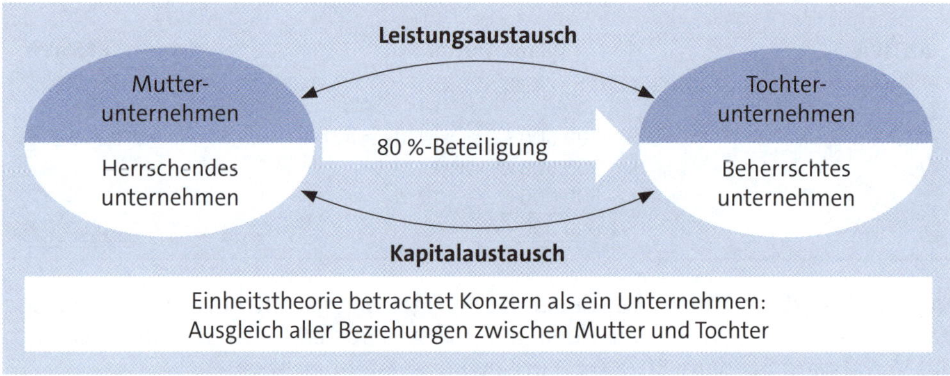

1.3 Aufgaben des Konzernabschlusses

Neben der **Dokumentationsfunktion** (Buchungen für den Konzernabschluss) erfüllt der Konzernabschluss vor allem eine **Informationsfunktion**. Er soll ein den tatsächlichen Verhältnissen entsprechendes Bild der Vermögens-, Finanz- und Ertragslage des gesamten Konzerns als wirtschaftliche Einheit vermitteln und dient der Information der Aktionäre des Mutterunternehmens. Daneben dient er der Information des Vorstandes (Führungs- und Lenkungsfunktion), der Öffentlichkeit sowie dem Schutz der Kapitalgeber. Der Konzernabschluss ersetzt nicht den Einzelabschluss, er ist jedoch Grundlage für Ratings durch Banken und Analysten (Kreditwürdigkeit).

Wesentliche Aufgaben des Konzernabschlusses sind damit *(Buchholz)*:

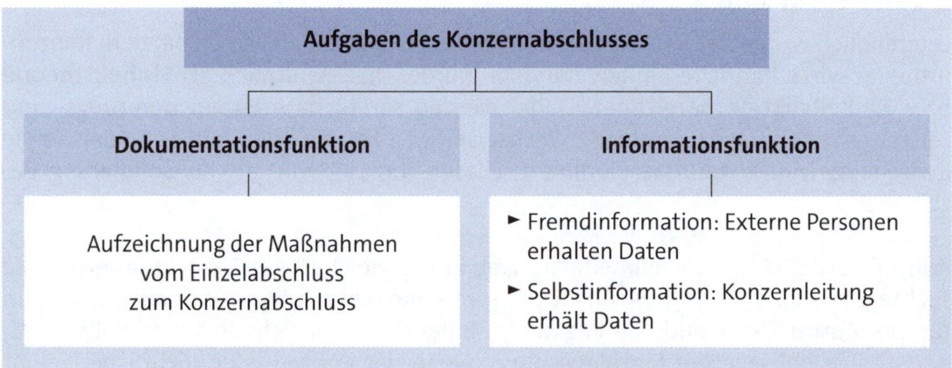

2. Rechtlicher Rahmen

2.1 Pflicht zur Aufstellung

Vorschriften zum Konzernabschluss finden sich im HGB in den §§ 290 - 315a, in den §§ 11 - 15 PublG sowie ergänzende Vorschriften für Kreditinstitute und Versicherungsunternehmen in den §§ 340 ff. HGB.

Im § 290 HGB ist die Pflicht zur Aufstellung eines Konzernabschlusses geregelt:

„(1) *Die gesetzlichen Vertreter einer **Kapitalgesellschaft (Mutterunternehmen)** mit Sitz im Inland haben in den ersten fünf Monaten des Konzerngeschäftsjahrs für das vergangene Konzerngeschäftsjahr einen Konzernabschluss und einen Konzernlagebericht aufzustellen, wenn diese auf ein anderes Unternehmen **(Tochterunternehmen) unmittel- oder mittelbar** einen **beherrschenden Einfluss** ausüben **kann**. Ist das Mutterunternehmen eine Kapitalgesellschaft im Sinn des § 325 Abs. 4 Satz 1, sind der Konzernabschluss sowie der Konzernlagebericht in den ersten vier Monaten des Konzerngeschäftsjahrs für das vergangene Konzerngeschäftsjahr aufzustellen.*

(2) ***Beherrschender Einfluss** eines Mutterunternehmens besteht stets, wenn*

1. ihm bei einem anderen Unternehmen die Mehrheit der Stimmrechte der Gesellschafter zusteht;

2. ihm bei einem anderen Unternehmen das Recht zusteht, die Mehrheit der Mitglieder des die Finanz- und Geschäftspolitik bestimmenden Verwaltungs-, Leitungs- oder Aufsichtsorgans zu bestellen oder abzuberufen, und es gleichzeitig Gesellschafter ist;

3. ihm das Recht zusteht, die Finanz- und Geschäftspolitik auf Grund eines mit einem anderen Unternehmen geschlossenen Beherrschungsvertrages oder auf Grund einer Bestimmung in der Satzung des anderen Unternehmens zu bestimmen, oder

4. es bei wirtschaftlicher Betrachtung die Mehrheit der Risiken und Chancen eines Unternehmens trägt, das zur Erreichung eines eng begrenzten und genau definierten Ziels des Mutterunternehmens dient (Zweckgesellschaft). Neben Unternehmen können Zweckgesellschaften auch sonstige juristische Personen des Privatrechts oder unselbständige Sondervermögen des Privatrechts sein, ausgenommen Spezial-Sondervermögen im Sinn des § 2 Absatz 3 des Investmentgesetzes oder vergleichbare ausländische Investmentvermögen oder als Sondervermögen aufgelegte offene inländische Spezial-AIF mit festen Anlagebedingungen im Sinn des § 284 des Kapitalanlagegesetzbuchs oder vergleichbare EU-Investmentvermögen oder ausländische Investmentvermögen, die den als Sondervermögen aufgelegten offenen inländischen Spezial-AIF mit festen Anlagebedingungen im Sinn des § 284 des Kapitalanlagegesetzbuchs vergleichbar sind.

(3) ...“

Die Pflicht, einen Konzernabschluss aufzustellen, gilt demnach für **Kapitalgesellschaften** (Hinweis: nach § 11 PublG auch für bestimmte andere Unternehmen) mit **Sitz im Inland**, die mindestens die **einheitliche Leitung** über ein **anderes Unternehmen** ausüben können. Für die oben als Konzernbeispiel angeführte ÖBB-Holding gilt damit in Deutschland keine Pflicht zur Erstellung eines Konzernabschlusses, da ihr Sitz sich im Ausland befindet.

2.2 Einheitliche Leitung und Control-Konzept

Begrifflich zu unterscheiden sind **„Einheitliche Leitung nach § 18 AktG"** und „beherrschender Einfluss" (**Control-Konzept** nach § 290 Abs. 2 HGB). Die einheitliche Leitung nach § 18 AktG setzt deren tatsächliche Ausübung voraus; die bloße Möglichkeit reicht im Gegensatz zum Control-Konzept nicht aus. Von einer einheitlichen Leitung geht man aus, wenn Geschäftspolitik und grundsätzliche Fragen vorgegeben und abgestimmt werden. Beim Control-Konzept genügt die Möglichkeit, einen beherrschenden Einfluss auszuüben. Das Control-Konzept unterscheidet dabei gemäß § 290 Abs. 2 Nr. 1 - 4 vier Möglichkeiten *(Buchholz)*:

Beherrschender Einfluss nach § 290 Abs. 2 HGB	
1. Stimmrechtmehrheit	Mutter verfügt (direkt/indirekt) über mehr als 50 % der Stimmen bei der Tochter.
2. Mitgliederbestimmung	Mutter kann mehr als 50 % der Mitglieder von Leitungsorganen bestellen oder abberufen und die Mutter ist Gesellschafterin.
3. Beherrschungsvertrag oder Satzungsregel	Mutter hat Beherrschungsvertrag mit der Tochter oder die Satzung sichert deren Einfluss.
4. Zweckgesellschaft	Mutter trägt wirtschaftlich gesehen die Mehrheit der Risiken und Chancen eines Unternehmens zur Erreichung eines eng begrenzten und genau definierten Ziels.

Unter einer Zweckgesellschaft (Special Purpose Vehicle, SPV) versteht man für einen bestimmten Zweck gegründete juristische Personen, die häufig für strukturierte Finanzierungen verwendet werden. Als Beispiele können die Emission von Wertpapieren (z. B. Asset backed Securities), Leveraged Buy-outs oder Leasingobjektgesellschaften angeführt werden.

Grundsätzlich sind **alle Tochterunternehmen einzubeziehen**, unabhängig davon, ob sie ihren Sitz im In- oder Ausland haben. **Befreiungstatbestände** finden sich in § 291 HGB und § 292 HGB (Mutterunternehmen ist Tochterunternehmen einer „übergeordneten" Mutter). **Größenbedingte Befreiungen** ergeben sich aus § 293 HGB.

Den Gesamtzusammenhang zeigt die folgende Abbildung *(Bacher)*:

Kapitalgesellschaft mit Sitz im Inland

Einheitliche Leitung (§ 290 Abs. 1)

„muss tatsächlich ausgeübt werden"

Control-Konzept (§ 290 Abs. 2)

- Stimmrechtsmehrheit
- Organbesetzungsrecht oder
- Beherrschungsrecht gemäß Vertrag oder Satzung
- wirtschaftliche Beherrschung von Zweckgesellschaften

Befreiungsmöglichkeiten

Ein Mutterunternehmen ist gleichzeitig Tochterunternehmen und seine Muttergesellschaft stellt ihrerseits einen Konzernabschluss auf (§§ 291 f.).
Größenabhängige Befreiungen für „kleine Konzerne" (§ 293).

Bestimmte Tochterunternehmen müssen nicht in den Konzernabschluss einbezogen werden, dies ist in § 296 HGB geregelt.

2.3 Konsolidierungsarten

Hinsichtlich der anzuwendenden **Konsolidierungsart** ist das **„Ausmaß" der Unternehmensverbindung** von herausragender Bedeutung. Den Zusammenhang zeigt die folgende Abbildung:

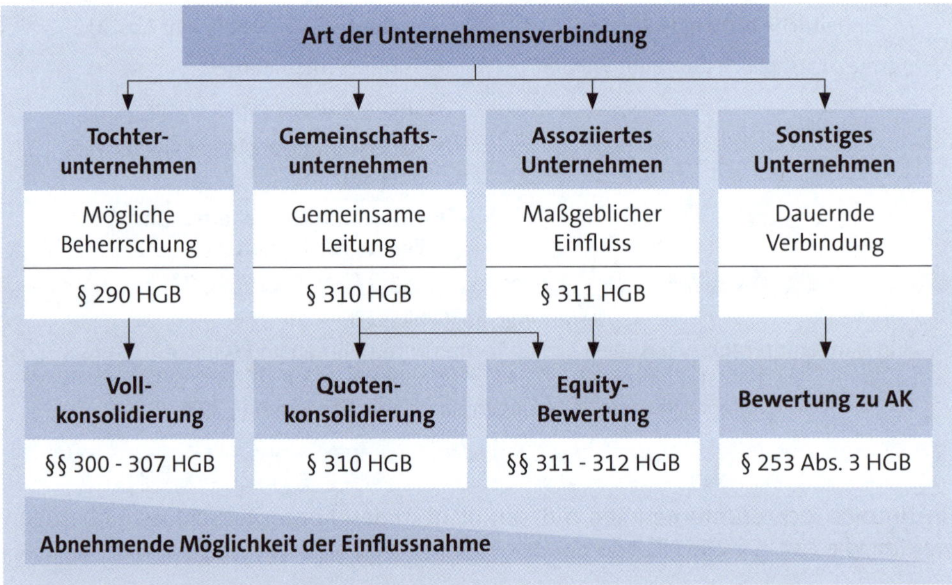

Bei einer faktischen oder möglichen Beherrschung (§ 290 HGB) liegt ein Tochterunternehmen vor. Es ist eine **Vollkonsolidierung** nach §§ 300 - 307 HGB vorzunehmen. Ein Gemeinschaftsunternehmen unterscheidet sich von einem Tochterunternehmen dadurch, dass es keiner alleinigen Führung unterliegt, sondern von mehreren Unternehmen gemeinsam geführt wird. Für **Gemeinschaftsunternehmen** kann die **Quotenkonsolidierung** nach § 310 HGB oder die **Equity-Bewertung** nach §§ 311 f. HGB angewendet werden. Überwiegend wird die Quotenkonsolidierung von der Literatur abgelehnt *(Coenenberg/Haller/Schultze)*, daher wird auf sie hier nicht näher eingegangen.

Ein maßgeblicher Einfluss wird ab einem Stimmrechtsanteil von 20 % vermutet; man spricht dann von einem **assoziierten Unternehmen**. Hierbei ist die **Equity-Bewertung** anzuwenden. Werden Wertpapiere oder sonstige Unternehmensanteile längerfristig gehalten, so sind diese dem Anlagevermögen zuzurechnen. Erfüllen diese anteilsmäßig nicht die Anforderungen an assoziierte, Gemeinschafts- oder Tochterunternehmen, so sind sie in den Finanzanlagen zu ihren **Anschaffungskosten** ggf. gemindert um außerplanmäßige Abschreibungen zu bewerten.

Beispiel

Hat die Mutter AG ein Tochterunternehmen, an dem es 80 % der Stimmrechte hält, so ist dieses im Rahmen einer Vollkonsolidierung einzubeziehen. Eine 30 %-ige Beteiligung hingegen wird im Rahmen einer Equity-Bewertung in den Finanzanalagen ausgewiesen. Hält die Mutter AG langfristig 10 % der Anteile eines anderen Unternehmens, so wird dies zu fortgeführten Anschaffungskosten im Finanzanlagevermögen ausgewiesen.

2.4 Kapitalmarktorientierte Konzerne

Nach § 315a HGB müssen kapitalmarktorientierte Konzerne ihren Konzernabschluss nach internationalen Rechnungslegungsvorschriften, den **International Financial Reporting Standards** (IFRS) erstellen. Die Europäische Union (EU) gibt dabei den Rahmen vor *(Buchholz)*:

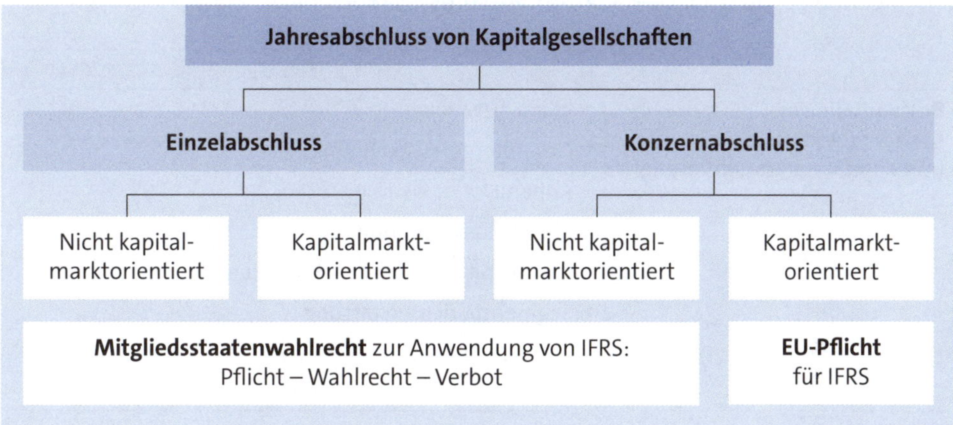

Kapitalmarktorientierung ist dabei weiter gefasst als die Ausgabe von Aktien. Auch nicht börsennotierte Unternehmen wie Bosch müssen einen Konzernabschluss nach IFRS erstellen, da die Robert Bosch GmbH Anleihen ausgegeben hat. Nicht kapitalmarktorientierte **Konzerne** können wählen, ob sie nach **HGB oder IFRS** bilanzieren möchten.

Durch die Anwendung **EU-weit gültiger Vorgaben** soll die **Vergleichbarkeit von Jahresabschlüssen** sichergestellt werden. Einheitliche Bilanzierung, einheitliche Bewertung und einheitliche Bezeichnungen sowie Gliederungsschemata sollen dies gewährleisten.

Die für die Konzernabschlüsse nach HGB und IFRS nötigen Elemente zeigen die beiden folgenden Tabellen. Es muss zwischen Konzernen **mit** und solchen **ohne Kapitalmarktorientierung** unterschieden werden. Für Konzerne ohne Kapitalmarktorientierung besteht ein Wahlrecht zwischen HGB und IFRS. Die jeweiligen Bestandteile des Konzernabschlusses sind *(Buchholz)*:

	HGB	IFRS
Bestandteile des Konzernabschlusses (ohne Kapitalmarktorientierung)	► Bilanz ► GuV-Rechnung ► Anhang ► Kapitalflussrechnung ► Eigenkapitalveränderungsrechnung	► Bilanz bzw. Bilanzen ► Gesamtergebnisrechnung ► Anhang ► Kapitalflussrechnung ► Eigenkapitalveränderungsrechnung
	Wahlrecht zwischen HGB und IFRS	

Konzerne mit Kapitalmarktorientierung müssen zwingen IFRS anwenden. Es resultieren folgende Bestandteile des Konzernabschlusses *(Buchholz)*:

	IFRS
Bestandteile des Konzernabschlusses (mit Kapitalmarktorientierung)	► Bilanz bzw. Bilanzen ► Gesamtergebnisrechnung ► Anhang ► Kapitalflussrechnung ► Eigenkapitalveränderungsrechnung ► Segmentberichterstattung ► Ergebnis je Aktie
	Pflicht für IFRS

Auf die Bestandteile des Konzernabschlusses wird in den folgenden Kapiteln näher eingegangen.

3. Vollkonsolidierung

3.1 Voraussetzungen und Grundsätze

Bei der Einbeziehung von **Tochterunternehmungen** in den Konzernabschluss gilt grundsätzlich die **Vollkonsolidierung** gemäß §§ 300 ff. HGB. Die Voraussetzungen für die Vollkonsolidierung sind in § 290 HGB geregelt; sie lassen sich folgendermaßen darstellen *(Buchholz)*:

Voraussetzungen der Vollkonsolidierung	
Muttergesellschaft	**Tochtergesellschaft**
► KapG mit Sitz im Inland ► Beherrschender Einfluss (unmittelbar oder mittelbar) auf die Tochtergesellschaft	Rechtsform beliebig; Sitz im Inland oder Ausland

Wichtige Konsolidierungsgrundsätze sind dabei *(Buchholz)*:

Wichtige Konsolidierungsgrundsätze	
1. Vollständigkeit	Sämtliche Vermögensgegenstände, Schulden, Rechnungsabgrenzungsposten und Sonderposten sind nach dem Recht der Mutter in den Konzernabschluss aufzunehmen.
2. Einheitlichkeit	Die Bewertung der Vermögensgegenstände und Schulden erfolgt in der Konzernbilanz einheitlich nach den anwendbaren Bewertungsmethoden der Mutter.
3. Unabhängigkeit	Ansatz- und Bewertungswahlrechte können unabhängig von den Einzelabschlüssen ausgeübt werden.
4. Stetigkeit	Kontinuität im Ansatz und in der Bewertung von Posten sowie Beibehaltung von Gliederungen und Postenabgrenzungen
5. Wesentlichkeit	Vermittlung entscheidungsrelevanter Informationen

3.2 Arbeitsschritte

Im Rahmen einer **Vollkonsolidierung** sind im **Konzernabschluss** folgende **Arbeitsschritte** nötig *(Wöhe/Döring/Brösel)*:

Konzernabschluss	
Ausgangsdaten	Einzelabschlüsse von Mutter (MU) und Tochterunternehmen (TU) (Handelsbilanz I)
Arbeitsschritte:	
Erstellung der Handelsbilanzen II	Einheitliche Nominierung der TU-Einzelabschlüsse durch MU
Erstellung der Handelsbilanzen III	Neubewertung von Vermögen und Schulden in den Einzelabschlüssen der Tochterunternehmen
Erstellung eines Summenabschlusses	Addition der Einzelwerte von MU und TU Aktiva/Passiva → Summenbilanz Erträge/Aufwendungen → Summen-GuV
Konsolidierung zur Vermeidung von Doppelzählungen	Kapital-, Schulden- und Zwischenergebniskonsolidierung Aufwands- und Ertragskonsolidierung

Die Jahresabschlüsse der Tochtergesellschaften werden hinsichtlich Ansatz, Ausweis und Bewertung am Mutterunternehmen ausgerichtet. Dies bedeutet, dass z. B. die Bilanz eines französischen Tochterunternehmens hinsichtlich Ansatz, Ausweis und Bewertung nach HGB transformiert werden muss. Die nun vorliegenden Abschlüsse nennt man HB II **(Handelsbilanz II)**. Es folgt die Neubewertung von Vermögen und Schulden bei den Tochterunternehmen; das bedeutet, dass **stille Reserven** (Unterbewertung von Aktiva, Überbewertung von Passiva) **aufgedeckt** werden. Die **Ausgleichsbuchung** erfolgt dabei in den Gewinnrücklagen der Töchter. Die danach vorliegenden **Handelsbilanzen III** (HB III) werden in einem **Summenabschluss** durch Addition der Einzelwerte zusammengefasst.

Abschließend erfolgt die **Konsolidierung** zur Vermeidung von Doppelzählungen. Sie beinhaltet Vermögens- und Kapital- sowie Aufwands- und Ertrags- und Zwischenergebniskonsolidierung. **Aufwands- und Ertragskonsolidierung** folgen derselben Logik wie die Vermögens- und Schuldenkonsolidierung. Die Gewinn- und Verlustrechnungen werden am Recht des Mutterunternehmens ausgerichtet; danach werden die einzelnen Werte in der **Summen-Gewinn- und Verlustrechnung** addiert. Es folgen die **Konsolidierungsbuchungen zur Eliminierung konzerninterner Leistungsbeziehungen**.

Ein **Zwischenergebnis** entsteht, wenn aus einer konzerninternen Lieferbeziehung ein Gewinn oder Verlust entsteht und der gelieferte Vermögensgegenstand sich am Ende des Geschäftsjahres noch auf Lager befindet. Zwischengewinne resultieren, wenn der Einzelabschlusswert größer als die Konzernherstellkosten ist; Zwischenverluste entstehen, wenn die Konzernherstellungskosten größer sind als die Einzelabschlusswerte. Derartige Zwischengewinne bzw. -verluste sind zu eliminieren. Abschließend resultieren **Konzernbilanz** und **Konzern-Gewinn-und Verlustrechnung**. Den Zusammenhang illustrieren zwei Beispiele:

Beispiele

Beispiel zur Vermögens- und Schuldenkonsolidierung
Die Mutter AG mit Sitz in Karlsruhe erwirbt Ende 2023 100 % der Anteile an der Tochter GmbH für 500 T€. Die Handelsbilanzen II der beiden Gesellschaften stellen sich wie folgt dar:

AKTIVA		HB II Mutter AG zum 31.12.2023 (in T€)	PASSIVA
Anlagevermögen	300	Gez. Kapital	550
Beteiligung TU GmbH	500	Rücklagen	250
Darlehen an TU GmbH	200	Fremdkapital	600
Umlaufvermögen	400		
	1.400		1.400

AKTIVA		HB II Tochter GmbH zum 31.12.2023 (in T€)	PASSIVA
Anlagevermögen	200	Gez. Kapital	100
Umlaufvermögen	300	Rücklagen	50
		Fremdkapital	150
		Darlehen von Mutter AG	200
	500		500

In der Tochter GmbH sind folgende stille Reserven vorhanden:

► eigene Erfindungen (AV)	25 T€
► stille Reserven AV	12 T€
► stille Reserven UV	3 T€
► stille Reserven Fremdkapital	10 T€
	50 T€

Zunächst werden die Werte der HB II der Mutter AG in die unten dargestellte Konsolidierungstabelle eingetragen. Die Werte der Tochter GmbH werden neu bewertet; das Anlagevermögen erhöht sich um 25 T€ und 12 T€, also 37 T€. Das Umlaufvermögen wird um 3 T€ erhöht, das Fremdkapital um 10 T€ vermindert. Insgesamt betragen die stillen Reserven 50 T€. Um diesen Betrag sind die Gewinnrücklagen der Tochter zu erhöhen. Anschließend kann die Summenbilanz erstellt werden. Zu konsolidieren sind nun die Beteiligung (500 T€) gegen das Eigenkapital der Tochter (200 T€). Es resultiert ein Geschäfts- oder Firmenwert von 300 T€. Zu eliminieren sind ebenfalls Darlehen an die Tochter GmbH bzw. Darlehen von der Mutter AG. Die Konzernbilanz ist damit erstellt:

Erstkonsolidierung bei einer Beteiligungsquote von 100 %						
Bilanzposten	**MU HB II**	**TU HB III**	**Summen-bilanz**	**Konsolidierungsspalte Soll**	**Haben**	**Konzern-bilanz**
AKTIVA						
Geschäfts- o. Firmenwert				300		300
Anlagevermögen	300	237	537			537
Beteiligung	500		500		500	
Darlehen an Tochter GmbH	200		200		200	
Umlaufvermögen	400	303	703			703
Summe Aktiva	**1.400**	**540**	**1.940**			**1.540**
PASSIVA						
Gez. Kapital	550	100	650	100		550
Rücklagen	250	100	350	100		250
Gewinn						
Fremdkapital	600	140	740			740
Darlehen von Mutter AG		200	200	200		
Summe Passiva	**1.400**	**540**	**1.940**			**1.540**

Beispiel zur Aufwands-, Ertrags- und Zwischenergebniskonsolidierung
Das Unternehmen A im Konzernverbund liefert an ein das Unternehmen B im Konzernverbund eine selbst hergestellte Maschine für 900.000 € (HK bei A: 1.000.000 €). B verarbeitet die Maschine weiter und wendet hierfür 150.000 € auf. Die Maschine befindet sich am Bilanzstichtag noch auf Lager. Es soll die Aufwands- und Ertragskonsolidierung nach Gesamt- und Umsatzkostenverfahren durchgeführt werden.

Zunächst erfolgt die Konsolidierung mittels **Gesamtkostenverfahren**; alle Werte werden dabei in T€ ausgewiesen.

A hat Aufwendungen in Höhe von 1.000 T€, Umsatzerlöse in Höhe von 900 T€ und damit einen Verlust von 100 T€. B bezieht die Maschine von A für 900 T€ und wendet zusätzlich 150 T€ für die Fertigstellung auf. Die Aufwendungen bei B betragen damit 1.050 T€. Da die Maschine noch nicht verkauft wurde, wird die Bestandserhöhung bei B zu Herstellungskosten von 1.050 T€ bewertet. Bei B entsteht weder Gewinn noch Verlust.

Im nächsten Schritt werden die Werte von A und B addiert; es resultiert die Summen-Gewinn- und Verlustrechnung. Aus Konzernsicht (Einheitstheorie) sind Aufwendungen in Höhe von 1.150 T€ entstanden, 1.000 T€ bei A und 150 T€ bei B. Damit sind die Aufwendungen um 900 T€ zu hoch; die Konsolidierung erfolgt bei den (internen) Umsatzerlösen, ebenfalls in Höhe von 900 T€. Die Bestandserhöhung aus Konzernsicht muss in Höhe der Herstellungskosten von 1.150 T€ (1.000 T€ bei A, 150 T€ bei B) erfolgen. Damit sind Bestandserhöhung sowie Verlust jeweils um 100 T€ zu bereinigen. Die Konzern-GuV liegt vor:

GuV-Position	A		B		Summen-GuV		Konsolidierungsspalte		Konzern-GuV	
	Soll	Haben	Soll	Haben	Soll	Haben	Soll	Haben	Soll	Haben
Aufwendungen	1.000		1.050		2.050			900	1.150	
Bestandserhöhung Fertigerzeugnisse				1.050		1.050		100		1.150
Umsatzerlöse		900				900	900			
Verlust		100				100	100			
Summe	**1.000**	**1.000**	**1.050**	**1.050**	**2.050**	**2.050**			**1.150**	**1.150**

Ein etwas anderes Bild ergibt sich bei Anwendung des **Umsatzkostenverfahrens**. A hat wiederum Aufwendungen in Höhe von 1.000 T€, Umsatzerlöse in Höhe von 900 T€ und damit einen Verlust von 100 T€. B hat keine Umsatzerlöse und damit auch keine Herstellungskosten des Umsatzes. In der Summen-GuV finden sich daher nur die Werte von A. Da aus Konzernsicht keine Umsatzerlöse vorliegen (kein Umsatz mit Dritten), sind alle Werte zu konsolidieren. Die Konzern-GuV zeigt weder Aufwand noch Ertrag:

GuV-Position	A		B		Summen-GuV		Konsolidierungsspalte		Konzern-GuV	
	Soll	Haben	Soll	Haben	Soll	Haben	Soll	Haben	Soll	Haben
HK abgesetzte Produkte	1.000				1.000			1.000	0	
Umsatzerlöse		900				900	900			0
Gewinn/ Verlust		100				100	100			0
Summe	**1.000**	**1.000**			**1.000**	**1.000**			**0**	**0**

Bei der Folgekonsolidierung ist zu beachten, dass alle Vorgänge, die nicht in den Einzelbilanzen von Mutter- und Tochterunternehmen berücksichtigt wurden, im Konzernabschluss erfasst werden *(Wöhe/Döring/Brösel)*. Dies sind:

- durch die Aufdeckung stiller Reserven verursachte Mehrabschreibungen in der Konzernbilanz und
- Abschreibungen auf den Geschäfts- oder Firmenwert in der Konzernbilanz.

Aufgabe 33 > Seite 320
Aufgabe 34 > Seite 321

Wenn die Beteiligung der Muttergesellschaft kleiner als 100 % ist, so sind **Minderheitsgesellschafter** zu berücksichtigen. Der Anteil der Minderheitsgesellschafter am Eigenkapital (Reinvermögen) wird dann gesondert ausgewiesen.

Beispiel

Beispiel zur Vermögens- und Schuldenkonsolidierung
Zur Veranschaulichung wird das Beispiel zur Vermögens- und Schuldenkonsolidierung von oben aufgegriffen, nur wird jetzt von einer 80 %-Beteiligung ausgegangen. Die Muttergesellschaft hält 80 % der Anteile des Tochterunternehmens, Minderheitsgesellschafter die verbleibenden 20 %.

Die Mutter AG mit Sitz in Karlsruhe erwirbt Ende 2023 80 % der Anteile an der Tochter GmbH für 500 T€. Die Handelsbilanzen II der beiden Gesellschaften stellen sich wie folgt dar:

AKTIVA		HB II Mutter AG zum 31.12.2023 (in T€)	PASSIVA
Anlagevermögen	300	Gez. Kapital	550
Beteiligung TU GmbH	500	Rücklagen	250
Darlehen an TU GmbH	200	Fremdkapital	600
Umlaufvermögen	400		
	1.400		1.400

AKTIVA	**HB II Tochter GmbH zum 31.12.2023** (in T€)		**PASSIVA**
Anlagevermögen	200	Gez. Kapital	100
Umlaufvermögen	300	Rücklagen	50
		Fremdkapital	150
		Darlehen von Mutter AG	200
	500		500

In der Tochter GmbH sind folgende stille Reserven vorhanden:

► eigene Erfindungen (AV)	25 T€
► stille Reserven AV	12 T€
► stille Reserven UV	3 T€
► stille Reserven Fremdkapital	10 T€
	50 T€

Zunächst werden die Werte der HB II der Mutter AG in die unten dargestellte Konsolidierungstabelle eingetragen. Die Werte der Tochter GmbH werden neu bewertet; das Anlagevermögen erhöht sich um 25 T€ und 12 T€, also 37 T€. Das Umlaufvermögen wird um 3T€ erhöht, das Fremdkapital um 10 T€ vermindert. Insgesamt betragen die stillen Reserven 50 T€; um diesen Betrag sind die Gewinnrücklagen der Tochter zu erhöhen. Anschließend kann die Summenbilanz erstellt werden. Bis zu diesem Schritt unterscheidet sich das Vorgehen nicht von einer 100 %-Beteiligung.

Um die Anteile der Minderheitengesellschafter ausweisen zu können, wird auf der Passivseite die Position „nicht beherrschende Anteile" ergänzt. In ihr wird der 20 %-Anteil der Minderheitengesellschafter ausgewiesen. Es werden 20 % des Eigenkapitals der Tochter (gezeichnetes Kapital, Rücklagen, Gewinn) auf „nicht beherrschende Anteile" gebucht. Zu konsolidieren sind nun die Beteiligung (500 T€) gegen das verbleibende Eigenkapital der Tochter (160 T€). Es resultiert ein Geschäfts- oder Firmenwert von 340 T€. Zu eliminieren sind ebenfalls Darlehen an die Tochter GmbH bzw. Darlehen von der Mutter AG. Die Konzernbilanz ist damit erstellt:

Erstkonsolidierung bei einer Beteiligungsquote von 80 %						
Bilanzposten	**MU HB II**	**TU HB III**	**Summenbilanz**	**Konsolidierungsspalte Soll**	**Haben**	**Konzernbilanz**
AKTIVA						
Geschäfts- o. Firmenwert				340		340
Anlagevermögen	300	237	537			537
Beteiligung	500		500		500	
Darlehen an Tochter GmbH	200		200		200	
Umlaufvermögen	400	303	703			703
Summe Aktiva	**1.400**	**540**	**1.940**			**1.580**
PASSIVA						
Gez. Kapital	550	100	650	100	20 80	550
Rücklagen	250	100	350	100	20 80	250
Gewinn						
Nicht beherrschende Anteile					20 20	40
Fremdkapital	600	140	740			740
Darlehen von Mutter AG		200	200	200		
Summe Passiva	**1.400**	**540**	**1.940**			**1.580**

Aufgabe 35 > Seite 322

3.3 Passiver Unterschiedsbetrag

Bei der Vermögens- und Schuldenkonsolidierung entsteht nicht immer ein **aktiver Unterschiedsbetrag** (Geschäfts- oder Firmenwert). Bisweilen resultiert ein **passiver Unterschiedsbetrag**, der drei verschiedene Ursachen haben kann. Zum einen kann ein günstiger Erwerb **(Lucky Buy)** vorliegen, zum anderen kann es sich jedoch um **stille Lasten** handeln, die durch negative Zukunftsaussichten bedingt sind. Als dritter Grund können **Thesaurierungen bei der Tochter zwischen Anteilserwerb und Erstkonsolidierung** genannt werden. In den beiden erstgenannten Fällen wird der passive Unterschiedsbetrag als **Unterschiedsbetrag aus der Kapitalkonsolidierung** ausgewiesen; im dritten Fall wird sofort in die Gewinnrücklagen bzw. den Gewinnvortrag eingestellt. Ursachen und Behandlung passiver Unterschiedsbeträge zeigt die folgende Abbildung *(Buchholz)*:

Ursachen eines passiven Unterschiedsbetrags

Lucky Buy (EK)	Zukünftige Belastung (FK)	Thesaurierung (EK)
Auflösung über gewichtete durchschnittliche Nutzungsdauer	Fremdkapital, Auflösung mit Eintritt der Belastung	Eigenkapital, Auflösung sofort

Ferner ist bei der Konsolidierung zu beachten, dass die **Herstellungskosten im Konzernabschluss** Elemente enthalten können, die im Einzelabschluss den Vertriebskosten zugerechnet werden müssen.

Beispiel

Liefert z. B. ein konzernverbundenes Unternehmen A an ein anderes Unternehmen B im Konzern, so stellen die Frachtkosten dafür aus Sicht von A Vertriebskosten dar. Aus Konzernsicht handelt es sich dabei gemäß der Einheitstheorie (§ 297 Abs. 3 HGB) um innerbetrieblichen Transport, damit sind die betreffenden Aufwendungen Teil der **Konzernherstellungskosten**.

Die **Währungsumrechnung** im Konzernabschluss ist in § 308a HGB geregelt. Sie lässt sich wie folgt zusammenfassen *(Buchholz)*:

Konzernbilanz	Konzern-Gewinn- und Verlustrechnung
► grundsätzlich Umrechnung mit dem Devisenkassamittelkurs ► Eigenkapital: Umrechnung mit dem historischen Kurs	Umrechnung der Aufwendungen und Erträge mit dem Durchschnittskurs
Umrechnungsdifferenzen: Ausweis als „Eigenkapitaldifferenz aus Währungsumrechnung" (nach den Rücklagen)	

4. Equity-Methode

Assoziierte Unternehmen sind mit der Equity-Methode in den Konzernabschluss einzubeziehen. Ein assoziiertes Unternehmen liegt nach § 311 Abs. 1 HGB vor, wenn ein maßgeblicher Einfluss auf die Geschäfts- und Finanzpolitik von einem Konzernunternehmen ausgeübt wird und eine Beteiligung nach § 271 Abs. 1 HGB vorliegt. Ein maßgeblicher Einfluss wird ab einer Beteiligungsquote von 20 % vermutet. Das assoziierte Unternehmen wird auch dann einbezogen, wenn der maßgebliche Einfluss durch ein in den Konzernabschluss einbezogenes Unternehmen ausgeübt wird.

Falls die Beteiligung an einem assoziierten Unternehmen für die Vermittlung eines den tatsächlichen Verhältnissen entsprechenden Bildes der Vermögens-, Finanz- und Ertragslage des Konzerns von untergeordneter Bedeutung ist, so kann nach § 311 Abs. 2 HGB die Anwendung der Equity-Methode unterbleiben. In diesem Fall wird die Beteiligung zu fortgeführten Anschaffungskosten ausgewiesen.

Die Anwendung der Equity-Methode ist **auch für Gemeinschaftsunternehmen zulässig**. Für den Einbezug von **Tochterunternehmen** ist sie **nicht zulässig**.

Nach § 312 Abs. 1 HGB ist die Beteiligung an einem assoziierten Unternehmen in der Konzernbilanz mit dem **Buchwert** anzusetzen. Der **Unterschiedsbetrag** zwischen dem **Buchwert** und dem **anteiligen Eigenkapital** des assoziierten Unternehmens sowie ein darin enthaltener Geschäfts- oder Firmenwert oder passiver Unterschiedsbetrag sind im Konzernanhang anzugeben. Der Wertansatz der Erstbewertung ist dann fortzuschreiben und der Wertentwicklung des Eigenkapitals der Beteiligung anzupassen (§ 312 Abs. 4 HGB).

Beispiel

Erwirbt die Mutter AG z. B. einen 30 %-Anteil an der ABC GmbH für 1.000.000 €, so sind zunächst 1.000.000 € im Finanzanlagevermögen auszuweisen. Im Konzernanhang ist die Differenz zwischen dem Buchwert (1.000.000 €) und dem anteiligen Eigenkapital darzulegen. Unter der Annahme, dass er Buchwert des Eigenkapitals der ABC GmbH 2.000.000 € beträgt und 1.000.000 € stille Reserven bei der ABC GmbH bestehen, so lässt sich die Beteiligung im Konzeranhang wie folgt aufschlüsseln:

- 30 % von 2.000.000 € = 600.000 € anteiliges Eigenkapital
- 30 % von 1.000.000 € = 300.000 € anteilige stille Reserven
- Restbetrag 100.000 € = Geschäfts- oder Firmenwert.

Gemäß § 312 Abs. 4 HGB wird in den Folgeperioden der Buchwert der Beteiligung nach dem folgendem Schema ermittelt:

Folgebewertung der Equity-Methode:

	Anschaffungskosten der Beteiligung bei Zugang
+	anteiliger Periodengewinn des assoziierten Unternehmens
-	anteiliger Periodenverlust des assoziierten Unternehmens
-	zwischenzeitlich vereinnahmte Ausschüttungen
-	Abschreibung anteiliger stiller Reserven
-	Abschreibung des Geschäfts- oder Firmenwertes
=	**Beteiligungsbuchwert bei Folgebewertung**

Wertfortschreibung einer Beteiligung am assoziierten Unternehmen *(Wöhe/Döring/Brösel)*

5. Eigenkapitalveränderungsrechnung

Das Eigenkapital kann sich durch verschiedene Vorgänge erhöhen oder vermindern. Anzuführen sind Gewinne, Verluste, Kapitalerhöhungen, Ausschüttungen, Kapitalherabsetzungen, aber auch Änderungen von Bilanzierungs- und Bewertungsmethoden sowie wechselkursbedingte Veränderungen. Wohl zur Erhöhung der Transparenz ist daher in § 297 Abs. 1 HGB die Erstellung eines Eigenkapitalspiegels als Teil des Konzernabschlusses vorgeschrieben. Das Deutsche Rechnungslegungs Standards Committee e. V. (DRSC) hat im Deutschen Rechnungslegungsstandard 7 (DRS 7) einen Referenzrahmen für die Erstellung der Eigenkapitalveränderungsrechnung verabschiedet. Der Konzerneigenkapitalspiegel nach DRS 7 stellt sich wie folgt dar:

	Mutterunternehmen							**Minderheitengesellschaften**			**Konzerneigenkapital**
	Gezeichnetes Kapital	Nicht eingeforderte ausstehende Einlagen	Kapitalrücklage	Erwirtschaftets Konzerneigenkapital	Eigene Anteile	Kumuliertes übriges Konzernergebnis	Eigenkapital	Minderheitenkapital	Kumuliertes übriges Konzernergebnis	Eigenkapital	
Stand am 01.01.											
Ausgabe von Anteilen											
Erwerb/Einziehung eigener Anteile											
Gezahlte Dividenden											
Änderung des Konsolidierungskreises											
Übrige Veränderungen											
Konzern-Jahresüberschuss/-fehlbetrag											
Übriges Konzernergebnis											
Konzerngesamtergebnis											
Stand am 31.12.01											

Neben den Angaben im Eigenkapitalspiegel sind der am Stichtag für die Gesellschafter zur Verfügung stehende Betrag sowie einer Ausschüttungssperre unterliegende Beträge anzugeben. Ferner sind die Positionen „übriges Konzernergebnis“ sowie „übrige Veränderungen“ zu erläutern.

6. Kapitalflussrechnung

Die Kapitalflussrechnung stellt die Einzahlungen und Auszahlungen einer Periode gegenüber; die Differenz beschreibt die Veränderung der liquiden Mittel:

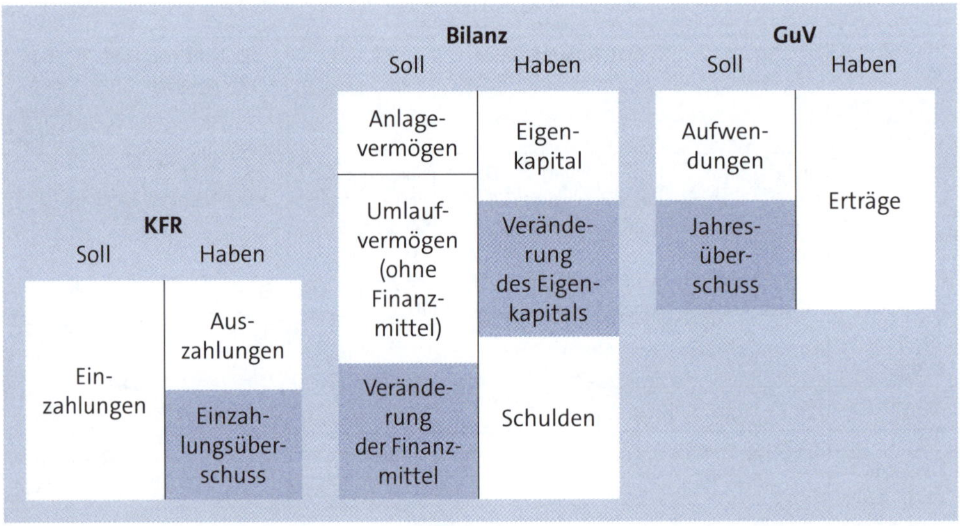

Zusammenhang/Abgrenzung zwischen Kapitalflussrechnung, Bilanz und GuV *(Behringer/Lühn* in Anlehnung an *Spremann)*

Seit dem Bilanzrechtsreformgesetz (BilReG) aus dem Jahre 2004 ist die Kapitalflussrechnung auch nach deutschem Recht zwingender Bestandteil eines handelsrechtlichen Konzernabschlusses (§ 297 Abs. 1 Satz 2 HGB). Die Regelungen zur Gestaltung einer Kapitalflussrechnung finden sich in dem im Jahre 2014 verabschiedeten Deutschen Rechnungslegungsstandard Nr. 21 Kapitalflussrechnung **(DRS 21)**.

Die Kapitalflussrechnung stellt für eine Periode die Einzahlungen und Ausgaben gegenüber. Sie dient der Darstellung und Analyse von Liquiditätsveränderung, Mittelherkunft und Verwendung. Heute besteht die Kapitalflussrechnung aus drei Cashflows; die Summe der Cashflows entspricht der Veränderung der liquiden Mittel der betrachteten Periode:

	Bestand an liquiden Mitteln zu Beginn der Periode
+	Cashflow aus laufender Geschäftstätigkeit
+	Cashflow aus Investitionstätigkeit
+	Cashflow aus Finanzierungstätigkeit
=	**Bestand an liquiden Mitteln am Ende der Periode**

Der **Cashflow aus laufender Geschäftstätigkeit** ist ein Maß für die Innenfinanzierung des Unternehmens. Der **Cashflow aus Investitionstätigkeit** umfasst Ein- und Auszahlungen für Investitionen und der **Cashflow aus Finanzierungstätigkeit** Außenfinanzierung und Definanzierung, sofern diese nicht dem operativen Bereich zugeordnet werden.

Bei der **indirekten Methode** wird der **Cashflow** aus operativer Geschäftstätigkeit ausgehend vom Periodenergebnis ermittelt. Dabei ist beim Einzelabschluss folgendes **Mindestgliederungsschema** (DRS 21) zu verwenden:

1.	±	Jahresüberschuss/-fehlbetrag
2.	±	Abschreibungen/Zuschreibungen auf Gegenstände des Anlagevermögens
3.	±	Zunahme/Abnahme der Rückstellungen
4.	±	Sonstige zahlungsunwirksame Aufwendungen/Erträge
5.	±	Abnahme/Zunahme der Vorräte, der Forderungen aus Lieferungen und Leistungen sowie anderer Aktiva, die nicht der Investitions- oder der Finanzierungstätigkeit zuzurechnen sind
6.	±	Zunahme/Abnahme der Verbindlichkeiten aus Lieferungen und Leistungen sowie anderer Passiva, die nicht der Investitions- oder der Finanzierungstätigkeit zuzuordnen sind
7.	±	Verlust/Gewinn aus dem Abgang von Anlagevermögen
8.	±	Zinsaufwendungen/Zinserträge
9.	-	Sonstige Beteiligungserträge
10.	±	Aufwendungen/Erträge von außergewöhnlicher Größenordnung oder außergewöhnlicher Bedeutung
11.	±	Ertragsteueraufwand/-ertrag
12.	+	Einzahlungen im Zusammenhang mit Erträgen von außergewöhnlicher Größenordnung oder außergewöhnlicher Bedeutung
13.	-	Auszahlungen im Zusammenhang mit Aufwendungen von außergewöhnlicher Größenordnung oder außergewöhnlicher Bedeutung
14.	-/+	Ertragsteuerzahlungen
15.	**=**	**Cashflow aus der laufenden Geschäftstätigkeit (Operative Cashflow)**

Bei **direkter Ermittlung des Cashflows** aus laufender Geschäftstätigkeit wird dieser durch Gegenüberstellung der Ein- und Auszahlungen, die aus dem operativen Bereich resultieren, ermittelt. Dabei ist folgendes **Gliederungsschema** (DRS 21) zu beachten:

1.		Einzahlungen von Kunden für den Verkauf von Erzeugnissen, Waren und Dienstleistungen
2.	-	Auszahlungen an Lieferanten und Beschäftigte
3.	+	Sonstige Einzahlungen, die nicht der Investitions- oder Finanzierungstätigkeit zuzuordnen sind
4.	-	Sonstige Auszahlungen, die nicht der Investitions- oder Finanzierungstätigkeit zuzuordnen sind
5.	+	Einzahlungen im Zusammenhang mit Erträgen von außergewöhnlicher Größenordnung oder außergewöhnlicher Bedeutung
6.	-	Auszahlungen im Zusammenhang mit Aufwendungen von außergewöhnlicher Größenordnung oder außergewöhnlicher Bedeutung
7.	-/+	Ertragsteuerzahlungen
8.	**=**	**Cashflow aus laufender Geschäftstätigkeit (Operative Cashflow)**

Die Berechnung der **Cashflows** aus **Investitions- bzw. Finanzierungstätigkeit** wird wie folgt durchgeführt:

1.		Einzahlungen aus Abgängen von Gegenständen des immateriellen Anlage-vermögens
2.	-	Auszahlungen für Investitionen in das immaterielle Anlagevermögen
3.	+	Einzahlungen aus Abgängen von Gegenständen des Sachanlagevermögens
4.	-	Auszahlungen für Investitionen in das Sachanlagevermögen
5.	+	Einzahlungen aus Abgängen des Finanzanlagevermögens
6.	-	Auszahlungen für Investitionen in das Finanzanlagevermögen
7.	+	Einzahlungen aufgrund von Finanzmittelanlagen im Rahmen der kurzfristigen Finanzdisposition
8	-	Auszahlungen aufgrund von Finanzmittelanlagen im Rahmen der kurzfristigen Finanzdisposition
9.	+	Einzahlungen im Zusammenhang mit Erträgen von außergewöhnlicher Größenordnung oder außergewöhnlicher Bedeutung
10.	-	Auszahlungen im Zusammenhang mit Aufwendungen von außergewöhnlicher Größenordnung oder außergewöhnlicher Bedeutung
11.	+	Erhaltene Zinsen
12.	+	Erhaltene Dividenden
13.	**=**	**Cashflow aus der Investitionstätigkeit (Investive Cashflow)**

1.		Einzahlungen aus Eigenkapitalzuführungen
2.	-	Auszahlungen aus Eigenkapitalherabsetzungen
3.	+	Einzahlungen aus der Begebung von Anleihen und der Aufnahme von (Finanz-) Krediten
4.	-	Auszahlungen aus der Tilgung von Anleihen und (Finanz-)Krediten
5.	+	Einzahlungen aus erhaltenen Zuschüssen
6.	+	Einzahlungen im Zusammenhang mit Erträgen von außergewöhnlicher Größenordnung oder außergewöhnlicher Bedeutung
7.	-	Auszahlungen im Zusammenhang mit Aufwendungen von außergewöhnlicher Größenordnung oder außergewöhnlicher Bedeutung
8.	-	Gezahlte Zinsen
9.	-	Gezahlte Dividenden an Gesellschafter des Mutterunternehmens
10.	-	Gezahlte Dividenden an andere Gesellschafter
11.	**=**	**Cashflow aus der Finanzierungstätigkeit (Finance Cashflow)**

Die Summe der drei Cashflows entspricht der Veränderung der liquiden Mittel.

Die Erstellung einer Kapitalflussrechnung soll anhand eines Beispiels erläutert werden.

Beispiel

Für das Geschäftsjahr 2023 wurden die Bilanz und die Gewinn- und Verlustrechnung erstellt; ein Auszug aus dem Anlagespiegel liegt vor:

AKTIVA		**Bilanz**			**PASSIVA**
(in Mio. €)	2023	2022	(in Mio. €)	2023	2022
Sachanlagevermögen	1.500	1.000	Gezeichnetes Kapital	700	400
			Kapitalrücklagen	300	200
			Gewinnrücklagen	200	100
			Gewinnvortrag	0	300
			Jahresüberschuss	100	0
Anlagevermögen	**1.500**	**1.000**	**Eigenkapital**	**1.300**	**1.000**
Vorräte	800	900	Rückstellungen (Pensionen)	300	200
Forderungen aus Lieferungen und Leistungen	600	400	Sonstige Rückstellungen	200	300
Flüssige Mittel	100	200	Verbindlichkeiten aus Lieferungen und Leistungen	500	400
			Langfristige Verbindlichkeiten gegenüber Kreditinstituten	700	600
Umlaufvermögen	**1.500**	**1.500**	**Fremdkapital**	**1.700**	**1.500**
Bilanzsumme	**3.000**	**2.500**	**Bilanzsumme**	**3.000**	**2.500**

Gewinn- und Verlustrechnung (01.01.2023 - 31.12.2023):

Umsatzerlöse	2.380
Erhöhung des Bestandes an fertigen Erzeugnissen	100
Materialaufwand	- 500
Personalaufwand	- 900
Abschreibungen Sachanlagevermögen	- 400
Sonstige betriebliche Aufwendungen	- 250
Sonstige betriebliche Aufwendungen aus Anlageverkäufen	- 50
Erträge aus der Auflösung sonstiger Rückstellungen	70
Abschreibungen auf Rohstoffe	- 50
Zinsen und ähnliche Aufwendungen	- 250
Steuern vom Einkommen und Ertrag	- 50
Jahresüberschuss	**100**

Auzug aus dem Anlagespiegel:

	AHK	Zugänge (AHK)	Abgänge (AHK)	Abschreibungen des Gj. 2023	Buchwert 01.01.23	Buchwert 31.12.23
Sachanlagen	4.000	950	100	400	1.000	1.500

Vom Gewinnvortrag des Vorjahres wurden 100 Mio € als Dividende ausgeschüttet. Es erfolgte eine Kapitalerhöhung aus Gesellschaftsmitteln in Höhe von 100 Mio €. Ferner wurde eine ordentliche Kapitalerhöhung in Nennwerthöhe von 200 Mio € durchgeführt; die Ausgabe der jungen Aktien erfolgte mit 50 % Agio.

Zunächst wird der **Cashflow aus laufender Geschäftstätigkeit** nach **indirekter Methode** ermittelt. Man geht vom Jahresüberschuss aus, den man um nicht zahlungswirksame Aufwendungen und Erträge sowie Zu- und Abnahme von Bilanzpositionen, die dem operativen Bereich zuzurechnen sind, korrigiert. Die Zinsaufwendungen werden subtrahiert, da sie dem Cashflow aus Finanzierungstätigkeit zugrechnet werden. Es resultiert folgende Berechnung (Reihenfolge entlang der Bilanzgliederung):

Jahresüberschuss	100
Abschreibungen Anlagevermögen	400
Zinsen und ähnliche Aufwendungen	250
Abnahme Vorräte	100
Zunahme Forderungen aus Lieferungen und Leistungen	- 200
Zunahme Pensionsrückstellungen	100
Abnahme sonstige Rückstellungen	- 100
Zunahme Verbindlichkeiten aus Lieferungen und Leistungen	100
Sonstige betriebliche Aufwendungen aus Anlageverkäufen	50
Cashflow aus laufender Geschäftstätigkeit (indirekte Methode)	**800**

Der Verlust auf Anlagevermögenabgängen wird dem Cashflow aus Investitionstätigkeit zugerechnet, daher ist er im Cashflow aus laufender Geschäftstätigkeit nicht zu berücksichtigen. Durch ihn wurde der Jahresüberschuss um 50 gemindert, dies ist hier zu korrigieren.

Der **Cashflow aus laufender Geschäftstätigkeit** nach **direkter Methode** orientiert sich hier sich an der Gliederung der Gewinn- und Verlustrechnung:

Einzahlungen Umsatzerlöse	2.180
Auszahlungen Material	- 250
Auszahlungen Personal	- 800
Auszahlung sonstige Aufwendungen	- 280
Steuern	- 50
Cashflow aus laufender Geschäftstätigkeit (direkte Methode)	**800**

Die Einzahlungen aus Umsatzerlösen ergeben sich aus den Umsatzerlösen abzüglich der Erhöhung der Forderungen.

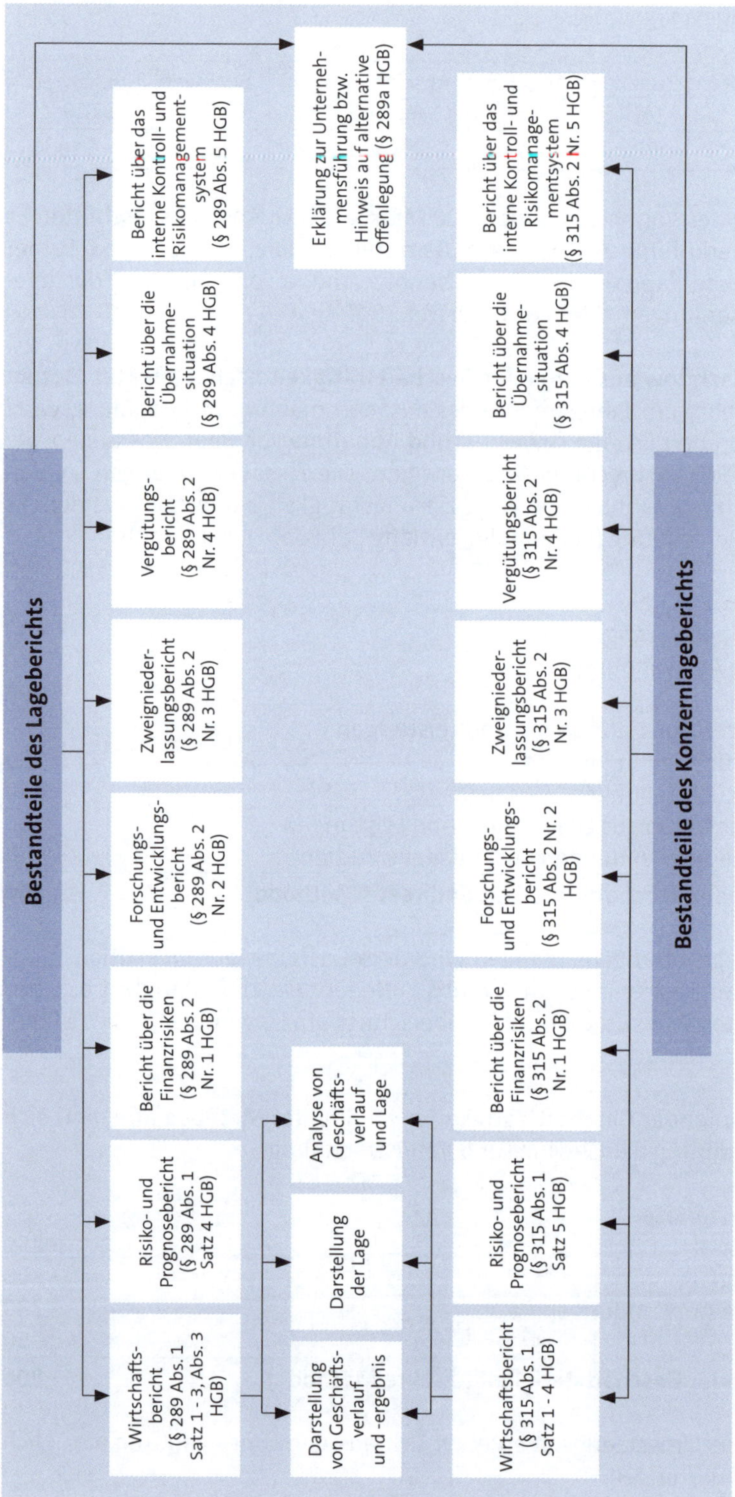
Bestandteile des Lageberichts
Wirtschaftsbericht (§ 289 Abs. 1 Satz 1 - 3, Abs. 3 HGB)
Risiko- und Prognosebericht (§ 289 Abs. 1 Satz 4 HGB)
Bericht über die Finanzrisiken (§ 289 Abs. 2 Nr. 1 HGB)
Forschungs- und Entwicklungsbericht (§ 289 Abs. 2 Nr. 2 HGB)
Zweigniederlassungsbericht (§ 289 Abs. 2 Nr. 3 HGB)
Vergütungsbericht (§ 289 Abs. 2 Nr. 4 HGB)
Bericht über die Übernahmesituation (§ 289 Abs. 4 HGB)
Bericht über das interne Kontroll- und Risikomanagementsystem (§ 289 Abs. 5 HGB)
Darstellung von Geschäftsverlauf und -ergebnis
Darstellung der Lage
Analyse von Geschäftsverlauf und Lage
Erklärung zur Unternehmensführung bzw. Hinweis auf alternative Offenlegung (§ 289a HGB)
Wirtschaftsbericht (§ 315 Abs. 1 Satz 1 - 4 HGB)
Risiko- und Prognosebericht (§ 315 Abs. 1 Satz 5 HGB)
Bericht über die Finanzrisiken (§ 315 Abs. 2 Nr. 1 HGB)
Forschungs- und Entwicklungsbericht (§ 315 Abs. 2 Nr. 2 HGB)
Zweigniederlassungsbericht (§ 315 Abs. 2 Nr. 3 HGB)
Vergütungsbericht (§ 315 Abs. 2 Nr. 4 HGB)
Bericht über die Übernahmesituation (§ 315 Abs. 4 HGB)
Bericht über das interne Kontroll- und Risikomanagementsystem (§ 315 Abs. 2 Nr. 5 HGB)
Bestandteile des Konzernlageberichts

Für die Ermittlung der Auszahlungen für Material werden die Materialeinkäufe aus der Aufschlüsselung der Bilanzposition Vorräte berechnet:

S	Vorräte		H
Anfangsbestand	900	Abschreibungen	50
Zunahme Fertigerzeugnisse	100	Materialaufwand	500
Einkäufe	**350**	Endbestand	800
	1.350		1.350

Anfangs- und Endbestand ergeben sich aus der Bilanz, die Zunahme der Fertigerzeugnisse sowie Abschreibungen und Materialaufwand aus der Gewinn- und Verlustrechnung. Als Saldo werden die Einkäufe in Höhe von 350 berechnet. Da die Verbindlichkeiten aus Lieferungen und Leistungen um 100 zugenommen haben (Annahme: aus Materialeinkäufen), werden 250 für Material zahlungswirksam.

Die Personalaufwendungen laut Gewinn- und Verlustrechnung betragen 900, davon waren 100 nicht zahlungswirksam (Zuführung zu Pensionsrückstellungen).

Bei den Auszahlungen für sonstige Aufwendungen wurden die zahlungswirksame Auflösung der sonstigen Rückstellungen in Höhe von 100 (zusätzlicher Mittelabfluss) sowie die erfolgswirksame Auflösung von Rückstellungen (kein Mittelabfluss) in Höhe von 70 berücksichtigt.

Für die Ermittlung des **Cashflows aus Investitionstätigkeit** werden die Investitionen in Höhe von 950 dem Anlagenspiegel entnommen:

Investitionen	- 950
Anlagenverkäufe	0
Cashflow aus Investitionstätigkeit	**- 950**

Der Zufluss aus Anlagenverkäufe wird durch Aufschlüsselung der Bilanzposition „Sachanlagevermögen" berechnet:

S	Sachanlagevermögen		H
Anfangsbestand	1.000	Abschreibungen	400
Zugänge	950	**Buchwertabgänge**	**50**
		Endbestand	1.500
	1.950		1.950

Anfangs- und Endbestand können der Bilanz entnommen werden, die Abschreibungen der Gewinn- und Verlustrechnung und die Zugänge dem Anlagenspiegel. Also Saldo resultieren die Buchwertabgänge, die sich wertmäßig von den zu Anschaffungs- bzw. Herstellungskosten bewerteten Abgänge im Anlagespiegel unterscheiden. Da die Höhe des betreffenden Aufwands dem Wert der Buchwertabgänge entspricht, ist davon auszugehen, dass für die Desinvestitionen keine Einzahlungen zu verzeichnen waren.

Die Ermittlung des Cashflows aus Finanzierungstätigkeit umfasst hier die folgenden Positionen:

Dividende	- 100
Aufnahme lfr. Darlehen	100
Kapitalerhöhung	300
Zinsen und ähnliche Aufwendungen	- 250
Cashflow aus Finanzierungstätigkeit	**50**

Die Dividende ist im Text genannt, die Erhöhung des langfristigen Darlehens aus der Bilanz ersichtlich. Es erfolgte eine Kapitalerhöhung aus Gesellschaftsmitteln in Höhe von 100; diese war nicht zahlungswirksam (Umwandlung von Rücklagen in gezeichnetes Kapital verbunden mit der Ausgabe von Gratisaktien). Ferner wurde eine ordentliche Kapitalerhöhung in Nennwerthöhe von 200 durchgeführt. Die Ausgabe der jungen Aktien erfolgte mit 50 % Agio; das bedeutet einen Mittelzufluss von 300.

Die Summe der drei Cashflows ergibt die Veränderung der liquiden Mittel:

Cashflow aus laufender Geschäftstätigkeit	800
Cashflow aus Investitionstätigkeit	- 950
Cashflow aus Finanzierungstätigkeit	50
Veränderung der flüssigen Mittel	**- 100**

Aufgabe 36 > Seite 323

7. Konzernanhang und Konzernlagebericht

Wie auch im Einzelabschluss werden für den Konzernabschluss Zusatzinformationen in Form des Konzernanhangs und des Konzernlageberichts gefordert. Wesentliche Funktionen von Anhang und Konzernanhang sind *(Coenenberg/Haller/Schultze)*:

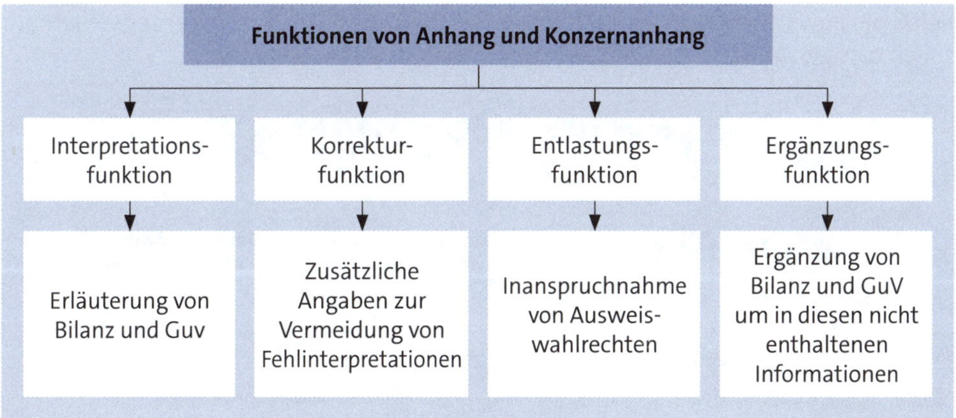

Die Pflicht zur Aufstellung eines Konzernanhangs ergibt sich aus § 297 Abs. 1 HGB. Nach § 298 Abs. 2 HGB kann er mit dem Anhang des Mutterunternehmens (Einzelabschluss) zusammengefasst werden, um Redundanzen zu vermeiden. Der Inhalt des Konzernanhangs ergibt sich aus § 313 HGB (Erläuterung der Konzernbilanz und der Konzern-Gewinn- und Verlustrechnung, Angaben zum Beteiligungsbesitz) und § 314 HGB (sonstige Pflichtangaben).

Die Verpflichtung neben dem Konzernabschluss auch einen Konzernlagebericht zu erstellen, ergibt sich aus § 290 HGB. Sein Inhalt ergibt sich aus § 315 HGB. Bestandteile von Lagebericht und Konzernlagebericht sind *(Coenenberg/Haller/Schultze)*:

8. Wesentliche Unterschiede zwischen HGB und IFRS

Konzernabschlüsse kapitalmarktorientierter Unternehmen müssen in der Europäischen Union nach dem Regelwerk der International Financial Reporting Standards erstellt werden. Durch die Anwendung **EU-weit gültiger Vorgaben** soll die **Vergleichbarkeit von Jahresabschlüssen** sichergestellt werden. Einheitliche Bilanzierung, einheitliche Bewertung und einheitliche Bezeichnungen sowie Gliederungsschemata sollen dies gewährleisten:

Gründe für internationale Rechnungslegung *(Buchholz)*

Die **IFRS** stellen den wesentlichen Ansatz dar, **Bilanzierung international zu normieren**. Das **IFRS-System** ist dreistufig aufgebaut *(Buchholz)*:

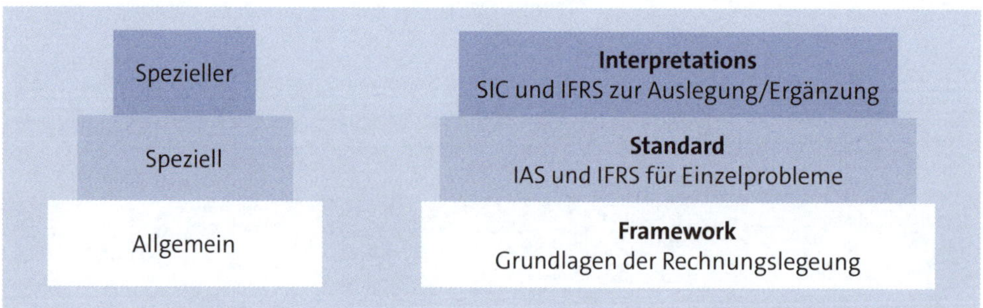

Die Basis bildet das Framework, das die Grundlagen der Rechnungslegung umfasst. In den Standards werden spezielle Regelungen für einzelne Sachverhalte geregelt; die Interpretations dienen der Auslegung und Ergänzung der Standards *(Wöhe/Döring/Brösel)*:

<table>
<tr><th colspan="2">Rechnungslegung nach IFRS</th></tr>
<tr><th>Framework</th><th>Standards (IAS/IFRS)</th></tr>
<tr><td>► Ziele und Grundsätze der Rechnungslegung
► Definition, Erfassung und Bewertungsgrundsätze zu Abschlussposten
- Aktiva
- Passiva
- Aufwendungen
- Erträge
► Kapitalerhaltungskonzeption</td><td>► Spezielle Regelungen zu den Bestandteilen des Jahrsabschlusses
► Spezielle Regelungen für einzelne
- Aktiva
- Passiva
- Aufwendungen
- Erträge</td></tr>
</table>

Derzeit sind die folgenden Standards gültig:

Nr.	Titel (Englisch)	Thema (Deutsch)
IAS 1	Presentation of Financial Statements (1997)	Darstellung des Abschlusses
IAS 2	Inventories (1993)	Vorräte
IAS 7	Statement of Cash Flows (2007)	Kapitalflussrechnungen
IAS 8	Accounting Policies, Changes in Accounting Estimates and Errors (2003)	Bilanzierungs- und Bewertungsmethoden, Änderungen von Schätzungen und Fehler
IAS 10	Events after the Reporting Period (2007)	Ereignisse nach dem Bilanzstichtag
IAS 11	Construction Contracts (1993)	Fertigungsaufträge
IAS 12	Income Taxes (1996)	Ertragsteuern
IAS 16	Property, Plant and Equipment (1993)	Sachanlagen
IAS 19	Employee Benefits (1998)	Leistungen an Arbeitnehmer
IAS 20	Accounting for Government Grants and Disclosure of Government Assistance	Bilanzierung und Darstellung von Zuwendungen der öffentlichen Hand
IAS 21	The Effects of Changes in Foreign Exchange Rates (1993)	Auswirkungen von Änderungen der Wechselkurse
IAS 23	Borrowing Costs (1993)	Fremdkapitalkosten
IAS 24	Related Party Disclosures	Angaben über Beziehungen zu nahestehenden Unternehmen und Personen
IAS 26	Accounting and Reporting by Retirement Benefit Plans	Bilanzierung und Berichterstattung von Altersversorgungsplänen
IAS 27	Consolidated and Separate Financial Statements (2003) Separate Financial Statements (2011)	Konzern- und separate Einzelabschlüsse nach IFRS (2003) Separate Abschlüsse (2011)

Nr.	Titel (Englisch)	Thema (Deutsch)
IAS 28	Investments in Associates and Joint Ventures (2011)	Anteile an assoziierten Unternehmen und Joint Ventures
IAS 29	Financial Reporting in Hyperinflationary Economies	Rechnungslegung in Hochinflationsländern
IAS 32	Financial Instruments: Disclosure and Presentation (1995) Financial Instruments: Presentation (2005)	Finanzinstrumente: Angaben und Darstellung (1995) Finanzinstrumente: Darstellung (2005)
IAS 33	Earnings per Share	Ergebnis je Aktie
IAS 34	Interim Financial Reporting	Zwischenberichterstattung
IAS 36	Impairment of Assets	Wertminderung von Vermögenswerten
IAS 37	Provisions, Contingent Liabilities and Contingent Assets	Rückstellungen, Eventualschulden und Eventualforderungen
IAS 38	Intangible Assets	Immaterielle Vermögenswerte
IAS 39	Financial Instruments: Recognition and Measurement	Finanzinstrumente: Ansatz und Bewertung
IAS 40	Investment Property	Als Finanzinvestition gehaltene Immobilien
IAS 41	Agriculture	Landwirtschaft
IFRS 1	First-time Adoption of International Financial Reporting Standards	Erstmalige Anwendung der International Financial Reporting Standards
IFRS 2	Share-based Payment	Aktienbasierte Vergütung
IFRS 3	Business Combinations	Unternehmenszusammenschlüsse
IFRS 4	Insurance Contracts	Versicherungsverträge
IFRS 5	Non-current Assets Held for Sale and Discontinued Operations	Zur Veräußerung gehaltene langfristige Vermögenswerte und aufgegebene Geschäftsbereiche
IFRS 6	Exploration for and Evaluation of Mineral Resources	Exploration und Evaluierung von mineralischen Ressourcen
IFRS 7	Financial Instruments: Disclosures	Finanzinstrumente: Angaben
IFRS 8	Operating Segments	Operative Segmente
IFRS 9	Financial Instruments	Finanzinstrumente
IFRS 10	Consolidated Financial Statements	Konzernabschlüsse
IFRS 11	Joint Arrangements	Gemeinsame Vereinbarungen
IFRS 12	Disclosure of Interests in Other Entities	Angaben über das Engagement bei anderen Unternehmen
IFRS 13	Fair Value Measurement	Bemessung des beizulegenden Zeitwerts
IFRS 14	Regulatory Deferral Accounts	Regulatorische Abgrenzungsposten
IFRS 15	Revenue from Contracts with Customers	Erlöse aus Verträgen mit Kunden

Nr.	Titel (Englisch)	Thema (Deutsch)
IFRS 16	Leases	Leasingverhältnisse (Abbildung in der Bilanz, wodurch beispielsweise die Verschuldung steigt und die Eigenkapitalquote sinkt)
IFRS 17	Insurance Contracts	Versicherungsverträge

IFRS und HGB unterscheiden sich in einigen Aspekten grundsätzlich:

Grundsatz/Prinzip	IFRS	HGB
(1) Fair Presentation	Generalnorm (Overriding Principle)	Generalnorm; eingeschränkt durch Ansatz- und Bewertungswahlrechte
(2) Unverzerrtheit (neutral)	Schätzregel bei Unsicherheit: neutrale Umsicht	Schätzregel bei Unsicherheit: Pessimismus
(3) Periodengerechte Gewinnermittlung (Accrual Accounting)	Dominierende Norm der Gewinnermittlung	Einschränkung durch Gläubigerschutz
(4) Realisationsprinzip (Realisation Principle)	Ertragserfassung vor Umsatzrealisation möglich	Ertragserfassung erst bei Umsatzrealisation
(5) Imparitätsprinzip	Nicht bekannt	dominierende Stellung durch Vorsichtsprinzip
(6) Matching Principle	Aufwandserfassung folgt der Ertragserfassung	Kein eigener Grundsatz
(7) Anschaffungskostenprinzip	Durchbrechungen möglich	Strikte Wertobergrenze
(8) Relevanz (Relevance)	Zentrale Bedeutung	Kein eigener Grundsatz
(9) Glaubwürdigkeit (Faithful Representation)	Zentrale Bedeutung	Kein eigener Grundsatz

Grundsätze der Rechnungslegung nach IFRS und HGB *(Wöhe/Döring/Brösel)*

Generell folgt das HGB dem Vorsichtsprinzip; die Bewertung der Aktiva erfolgt tendenziell zu niedrigeren Werten als nach IFRS. Gewinn werden nach HGB i. d. R. (Ausnahme § 256a HGB) erst ausgewiesen, wenn sie realisiert wurden. Nach IFRS kann es durch die Bewertung zu Marktpreisen bzw. durch den Percentage-of-Completion-Ansatz bei langfristigen Fertigungsaufträgen zum Ausweis nicht realisierter Gewinne kommen. Die Rechnungslegung nach IFRS ist an den Bedürfnissen der Investoren ausgerichtet, während sich das HGB am Gläubigerschutz orientiert.

Rechnungslegung und **Jahresabschluss** weisen demnach unterschiedliche **Merkmale** auf:

Merkmale der Rechnungslegung	IFRS	HGB
1. Vorherrschende Finanzierungsform	Kapitalmarktfinanzierung	Bankkredit
2. Vorrangiges Jahresabschlussziel	Investorenschutz	Gläubigerschutz
3. Vorrangiges Bilanzierungsprinzip	Neutraler Vermögens- und Erfolgsausweis	Vorsichtiger Vermögens- und Erfolgsausweis
4. Normgeber	Fachleute	Gesetzgeber
5. Normfindung	Case Law	Code Law

Merkmale nationaler und internationaler Rechnungslegung *(Wöhe/Döring/Brösel)*

Die **HGB**-Vorschriften werden durch den **Gesetzgeber** angepasst; in den **IFRS** arbeiten **Fachleute** an Regelungen zum Jahresabschluss. Die **IFRS** basieren auf angelsächsich geprägtem **Case Law** (Orientierung an einzelnen Fällen); das **HGB** folgt dem Gedanken des **Code Law** (Orientierung an generellen Normen).

Auch die **Merkmale des Jahresabschlusses** unterscheiden sich *(Wöhe/Döring/Brösel)*:

Merkmale des Jahresabschlusses (JA)	IFRS	HGB
Adressatenkreis	Shareholder/Stakeholder	Stakeholder
Zukunftseinschätzung	Neutral	Vorsichtig, pessimistisch
Stille Rücklagen	Unerwünscht	Teilweise erwünscht
Jahresabschlussfunktionen	Informationsfunktion	Informationsfunktionen Zahlungsbemessungsfunktionen

Ein IFRS-Konzernabschluss für ein kapitalmarktorientiertes Unternehmen beinhaltet folgende Elemente *(Wöhe/Döring/Brösel)*:

Bestandteile des IFRS-Abschlusses	
Statement of Financial Position at the End of the Period	Bilanz zum Bilanzstichtag
Statement of Financial Position at the Beginning of the Period	Vorjahresbilanz
Statement of Comprehensive Income for the Period	Gesamtergebnisrechnung
Statement of Changes in Equity for the Period	Eigenkapitalveränderungsrechnung

Bestandteile des IFRS-Abschlusses	
Statement of Cashflows	Kapitalflussrechnung
Notes, Comprising a Summary of Significant Accounting Policies and Other Explanatory Information	Anhang
Zusätzliche Elemente für börsennotierte Unternehmen	
Segment Reporting (IFRS 8)	Segmentberichterstattung
Earnings per Share (IAS 33)	Ergebnis je Aktie
Interim Reporting (IAS 34)	Zwischenbericht

Während in einem HGB-Abschluss die **Segmentberichterstattung** auf freiwilliger Basis erfolgt, ist sie nach IFRS verpflichtender Bestandteil. Nach IFRS 8 wird heute die Segmentabgrenzung nach dem Management Approach (früher nach dem Risk and Rewards Approach) vorgenommen. Durch die Segmentabgrenzung sollen diversifizierte Unternehmen besser beurteilt werden können. Ideal ist es, wenn die für die interne Berichterstattung gebildeten Segmente den Vorgaben der IFRS entsprechen.

Segmente können produkt- oder marktorientiert gebildet werden, also z. B. nach Produktgruppen (Lufthansa: Passagierbeförderung, Frachtbeförderung, Catering, IT-Services, Technik, Sonstiges) oder geografischen Merkmalen (Nestlé: Europa, Amerika, Asien/Ozeanien/Afrika) sowie produktorientierte Segmente.

Nach IFRS 8 müssen **Operating Segments** folgende Merkmale aufweisen *(Buchholz)*:

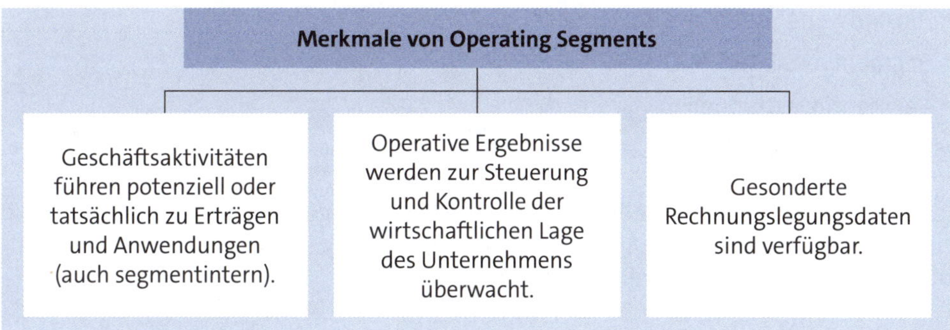

Ein **berichtspflichtiges Segment** liegt vor, wenn mindestens eines der folgenden **Kriterien** erfüllt ist *(Buchholz)*:

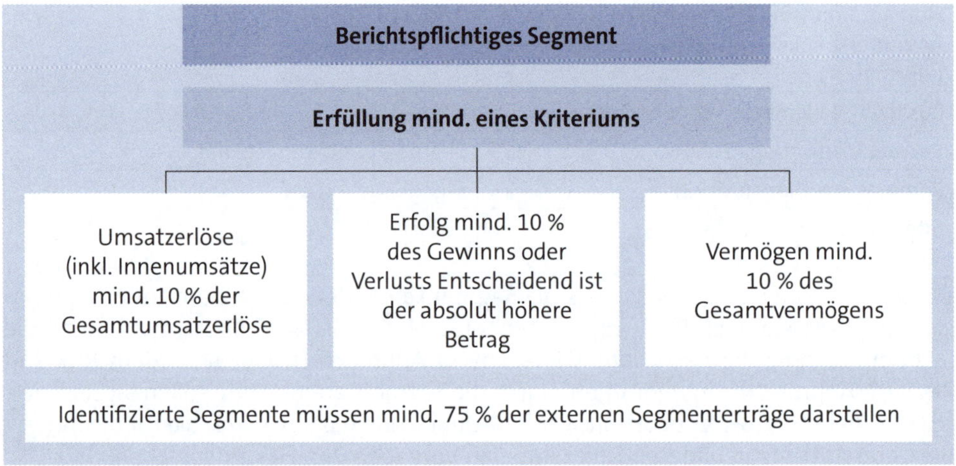

Wesentliche Segmentinformationen nach IFRS 8 sind:

- Segmentergebnis
- Segmenterträge mit Dritten
- intersegmentäre Umsatzerlöse
- Segmentabschreibungen
- Zinsaufwendungen und Zinserträge
- Segmentvermögen
- Segmentinvestitionen
- nicht zahlungswirksame Größen.

Ein Problem der Praxis besteht in rechtlich selbstständigen Tochterunternehmen, die für mehrere Segmente tätig sind. Eine exakte Zuweisung von Vermögen und Aufwendungen ist nicht immer möglich.

Aufgabe 37 > Seite 325

E. Grundlagen der Vollkostenrechnung

Nach Studium dieses Kapitels ...

- *kennen Sie die Ziele und Aufgaben der Kostenrechnung*
- *können Sie die Kostenrechnung in ihren Teilgebieten erfassen*
- *verstehen Sie Aufgaben und Aufbau der Kostenartenrechnung*
- *können Sie sachliche und zeitliche Abgrenzung vornehmen*
- *können Sie kalkulatorische Kosten berechnen*
- *verstehen Sie die Zwecke der Kostenstellenrechnung*
- *können Sie innerbetriebliche Leistungsverrechnungen durchführen*
- *können Sie eine Kostenträgerzeitrechnung nach Gesamt- und Umsatzkostenverfahren durchführen*
- *können Sie einen Betriebsabrechnungsbogen erstellen*
- *können Sie die Methoden der Kostenträgerstückrechnung anwenden.*

Im Rahmen dieses Kapitels zur Vollkostenrechnung werden folgende Inhalte behandelt:

Grundlagen der Vollkostenrechnung	Ziele und Aufgaben der Kostenrechnung
	Kostenartenrechnung
	Kostenstellenrechnung
	Kostenträgerzeitrechnung
	Kostenträgerstückrechnung

1. Ziele und Aufgaben der Kostenrechnung

1.1 Zwecke der Kostenrechnung

Im Gegensatz zu Aufwendungen und Erträgen, zu denen jede Wertminderung und jeder Wertzuwachs der betreffenden Periode gezählt werden, stellen **Kosten** und **Leistungen** auf das Kerngeschäft ab und umfassen daher nur betriebszweckbezogene Wertminderungen und zuwächse. Kosten stellen auf den Verbrauch von Gütern und Dienstleistungen, Leistungen auf deren Erstellung ab. Eingang in die Kosten- und Leistungsrechnung finden nur betriebsbedingte und bewertete Wertminderungen (Kosten) bzw. Wertzugänge (Leistungen).

Die **Betriebsbuchhaltung** oder **Kosten-(und Leistungs-)rechnung** gliedert sich in die Kostenarten-, Kostenstellen- und Kostenträgerrechnung. Die **Kostenartenrechnung** zeigt, welche Kosten angefallen sind (z. B. Personalkosten, Materialkosten). Die **Kostenstellenrechnung** ordnet die Kosten den Orten ihrer Entstehung zu (z. B. Kantine, Fertigung, Vertrieb). Sie klärt die Frage, wo die Kosten entstanden sind. Die **Kostenträgerstückrechnung** beantwortet die Frage, wofür die Kosten entstanden sind. Sie rechnet die angefallenen Kosten Kalkulationsobjekten, i. d. R. Produkten, zu. Dies kann **zeitraumbezogen** als **Kostenträgerzeitrechnung** zur Bestimmung des Periodenerfolgs von Produkten und Unternehmen (z. B. Gewinn des Produkts A im Oktober 2023) erfolgen oder **stückbezogen** als **Produktkalkulation** (Kosten für eine Einheit von Produkt A). Die Produktkalkulation wird auch als **Kostenträgerstückrechnung** bezeichnet.

Im **internen Rechnungswesen** werden andere **Zwecke** verfolgt als im externen Rechnungswesen. **Zentrales Instrument** ist die **Kosten- und Leistungsrechnung**, die laut *Hummel/Männel* folgende **Eigenschaften** aufweist (zitiert aus *Götze*). Sie ist:

- ein Element des internen Rechnungswesens
- eine kalkulatorische Rechnung
- eine kurzfristige Rechnung
- eine Erfolgsrechnung
- eine regelmäßig erstellte Rechnung und
- eine freiwillig ausgeführte Rechnung.

Die Kosten- und Leistungsrechnung dient der Preisstellung (Festlegung von Angebotspreisen, Berechnung von Preisuntergrenzen), der Ermittlung des Betriebsergebnisses, der Betriebskontrolle, der betrieblichen Planung sowie verschiedenen Sonderzwecken (Grundlage für Wirtschaftlichkeitsrechnungen, Feststellung von Inventur- oder Versicherungswerten etc.).

1.2 Aufgaben der Kostenrechnung

Ihr **Aufgabenkatalog** kann wie folgt strukturiert werden *(Coenenberg/Fischer/Günther)*:

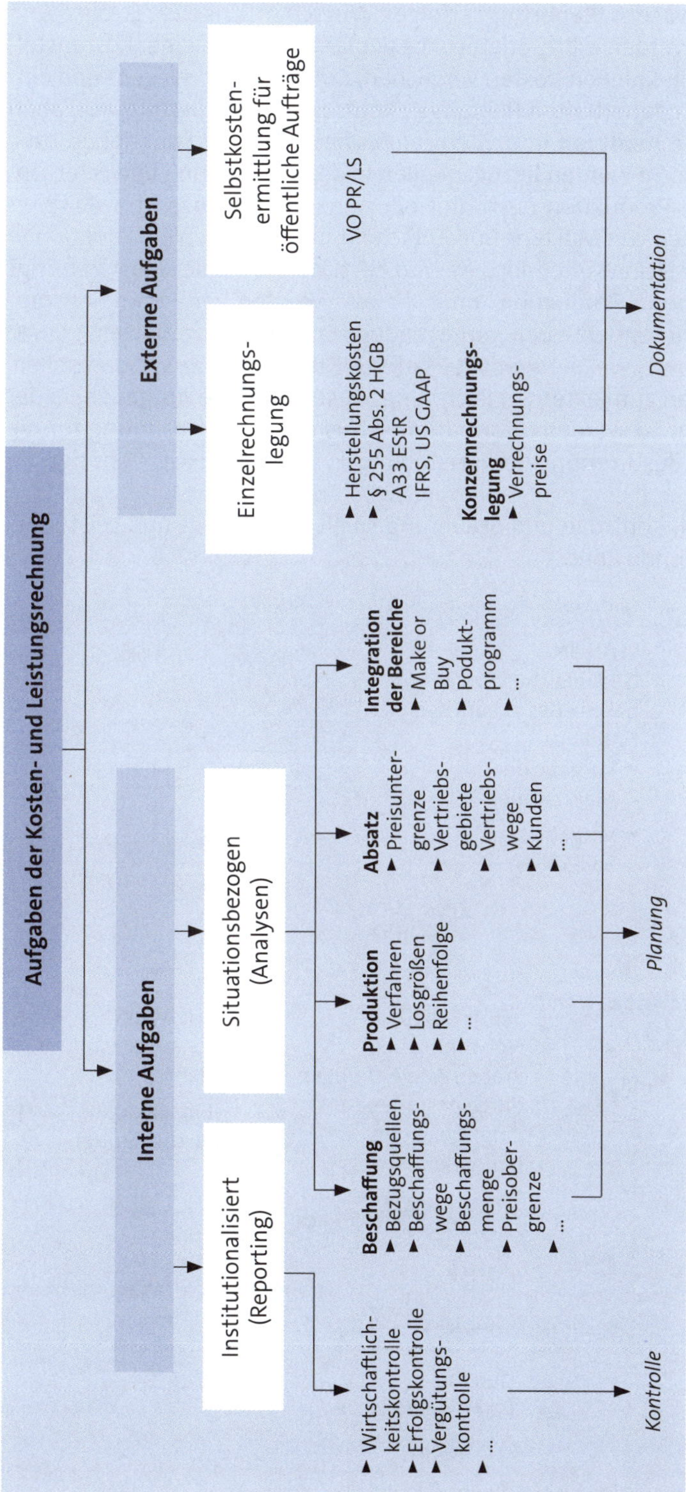
Aufgaben der Kosten- und Leistungsrechnung
Interne Aufgaben
Externe Aufgaben
Institutionalisiert (Reporting)
Situationsbezogen (Analysen)
Einzelrechnungslegung
Selbstkostenermittlung für öffentliche Aufträge
▸ Wirtschaftlichkeitskontrolle
▸ Erfolgskontrolle
▸ Vergütungskontrolle
▸ ...
Beschaffung
▸ Bezugsquellen
▸ Beschaffungswege
▸ Beschaffungsmenge
▸ Preisobergrenze
▸ ...
Produktion
▸ Verfahren
▸ Losgrößen
▸ Reihenfolge
▸ ...
Absatz
▸ Preisuntergrenze
▸ Vertriebsgebiete
▸ Vertriebswege
▸ Kunden
▸ ...
Integration der Bereiche
▸ Make or Buy
▸ Podukt-programm
▸ ...
▸ Herstellungskosten
▸ § 255 Abs. 2 HGB A33 EStR IFRS, US GAAP
Konzernrechnungslegung
▸ Verrechnungspreise
VO PR/LS
Kontrolle
Planung
Dokumentation

Im Rahmen des Berichtswesens **(Reporting)** erfolgen Wirtschaftlichkeits-, Erfolgs- und Vergütungskontrolle. So werden z. B. monatlich die geplanten Kosten einer Kostenstelle mit den tatsächlich angefallenen Kosten verglichen, um frühzeitig steuern und eingreifen zu können. Neben dauerhaften Planungs-, Kontroll- und Steuerungsaufgaben fallen **situationsbezogene Analysen** in den einzelnen betrieblichen Funktionen bzw. funktionsübergreifend an. So werden Bezugsquellen in der Beschaffung bewertet, optimale Losgrößen für die Produktion bestimmt oder Preisuntergrenzen für den Vertrieb festgelegt. Im Rahmen von Make-or-Buy-Entscheidungen werden die Funktionen „Beschaffung" und „Produktion" integriert; es wird bestimmt, ob Teile selbst gefertigt oder fremdbezogen werden. „Produktion" und „Absatz" werden bei Produktionsprogrammentscheidungen integriert. Bei vorliegenden Engpässen (z. B. Fertigungskapazitäten) wird bestimmt, welche Produkte gefertigt und verkauft werden sollen. Es existieren Schnittstellen zum externen Rechnungswesen **(externe Aufgaben)** in der Dokumentationsfunktion. So werden Informationen aus der Kostenrechnung für die Bilanzierung, z. B. für die Bestimmung der Herstellungskosten nach HGB, benötigt.

Im Rahmen von Planung, Kontrolle und Steuerung spielt die Kosten- und Leistungsrechnung eine herausragende Rolle:

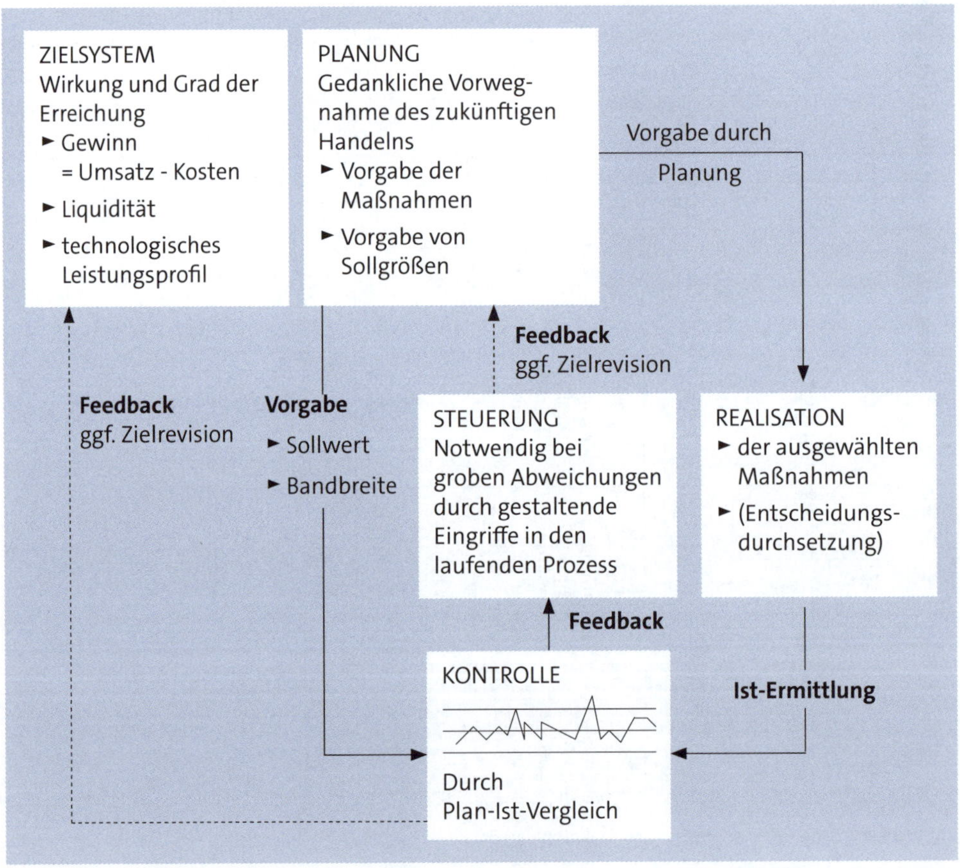

Kybernetischer Kreis und Kosten- und Leistungsrechnung *(Macha)*

Kosten und Leistungen werden basierend auf übergeordneten Zielen geplant und als Sollgrößen vorgegeben, z. B. stark vereinfacht werden für Mai 2021 100.000 € Umsatz bei 70.000 € Kosten geplant. Diese Sollgrößen werden dann mit den Istgrößen verglichen, z. B. 90.000 € Umsatz bei 80.000 € Kosten im Mai 2021. Es findet Kontrolle statt, die in (frühzeitige) Steuerungsmaßnahmen münden kann. Gegebenenfalls muss das Zielsystem revidiert werden. Der Kreis schließt sich; operatives Controlling kann somit durchgeführt werden.

1.3 Istkosten, Normalkosten, Plankosten

Eine wichtige Unterscheidung für Planung und Kontrolle ist jene in Istkosten, Normalkosten und Plankosten.

Von **Istkosten** spricht man, wenn es sich um tatsächlich angefallene Kosten handelt. Es werden die in der Vergangenheit angefallenen Kosten pro Periode und Stück ermittelt, z. B. in einer Schreinerei die gesamten Kosten des Monats Dezember 2019 sowie die Kosten pro hergestelltem Möbelstück. Istkosten sind wenig für unternehmerische Entscheidungen geeignet, da zum einen der Vergleichsmaßstab fehlt (Waren die Kosten zu hoch, zu niedrig oder angemessen?) und zum anderen eine Extrapolation der Istkosten für Planungszwecke kaum möglich ist.

Beispiel

Betrugen die Personalkosten in einem Unternehmen im Jahr 2023 z. B. 1 Mio. €, so ist daraus kein Rückschluss auf die Personalkosten des Jahres 2024 möglich (Einstellungen, Entlassungen, Tariferhöhungen, Rationalisierung etc.).

Eine Verbesserung tritt ein, wenn statt der Istkosten sogenannte **Normalkosten** verwendet werden. Diese stellen gewissermaßen durchschnittliche Istkosten vergangener Perioden dar; Kostenschwankungen werden dabei geglättet. Auch mittels Normalkosten kann die Angemessenheit der Kostenhöhe nicht beurteilt werden; ihre Verwendung für Planungszwecke ist problematisch.

Methodisch und systematisch hergeleitet werden die sogenannten **Plankosten**. Sie dienen als Vorgabe, mit der die Istkosten dann verglichen werden können. Damit kann die Angemessenheit der Istkosten – von Planungsfehlern einmal abgesehen – beurteilt werden. Plankosten unterstützen unternehmerische Entscheidungen.

Beispiel

Plant man z. B. für das Jahr 2021 zehn Mitarbeiter in der Kostenstelle „Buchhaltung" mit Personalkosten in Höhe von 1.200.000 € (Summe der Jahresgehälter inklusive Sonderzahlungen und Arbeitgeberbeiträgen zur Sozialversicherung unter Berücksichtigung einer Tariferhöhung von 2,4 % und einem um 0,3 % niedrigeren Beitrag zur Arbeitslosenversicherung), dann wären Istkosten in Höhe von 1.270.000 € höher als die Plankosten und damit unangemessen.

Neben der Unterscheidung nach dem Zeitbezug wird auch nach dem Sachumfang unterschieden *(Eisele/Knobloch)*:

Zeitbezug / Sachumfang	**vergangenheitsorientiert**	**durchschnittsorientiert**	**zukunftsorientiert**
Vollkosten	Ist-Vollkostenrechnung	Normal-Vollkostenrechnung	Plan-Vollkostenrechnung
Teilkosten	Ist-Teilkostenrechnung	Normal-Teilkostenrechnung	Plan-Teilkostenrechnung

1.4 Vollkosten- und Teilkostenrechnung

Die Systeme der Kostenrechnung können nach Zeitbezug und Sachumfang unterschieden werden.

Kostenrechnungssysteme *(Coenenberg/Fischer/Günther)*

Unter einer **Vollkostenrechnung** versteht man ein Kostenrechnungssystem, das alle angefallenen bzw. geplanten Kosten beinhaltet. Eine **Teilkostenrechnung** liegt vor, wenn nur bestimmte Kosten, z. B. variable Kosten, in die Berechnung einbezogen werden. Vollkostenrechnungen umfassen **fixe** und **variable Kosten**; Teilkostenrechnungen fokussieren i. d. R. auf variable Kosten. Fixe Kosten fallen unabhängig von der **Beschäftigung** (Produktionsmenge, Absatzmenge) an; variable Kosten verhalten sich beschäftigungsabhängig.

Beispiel

Nimmt man ein Auto als Beispiel, so stellen u. a. Versicherung, Steuer und Garagenmiete fixe Kosten dar, wohingegen die Treibstoffkosten variabel sind.

1.5 Teilgebiete der Kostenrechnung

Die Kosten- und Leistungsrechnung als Vollkostenrechnung beinhaltet folgende Teilgebiete:

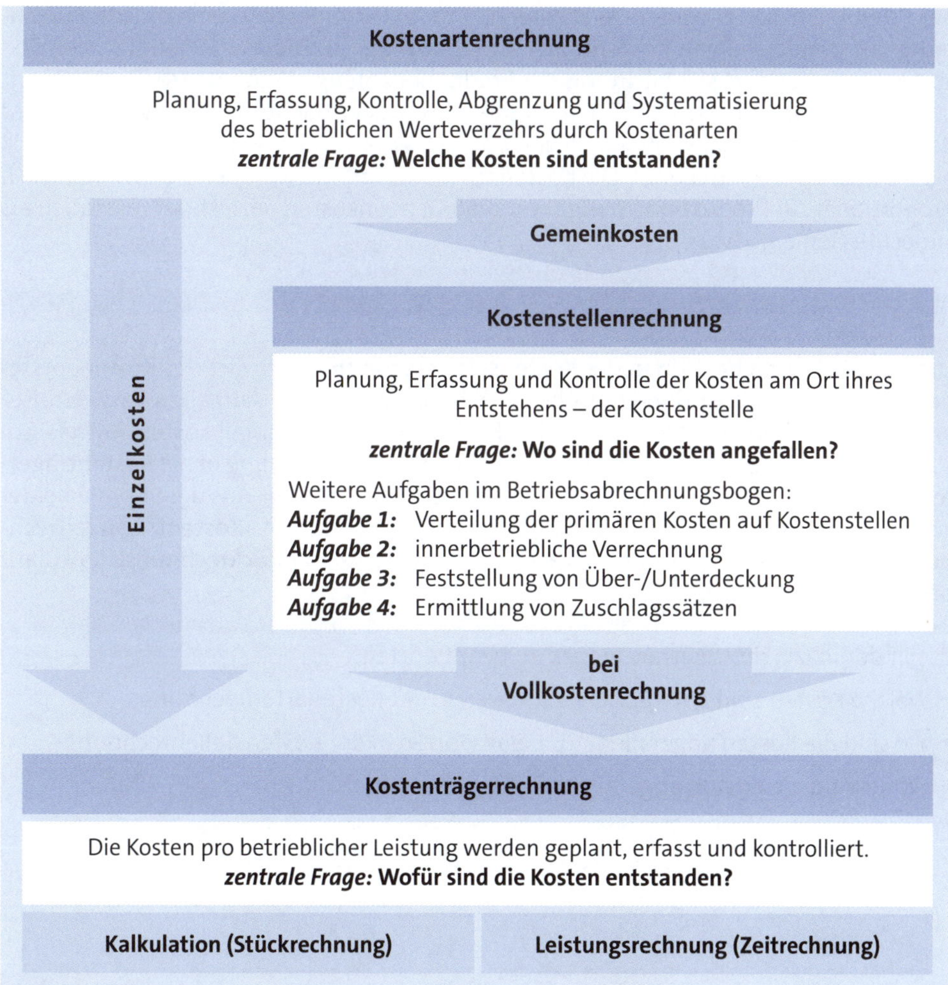

Kosten- und Leistungsrechnung im Überblick *(Britzelmaier/Dittrich/Macha)*

Die **Kostenartenrechnung** plant, erfasst, kontrolliert und systematisiert den Werteverzehr durch verschiedene Arten von Kosten. Sie grenzt – wie später zu diskutieren sein wird – zeitlich und sachlich ab. Kostenarten sind z. B. Personalkosten, Materialkosten und kalkulatorische Kostenarten.

Kosten können dabei Einzel- oder Gemeinkosten sein. **Einzelkosten** werden direkt dem Kostenträger (betriebliche Leistung) zugerechnet. **Gemeinkosten** können oder sollen dem Kostenträger nicht direkt zugerechnet werden; sie werden auf Kostenstellen zugerechnet oder verteilt. **Einzelkosten** sind **variabel; Gemeinkosten** sind häufig **fix**, können jedoch auch **variablen** Charakter haben.

Beispiel

Bei der Herstellung eines Tisches stellen die Kosten für das benötigte Holz Einzelmaterialkosten dar; diese verhalten sich variabel. Pro gefertigtem Tisch fallen z. B. 50 € dafür an. Die Miete für die Produktionshalle in einer Möbelfabrik stellt Gemeinkosten dar. In der Produktionshalle werden verschiedene Produkte hergestellt; eine direkte Zurechnung auf den jeweiligen Kostenträger ist nicht möglich. Die Miete zählt zu den Fixkosten; sie verändert sich nicht mit der Produktionsmenge. Anders verhält es sich mit dem zur Herstellung der Tische benötigten Leim. Aus Wirtschaftlichkeitsgründen wird der Leimverbrauch nicht für den einzelnen Tisch erfasst. Leim wird in der Möbelfabrik als Gemeinkosten verrechnet. Die Kosten für den Leim sind variabel; sie verhalten sich proportional zur Produktionsmenge. Variable Gemeinkosten bezeichnet man auch als „unechte Gemeinkosten“.

Die **Gemeinkosten** werden in der **Kostenstellenrechnung** – am Ort des Kostenentstehens – geplant, erfasst und kontrolliert. Dabei fallen weitere Aufgaben bzw. Schritte an, die später diskutiert werden. Schließlich werden die Gemeinkosten mittels Zuschlags- oder Verrechnungssätzen **aus der Kostenstellenrechnung in die Kostenträgerrechnung** übernommen. Dort „treffen“ sie auf die Einzelkosten. Aus der Summe beider können die Kosten der betrieblichen Leistungen zeitbezogen (**Kostenträgerzeitrechnung**, Ergebnisrechnung) und stückbezogen (**Kostenträgerstückrechnung**, Kalkulation) ermittelt werden.

Es gilt demnach, drei zentrale Fragen zu beantworten:

- Welche Kosten sind entstanden? Zu klären in der Kostenartenrechnung!
- Wo sind die Kosten angefallen? Zu beantworten in der Kostenstellenrechnung!
- Wofür sind die Kosten angefallen? Zu berechnen in der Kostenträgerrechnung!

Ablauforientiert ergibt sich folgendes Bild:

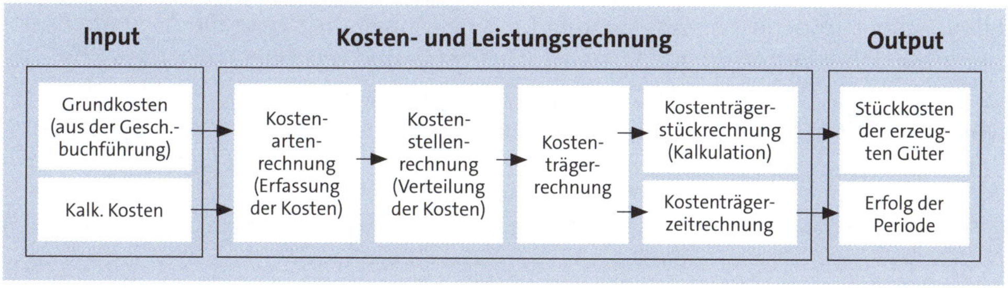

Sektoren der Kosten- und Leistungsrechnung *(Eisele/Knobloch)*

2. Kostenartenrechnung

2.1 Sachliche und zeitliche Abgrenzung

Die Kostenartenrechnung übernimmt den **Zweckaufwand als Grundkosten** aus der **Finanzbuchhaltung** (vgl. dazu »Kapitel E.1). Dabei werden sachliche und zeitliche Abgrenzungen nötig.

Sachliche Abgrenzung bedeutet zum einen, dass die neutralen Aufwände nicht in die Kostenartenrechnung übernommen werden, da sie weder dem eigentlichen Unternehmenszweck dienen (zweckfremder Aufwand) noch außergewöhnlichen bzw. periodenfremden Charakter aufweisen. Zum anderen bedeutet sachliche Abgrenzung, kalkulatorische Kosten zu ermitteln und in die Kostenartenrechnung aufzunehmen. Dies ist nötig, um den tatsächlichen Werteverzehr vollständig abzubilden. Ferner wird durch den Ansatz kalkulatorischer Kosten versucht, Verzerrungen aufgrund außerordentlicher Vorgänge durch einen gleichmäßigen Ansatz zu glätten (kalkulatorische Wagnisse).

Kalkulatorische Kosten können **Anderskosten** (in anderer Höhe als in der Buchhaltung: kalkulatorische Abschreibungen, kalkulatorische Zinsen und kalkulatorische Wagnisse) oder **Zusatzkosten** (kalkulatorischer Unternehmerlohn, kalkulatorische Miete) sein.

Zeitliche Abgrenzung bedeutet – im Gegensatz zur externen Rechnungslegung, wo darunter Rechnungsabgrenzung verstanden wird – in der Kostenrechnung die verursachungsgerechte, periodenreine Zurechnung der Kosten. So wird in der Finanzbuchhaltung das Weihnachtsgeld im November gebucht, in der Kostenrechnung jedoch anteilig auf zwölf Monate verteilt. Die zeitliche Abgrenzung sollte am Jahresende ausgeglichen sein, d. h. wieder Null betragen.

Beispiel

Ein Beispiel zur sachlichen Abgrenzung für eine Möbelfabrik zeigt die folgende Abbildung, die neben Aufwand und Kosten auch Erträge und Leistungen berücksichtigt:

Finanzbuchhaltung			**Abgrenzung**				**Kosten- und Leistungsrechnung (KLR)**	
Konto	Aufwand	Ertrag	Neutraler Aufwand	Neutraler Ertrag	Kalk. Kosten	Kalk. Leistungen	Kosten	Leistungen
Umsatzerlöse		60.000						60.000
Bestandsveränderung		10.000				-1.000		9.000
Aktivierte Eigenleistung						5.000		5.000
Erträge aus Wertpapiergeschäften		4.000		4.000				
Materialaufwand	25.000						25.000	
Personalaufwand	15.000						15.000	
Abschreibungen	5.000				1.000		6.000	
Zinsen	3.000				2.000		5.000	
Sonst. Aufwand	2.000		1.000				1.000	
Kalk. Wagnisse					1.000		1.000	
Summe	**50.000**	**74.000**	**1.000**	**4.000**	**4.000**	**4.000**	**53.000**	**74.000**

Überleitungsrechnung

Die unterschiedliche Bewertung der Erhöhung des Bestands an Fertigerzeugnissen könnte dabei aus einer Bewertung zu Herstellungskosten an der handelsrechtlichen Obergrenze sowie einer Bewertung zu Herstellkosten (inklusive kalkulatorischer Kosten) in der Kosten- und Leistungsrechnung führen. Buchhalterisch wären damit aufwandsgleiche Verwaltungsgemeinkosten berücksichtigt, die kein Bestandteil der kostenrechnerischen Herstellkosten sind.

Bei den aktivierten Eigenleistungen könnte es sich um eine selbsterstellte Software des Anlagevermögens handeln, für die buchhalterisch das Aktivierungswahlrecht nach § 248 Abs. 2 HGB nicht ausgeübt wurde, während die Leistung in der Kostenrechnung über die Nutzungsdauer abgeschrieben werden soll.

Die Erträge aus Wertpapiergeschäften sind nicht dem eigentlichen Unternehmenszweck zuzurechnen und damit nicht in die Kosten- und Leistungsrechnung zu übernehmen. Während kostenseitig auf Wiederbeschaffungswerte abgeschrieben werden könnte, bilden handelsrechtlich die Anschaffungs- bzw. Herstellungskosten die Abschreibungsbasis.

Im sonstigen Aufwand könnten tatsächliche Forderungsverluste verbucht worden sein, die in der Kosten- und Leistungsrechnung als Durchschnittswert in Form von kalkulatorischen Wagnissen zum Ansatz kommen.

2.2 Systematisierung der Kostenarten

Prinzipiell lassen sich die **Kostenarten** nach verschiedenen **Kriterien systematisieren** *(Friedl/Hofmann/Pedell)*:

Gliederungskriterium	Beispiele
Art der Einsatzgüter	Personalkosten, Materialkosten, Abschreibungen, Zinsen, Kosten für externe Dienstleistungen
Zurechenbarkeit der Kosten	Einzelkosten, Gemeinkosten
Abhängigkeit von Beschäftigungsschwankungen	Variable Kosten, fixe Kosten
Zugehörigkeit zu einer Wertschöpfungsstufe	Forschungskosten, Entwicklungskosten, Beschaffungskosten, Fertigungskosten, Verwaltungskosten, Vertriebskosten
Herkunft der Einsatzgüter	Primäre Kosten, sekundäre Kosten

In der Praxis werden die Kostenarten in aller Regel nach der **Art der Einsatzgüter** gegliedert. Dies ergibt sich nahezu zwangsläufig aus der Gliederung der Konten in der Finanzbuchhaltung, aus der die Kostenarten übernommen werden.

Im **Gemeinschaftskontenrahmen der Industrie** finden sich die primären Kosten in Klasse 4. Deutlich wird hier auch, dass zusätzlich zu den Konten der Finanzbuchhaltung kalkulatorische Kosten zum Ansatz kommen:

4	**Primäre Kosten**
40	Verbrauch an Rohstoffen, bezogenen Fertigteilen und Handelswaren
41	Verbrauch an Hilfs- und Betriebsstoffen
42	Bezogene Leistungen und auswärtige Bearbeitung
43	Löhne und Gehälter
44	Sozialkosten und sonstige Personalkosten
45	Raumkosten, Mieten, Pachten, Leasing
46	Steuern, Gebühren, Beiträge, Versicherungsprämien
47	Fahrzeugkosten, Verkehrskosten, Repräsentations- und Bewirtungskosten, Werbekosten
48	Kalkulatorische Kosten
49	Sondereinzelkosten

Kostenartengliederung des Gemeinschaftskontenrahmens für die Industrie *(Friedl/Hofmann/Pedell)*

Während der Gemeinschaftskontenrahmen der Industrie (GKR) ein sogenanntes Einkreissystem darstellt, handelt es sich beim **Industriekontenrahmen (IKR)** um ein **Zweikreissystem**. Finanzbuchhaltung und Betriebsbuchhaltung (Kostenrechnung) sind im IKR in zwei Kreisen organisatorisch voneinander getrennt. Der IKR folgt in den Kontenklassen 0 - 7 der Gliederung von Bilanz und Gewinn- und Verlustrechnung; die Kontenklasse 8 ist für die Eröffnungs- und Abschlussbuchungen vorgesehen. Die Betriebsbuchhaltung (Kosten- und Leistungsrechnung) findet in der Klasse 9 statt. Dem externen Rechnungswesen sind die Klassen 0 - 8 vorbehalten, dem internen Rechnungswesen die Klasse 9.

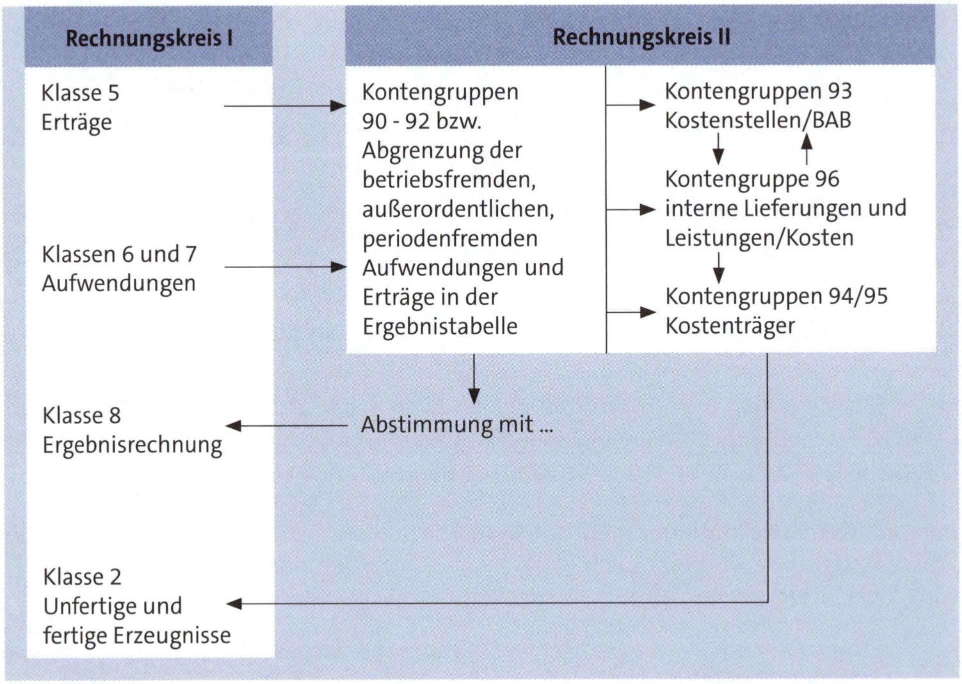

IKR – Zweikreissystem *(Olfert)*

Wie bereits oben dargestellt, können die Kosten nach **Beschäftigungsverhalten** (fixe Kosten, variable Kosten) und nach ihrer **Zurechenbarkeit** auf Kostenträger (Einzelkosten, Gemeinkosten) gegliedert werden.

Daneben kann auch nach der **Zugehörigkeit zu einer Wertschöpfungsstufe** differenziert werden. Entlang der Wertschöpfungskette wird nach Forschungskosten, Entwicklungskosten, Beschaffungskosten, Fertigungskosten, Verwaltungskosten und Vertriebskosten differenziert. Diesem Ansatz folgt die Kostenstellenrechnung.

Als **primäre** (einfache, ursprüngliche) **Kostenarten** werden jene Kostenarten bezeichnet, die durch den Verbrauch von extern beschafften Gütern, Arbeits- und Dienstleistungen entstehen. Sie können Einzelkosten oder Gemeinkosten sein. Als **sekundäre** (zusammengesetzte, gemischte) **Kostenarten** bezeichnet man Kostenarten, die in der Kostenstellenrechnung im Rahmen der innerbetrieblichen Leistungsverrechnung entstehen. Sie repräsentieren den monetären Gegenwert für den Verbrauch innerbetrieblicher Leistungen.

Beispiel

So werden z. B. die Kosten für Mieten, Hausmeistergehalt, Stromverbrauch, Dienstleistungen des Gärtners u. a. in einer Kostenstelle „Gebäude" gesammelt. Sie stellen **primäre Kosten** dar. Weiter verrechnet werden sie in unserem Beispiel als **sekundäre Kosten** mit einem Kostensatz von 8 €/m^2 an die empfangenden Kostenstellen wie z. B. Buchhaltung, Controlling oder Vertrieb.

2.3 Wichtige Kostenarten

Wichtige Kostenarten sind:

- Materialkosten
- Personalkosten
- Dienstleistungskosten und öffentliche Abgaben
- Betriebsmittelkosten sowie
- kalkulatorische Kosten.

2.3.1 Materialkosten

Zu den Materialkosten zählen die Kosten für Roh-, Hilfs- und Betriebsstoffe sowie Zulieferteile bzw. Handelswaren. Im Folgenden finden sich Definitionen und Beispiele:

Materialart	Definition	Beispiele
Werkstoffe	Oberbegriff für Roh-, Hilfs- und Betriebsstoffe	
Rohstoffe	gehen als Hauptbestandteile in das Produkt ein	Holz für einen Stuhl, Papier für ein Buch
Hilfsstoffe	gehen als Nebenbestandteile in das Produkt ein	Leim, Farbe, Lack, Nägel, Schrauben
Betriebsstoffe	werden bei der Fertigung verbraucht, gehen aber nicht in das Produkt ein	Schmierstoffe, Benzin, Reinigungsmittel, Büromaterial
Zulieferteile/ (Handels-) Waren	sind von anderen Unternehmen bezogene fertige Teile oder Baugruppen, die ohne weitere Be- und Verarbeitung in das zu fertigende Produkt eingehen bzw. zwecks Ergänzung des Sortiments weiterverkauft werden	Zubehörteile wie z. B. Laufwerke (Computer) oder Autoradios bzw. Sortimentsergänzungen wie z. B. Schuhcreme, die ein Schuster verkauft; Verbrauchsmaterialien, die ein Maschinenbauer verkauft

Materialarten *(Fischbach)*

Insbesondere bei den Einzelmaterialkosten ist es wichtig, **Mengen- und Wertgerüst** getrennt voneinander betrachten zu können. Damit können die Ursachen von Abweichungen zwischen Soll und Ist analysiert werden. Für den **Wertansatz** kommen folgende Konstrukte infrage:

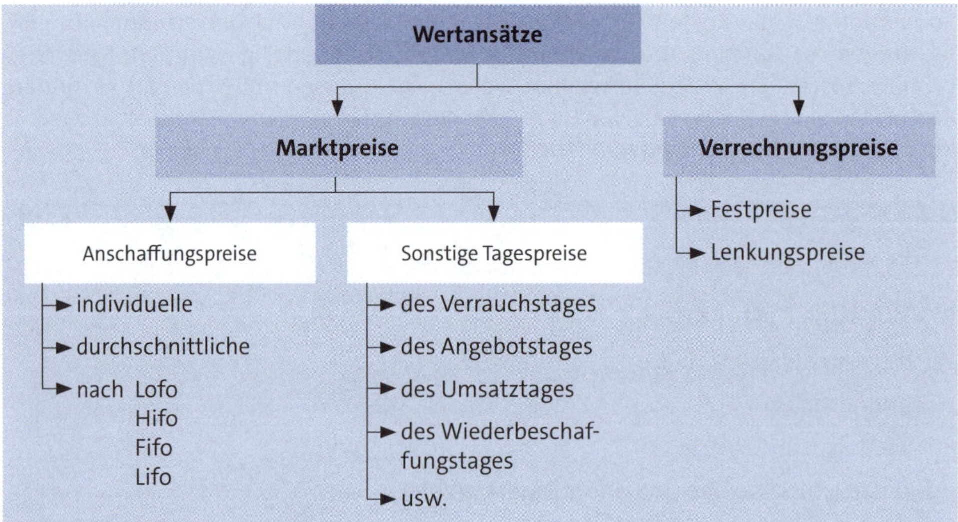

Lofo: Lowest in – first out, *Hifo:* Highest in – first out, *Fifo:* First in – first out, *Lifo:* Last in – first out.

Wertansätze in der KLR *(Jórasz)*

Tagespreise sind für Kalkulationszwecke i. d. R. weniger geeignet als **durchschnittliche Anschaffungspreise** oder **Verrechnungspreise**. In bestimmten Branchen kommen verbrauchsfolgebasierte Verfahren wie **FIFO** oder **LIFO** zum Einsatz. FIFO steht für First in First out, es wird z. B. bei Lebensmitteln mit Verfallsdatum oder bei Lagerung in Silos angewendet. Die ersten Lagerzugänge werden auch als erste wieder dem Lager entnommen. Der Lagerbestand besteht hier daher aus den jeweils letzten Zugängen. Anders verhält es sich bei Last in First out (LIFO). Dieses Verfahren entspricht z. B. der Verbrauchsfolge von Schüttgut. Der Anfangsbestand bzw. die jeweils ersten Zugänge bilden hierbei den Lagerbestand.

Zur Feststellung des wertmäßigen Verbrauchs müssen Wert und Verbrauch bekannt sein. Der Ist-Materialverbrauch kann auf Basis der retrograden Methode, der Skontrationsmethode oder auf Grundlage von Inventurwerten berechnet werden. (Anmerkung: Der Plan-Materialverbrauch wird i. d. R. durch Stücklistenauflösung bestimmt.)

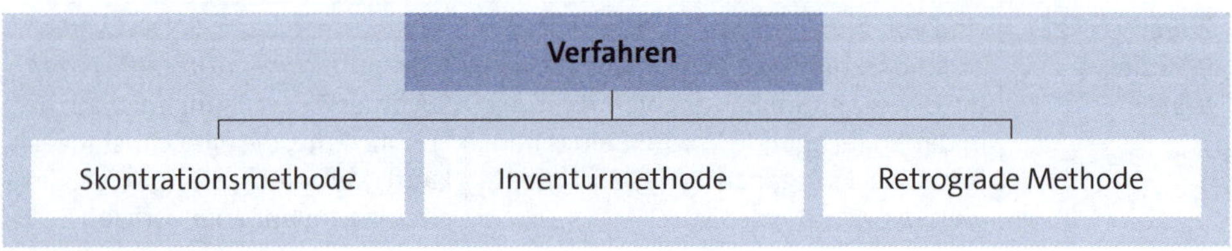

Ermittlung der Verbrauchsmengen

Die **retrograde Methode** ermittelt den Materialverbrauch durch Stücklistenauflösung.

Beispiel

Hat eine Möbelschreinerei z. B. 200 Tische gefertigt, so wurden dafür 200 • 4 Tischbeine benötigt, insgesamt also 800 Stück.

Die **Skontrationsmethode** ermittelt den Materialverbrauch in einem Materialwirtschaftssystem auf der Basis von Materialentnahmescheinen.

Beispiel

In der Möbelschreinerei wurden 812 Tischbeine laut ERP-System entnommen.

In der **Inventur** ergibt sich ein Endbestand von 312 Tischbeinen. Der Anfangsbestand waren 132 Tischbeine; gekauft wurden im betreffenden Zeitraum 1.003 Tischbeine. Rechnerisch ergibt sich ein Verbrauch von 823 Stück.

In der Praxis werden die drei Methoden zur Verbrauchsermittlung parallel eingesetzt. Die Inventurwerte sind i. d. R. die genauesten, liegen aber nicht ständig vor. Retrograd ermittelte Mengen berücksichtigen ggf. Ausschuss oder „natürlichen" Schwund nicht; in Materialwirtschaftssystemen können Fehlbuchungen passieren.

2.3.2 Personalkosten

Zu den Personalkosten zählen Löhne, Gehälter, Sozialkosten und sonstige Personalkosten.

Löhne wie Gehälter stellen ein Arbeitsentgelt für Arbeitnehmer dar, das als Gegenleistung für die erbrachte Arbeitsleistung erbracht wird. Gehälter wie Löhne können Zulagen enthalten. Während Gehälter als Monatsgehalt gezahlt werden, können Löhne leistungsabhängig sein. Man kann die **Löhne** wie folgt **differenzieren** *(Olfert)*:

Löhne

- Löhne unterschiedlicher Zurechnung
- Löhne unterschiedlicher Ermittlung

Abgestellt wird hier zum einen auf die Zurechnung, zum anderen auf die Ermittlung.

Bei der **Zurechnung** geht es um die Zurechnung auf Kostenträger; unterschieden werden **Fertigungslöhne** und **Hilfslöhne**. Fertigungslöhne sind den Kostenträgern direkt zurechenbar, Hilfslöhne jedoch nicht. Fertigungslöhne stellen daher Einzelkosten dar, Hilfslöhne Gemeinkosten. Als Beispiele für Fertigungslöhne können alle direkt am Produkt erbrachten Tätigkeiten angeführt werden, z. B. die Lohnkosten für die Montage eines Fertigerzeugnisses. Zu den Hilfslöhnen zählen Löhne für Tätigkeiten als Pförtner, als Reinigungskraft oder auch als Lagerarbeiter.

Bei der **Ermittlung** der Löhne können Zeitlohn, Akkordlohn und Prämienlohn unterschieden werden. Der **Zeitlohn** wird je Zeiteinheit, i. d. R. je Stunde, entrichtet. Der **Akkordlohn** richtet sich nach der erbrachten Arbeitsmenge; er basiert auf einer Vorgabezeit je Leistungseinheit und variiert demnach mit der individuellen Leistung. Von einem **Prämienlohn** spricht man, wenn zusätzlich (meist zu einem Zeitlohn) beim Erreichen vorher festgelegter Ziele (z. B. Menge, Qualität, Auslastung) eine Prämie bezahlt wird.

Zusätzlich zu den Löhnen und Gehältern fallen **Sozialkosten** und **sonstige Personalkosten** an. Zu den **gesetzlichen Sozialkosten** zählen:

- Arbeitgeberanteil zur Rentenversicherung
- Arbeitgeberanteil zur Krankenversicherung
- Arbeitgeberanteil zur Pflegeversicherung
- Arbeitgeberanteil zur Arbeitslosenversicherung
- gesetzliche Unfallversicherung.

Daneben können **freiwillige Leistungen** wie Pensionszusagen, Essenszuschüsse, Fahrtkostenzuschüsse oder Kosten für die betriebliche Kindertagesstätte anfallen.

2.3.3 Weitere wichtige Kostenarten

Weitere wichtige Kostenarten sind Dienstleistungskosten und öffentliche Abgaben. **Dienstleistungskosten** entstehen, wenn Leistungen von anderen Unternehmen in Anspruch genommen werden. Anzuführen sind z. B. Versicherungskosten, Transportkosten, Telekommunikationskosten oder Kosten für die Nutzung eines externen IT-Dienstleisters. Zu den öffentlichen Abgaben zählen Kostensteuern (z. B. Mineralölsteuer), Gebühren (z. B. Verwaltungsgebühr) und Beiträge (z. B. IHK-Beitrag).

Betriebsmittelkosten entstehen durch die Nutzung von Betriebsmitteln wie Gebäuden, Maschinen oder Fuhrpark. Dazu zählen z. B. Abschreibungen und Wartungskosten.

2.3.4 Kalkulatorische Kosten

Zusätzlich zu den Grundkosten (Zweckaufwand) werden in der Kostenrechnung kalkulatorische Kosten angesetzt. Sie heißen „kalkulatorische Kosten", weil sie berechnet werden (das italienische Verb „calcolare" bedeutet „rechnen, kalkulieren, in Anschlag bringen") und nicht auf tatsächlichen Geschäftsvorfällen basieren müssen. Die **kalkulatorischen Kostenarten** können in **Zusatz- und Anderskosten** gegliedert werden:

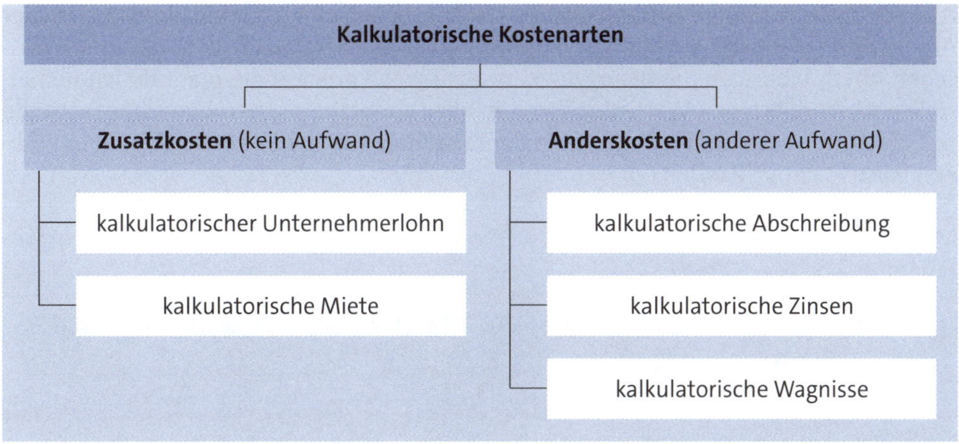

Zusatzkosten stellen Kosten dar, denen in der Finanzbuchhaltung kein entsprechender Aufwand gegenübersteht. Sie fallen demnach **zusätzlich** an. Zu ihnen zählen der **kalkulatorische Unternehmerlohn** und die **kalkulatorische Miete**.

In Kapitalgesellschaften wird die dispositive Arbeitsleistung der Geschäfts- oder Betriebsleistung durch Gehälter abgegolten. Bei Personengesellschaften und Einzelunternehmen ist dies aus handels- und steuerrechtlichen Gründen nicht zulässig; die Arbeitsleistung der Inhaber ist durch den Gewinn zu decken. Buchhalterisch entsteht dadurch kein Aufwand. Kostenrechnerisch ist dies unbefriedigend, da eindeutig ein Verbrauch von Produktionsfaktoren vorliegt. Daher wird in der Kostenrechnung die Kostenart **„kalkulatorischer Unternehmerlohn"** gebildet.

Die **kalkulatorische Miete** ist analog dem kalkulatorischen Unternehmerlohn bei Personengesellschaften und Einzelunternehmen zu verstehen. Es handelt sich demnach um den Mietwert für Privaträume, die die Inhaber für betriebliche Zwecke zur Verfügung stellen.

Anderskosten stellen Kosten dar, die in der Finanzbuchhaltung **in anderer Höhe** anfallen. Zu ihnen zählen kalkulatorische Abschreibungen, kalkulatorische Zinsen und kalkulatorische Wagnisse.

2.3.4.1 Kalkulatorische Abschreibungen

Planmäßige **Abschreibungen** werden gebildet, um die **Wertminderung von Vermögensgegenständen über die Nutzungsdauer zu verteilen**. Die **bilanziellen Abschreibungen** sind dabei nach den Vorschriften des Handels- bzw. Steuerrechts vorzunehmen. Grundlage der Abschreibungen sind die Anschaffungs- oder Herstellungskosten. Dies kann **kostenrechnerisch** unbefriedigend sein, da über die Abschreibungsgegenwerte der Substanzerhalt des Unternehmens sichergestellt werden soll. Insbesondere bei voraussichtlich steigenden Wiederbeschaffungskosten verwendet man kostenrechnerisch daher auch die **Wiederbeschaffungskosten** als Abschreibungsgrundlage. Daraus resultieren wertmäßige Unterschiede zwischen bilanzieller und kostenrechnerischer Abschreibung. Wegen der höheren Ausgangsbasis übersteigen die kostenrechnerischen Abschreibungen die bilanziellen. Allerdings beinhalten die planmäßigen bilanziellen Abschreibungen Wertminderungen aller abnutzbarer Vermögensgegenstände des Anlagevermögens, wohingegen in der Kostenrechnung nur die betriebsnotwendigen berücksichtigt werden.

Man kann – wie bereits in >> Kapitel B.8.3 vorgestellt – folgende Abschreibungsverfahren unterscheiden *(Olfert)*:

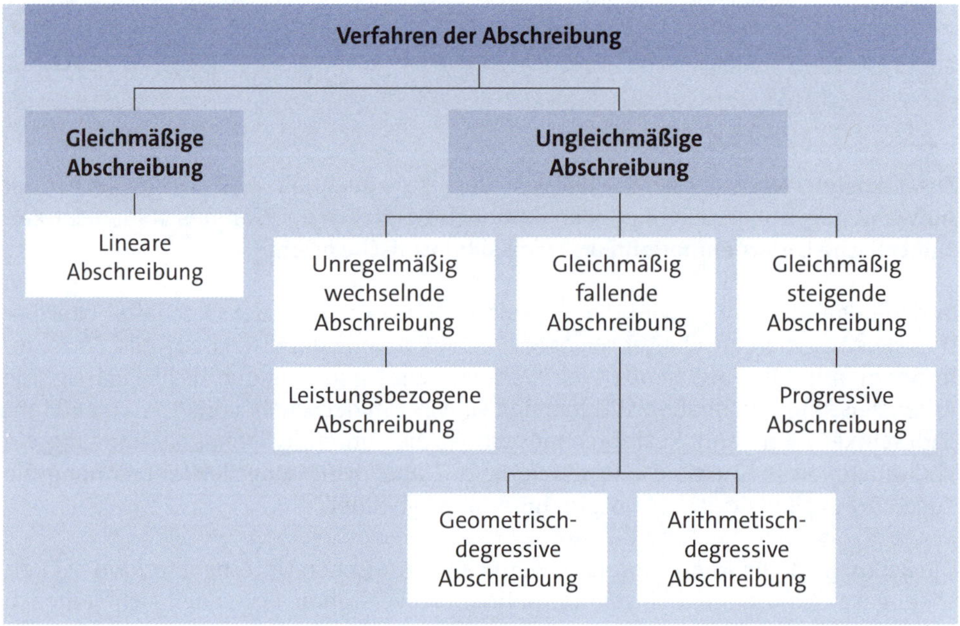

Dabei wird zwischen **gleichmäßiger** und **ungleichmäßiger Abschreibung** unterschieden.

Die **lineare Abschreibung** führt zu einer **gleichmäßigen Verteilung** der Ausgangswerte (Wiederbeschaffungskosten, Anschaffungskosten, Herstellkosten) über die Nutzungsdauer. Es wird ein jährlich gleichbleibender Abschreibungsbetrag berechnet, indem man den Ausgangswert durch die voraussichtliche Nutzungsdauer dividiert. Die voraussichtliche Nutzungsdauer kann sich an wirtschaftlichen, rechtlichen oder technischen Gegebenheiten orientieren.

Beispiel

Ein Vermögensgegenstand mit Anschaffungskosten von 500.000 € soll 5 Jahre genutzt werden. Da weder von steigenden noch sinkenden Wiederbeschaffungskosten auszugehen ist, wird auf die Anschaffungskosten abgeschrieben. Der Abschreibungsbetrag pro Jahr ergibt sich, indem die Anschaffungskosten in Höhe von 500.000 € durch die Nutzungsdauer (hier: 5 Jahre) dividiert werden. Die jährliche Abschreibung mindert damit die jeweiligen Restwerte:

Jahr	Restwert in Euro	Abschreibung in Euro	Abschreibung in Prozent	
			von den Anschaffungskosten	vom jeweiligen Restwert
Anschaffung	500.000			
Ende 1. Jahr	400.000	100.000	20 %	20,0 %
Ende 2. Jahr	300.000	100.000	20 %	25,0 %
Ende 3. Jahr	200.000	100.000	20 %	$33,\overline{3}$ %
Ende 4. Jahr	100.000	100.000	20 %	50,0 %
Ende 5. Jahr	0	100.000	20 %	100,0 %

Am Ende des 5. Jahrs ist der Vermögensgegenstand abgeschrieben.

Zu den Verfahren, welche zu **ungleichmäßiger Abschreibung** führen, zählen die gleichmäßig fallende Abschreibung, die gleichmäßig steigende Abschreibung und die unregelmäßig wechselnde Abschreibung.

Die **gleichmäßig fallende Abschreibung** tritt als geometrisch-degressive Abschreibung und als arithmetisch-degressive Abschreibung auf.

Die **geometrisch-degressive Abschreibung** entspricht der tatsächlichen Wertminderung vieler Vermögensgegenstände besser, da die jährlichen Abschreibungsbeträge im ersten Jahr am höchsten sind und dann kontinuierlich fallen.

Beispiel

Geht man wieder von Anschaffungskosten in Höhe von 500.000 € aus, so ergibt sich bei einem Abschreibungssatz von 30 % des jeweiligen Restwertes folgendes Bild:

Jahr	Restwert	Abschreibung in Euro	Abschreibung in Prozent	
			von den Anschaffungskosten	vom jeweiligen Restwert
Anschaffung	500.000			
Ende 1. Jahr	350.000	150.000	30,00 %	30 %
Ende 2. Jahr	245.000	105.000	21,00 %	30 %
Ende 3. Jahr	171.500	73.500	14,70 %	30 %
Ende 4. Jahr	120.050	51.450	10,29 %	30 %
Ende 5. Jahr	84.035	36.015	7,203 %	30 %

Wie im Beispiel gut erkennbar, führt die geometrisch-degressive Abschreibung nie zu einer vollständigen Abschreibung des Vermögensgegenstandes. Daher ist während der Nutzungsdauer ein Wechsel auf die lineare Abschreibung sinnvoll. Dieser erfolgt in jener Periode, in der der linear bezogen auf die Restnutzungsdauer ermittelte Abschreibungsbetrag jenen der geometrisch-degressiven übersteigt.

Beispiel

Bezogen auf das obige Beispiel erfolgt der Umstieg von der geometrisch-degresssiven Abschreibung auf die lineare Abschreibung im dritten Jahr:

Jahr	Restwert	Abschreibung in Euro	Abschreibung in Prozent	
			von den Anschaffungskosten	vom jeweiligen Restwert
Anschaffung	500.000,00			
Ende 1. Jahr	350.000,00	150.000,00	30,00 %	30,0 %
Ende 2. Jahr	245.000,00	105.000,00	21,00 %	30,0 %
Ende 3. Jahr	163.333,33	81.666,67	$16,\overline{3}$ %	$33,\overline{3}$ %
Ende 4. Jahr	81.666,67	81.666,67	$16,\overline{3}$ %	50,0 %
Ende 5. Jahr	0,00	81.666,67	$16,\overline{3}$ %	100,0 %

Die **arithmetisch-degressive Abschreibung** wird auch als **digitale Abschreibung** bezeichnet. Sie führt zu einem jährlich in identischer Höhe fallenden Abschreibungsbetrag. Für ihre Berechnung wird zunächst die Summe der Nutzungsjahre berechnet.

Beispiel

Im obigen Beispiel ergeben sich bei 5 Jahren Nutzungsdauer: 1 + 2 + 3 + 4 + 5 = 15. Die Anschaffungskosten werden durch 15 dividiert; es resultieren 33.333,33 €. Im ersten Jahr werden 5 Teile der Anschaffungskosten, im zweiten Jahr 4 Teile usw. abgeschrieben. Der Restwert am Ende der Nutzungsdauer ist Null:

Jahr	Restwert	Abschreibung in Euro	Abschreibung in Prozent	
			von den Anschaffungskosten	vom jeweiligen Restwert
Anschaffung	500.000,00			
Ende 1. Jahr	333.333,33	166.666,67	$33,\overline{3}$ %	$33,\overline{3}$ %
Ende 2. Jahr	200.000,00	133.333,33	$26,\overline{6}$ %	40,00 %
Ende 3. Jahr	100.000,00	100.000,00	20,00 %	50,00 %
Ende 4. Jahr	33.333,33	66.666,67	$13,\overline{3}$ %	$66,\overline{6}$ %
Ende 5. Jahr	0	33.333,33	$6,\overline{6}$ %	100,00 %

Beide Formen der degressiven Abschreibung führen zu einer besseren Darstellung der tatsächlichen Wertminderung, da der Wertverlust zu Beginn der Nutzungsdauer höher als in den Folgejahren ist. Kostenrechnerisch resultiert jedoch daraus eine ungleichmäßige Belastung der Perioden der Nutzungsdauer und damit ggf. zu höheren Kosten zu Beginn der Nutzungsdauer.

Die **gleichmäßig steigende Abschreibung** in Form **der progressiven Abschreibung** stellt eine Umkehrung der Abschreibungsbeträge der arithmetisch-degressiven Abschreibung dar.

Beispiel

Im Beispiel resultieren bei der progressiven Abschreibung folgende Werte:

Jahr	Restwert	Abschreibung in Euro	Abschreibung in Prozent	
			von den Anschaffungskosten	vom jeweiligen Restwert
Anschaffung	500.000,00			
Ende 1. Jahr	466.666,67	33.333,33	$6,\overline{6}$ %	$6,\overline{6}$ %
Ende 2. Jahr	400.000,00	66.666,67	$13,\overline{3}$ %	14,29 %
Ende 3. Jahr	300.000,00	100.000,00	20,00 %	25,00 %
Ende 4. Jahr	166.666,67	133.333,33	$26,\overline{6}$ %	$44,\overline{4}$ %
Ende 5. Jahr	0,00	166.666,67	$33,\overline{3}$ %	100,00 %

Die **unregelmäßig wechselnde Abschreibung** stellt keine zeit-, sondern eine **leistungsbezogene Abschreibung** dar.

Beispiel

Nehmen wir im Beispiel eine Gesamtleistung von 1.000 Stunden an, so ergibt sich ein Abschreibungsbetrag von 500 € je Stunde (500.000 € Anschaffungskosten dividiert durch 1.000 Stunden). Entsprechend der in den einzelnen Jahren benötigten Leistung in Stunden könnte folgendes Bild resultieren:

Jahr	Restwert in Euro	Beanspruchte Stunden	Abschreibung in Euro
Anschaffung	500.000,00		
Ende 1. Jahr	350.000,00	300	150.000,00
Ende 2. Jahr	275.000,00	150	75.000,00
Ende 3. Jahr	225.000,00	100	50.000,00
Ende 4. Jahr	125.000,00	200	100.000,00
Ende 5. Jahr	0,00	250	125.000,00

In der Praxis wird die lineare Abschreibung bevorzugt.

Kostenrechnerisch muss nicht zwingend auf Null abgeschrieben werden; es gibt Fälle, in denen ein Vermögensgegenstand nach einer bestimmten Zeit veräußert werden soll.

Beispiel

Nimmt man im Beispiel an, dass der Vermögensgegenstand nach 4 Jahren für 200.000 € verkauft werden soll, so beträgt die lineare Abschreibung während der Nutzungsdauer (4 Jahre) damit 75.000 €. Die Differenz aus Anschaffungskosten und Liquidationserlös wird durch die Nutzungsdauer dividiert.

2.3.4.2 Kalkulatorische Zinsen

Eine weitere wichtige kalkulatorische Kostenart stellen die kalkulatorischen Zinsen dar. Sie beinhalten im Gegensatz zu den buchhalterischen Zinsen auch eine angemessene Verzinsung des Eigenkapitals. Das im Unternehmen eingesetzte Eigenkapital stellt einen Wertverzehr dar, da es beispielsweise auf dem Kapitalmarkt Erträge (Dividenden, Kurssteigerungen, Zinsen) erzielen würde. Dieser entgangene Nutzen kann als Opportunitätskosten verstanden werden (= „Kosten" der entgangenen Gelegenheit = entgangene Gewinne).

Man ermittelt die kalkulatorischen Zinsen durch Anwendung eines **Zinssatzes** auf das für die **betriebliche Tätigkeit erforderliche Kapital**. Die Festlegung des Zinssatzes ergibt sich aus den **Verzinsungsansprüchen der Fremd- und Eigenkaptalgeber**. Die Höhe des Eigenkapitalzinssatzes ergibt sich aus Kapitalanlagen vergleichbaren Risikos. Der Zinssatz für das Fremdkapital ist i. d. R. vertraglich fixiert, seine Ermittlung damit unproblematisch. Zur Verdeutlichung der Bestimmung des kalkulatorischen Zinssatzes dient ein Beispiel.

Beispiel

Herr Boulanger hat eine Bäckerei, deren Bilanz wie folgt aussieht:

AKTIVA	Bilanz		PASSIVA
Anlagevermögen	250.000 €	Eigenkapital	100.000 €
Umlaufvermögen	150.000 €	Fremdkapital	300.000 €
	400.000 €		400.000 €

Herr Boulanger hat einen Kredit in Höhe von 300.000 €, den er mit 4 % Zinsen bedienen muss. Seine Recherchen haben ergeben, dass die Eigenkapitalverzinsung ähnlicher Bäckereien durchschnittlich 20 % beträgt. Er ermittelt den für seine Bäckerei benötigten kalkulatorischen Zinssatz, indem er die gewichteten durchschnittlichen Kapitalkosten berechnet. Dazu benutzt er die folgende Formel:

$$i = r_{EK} \cdot \frac{EK}{GK} + r_{FK} \cdot \frac{FK}{GK}$$

mit:
i = benötigte Mindestverzinsung
r_{EK} = benötigte Eigenkapitalverzinsung
r_{FK} = benötigte Fremdkapitalverzinsung
EK = Eigenkapital
FK = Fremdkapital
GK = EK + FK = Gesamtkapital

Setzt man die Werte des Beispiels ein, so resultiert ein kalkulatorischer Zinssatz von 8 %:

$$i = 20\,\% \cdot \frac{100.000\,€}{400.000\,€} + 4\,\% \cdot \frac{300.000\,€}{400.000\,€} = \mathbf{8\,\%}$$

Im Bäckereibeispiel wurde davon ausgegangen, dass alle in der Bilanz enthaltenen Vermögensgegenstände betriebsnotwendig sind und kein zinsfreies Fremdkapital zur Verfügung steht. Beides ist in der Praxis im Regelfall nicht gegeben. Das **betriebsnotwendige Kapital** bildet die Grundlage für die Bestimmung der kalkulatorischen Zinsen. Es repräsentiert das für das Unternehmen betriebsnotwendige und zu verzinsende Kapital. Da aus dem Kapital nicht ohne Weiteres und zweifelsfrei festzustellen ist, welche Teile betriebsnotwendig sind, wird zunächst das betriebsnotwendige Vermögen ermittelt. Es enthält alle Vermögensgegenstände, die der Leistungserstellung des Unternehmens dienen. Nicht zu berücksichtigen sind demnach Wertpapiere des Umlaufvermögens, stillgelegte Anlagen, Wohngebäude etc. Um zum betriebsnotwendigen Kapital zu gelangen, subtrahiert man vom betriebsnotwendigen Vermögen das unverzinsliche Fremdkapital. Zu unterscheiden sind dabei Restwertmethode und Durchschnittsmethode.

Die **Durchschnittsmethode** basiert im Anlagevermögen auf Anschaffungs- bzw. Herstellkosten:

	betriebsnotwendiges Anlagevermögen (nicht abnutzbares AV zu Ausgangswerten) (abnutzbares AV zu halben Ausgangswerten)
+	betriebsnotwendiges Umlaufvermögen (zu Durchschnittswerten)
=	**betriebsnotwendiges Vermögen**
-	unverzinsliches Fremdkapital
=	**betriebsnotwendiges Kapital**

Das abnutzbare Anlagevermögen wird mit halben Ausgangswerten (Anschaffungs- oder Herstellkosten) angesetzt, das nicht abnutzbare Anlagevermögen zu vollen Ausgangswerten. Dabei liegt die Überlegung zugrunde, dass der jeweilige Aktivposten auch eine passivseitige Finanzierung nach sich zieht. Für einen nicht abnutzbaren Vermögensgegenstand wie z. B. ein Grundstück bedeutet dies, dass er über die gesamte Nutzungsdauer voll zu finanzieren und damit zu verzinsen ist. Wird jedoch ein abnutzbarer Vermögensgegenstand planmäßig abgeschrieben, so mindert sich der Wert des Vermögensgegenstandes jedes Jahr um die Abschreibungen. Damit verringert sich auch das benötigte Kapital (gedanklich: „Tilgung durch Abschreibungsgegenwerte").

Der Durchschnitt ergibt sich aus der Hälfte der Summe von Ausgangswert und Restwert. Zum unverzinslichen Fremdkapital zählen alle Positionen im Fremdkapital, für die keine Zinsen zu entrichten sind. Dazu gehören z. B. Verbindlichkeiten aus Lieferungen und Leistungen oder Kundenanzahlungen.

Neben der Durchschnittsmethode kommt in der Praxis auch die **Restwertmethode** zum Einsatz. Statt der Anschaffungs- und Herstellkosten werden im Anlagevermögen die jeweiligen Buchwerte verwendet:

	betriebsnotwendiges Anlagevermögen (zu jeweiligen Buchwerten)
+	betriebsnotwendiges Umlaufvermögen (zu Durchschnittswerten)
=	**betriebsnotwendiges Vermögen**
-	unverzinsliches Fremdkapital
=	**betriebsnotwendiges Kapital**

Die Durchschnittsmethode führt zu einer gleichmäßigen Zinsbelastung über die Nutzungsdauer:

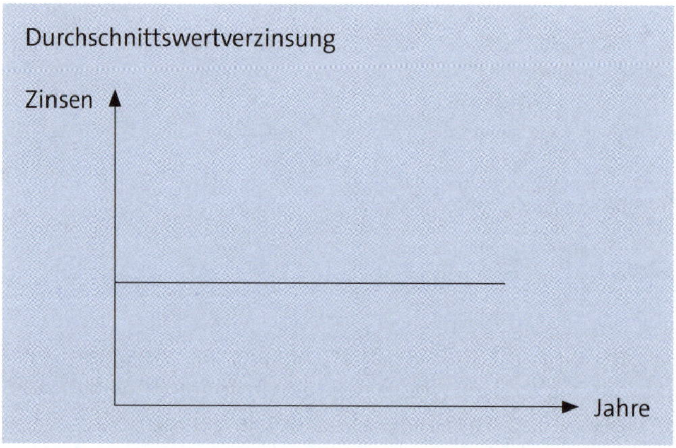

Gleichbleibende Zinsbelastung bei Anwendung der Durchschnittsmethode

Bei Anwendung der Restwertmethode sinkt die Zinsbelastung im Zeitablauf:

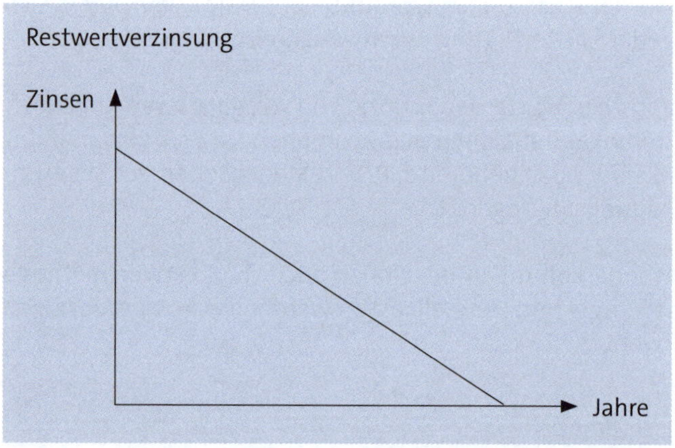

Gleichbleibende Zinsbelastung bei Anwendung der Restwertmethode

Beispiel

Zur Illustration dient ein Beispiel zur Berechnung der kalkulatorischen Zinsen. Angewendet wird die Durchschnittsmethode:

		€	€
	Anlagevermögen gesamt	1.000.000	
-	stillgelegte Betriebsmittel	100.000	
	betriebsnotwendiges Anlagevermögen	900.000	
	durchschnittlich gebundenes Anlagevermögen	450.000	450.000
+	durchschnittlicher Bestand des Umlaufvermögens	850.000	
-	Wertpapiere des Umlaufvermögens	100.000	750.000
	betriebsnotwendiges Vermögen		1.200.000
-	Abzugskapital		
	Verbindlichkeiten aus Lieferungen	50.000	
	Rückstellungen	30.000	
	Kundenanzahlungen	20.000	100.000
	betriebsnotwendiges Kapital		1.100.000
	Zinssatz 10 % → Kalkulatorische Zinsen p. a.		110.000

Für die Bestimmung der kalkulatorischen Zinsen sollten stille Reserven aufgedeckt werden. Damit wird dem Opportunitätsgedanken Rechnung getragen.

Beispiel

Hat ein Unternehmen z. B. ein Grundstück mit den Anschaffungskosten in Höhe von 100.000 € bilanziert, das einen Marktwert von 500.000 € aufweist, so sind für die Festlegung der kalkulatorischen Zinsen 500.000 € heranzuziehen. Das ist die Wertbasis, die das Unternehmen beim Verkauf des Grundstücks, anlegen könnte.

Aufgabe 38 > Seite 325

2.3.4.3 Kalkulatorische Wagnisse

Die mit der unternehmerischen Tätigkeit verbundenen Risiken **(Wagnisse)** lassen sich in zwei Gruppen unterscheiden:

- das allgemeine Unternehmerwagnis
- die speziellen Einzelwagnisse.

Während das allgemeine Unternehmerrisiko durch den Gewinn abgegolten ist, berücksichtigt man die speziellen Einzelwagnisse **(kalkulatorische Wagnisse)** in der Kostenrechnung, sofern sie nicht durch Versicherungen gedeckt sind. Sie können damit kostenrechnerisch als Selbstversicherung aufgefasst werden. Kalkulatorische Wagnisse umfassen dabei Einzelwagnisse, die man nicht versichern kann oder nicht versichern möchte:

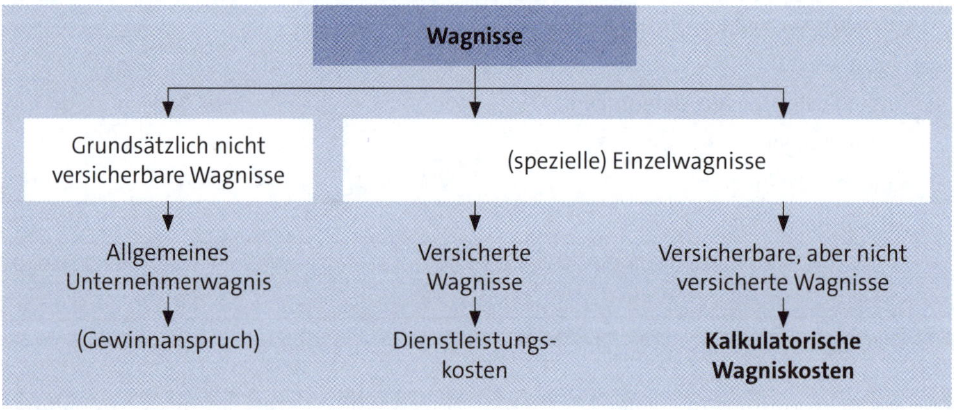

Wagnisse *(Fischbach)*

Als Beispiele für kalkulatorische Wagnisse können angeführt werden *(Fischbach)*:

Wagnisart	**Abzudeckende Risiken**	**Mögliche Bezugsgrößen**
Anlagenwagnis	Verluste durch außergewöhnliche (und nicht versicherte) Beschäftigungen der Anlagegüter (z. B. Unwetter, Unfall) und Abschreibungsfehler (z. B. ist die tatsächliche Nutzungsdauer kürzer als erwartet), aber auch unerwartete Verluste beim Verkauf von Anlagen	Anschaffungskosten oder Wiederbeschaffungswert des Anlagevermögens
Bestandswagnis (Vorrätewagnis)	Wertminderungen der Vorräte durch technischen Fortschritt, Preissenkungen, Diebstahl, Verderb etc.	Wert des durchschnittlichen Lagerbestands

Wagnisart	Abzudeckende Risiken	Mögliche Bezugsgrößen
Entwicklungswagnis	Kosten für erfolglose Forschungs- und Entwicklungsarbeiten	Anteil an den gesamten Forschungs- und Entwicklungskosten
Fertigungs-/ Produktionswagnis	Mehrkosten durch Arbeits-, Material- und Konstruktionsfehler bei der Fertigung, z. B. Ausschuss oder notwendige Nacharbeit vor der Auslieferung aufgrund von Qualitätsmängeln	Herstellkosten der Fertigung
Gewährleistungswagnis	Gewährleistungskosten aufgrund von Garantieansprüchen oder Kulanzleistungen für ausgelieferte Erzeugnisse (Nachbesserung, Ersatz etc.)	Umsatzerlöse, Selbstkosten der abgesetzten Erzeugnisse
Vertriebswagnis (Forderungswagnis)	Verluste durch Forderungsausfälle, Kulanz und Währungsverluste	Umsatzerlöse, Forderungsbestand

Durch die Bildung kalkulatorischer Wagnisse werden nicht versicherte Risiken, die in direktem Zusammenhang mit der Leistungserstellung stehen, in der Kostenrechnung berücksichtigt. Sie fließen damit auch in die Kalkulation der Verkaufspreise ein. Durch die Anwendung von Wagnissätzen (x % von y) werden Schwankungen in der Kostenrechnung vermieden.

3. Kostenstellenrechnung

3.1 Aufgaben der Kostenstellenrechnung

In der Kostenstellenrechnung werden die Gemeinkosten den **Orten der Kostenentstehung, den Kostenstellen**, zugerechnet. Können die Gemeinkosten direkt den Kostenstellen zugerechnet werden, spricht man auch von Kostenstelleneinzelkosten.

Beispiel

Darunter fällt z. B. das Gehalt eines Mitarbeiters in der Kostenstelle „Verwaltung“.

Müssen für die Zurechnung der Gemeinkosten auf mehrere Kostenstellen Verteilungsschlüssel verwendet werden, so spricht man von Kostenstellengemeinkosten.

Beispiel

Als Beispiel kann eine Gebäudebrandversicherung angeführt werden, die nach Quadratmetern den einzelnen Kostenstellen verrechnet wird.

Die Kostenstellenrechnung dient nicht nur der Planung und Kontrolle in den Kostenstellen, sondern wird auch für Kalkulationszwecke im externen wie internen Rechnungswesen benötigt.

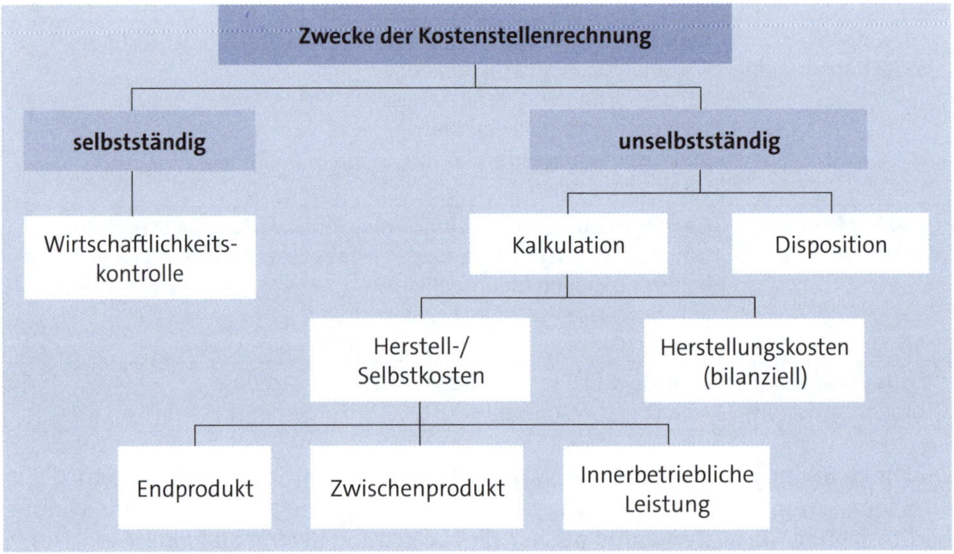

Zwecke der Kostenstellenrechnung

Neben der **Wirtschaftlichkeitskontrolle** der Kostenstellen (Vergleich von Istkosten und Plankosten) muss die Kostenstellenrechnung auch an der Kalkulation der Kostenträger ausgerichtet werden. Sie stellt ein wichtiges Element bei der **Ermittlung der Herstell- und Selbstkosten** dar. Zudem besteht die Schnittstelle zur Ermittlung der handels- und steuerrechtlichen **Herstellungskosten**. Bei der Einführung einer Kostenstellenrechnung in Unternehmen sollte man neben Organigrammen auch den leistungswirtschaftlichen Prozess im Unternehmen betrachten, da dieser die Basis für die Produktkalkulation darstellt.

3.2 Bildung und Gliederung der Kostenstellen

Die Bildung von Kostenstellen in der Praxis ist nicht trivial. Mögliche **Einteilungskriterien** sind betriebliche Funktionen, Verantwortungsbereiche, räumliche Gegebenheiten oder rechentechnische Gesichtspunkte. In der Praxis finden sich Varianten und Mischungen der verschiedenen Kriterien, dominieren dürfte jedoch eine **Gliederung nach betrieblichen Funktionen**, wie sie auch der **Kostenstellenplan des BDI** vorsieht. Rechentechnische Gesichtspunkte spielen eine Rolle, wenn z. B. teure Fertigungseinrichtungen separat abgerechnet werden sollen.

1. Materialkostenstellen (Beschaffung)
- Einkauf
- Warenannahme und -prüfung
- Materialverwaltung
- Materiallagerung und -ausgabe

2. Fertigungskostenstellen (Fertigung)

a) Fertigungshilfsstellen
- Fertigungsvorbereitung und -steuerung
- Betriebsbüro
- Betriebsmittelfertigung
- Zwischenlager
- Werkzeuglager
- Qualitätssicherung

b) Fertigungshauptstellen
- Vorfertigung
- Hauptfertigung
- Montage
- Sonderfertigung

3. F&E-Kostenstellen (Entwicklung)
- Forschung und Entwicklung
- Konstruktion
- Versuche, Erprobung
- Musterbau und -erprobung

4. Verwaltungskostenstellen (Verwaltung)
- Unternehmensleitung
- Personalverwaltung
- Finanz- und Rechnungswesen
- Spezielle Verwaltungsdienste
- Allgemeine Verwaltung

5. Vertriebskostenstellen (Vertrieb)
- Verkaufsvorbereitung
- Akquisition/Verkauf
- Auftragsabwicklung
- Fertigwarenlager, Verpackung und Versand
- Kundendienst

6. Kostenstellen des Allgemeinen Bereichs
- Grundstücke und Gebäude
- Energieversorgung
- Transport
- Instandhaltung
- Allgemeiner Werksdienst
- Sozialeinrichtungen

Kostenstellenplan des BDI *(Friedl/Hofmann/Pedell)*

In den einzelnen Kostenstellen werden die Gemeinkosten für folgende Themen gesammelt:

- **Materialbereich:** Kosten für die Beschaffung, Prüfung, Lagerung und Ausgabe des Materials
- **Fertigungsbereich:** Alle an der Leistungserstellung beteiligten Kostenstellen. In Industrieunternehmen erfolgt häufig eine Differenzierung bis hin zu Maschinen- oder Arbeitsplätzen.
- **Forschungs- und Entwicklungsbereich:** Forschung, Konstruktion, Musterbau, Versuche, Erprobung
- **Verwaltungsbereich:** Kosten für die Geschäftsleitung, das Finanz- und Rechnungswesen oder die Personalabteilung

- **Vetriebsbereich:** Kostenstellen, die Leistungen für den Vertrieb der Güter erbringen, z. B. Versand, Werbung, Verkauf
- **Allgemeine Kostenstellen:** Kostenstellen, die Leistungen für andere Kostenstellen erbringen, wie z. B. Grundstücke und Gebäude, innerbetrieblicher Transport, Energie, Kantine

Nach der Art der Verrechnung der Kosten der Kostenstellen werden **End- und Vorkostenstellen** unterschieden. Die Kosten der Endkostenstellen werden direkt auf die Kostenträger verrechnet. Die Kosten der Vorkostenstellen können nicht den Kostenträgern direkt zugerechnet werden, da sie Leistungen für andere Kostenstellen darstellen. Diese Art von Leistung wird als innerbetriebliche Leistung bezeichnet. Vorkostenstellen können dabei allgemeine Kostenstellen oder Kostenstellen innerhalb der Fertigung sein. Allgemeine Kostenstellen stellen ihre Leistungen dem gesamten Unternehmen zur Verfügung.

Da nur die Endkostenstellen auf die Kostenträger verrechnet werden, müssen zunächst die Vorkostenstellen weiter verrechnet – in der Sprache der Kostenrechner umgelegt – werden.

3.3 Durchführung der Kostenstellenrechnung

Die Kostenstellenrechnung erfolgt im sogenannten **Betriebsabrechnungsbogen**. Er hat folgenden formalen Aufbau:

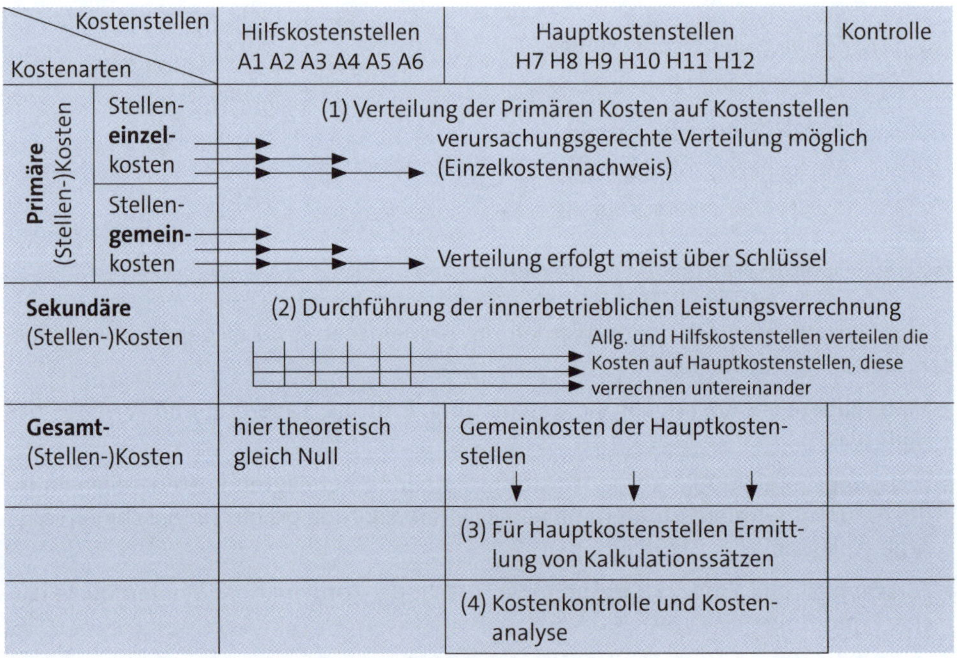

Klassischer Betriebsabrechnungsbogen *(Britzelmaier/Dittrich/Macha)*

Im ersten Schritt werden die primären Gemeinkosten als Stelleneinzelkosten oder Stellengemeinkosten auf die Vor- und Endkostenstellen zugerechnet. Im zweiten Schritt werden die Vorkostenstellen auf die Endkostenstellen verteilt (innerbetriebliche Leistungsverrechnung). Die so verrechneten Kosten bezeichnet man als sekundäre Kosten. Im dritten Schritt werden Zuschlagssätze oder Verrechnungssätze für die Umlage der Endkostenstellen gebildet. Im vierten Schritt erfolgt die Kostenkontrolle durch einen Soll-Ist-Vergleich inklusive Kostenanalyse. Schematisch kann man sich den Prozess der Kostenverrechnung wie folgt vorstellen:

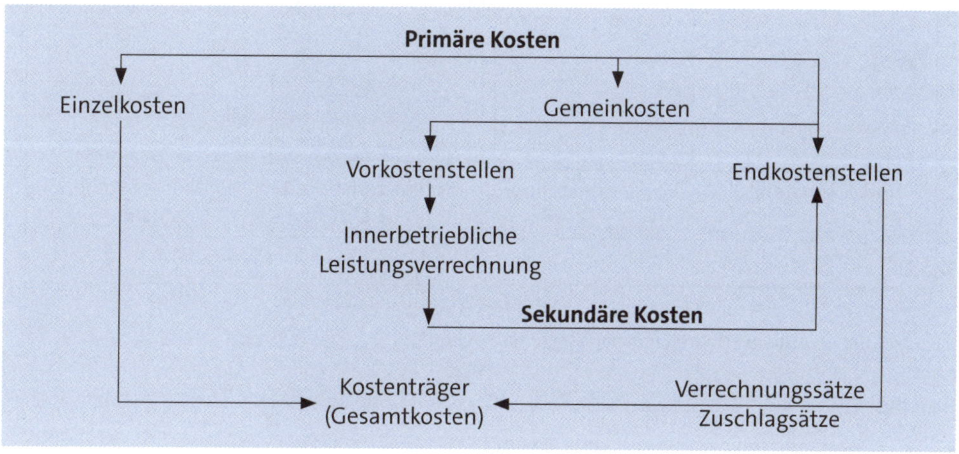

3.4 Verfahren der innerbetrieblichen Leistungsverrechnung

Zur Verrechnung der Vorkostenstellen auf die Endkostenstellen bedient man sich der Verfahren der innerbetrieblichen Leistungsverrechnung. Dazu zählen in der Praxis vor allem:

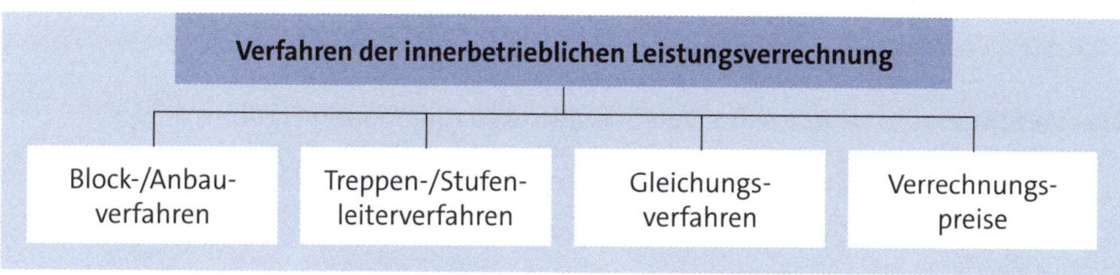

3.4.1 Block-/Anbauverfahren

Im Block- oder Anbauverfahren findet keine Verrechnung von wechselseitig erbrachten Leistungen zwischen Vorkostenstellen statt. Die primären Gemeinkosten der Vorkostenstellen werden ausschließlich Endkostenstellen zugerechnet:

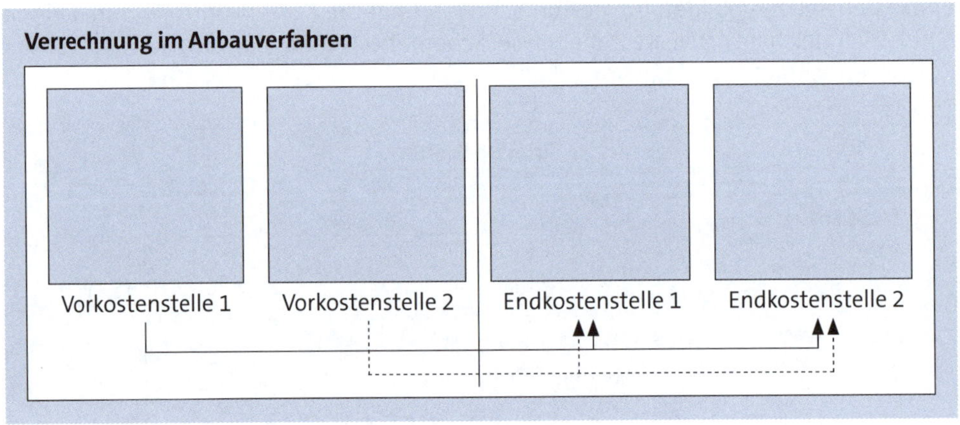

Verrechnung im Anbauverfahren *(Coenenberg/Fischer/Günther)*

Beispiel

Ein Unternehmen hat die Vorkostenstellen Energie und Gebäude. Die Energiekostenstelle hat an die Endkostenstelle 100.000 kWh Strom abgegeben, dafür sind Kosten von 10.000 € angefallen. Die Gebäudekostenstelle hat Kosten von 200.000 € verursacht; die Endkostenstellen beanspruchen 200 qm. Daraus resultieren Verrechnungssätze von 0,10 €/kWh bzw. 10,00 €/qm. Die Verrechnungssätze werden ausschließlich für die Verrechnung an Endkostenstellen verwendet; eine Verrechnung innerhalb der Vorkostenstellen unterbleibt.

Das Verfahren führt durch seine Vereinfachung zu ungenauen Ergebnissen.

3.4.2 Treppen-/Stufenleiterverfahren

Das Treppen- oder Stufenleiterverfahren legt die Kosten der Vorkostenstellen schrittweise auf die folgenden Vor- und Endkostenstellen um:

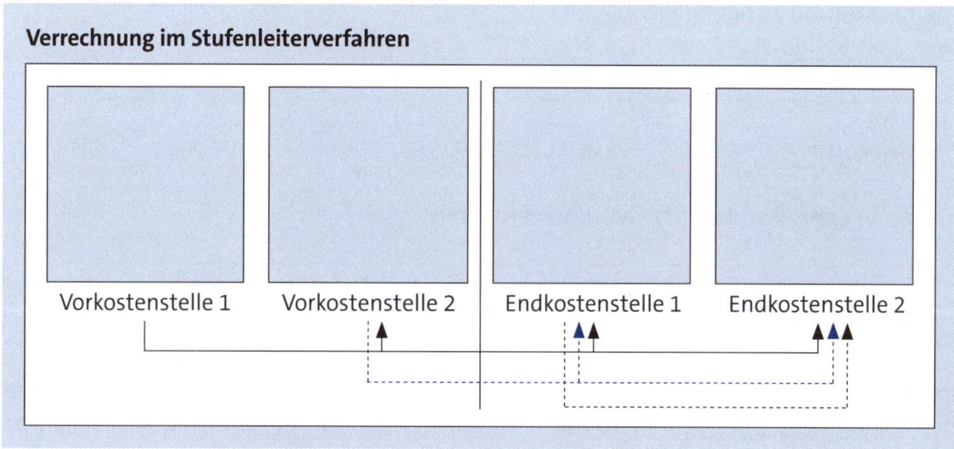

Verrechnung im Stufenleiterverfahren *(Coenenberg/Fischer/Günther)*

Die Austauschrichtung stellt dabei eine „Einbahnstraße" dar; wechselseitige Leistungen können nur in eine – zudem vorgegebene – Richtung erfolgen. Schematisch kann man sich dies wie folgt vorstellen:

Kostenstellen / **Kostenarten**	Vorkostenstellen			Endkostenstellen		
	A	B	C	I	II	III
primäre Gemeinkosten	0	0	0	0	0	0
innerbetriebliche	↳	0	0	0	0	0
Leistungsverrechnung		↳	0	0	0	0
(sekundäre Gemeinkosten)			↳	0	0	0

Stufenleiterverfahren *(Kudert/Sorg)*

Das **Stufenleiterverfahren** unterstellt eine **einseitige Leistungsbeziehung** zwischen den Kostenstellen. Es ist eine gängige Methode zur innerbetrieblichen Leistungsverrechnung in Unternehmen. Den Zusammenhang veranschaulicht ein Beispiel.

Beispiel

Ein Unternehmen weist die Vorkostenstellen Gebäude und Energie sowie die Endkostenstellen Material, Fertigung, Verwaltung und Vertrieb auf. Folgende primäre Gemeinkosten sind angefallen:

	Energie	Gebäude	Material	Fertigung	Verwaltung	Vertrieb
Primäre Gemeinkosten	10.000 €	100.000 €	150.000 €	200.000 €	100.000 €	140.000 €

Folgende Energieverbräuche wurden gemessen:

	Energie	Gebäude	Material	Fertigung	Verwaltung	Vertrieb
Kilowattstunden		10.000	15.000	60.000	10.000	5.000

Insgesamt wurden demnach 100.000 kWh abgegeben. Bei primären Energiekosten der Kostenstelle Energie von 10.000 € sind dies 0,10 €/kWh. Es ergibt sich folgende Verrechnung:

	Energie	Gebäude	Material	Fertigung	Verwaltung	Vertrieb
Primäre Gemeinkosten	10.000 €	100.000 €	150.000 €	200.000 €	100.000 €	140.000 €
Verrechnung Energie	-10.000 €	1.000 €	1.500 €	6.000 €	1.000 €	500 €
Summe	**0**	**101.000 €**	**151.500 €**	**206.000 €**	**101.000 €**	**140.500 €**

Auf der nächsten Stufe erfolgt die Umlage der Kostenstelle Gebäude. Die einzelnen Kostenstellen beanspruchen insgesamt 1.010 qm Fläche, die sich wie folgt verteilen:

	Energie	Gebäude	Material	Fertigung	Verwaltung	Vertrieb
Quadratmeter			110	800	60	40

Die weiter zu verrechnenden Kosten je Quadratmeter betragen 100 €. Daraus resultiert folgende Verrechnung:

	Energie	Gebäude	Material	Fertigung	Verwaltung	Vertrieb
Primäre Gemeinkosten	10.000 €	100.000 €	150.000 €	200.000 €	100.000 €	140.000 €
Verrechnung Energie	-10.000 €	1.000 €	1.500 €	6.000 €	1.000 €	500 €
Summe	**0**	**101.000 €**	**151.500 €**	**206.000 €**	**101.000 €**	**140.500 €**
Verrechnung Gebäude		-101.000 €	11.000 €	80.000 €	6.000 €	4.000 €
Summe		**0**	**162.500 €**	**286.000 €**	**107.000 €**	**144.500 €**

Die Vorkostenstellen wurden vollständig auf Endkostenstellen verrechnet. Die Endkostenstellen werden in einem späteren Schritt auf die Kostenträger umgelegt.

Das Stufenleiterverfahren kennt eine feste Austauschrichtung. Die Verrechnung wechselseitiger Leistungsbeziehungen ist mit ihm nicht möglich.

3.4.3 Gleichungsverfahren

Durch Anwendung des Gleichungsverfahrens, das auch als mathematisches Verfahren bezeichnet wird, können wechselseitige Leistungsbeziehungen abgebildet werden:

Verrechnung im Gleichungsverfahren

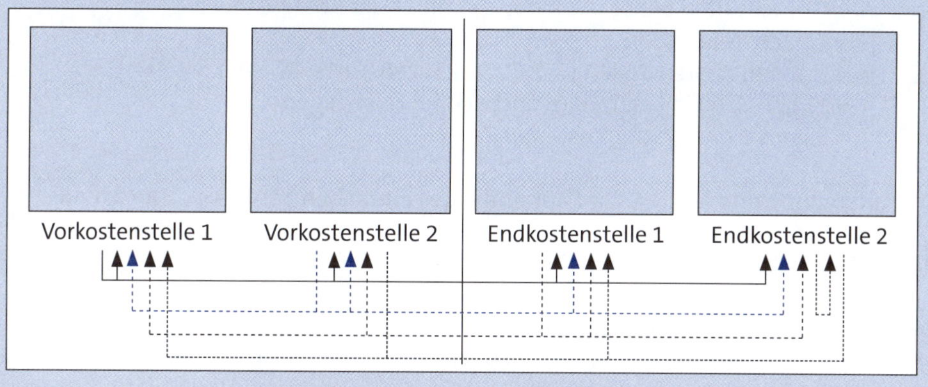

Verrechnung im Gleichungsverfahren *(Coenenberg/Fischer/Günther)*

Es wird insbesondere dann eingesetzt, wenn Vorkostenstellen Leistungen anderer Vorkostenstellen beanspruchen. Die Gleichungen für jede Vorkostenstelle ergeben sich wie folgt (*Coenenberg/Fischer/Günther*):

Kostenentlastung der leistenden Kostenstelle	=	Kostenbelastung der empfangenden Kostenstellen
Primäre Gemeinkosten plus empfangene sekundäre Gemeinkosten	=	Summe an andere Kostenstellen abgegebene sekundäre Gemeinkosten

Es resultiert ein lineares Gleichungssystem (*Kudert/Sorg*):

Kostenstellen \ Kosten der Kostenstellen	Primäre Gemeinkosten			+	Sekundäre Gemeinkosten		=	Gesamtkosten
1	K_1	+	$m_{11}k_1$	+	$m_{21}k_2 + ... +$	$m_{n1}k_n$	=	m_1k_1
2	K_2	+	$m_{12}k_1$	+	$m_{22}k_2 + ... +$	$m_{n2}k_n$	=	m_2k_2
.	.		.		.	.		.
.	.		.		.	.		.
.	.		.		.	.		.
n	K_n	+	$m_{1n}k_1$	+	$m_{2n}k_2 + ... +$	$m_{nn}k_n$	=	m_nk_n

$K_{1, 2, ..., n}$ = primäre Gemeinkosten der Kostenstellen 1 - n
$K_{1, 2, ..., n}$ = Verrechnungspreise je Leistungseinheit der Kostenstellen 1 - n
$_{1, 2, ..., n}$ = Kostenstellen 1 - n
m_{ij} = von den Kostenstellen i = 1, 2, 3, ..., n gelieferte, in den Kostenstellen
j = 1, 2, 3, ..., n eingesetzte (empfangene) Leistungen
$m_{ij}k_n$ = Eigenverbrauch der Kostenstellen

Die Aufstellung und Lösung wird anhand eines einfachen Beispiels veranschaulicht.

Beispiel

Die beiden Vorkostenstellen Energie und Reparatur empfangen wechselseitig Leistungen. Die Kostenstelle Energie benötigt zur Leistungserstellung 200 Arbeitsstunden der Kostenstelle Reparatur; die Kostenstelle Reparatur empfängt 10.000 kWh Strom. An primären Gemeinkosten sind in der Kostenstelle Energie 100.000 € angefallen; insgesamt wurden 800.000 kWh an andere Kostenstellen abgegeben. In der Kostenstelle Reparatur sind 80.000 € primäre Gemeinkosten angefallen, an andere Kostenstellen abgegeben wurden 2.000 Stunden. Daraus resultieren die beiden Gleichungen:

1) $100.000 + 200\ m_2 = 800.000\ m_1$

2) $80.000 + 10.000\ m_1 = 2.000\ m_2$

Durch Umstellen erhält man in 1):

$m_2 = 4.000\ m_1 - 500$

Dies wird nun in 2) eingesetzt:

$80.000 + 10.000\ m_1 = 2.000 \cdot (4.000\ m_1 - 500)$, also

$80.000 + 1.000.000 = 7.990.000\ m_1$

$m_1 =$ **0,13516896**

Durch Einsetzen in 1) ergibt sich:

m_2 = **40,6758448**

Gerundet wird die Kilowattstunde demnach mit 0,14 €. Die Reparaturstunde wird mit 40,69 € weiterverrechnet.

Die sekundären Gemeinkosten der Endkostenstellen werden schließlich auf die Kostenträger verrechnet. Dabei kommen folgende Zuschlagssätze zur Anwendung:

3.4.4 Leistungsverrechnung mit Verrechnungspreisen

Erfolgt innerbetriebliche Leistungsverrechnung über „innerbetriebliche Produkte“, so werden diese mit sog. Verrechnungspreisen versehen. Aus betriebswirtschaftlicher Sicht kommen dabei die folgenden Modelle in Frage:

- Marktorientierte Verrechnungspreise
- Kostenorientierte Verrechnungspreise
- Verhandlungsbasierte Verrechnungspreise (einschließlich dual pricing).

Marktpreisorientierte Preise setzen die Existenz von Marktpreisen voraus. Dies ist bei der innerbetrieblichen Leistungsverrechnung häufig nicht gegeben. Daneben unterliegen Marktpreise den Gesetzen und Schwankungen des Marktes, Verbundvorteile werden nicht sichtbar. Ihre Verwendung als Verrechnungspreis ist daher häufig nicht unproblematisch.

Neben den marktpreisorientierten kommen **kostenorientierte Verrechnungspreise** zur Anwendung. Zu unterscheiden sind Ansätze auf **Vollkostenbasis** und Ansätze auf **Teilkostenbasis**. Beide können **mit oder ohne (Gewinn-) Zuschlag** kalkuliert werden.

Für den Ansatz zu **Vollkosten** spricht, dass langfristig alle Kosten gedeckt sein müssen. Vollkostenbasierte Verrechnungspreise ergeben sich auch aus der Anwendung des Gleichungsverfahrens (Kapitel 3.4.3).

Gibt es freie Kapazitäten und Entscheidungen mit kurzfristigem Horizont, so können **Teilkostenansätze** argumentiert werden. Allerdings bedeutet dies, dass die liefernde Kostenstelle dann einen Verlust in Höhe der nicht gedeckten anteiligen Fixkosten einfährt und der Erfolg der empfangenden Kostenstelle vielleicht nicht ausschließlich auf deren Leistungen beruht.

Verhandlungsbasierte Verrechnungspreise entstehen – wie der Name schon sagt – durch Verhandlungen. Die betreffenden Einheiten agieren autonom. Dies bewirkt hohe Motivation, allerdings unter Umständen auch negative Effekte für das gesamte Unternehmen. Zum Ausgleich negativer Effekte kann **dual pricing** eingesetzt werden. Dabei subventioniert die Unternehmensleitung den Verrechnungspreis, um das interne Kunden-Lieferanten-Verhältnis aufrecht zu erhalten und den externen Bezug von Waren, Dienstleistungen etc. zu verhindern.

3.5 Verrechnung der Endkostenstellen

$$\textbf{Material}\text{gemeinkostenzuschlag} = \frac{\text{Materialgemeinkosten}}{\text{Fertigungsmaterial}} \cdot 100$$

$$\textbf{Fertigungs}\text{gemeinkostenzuschlag} = \frac{\text{Fertigungsgemeinkosten}}{\text{Fertigungslöhne}} \cdot 100$$

$$\textbf{Verwaltungs}\text{gemeinkostenzuschlag} = \frac{\text{Verwaltungsgemeinkosten}}{\text{Herstellkosten}} \cdot 100$$

$$\textbf{Vertriebs}\text{gemeinkostenzuschlag} = \frac{\text{Vertriebsgemeinkosten}}{\text{Herstellkosten}} \cdot 100$$

Beispiel

In einem oben aufgeführten Beispiel lagen nach erfolgter innerbetrieblicher Leistung folgende Gemeinkosten auf den Endkostenstellen vor:

	Material	Fertigung	Verwaltung	Vertrieb
Summe	176.000 €	286.000 €	107.000 €	144.500 €

Nimmt man nun Einzelmaterialkosten von 1.760.000 € und Fertigungslöhne von 143.000 € an, so resultieren folgende Zuschlagssätze:

Zuschlagssatz	Berechnung	Wert
Materialgemeinkostenzuschlagssatz	$\frac{176.000}{1.760.000} \cdot 100$	10 %
Fertigungsgemeinkostenzuschlagssatz	$\frac{286.000}{143.000} \cdot 100$	200 %

Für die Berechnung des Verwaltungs- und des Vetriebsgemeinkostenzuschlagssatzes müssen zunächst die Herstellkosten berechnet werden:

Materialeinzelkosten	1.760.000 €
Materialgemeinkosten	176.000 €
Fertigungslöhne	143.000 €
Fertigungsgemeinkosten	286.000 €
Herstellkosten	**2.365.000 €**

Nun können der Verwaltungsgemeinkosten- und der Vertriebsgemeinkostenzuschlagssatz berechnet werden:

Zuschlagssatz	Berechnung	Wert
Verwaltungsgemeinkostenzuschlagssatz	$\frac{107.000}{2.365.000} \cdot 100$	4,5 %
Vertriebsgemeinkostenzuschlagssatz	$\frac{144.500}{2.365.000} \cdot 100$	6,1 %

Die so ermittelten Zuschlagssätze werden im Rahmen der Kostenträgerrechnung benötigt.

4. Kostenträgerzeitrechnung

4.1 Betriebliche Leistungen (Kostenträger)

Kostenträger sind die betrieblichen Leistungen, die die verursachten Kosten „tragen" müssen. Man unterscheidet hierbei **Absatzleistungen** und **innerbetriebliche Leistungen**:

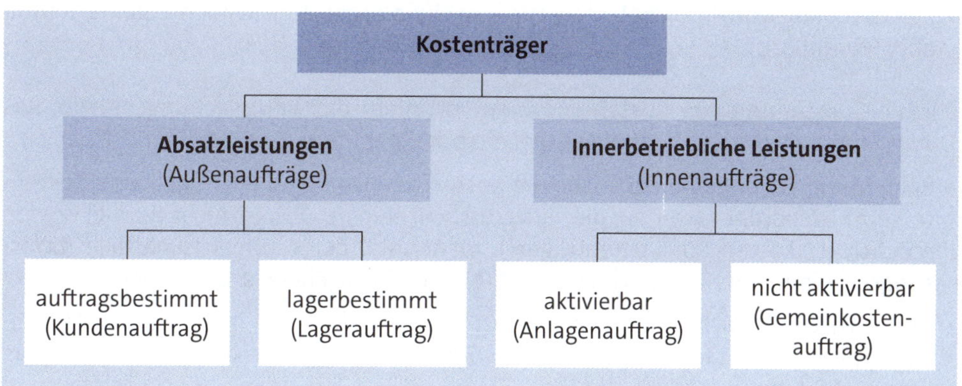

Absatzleistungen können dabei **auftragsbestimmt** (z. B. Bau eines Einfamilienhauses) oder **lagerbestimmt** (z. B. Herstellung von Kondomen) sein. **Innerbetriebliche** Leistungen können **aktivierbare Anlagenaufträge** (z. B. Programmierung einer Software für den eigenen Gebrauch) oder – dies jedoch wohl nur theoretisch in Abrechnungssystemen vorstellbar – **nicht aktivierbare Gemeinkostenaufträge** (z. B. Wechseln einer Glühbirne) sein.

4.2 Aufgaben und Ausprägungen der Kostenträgerrechnung

Mithilfe der **Kostenträgerrechnung** soll die Frage, **wofür die Kosten angefallen sind**, beantwortet werden.

Die **Kostenträgerrechnung** erfolgt **stückbezogen als Kostenträgerstückrechnung** und **zeitraumbezogen (periodenbezogen) als Kostenträgerzeitrechnung**. Die Kostenträgerzeitrechnung ist eine Periodenrechnung und ermittelt die – nach Leistungsarten gegliederten – in der Abrechnungsperiode angefallenen Kosten, die sie den Erlösen gegenüberstellt. Sie wird auch als kurzfristige Erfolgsrechnung oder Betriebsergebnisrechnung bezeichnet. Die Kostenträgerstückrechnung (Kalkulation) ermittelt die Selbstkosten für eine Kostenträgereinheit. Durch die Gegenüberstellung der Selbstkosten mit den (geplanten) Erlösen kann der kalkulatorische Erfolg einer Kostenträgereinheit festgestellt werden.

Die Kostenträgerrechnung hat damit vor allem folgende **Aufgaben**:

- stück- und zeitraumbezogene Ermittlung der Kosten der Kostenträger
- stück- und zeitraumbezogene Ermittlung des Erfolgs der Kostenträger (Erlöse - Kosten)
- Bereitstellung von preispolitischen Informationen für Angebotspreise
- Bereitstellung von preispolitischen Informationen für Preisuntergrenzen
- Bereitstellung von Informationen für die Bestandsbewertung
- Bereitstellung von Informationen für Entscheidungen hinsichtlich Eigenfertigung oder Fremdbezug.

Für die Zurechnung von Kosten kommen vor allem das Verursachungsprinzip, das Durchschnittsprinzip und das Tragfähigkeitsprinzip infrage:

- Beim **Verursachungsprinzip** sollen die Kosten den Objekten (Kostenstellen, Kostenträgern) zugeordnet werden, die sie verursacht haben. Dies ist nicht für alle Kosten möglich (Fixkosten auf Kostenträger?), manchmal per se unwirtschaftlich (Erfassungsaufwand aufwändig, Nutzen gering), prinzipiell jedoch anzustreben.
- Im **Durchschnittsprinzip** werden die Kosten durchschnittlich nach bestimmten Bezugsgrößen verteilt (z. B. Heizkosten pro Quadratmeter). Dies ist einfach realisierbar, jedoch nicht verursachungsgerecht.

- Beim **Tragfähigkeitsprinzip** werden die Kosten den Objekten zugerechnet, die sie am besten tragen können. Das Tragfähigkeitsprinzip sollte möglichst vermieden werden, da es profitable Produkte oder Bereiche im Zeitablauf immer schlechter erscheinen lässt.

4.3 Gesamt- und Umsatzkostenverfahren

Die Kostenträgerzeitrechnung ermittelt den **Periodenerfolg**. Sie kann nach **Gesamt- oder Umsatzkostenverfahren** aufgestellt werden. Die Vorgehensweise zur Berechnung des Gewinns oder Verlustes entspricht dabei der im »Kapitel C. im Rahmen der Bilanzierung vorgestellten. Bestandsveränderungen werden in der Kostenrechnung jedoch zu Herstellkosten bewertet.

In **Kontoform** stellt sich die **Betriebsergebnisrechnung** nach dem **Gesamtkostenverfahren** wie folgt dar *(Coenenberg/Fischer/Günther)*:

Betriebsergebnisrechnung nach dem GKV in Kontoform:

S	Betriebsergebniskonto (GKV)	H
Gesamtkosten der Periode (nach Kostenarten)	Umsatzerlöse der Periode (nach Produktarten)	
Bestandsminderungen (nach Produktarten)	Bestandserhöhungen (nach Produktarten)	
	Aktivierte Eigenleistungen	
Betriebsgewinn	Betriebsverlust	

In Staffelform hat sie folgendes Aussehen *(Coenenberg/Fischer/Günther)*:

Betriebsergebnisrechnung nach dem GKV in Staffelform:

	Umsatzerlöse der Periode	
+/-	Bestandserhöhungen/-minderungen	Bestands-
+	aktivierte Eigenleistungen	veränderungen
=	Gesamtleistung der Periode	
-	Materialkosten	
-	Personalkosten	Gesamtkosten der Periode
-	Abschreibungen	(nach Kostenarten)
-	sonstige Kosten	(primäre Kostengliederung)
=	**Betriebsergebnis der Periode**	

Wendet man das Umsatzkostenverfahren an, so ergibt sich in Kontoform *(Coenenberg/Fischer/Günther)*:

Betriebsergebnisrechnung nach dem UVK in Kontoform:

S	Betriebsergebniskonto	H
Herstellkosten des Umsatzes (nach Produktarten)		Umsatzerlöse der Periode (nach Produktarten)
Forschungs-/ Entwicklungskosten		
Verwaltungskosten der Periode		
Vertriebskosten der Periode		
Betriebsgewinn		Betriebsverlust

In Staffelform hat die Ergebnisrechnung folgendes Aussehen *(Coenenberg/Fischer/Günther)*:

	Umsatzerlöse	
-	Herstellkosten des Umsatzes (nach Kostenträgern)	
=	Bruttoergebnis	
-	Forschungs- und Entwicklungskosten	Nicht-Herstellkosten (nach Kostenstellen) (sekundäre Kostengliederung)
-	Verwaltungskosten	
-	Vertriebskosten	
=	**Betriebsergebnis der Periode**	

Ein Beispiel illustriert den Zusammenhang.

Beispiel

Ausgangsdaten:

Produktionsmenge:	50 Stück
Absatzmenge:	45 Stück
Einzellöhne:	10.000 €
Einzelmaterial:	5.000 €
Materialgemeinkosten:	1.000 €
Fertigungsgemeinkosten:	4.000 €
Verwaltungsgemeinkosten:	6.000 €
Vertriebsgemeinkosten:	4.000 €
Umsatzerlöse:	30.000 €

In Kontenform ergibt sich die Kostenträgerzeitrechnung nach dem Gesamtkostenverfahren:

Kosten		**Leistungen**	
Einzellöhne	10.000	Umsatzerlöse	30.000
Einzelmaterial	5.000	Bestandserhöhung	2.000
Materialgemeinkosten	1.000		
Fertigungsgemeinkosten	4.000		
Verwaltungsgemeinkosten	6.000		
Vertriebsgemeinkosten	4.000		
Gewinn	**2.000**		
Summe	**32.000**	**Summe**	**32.000**

Das Gesamtkostenverfahren geht von der Produktionsmenge und den Gesamtkosten der Periode aus. Durch den Ausweis von Bestandsveränderungen werden Produktions- und Absatzmenge angeglichen. Bei einer Produktionsmenge von 50 Stück und einer Absatzmenge von 45 Stück liegt eine Bestandsveränderung von 5 Stück vor, die mit 400 € je Stück Herstellkosten (Herstellkosten bezogen auf 50 Stück insgesamt 20.000 €, bestehend aus Einzellöhnen, Einzelmaterial, Materialgemeinkosten und Fertigungsgemeinkosten) bewertet wird.

Nach dem Umsatzkostenverfahren sieht die Kostenträgerzeitrechnung wie folgt aus:

Kosten		**Leistungen**	
Herstellkosten der abgesetzten Produkte	18.000	Umsatzerlöse	30.000
Verwaltungsgemeinkosten	6.000		
Vertriebsgemeinkosten	4.000		
Gewinn	**2.000**		
Summe	**30.000**	**Summe**	**30.000**

Das Umsatzkostenverfahren rechnet den Umsatzerlösen die zu ihrer Realisierung nötigen Herstellkosten zu. 400 € je Stück bei 45 abgesetzten Einheiten ergeben 18.000 € Herstellungskosten der abgesetzten Produkte.

Die Herstellkosten des Umsatzes können dabei auch wie folgt berechnet werden:

	Fertigungsmaterial
+	Materialgemeinkosten
+	Fertigungslöhne
+	Fertigungsgemeinkosten
=	Herstellkosten der Erzeugung
+	Bestandsminderung an UE/FE
-	Bestandserhöhung an UE/FE
=	**Herstellkosten des Umsatzes**

Beispiel

Im obigen Beispiel ergibt sich:

Fertigungsmaterial	5.000
Materialgemeinkosten	1.000
Fertigungslöhne	10.000
Fertigungsgemeinkosten	4.000
Herstellkosten der Erzeugung	**20.000**
Bestandserhöhung	-2.000
Herstellkosten des Umsatzes	**18.000**

Aufgabe 39 > Seite 326

Den **Gesamtzusammenhang von Kostenarten-, Kostenstellen- und Kostenträgerzeitrechnung im Betriebsabrechnungsbogen (BAB)** zeigt die folgende Abbildung:

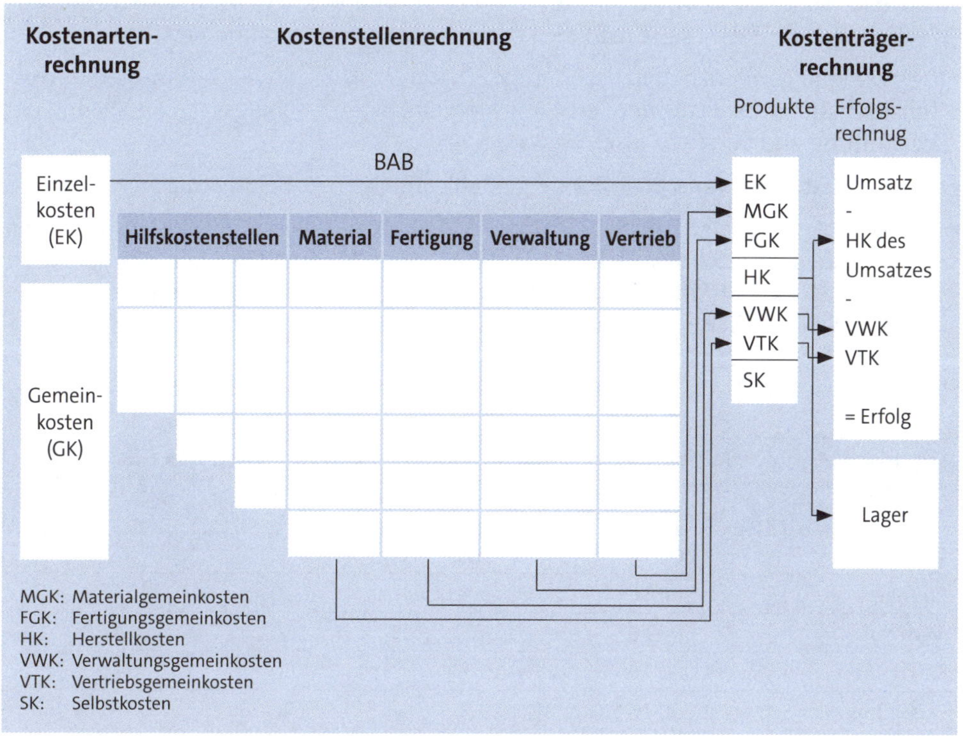

Betriebsabrechnung mit Kostenarten-, Kostenstellen- und Kostenträgerrechnung

Der Betriebsabrechnungsbogen soll anhand eines Beispiels veranschaulicht werden:

Beispiel

Folgende Daten liegen vor:

- Das Einzelmaterial betrifft zu 1.000 T€ Produkt A, zu 2.000 T€ Produkt B; insgesamt betragen die Einzelmaterialkosten 3.000 T€.
- An produktiven Stunden wurden 300 für Produkt A und 700 für Produkt B geleistet. Die Einzellöhne belaufen sich auf 2.000 T€.
- Für das Produkt B sind 260 T€ Sondereinzelkosten der Fertigung angefallen.
- Die Gehälter werden im Verhältnis 1 : 1 : 4 : 12 : 10 : 2 auf die Kostenstellen Gebäude, Energie, Material, Fertigung 1 und Fertigung 2 sowie Verwaltung und Vertrieb (V + V) verteilt. Die gesamten Gehaltskosten betragen 3.000 T€.
- Die Mieten betreffen zu 90 % die Materialkostenstelle; der Rest ist Verwaltung und Vertrieb zuzurechnen. An Mieten sind 500 T€ zu veranschlagen.
- Die Zinsen betragen 5 % auf das betriebsnotwendige Vermögen.

- Die Versicherungen betragen 1 % auf das betriebsnotwendige Vermögen.
- Die sonstigen Kosten belaufen sich auf 190 T€. Davon entfallen 24 T€ auf die Kostenstelle Material, 51 T€ auf die Kostenstelle Fertigung 1, 83 T€ auf die Kostenstelle Fertigung 2, der Rest (32 T€) auf die Kostenstelle Verwaltung und Vertrieb.
- Der Materialgemeinkostenzuschlagssatz beträgt 34 %, der Fertigungsgemeinkostenzuschlagssatz 1 80 %, der Fertigungsgemeinkostenzuschlagssatz 2 90 % und der Verwaltung und Vertrieb-Zuschlagssatz 5 %.
- Von Produkt A wurden 296 Stück hergestellt, von Produkt B 336 Stück.
- Von Produkt A wurden 300 Stück verkauft; 4 Stück wurden dem Lager entnommen (Herstellkosten aus dem Vorjahr: 10 T€/Stück). Von Produkt B wurden 320 Stück verkauft; 16 Stück wurden auf Lager genommen. Die Verkaufserlöse für Produkt A betrugen 11 T€ je Stück, für Produkt B 21 T€ je Stück.

Hilfstabelle:

Kostenstellen	Betriebsnotwendiges Vermögen	Abschreibung	Quadratmeter	Energieverbrauch
Gebäude	2.000 T€	2 %		
Energie	500 T€	5 %	10	
Material	500 T€	10 %	100	10 %
Fertigung 1	1.000 T€	15 %	150	40 %
Fertigung 2	2.000 T€	20 %	250	45 %
Verwaltung und Vertrieb	500 T€	20 %	10	5 %

Der Betriebsabrechnungsbogen enthält in den ersten beiden Spalten die Kostenarten mit Werten. Es folgen die Vorkostenstellen Gebäude und Energie, dann die Endkostenstellen Material, Fertigung 1, Fertigung 2 sowie Verwaltung und Vertrieb. Die letzten beiden Spalten sind für die Kostenträger A und B reserviert. Zunächst werden die Einzelkosten (Einzelmaterial, Einzellöhne, Sondereinzelkosten der Fertigung) entsprechend den obigen Angaben direkt auf die Kostenträger verrechnet. Danach erfolgt die Verrechnung der Gemeinkosten auf die Kostenstellen:

	Kosten	Gebäude	Energie	Material	Fertigung 1	Fertigung 2	V+V	Produkt A	Produkt B
Einzelmaterial	3.000							1.000	2.000
Einzellöhne	2.000							600	1.400
Sondereinzelkosten der Fertigung	260								260
Gehälter	3.000	100	100	400	1.200	1.000	200		
Mieten	500			450			50		
Zinsen	325	100	25	25	50	100	25		
Abschreibungen	765	40	25	50	150	400	100		
Versicherungen	65	20	5	5	10	20	5		
Sonstige Kosten	190			24	51	83	32		
Werbekosten	45						45		
Summe	**10.150**	**260**	**155**	**954**	**1.461**	**1.603**	**457**	**1.600**	**3.660**

- Die Gehälter werden nach Verhältniszahlen auf die Kostenstellen verrechnet.
- Die Zurechnung der Mieten erfolgt wie oben angegeben zu 90 % auf die Kostenstelle Material, zu 10 % auf die Kostenstelle Verwaltung und Vertrieb.
- Die Zinsen werden als Prozentsatz auf das betriebsnotwendige Vermögen berechnet.
- Die Abschreibungen ergeben sich aus den Abschreibungssätzen und dem betriebsnotwendigen Vermögen.
- Die Versicherungskosten werden als Prozentsatz auf das betriebsnotwendige Vermögen berechnet.
- Die Aufteilung der sonstige Kosten wurde oben angeführt.
- Werbekosten betreffen den Vertrieb; sie sind damit der Kostenstelle Verwaltung und Vertrieb zuzuordnen.

Im nächsten Schritt erfolgt die innerbetriebliche Leistungsverrechnung, die hier im Stufenleiterverfahren durchgeführt wird. Dazu wird zur besseren Veranschaulichung die Verrechnung Einzelkosten sowie der der primären Gemeinkosten ausgeblendet:

	Kosten	Gebäude	Energie	Material	Fertigung 1	Fertigung 2	V+V	Produkt A	Produkt B
Summe	10.150	260	155	954	1.461	1.603	457	1.600	3.660
Umlagen		-260	5	50	75	125	5		
Umlagen			-160	16	64	72	8		
Summe II	**10.150**	**0**	**0**	**1.020**	**1.600**	**1.800**	**470**	**1.600**	**3.660**

Die Gebäudekostenstelle wird anhand der in der Hilfstabelle angegebenen Quadratmeter umgelegt. Bei 520 qm laut Hilfstabelle und Kosten von 260 T€ resultiert ein Quadratmetersatz von 0,5 T€. Danach erfolgt die Verrechnung der Kostenstelle Energie inklusive der Gebäudevorleistungen entsprechend den Anteilen aus der Hilfstabelle.

Im nächsten Schritt werden die Endkostenstellen Material, Fertigung 1 und Fertigung 2 mittels den oben genannten Zuschlagssätzen auf die Kostenträger verrechnet:

	Kosten	Gebäude	Energie	Material	Fertigung I	Fertigung II	V+V	Produkt A	Produkt B
Summe II		0	0	1.020	1.600	1.800	470	1.600	3.660
Material-GK				-1.020				340	680
Fertigungs-GK I					-1.600			480	1.120
Fertigungs-GK II						-1.800		540	1.260
HK der Produktion								**2.960**	**6.720**

Bezugsbasis für die Materialgemeinkosten ist das Einzelmaterial (34 %), Bezugsbasis für die Fertigungsgemeinkosten jeweils die Einzellöhne (80 % bzw. 90 %).

Nun ist die Bestandsveränderung zu berücksichtigen. Bei Bestandserhöhungen ergeben sich die Herstellkosten pro Stück, indem man die gesamten Herstellkosten der Produktion durch die Produktionsmenge teilt. Bei Bestandsminderungen sind die Herstellkosten anzusetzen, die in früheren Perioden die Bestandserhöhung bewirkten. Bei A wurden 4 Stück mehr verakuft als abgesetzt, die Herstellkosten pro Stück betrugen in der Vorperiode 10 T€/Stück, insgesamt also 40 T€. Von B wurden 336 Stück produziert, jedoch nur 320 Stück verkauft. Die Bestandszunahme beläuft sich auf 16 Stück, die Herstellkosten pro Stück betragen 6.720 T€ dividiert durch 336 Stück, für 16 Stück demnach 320 T€. Es resultiert folgendes Ergebnis:

	Kosten	**Gebäude**	**Energie**	**Material**	**Fertigung I**	**Fertigung II**	**V+V**	**Produkt A**	**Produkt B**
Summe II		0	0	1.020	1.600	1.800	470	1.600	3.660
Material-GK				-1.020				340	680
Fertigungs-GK I					-1.600			480	1.120
Fertigungs-GK II						-1.800		540	1.260
HK der Produktion								**2.960**	**6.720**
Bestandsveränderung								40	-320
HK des Absatzes								**3.000**	**6.400**

Nun werden die Verwaltungs- und Vertriebsgemeinkosten aufgeschlagen (5 % der Herstellkosten des Absatzes) und die Verkaufserlöse den Selbstkosten gegenübergestellt:

	Kosten	**Gebäude**	**Energie**	**Material**	**Fertigung 1**	**Fertigung 2**	**V+V**	**Produkt A**	**Produkt B**
Einzelmaterial	3.000							1.000	2.000
Einzellöhne	2.000							600	1.400
SEK (F)	260								260
Gehälter	3.000	100	100	400	1.200	1.000	200		
Mieten	500			450			50		
Zinsen	325	100	25	25	50	100	25		
Abschreibungen	765	40	25	50	150	400	100		
Versicherungen	65	20	5	5	10	20	5		
Sonstige Kosten	190			24	51	83	32		
Werbekosten	45						45		
Summe	**10.150**	**260**	**155**	**954**	**1.461**	**1.603**	**457**	**1.600**	**3.660**
Umlagen		-260	5	50	75	125	5		
Umlagen			-160	16	64	72	8		
Summe II		**0**	**0**	**1.020**	**1.600**	**1.800**	**470**	**1.600**	**3.660**
Material-GK				-1.020				340	680
Fertigungs-GK 1					-1.600			480	1.120
Fertigungs-GK 2						1.800		540	1.260
HK der Produktion								**2.960**	**6.720**
Bestandsveränderung								40	-320
HK des Absatzes								**3.000**	**6.400**
V+V-GK							-470	150	320
Selbstkosten								**3.150**	**6.720**
Verkaufserlöse								**3.300**	**6.720**
Gewinn/ Verlust								**150**	**0**
Gewinn/Verlust gesamt								**150**	

5. Kostenträgerstückrechnung

5.1 Vor-, Zwischen- und Nachkalkulation

Nach dem **Zeitbezug** unterscheidet man bei der Kostenträgerstückrechnung Vorkalkulation, Zwischenkalkulation und Nachkalkulation.

Die **Vorkalkulation** dient der **Angebotserstellung**. Die Einzelkosten werden dabei durch die Auflösung von Stücklisten und Arbeitsplänen ermittelt und die Gemeinkosten mittels Zuschlagssätzen zugerechnet.

Die **Zwischenkalkulation** wird bei **Erzeugnissen mit längerer Herstelldauer** (z. B. Schiffsbau, Kraftwerksbau) nötig, um die Kostenentwicklung überwachen zu können und die unfertigen Erzeugnisse oder Anlagen im Bau bilanziell bewerten zu können.

Die **Nachkalkulation** erfolgt **nach der Erstellung der Kostenträger**. Durch die Gegenüberstellung von Vor- und Nachkalkulation sind Analysen der Kostenentstehung und -entwicklung möglich, die wertvolle Anhaltspunkte für zukünftige Vorkalkulationen liefern.

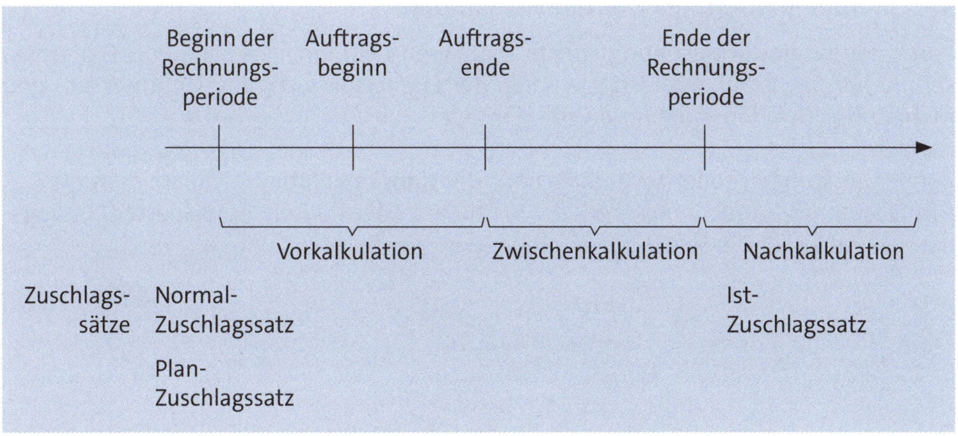

Zeitpunkte und Formen von Zuschlagssätzen *(Friedl/Hofmann/Pedell)*

5.2 Kalkulationsverfahren

In der Kostenträgerstückrechnung ergibt sich das anzuwendende Kalkulationsverfahren aus dem vorliegenden Fertigungstyp:

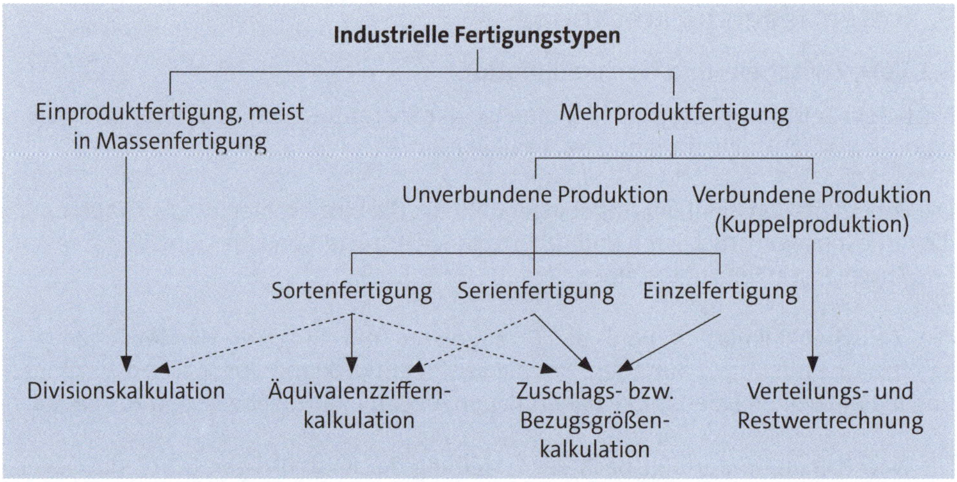

Zuordnung von Fertigungstypen zu Kalkulationsverfahren *(Eisele/Knobloch)*

5.3 Ein- und mehrstufige Divisionskalkulation

Von einer **Einproduktfertigung** spricht man, wenn ein einziges Erzeugnis – meist in sehr hoher Stückzahl – gefertigt wird. In der Einproduktfertigung kommen **ein- und mehrstufige Divisionskalkulation** zum Einsatz.

Bei der **einstufigen** (oder summarischen) **Divisionskalkulation** dividiert man die Gesamtkosten der Abrechnungsperiode durch die in der Periode produzierte Leistungsmenge und erhält die Selbstkosten pro Stück:

$$k = \frac{K}{x}$$

Dabei steht k für die Stückkosten, K für die Gesamtkosten der Periode und x für die Produktions- und Absatzmenge.

Die einstufige Divisionskalkulation folgt damit dem Durchschnittsprinzip. Voraussetzungen für die einstufige Divisionskalkulation sind:

1. Es muss sich um eine Einproduktfertigung handeln.
2. Es gibt keine Lagerbestandsveränderungen bei Halbfabrikaten.
3. Es gibt keine Lagerbestandsveränderungen bei Fertigfabrikaten.

Hebt man die Bedingungen 2. und 3. auf, können Lagerbestandsveränderungen an Halb- und Fertigfabrikaten abgebildet werden. Die Selbstkosten einer Einheit werden unter der Voraussetzung, dass keine Mengenveränderungen durch z. B. Ausschuss gegeben sind und das Einzelmaterial nur in der ersten Kostenstelle eingesetzt wird, bei der **mehrstufigen Divisionskalkulation** wie folgt ermittelt:

$$k = \frac{K_{Hl}}{x_{pl}} + \ldots + \frac{K_{Hm}}{x_{pm}} + \frac{K_{VV}}{x_{xa}}$$

Dabei bedeuten:

x_p = Produktionsmenge der Periode
x_A = Absatzmenge der Periode
K_H = gesamte Herstellkosten der Periode
K_{VV} = gesamte Verwaltungs- und Vertriebskosten der Periode
k_H = Herstellkosten pro Stück
k_{VV} = Verwaltungs- und Vertriebskosten pro Stück
m = Anzahl der Fertigungsstellen

Ein Beispiel veranschaulicht die mehrstufige Divisionskalkulation:

Beispiel

Die Töpfer GmbH produziert Kaffeetassen. In der ersten Produktionsstufe werden 50.000 Rohlinge gefertigt; es entstehen Kosten von 50.000 €. 40.000 Rohlinge werden in der zweiten Produktionsstufe gebrannt; aufgrund von Ausschuss werden 36.000 Tassen fertiggestellt. Die Kosten für die zweite Produktionsstufe betragen 32.000 €. Verkauft werden 30.000 Tassen. Die Verwaltungs- und Vertriebskosten betragen 3.000 €.

Zunächst werden die Herstellkosten eines Rohlings berechnet. Man dividiert die Kosten von 50.000 € durch die Anzahl der Rohlinge (50.000 Stück). Ein Rohling versursacht damit Herstellkosten von 1 €.

In der zweiten Herstellstufe, dem Brennen, werden 40.000 Rohlinge à 1 € eingesetzt; darüber hinaus fallen Kosten von 32.000 € an. Die Gesamtkosten zur Herstellung von 36.000 Tassen betragen damit 72.000 €, die Herstellkosten also 2 € je Tasse.

Zur Berechnung der Selbstkosten werden die Verwaltungs- und Vertriebskosten je Stück ermittelt. Bei Kosten von 3.000 € für den Verkauf von 30.000 Tassen, entspricht dies 0,10 € je Tasse. Die Selbstkosten je Tasse betragen damit 2,10 € (2 € Herstellkosten plus 0,10 € Verwaltungs- und Vertriebskosten).

5.4 Kalkulation in der Mehrproduktfertigung

Bei der **Mehrproduktfertigung** ist zu unterscheiden, ob **unverbundene** oder **verbundene Produktion** vorliegt. Mehrproduktfertigung bedeutet im Unterschied zur Einproduktfertigung, dass das betreffende Unternehmen mehrere Produkte herstellt. Unverbunden heißt, dass die verschiedenen Produkte unabhängig voneinander gefertigt werden können. In einer verbundenen Produktion entstehen in einem Produktionsprozess unweigerlich und untrennbar mehrere Produkte gleichzeitig.

In der **unverbundenen Mehrproduktfertigung** kommen – abhängig vom jeweiligen Fertigungstyp – die Äquivalenzziffernkalkulation und die Zuschlagskalkulation zum Einsatz.

5.4.1 Äquivalenzziffernkalkulation

Die Äquivalenzziffernkalkulation wird in Unternehmen angewendet, die verschiedene Produkte herstellen, die aufgrund des gleichen Einsatzmaterials und/oder Fertigungsverfahrens Beziehungen aufweisen, die sich in einer **festen Kostenrelation** ausdrücken lassen.

Beispiel

Als Beispiel soll ein Blechwalzwerk dienen, in dem Blecharten unterschiedlicher Stärke hergestellt werden. Die verschiedenen Produkte unterscheiden sich nur in dem benötigten Materialeinsatz (unterschiedliche Stärke – unterschiedlicher Blechbedarf).

Sorte	Äquivalenzziffern	Produktionsmengen in Stück
A	1	500
B	1,1	400
C	0,8	200

Produkt B verursacht demnach 10 % mehr Kosten pro Stück als A, 1 Stück von Produkt C hingegen nur 80 % der Kosten einer Einheit von A. Die produzierten Mengen sind in der Tabelle aufgeführt. Die Gesamtkosten betragen 165.000 €.

Es ergeben sich die folgenden Sortenkosten und Kosten pro Leistungseinheit:

Sorte	Äquivalenzziffern	Produktmenge in Stück	Rechnungseinheiten	Sortenkosten in Euro	Kosten je Leistungseinheit in Euro
A	1	500	500	75.000	150
B	1,1	400	440	66.000	165
C	0,8	200	160	24.000	120
			1.100	165.000	

Zunächst wurden die Äquivalenzziffern mit den jeweiligen Produktionsmengen multipliziert, es resultiert die Anzahl Rechnungseinheiten. Bei Gesamtkosten von 165.000 € und 1.100 Rechnungseinheiten betragen die Kosten je Rechnungseinheit 150 €. Die Sortenkosten ergeben sich aus der Multiplikation der jeweiligen Anzahl Rechnungseinheiten mit den Kosten je Rechnungseinheit. Abschließend werden die Sortenkosten durch die Produktionsmnengen diviidert, um die Kosten je Leistungseinheit zu erhalten.

Aufgabe 40 > Seite 326

5.4.2 Zuschlagskalkulation

5.4.2.1 Summarische und differenzierende Zuschlagskalkulation

Für Unternehmen mit differenziertem Produktprogramm ist die **Zuschlagskalkulation** meist die beste Wahl. Es wird zwischen summarischer und differenzierender Zuschlagskalkulation unterschieden.

Die **summarische Zuschlagskalkulation** verrechnet die Gemeinkosten mit einem einzigen Zuschlagssatz auf die Produkte und ist z. B. für Handwerksbetriebe sehr gut geeignet (z. B. Gemeinkostenzuschlag auf Basis Fertigungslöhne).

In Industrieunternehmen ist die **differenzierende Zuschlagskalkulation** Standard:

<table>
<tr><td>Fertigungsmaterial
(Einzelkosten)</td><td rowspan="2">Materialkosten</td><td rowspan="5">Herstellkosten</td><td rowspan="8">Selbstkosten</td></tr>
<tr><td>Materialgemeinkosten
(zugeschlagen auf Basis des Fertigungsmaterials)</td></tr>
<tr><td>Fertigungslohn
(Einzelkosten)</td><td rowspan="3">Fertigungskosten</td></tr>
<tr><td>Fertigungsgemeinkosten
(zugeschlagen auf Basis des Fertigungslohns, für jede Fertigungshauptkostenstelle separat)</td></tr>
<tr><td>Sondereinzelkosten der Fertigung
(Einzelkosten)</td></tr>
<tr><td colspan="2">Verwaltungsgemeinkosten
(zugeschlagen auf Basis der Herstellkosten)</td><td rowspan="3">Verwaltungs- und Vertriebskosten</td></tr>
<tr><td colspan="2">Vertriebsgemeinkosten
(zugeschlagen auf Basis der Herstellkosten)</td></tr>
<tr><td colspan="2">Sondereinzelkosten des Vertriebs
(Einzelkosten)</td></tr>
</table>

Das Schema folgt der bereits im Beispiel zum Betriebsabrechnungsbogen angewendeten Logik. Ein Beispiel veranschaulicht das Vorgehen:

Beispiel

	Produkt A
Fertigungsmaterial	20,00
Material-GK (30 %, aus BAB)	6,00
Materialkosten gesamt	**26,00**
Fertigungslohn	30,00
Fertigungs-GK (120 %, aus BAB)	36,00
Sondereinzelkosten der Fertigung	8,00
Fertigungskosten gesamt	**74,00**
Herstellkosten	**100,00**
Verwaltungsgemeinkosten (5 %, aus BAB)	5,00
Vertriebsgemeinkosten (8 %, aus BAB)	8,00
Sondereinzelkosten des Vertriebs	12,00
Selbstkosten	**125,00**
Gewinnzuschlag (20 % laut Unternehmensvorgabe)	25,00
Preis	**150,00**

Im Schema der **differenzierenden Zuschlagskalkulation** werden Einzelkosten, Sondereinzelkosten und über die Zuschlagssätze Gemeinkosten verrechnet.

Einzelkosten treten als Einzelmaterialkosten (Synonym: Fertigungsmaterial) und Fertigungslöhne (Synonym: Einzellöhne) in Erscheinung. Sie werden dem Produkt wie auch die Sondereinzelkosten direkt zugerechnet. Sondereinzelkosten der Fertigung bzw. Sondereinzelkosten des Vertriebs können einem bestimmten Fertigungs- oder Kundenauftrag direkt zugeordnet werden und haben wie die anderen Einzelkosten auch variablen Charakter. Beispiele für Sondereinzelkosten der Fertigung sind z. B. Lizenzgebühren oder Werkzeugkosten. Sondereinzelkosten des Vertriebs sind z. B. Verkaufsprovisionen oder einzeln zurechenbare Frachtkosten.

Die Gemeinkosten können oder sollen nicht den Kostenträgern direkt zugerechnet werden; sie werden in der Kostenstellenrechnung verarbeitet und danach den Kostenträgern in Form von Zuschlagssätzen oder Verrechnungssätzen zugerechnet. Unechte Gemeinkosten könnten als Einzelkosten verrechnet werden, aus Wirtschaftlichkeitsgründen wird ihr Verbrauch jedoch nicht erfasst. Sie sind daher Bestandteil der Gemeinkosten, verhalten sich jedoch variabel. Häufig werden Hilfsstoffe von untergeordnetem Wert als unechte Gemeinkosten verrechnet, z. B. Leim in der Möbelproduktion oder Salz bei der Lebensmittelherstellung.

Den Zusammenhang zwischen Einzel- und Gemeinkosten zeigt die folgende Abbildung *(Coenenberg/Fischer/Günther)*:

Einzel- vs. Gemeinkosten
(Zurechenbarkeit zu einer Verrechnungseinheit i. d. R. Auftrag oder Produkt)

Einzelkosten	**unechte Gemeinkosten**	**Gemeinkosten**	**Sondereinzelkosten**
direkt Leistung zurechenbar	aus Wirschaftlichkeits oder Vereinfachungsgründen als Gemeinkosten erfasst	nicht direkt Leistung zuordenbar	direkt einem Auftrag, nicht jedoch einer Leistung zuordenbar
z. B. Material	z. B. Schrauben, Hilfsstoffe, individuelle Zuschläge für Personalkosten	z. B. Personalabteilung	z. B. Spezialwerkzeuge (SEK Fertigung), Werbekampagne oder Spezialverpackung (SEK Vertrieb)

Die Gemeinkosten resultieren aus der Kostenstellenrechnung; die Zuschlagssätze werden als Quotient der betreffenden Gemeinkosten und der Bezugsbasis gebildet.

	Bezugsgrößen	
Gemeinkosten	**wertmäßig**	**mengenmäßig**
Material-gemeinkosten	Materialeinzelkosten	Materialmengen (z. B. kg oder qm)
Fertigungs-gemeinkosten	Fertigungslöhne	Fertigungszeiten (z. B. Maschinenstundensatz)
Verwaltungs-gemeinkosten	Herstellkosten der Fertigung oder Herstellkosten des Umsatzes	Produktionsmenge in Stück oder Absatzmenge in Stück
Vertriebs-gemeinkosten	Herstellkosten des Umsatzes	Absatzmenge in Stück

Gemeinkosten *(Fischbach)*

Ausgehend von den Selbstkosten können die verschiedenen Verkaufspreise kalkuliert werden:

	Selbstkosten	
+	Gewinnaufschlag	in Prozent der Selbstkosten
=	**Barverkaufspreis**	
+	Kundenskonto	in Prozent vom Zielverkaufspreis
=	**Zielverkaufspreis**	
+	Kundenrabatt	in Prozent vom Netto-Verkaufspreis
=	**Netto-Verkaufspreis**	
+	Umsatzsteuer	in Prozent vom Netto-Verkaufspreis
=	**Bruttoverkaufspreis**	

Aufgabe 41 > Seite 327

5.4.2.2 Maschinenstundensatzrechnung

Heute bestehen die Fertigungsgemeinkosten häufig zu weiten Teilen aus Abschreibungen und Zinsen für Maschinen. Der Anteil der Fertigungslöhne an den Gesamtkosten ist infolge Rationalisierung gesunken. Daraus resultierten Kalkulationsprobleme (riesige Zuschlagssätze oder auch Zuschlagsbasis 0), die mittels der **Maschinenstundensatzrechnung** gelöst werden konnten:

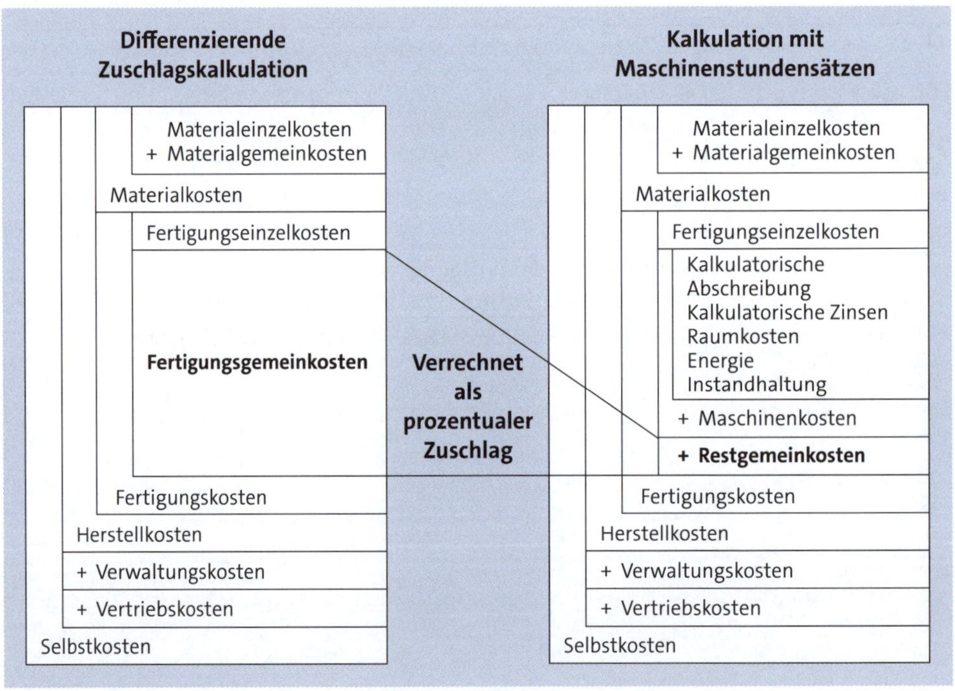

Schema der Kalkulation mit Maschinenstundensätzen *(Britzelmaier/Dittrich/Macha)*

Die **Maschinenstundensatzermittlung** soll anhand eines Beispiels veranschaulicht werden.

Beispiel

Eine in der Fertigung eingesetzte Maschine hat einen Wiederbeschaffungswert von 50.000 €. Die Anschaffungskosten betrugen 40.000 €. Die geschätzte Nutzungsdauer beträgt 10 Jahre; der Liquidationserlös am Ende der Nutzungsdauer wird mit 10.000 € angenommen. Der kalkulatorische Zinssatz wurde mit 8 % festgelegt. Für diese Maschine besteht ein Wartungsvertrag, für den jährlich 2.000 € gezahlt werden. Die Maschine benötigt eine Fläche von 20 qm der Fabrikhalle (Miete 50 € je Quadratmeter und Jahr). Für Strom fallen Fixkosten von 200 € pro Jahr an sowie 1 € variable Kosten je Betriebsstunde. Die Maschine läuft jährlich 1.600 Stunden. Die Maschine wird zur Produktion der Erzeugnisse A und B genutzt. Während A pro Stück 4 Stunden bearbeitet wird, benötigt man für die Erstellung von B nur 2 Maschinenstunden.

Für die Maschine ergeben sich folgende Kosten pro Periode:

Kostenart	Berechnung	Wert
Kalkulatorische Abschreibungen	$\frac{(50.000\,€ - 10.000\,€)}{10\text{ Jahre}}$	4.000 €
Kalkulatorische Zinsen	$\frac{(40.000\,€ + 10.000\,€)}{2} \cdot 0{,}08$	2.000 €
Wartung		2.000 €
Miete		1.000 €
Strom		1.800 €
Summe		**10.800 €**

Die Abschreibungen pro Jahr stellen den durchschnittlichen Wertverlust dar. Der Wert der Maschine reduziert sich innerhalb von 10 Jahren um 40.000 €, es ergeben sich jährliche lineare Abschreibungen in Höhe von 4.000 €.

Zur Berechnung der kalkulatorischen Zinsen wird zunächt das durchschnittlich benötigte Kapital berechnet, indem der Durchschnitt aus Anfangsbestand (40.000 €) und Endbestand (10.000 €) ermittelt wird. Dieser wird mit dem kalkulatorischen Zinssatz multipliziert.

Die Kosten je Maschinenstunde betragen damit 6,75 € (10.800 € dividiert durch 1.600 Stunden.

Für die Kalkulation der Produkte A und B müssen damit pro Stück folgende Maschinenkosten berücksichtigt werden:

Produkt A: 4 Stunden • 6,75 €/Stunde = 27 €/Stück
Produkt B: 2 Stunden • 6,75€/Stunde = 13,50 €/Stück

5.4.2.3 Prozesskostenrechnung

In den letzten Jahrzehnten hat der Gemeinkostenanteil in vielen Branchen stark zugenommen. Dies ist in der Veränderung der Wertschöpfungsstruktur begründet, da vorbereitende, planende und steuernde Tätigkeiten an Bedeutung gewonnen haben. In der Industrie wurde durch den Einsatz der Maschinenstundensatzrechnung ein erstes Instrument zur verursachungsgerechteren Verrechnung von Fertigungsgemeinkosten entwickelt, das heute flächendeckend eingesetzt wird.

Die Maschinenstundensatzrechnung lässt sich jedoch nicht auf die indirekten Bereiche der Produktion, die Konstruktion und die Arbeitsvorbereitung übertragen. Ebenfalls ist sie für die Beschaffung, den Vertrieb und die Verwaltung nicht geeignet, da Maschinenkosten (Abschreibungen, Zinsen etc.) dort eine untergeordnete Rolle spielen.

Heute sind die Unternehmen in vielen Bereichen mit Gemeinkosten konfrontiert, die wenig differenziert geplant, verrechnet und gesteuert werden. Auch mangelt es vielfach an Kostentransparenz. Hier setzt die Prozesskostenrechnung an, die durch eine **bessere Verrechnung von Gemeinkosten** die **Steuerung indirekter Bereiche** und die **Produktkalkulation** verbessern möchte.

Durch die Prozesskostenrechnung werden Gemeinkosten nicht mehr als Teil eines prozentualen Zuschlagssatzes, sondern über die Größe „Kosten je Prozess“ weiterverrechnet. So können z. B. Materialgemeinkosten nicht mehr ausschließlich über den Materialgemeinkostenzuschlagssatz, sondern teilweise prozessorientiert auf die Kostenträger verrechnet werden. Damit kann eine höhere Verursachungsgerechtigkeit erzielt werden:

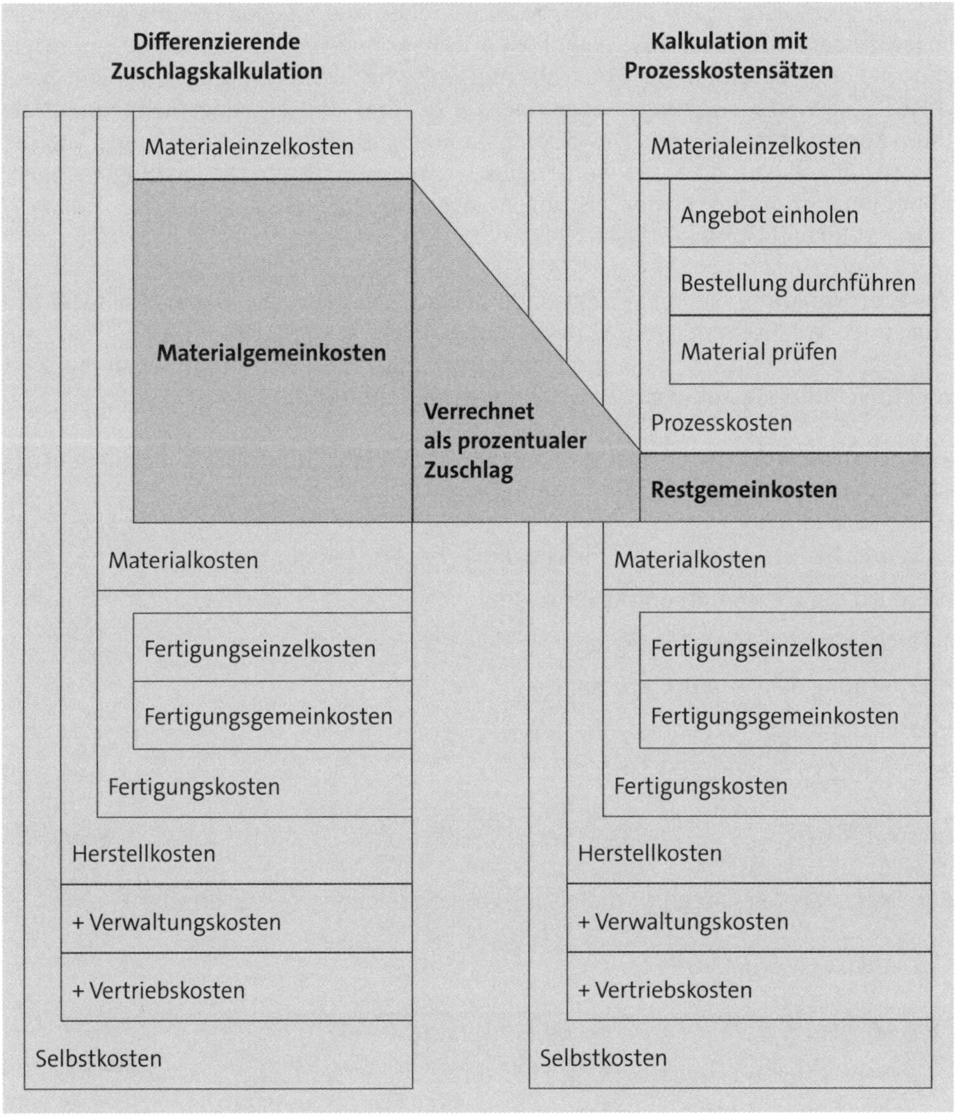

Schema der Kalkulation mit Prozesskostensätzen *(Britzelmaier/Dittrich/Macha)*

Die **Prozesskostenrechnung** besteht aus drei wesentlichen **Elementen**:

- dem **Prozess**, wobei Teil- und Hauptprozesse zu unterscheiden sind
- dem **Cost driver** als Messgröße für die Kostenverursachung und
- den **Prozesskosten** als den Kosten, die einem Prozess zuordenbar sind.

Ein **Prozess** stellt dabei eine Kette von Aktivitäten zur Erstellung eines Leistungsoutputs dar. **Hauptprozesse** und **Teilprozesse** bestehen aus einer Kette homogener Aktivitäten, die demselben Kostenbeeinflussungsfaktor unterliegen. **Teilprozesse** beziehen sich auf eine Kostenstelle, **Hauptprozesse** bestehen aus kostenstellenübergreifenden Teilprozessen. Die Teilprozesse einer Kostenstelle können verschiedenen Hauptprozessen zugeordnet werden. Die Prozessbezugsgröße für einen Hauptprozess heißt **„cost driver"**. Es werden **leistungsmengeninduzierte (lmi)** und **leistungsmengenneutrale (lmn) Kosten** unterschieden. Die leistungsmengeninduzierten Kosten hängen von der Kostenstellenleistung ab und werden durch diese beeinflusst. Die leistungsmengenneutralen Kosten sind von der Leistungsmenge eines Prozesses unabhängig. (Horváth/Mayer 1989 und Horváth/Mayer 1993)

Zur **Prozessbildung** eignen sich besonders logistische, ausgleichende, qualitätsbezogene und aktualisierende Aktivitäten. Für die Prozesskostenrechnung eignen sich nur Prozesse, die in hoher Anzahl und gleicher Qualität auftreten. Ihre Anwendung setzt **repetitive Prozesse mit wenig Entscheidungsspielraum** voraus.

Zur Verdeutlichung der Prozesskostenrechnung soll ein einfaches Beispiel dienen, das die Vorgehensweise und Zusammenhänge veranschaulicht.

Folgende **Schritte** sind zur Berechnung der Prozesskosten nötig:

- Ermittlung von Haupt- und Teilprozessen
- Festlegung geeigneter Maßgrößen
- Ermittlung der Gesamtprozesskosten
- Ermittlung der Prozessmengen
- Berechnung der Prozesskosten.

Beispiel

Für die Kostenstelle Arbeitsvorbereitung wurden folgende Kosten ermittelt:

Gesamtkosten: 550.000 €

Teilprozesse	Anzahl Mitarbeiter	Kostentreiber	Prozessmenge
Disponieren Standardteile	3	Anzahl Bestellpositionen	20.000
Disponieren Einmalteile	2	Anzahl Bestellpositionen	10.000
Steuern Fertigungsaufträge	1,5	Anzahl Vorfertigungsaufträge	1.000
Steuern Montageaufträge	3,5	Anzahl Montageaufträge	500
Kostenstelle leiten	1		

Zunächst werden die Gesamtkosten je Teilprozess ermittelt: Bei Gesamtkosten von 550.000 € und 11 Mitarbeitern betragen die Kosten je Mitarbeiter 50.000 €. Für die Teilprozesse ergeben sich damit folgende Gesamtkosten (jeweils Anzahl Mitarbeiter mal 50.000 €):

Teilprozesse	Anzahl Mitarbeiter	Gesamtkosten
Disponieren Standardteile	3	150.000 €
Disponieren Einmalteile	2	100.000 €
Steuern Fertigungsaufträge	1,5	75.000 €
Steuern Montageaufträge	3,5	175.000 €
Kostenstelle leiten	1	50.000 €
Gesamt	11	550.000 €

Danach werden die Gesamtkosten der leistungsmengeninduzierten Prozesse durch die jeweilige Prozessmenge dividiert:

Teilprozesse	Anzahl Mitarbeiter	Prozessmenge	Gesamtkosten	lmi
Disponieren Standardteile	3	20.000	150.000 €	7,5 €
Disponieren Einmalteile	2	10.000	100.000 €	10 €
Steuern Fertigungsaufträge	1,5	1.000	75.000 €	75 €
Steuern Montageaufträge	3,5	500	175.000 €	350 €

Die leistungsmengenneutralen Kosten (lmn) „Kostenstelle leiten“ in Höhe von 50.000 € werden auf die gesamten leistungsmengeninduzierten Kosten (lmi) in Höhe von 500.000 € bezogen, es resultiert ein „Zuschlagssatz“ von 10 %, der zur Bestimmung der gesamten Kosten pro Prozess verwendet wird:

Teilprozesse	Anzahl Mitarbeiter	Prozess-menge	Gesamt-kosten	lmi	lmn	Gesamt
Disponieren Standardteile	3	20.000	150.000 €	7,50 €	0,75 €	8,25 €
Disponieren Einmalteile	2	10.000	100.000 €	10,00 €	1,00 €	11,00 €
Steuern Fertigungsaufträge	1,5	1.000	75.000 €	75,00 €	7,50 €	82,50 €
Steuern Montageaufträge	3,5	500	175.000 €	350,00 €	35,00 €	385,00 €
Kostenstelle leiten	1		50.000 €			

Die auf diese Art und Weise ermittelten Prozesskosten können für strategische Entscheidungen, im Rahmen der innerbetrieblichen Leistungsverrechnung und in der Produktkalkulation verwendet werden.

In der Kostenträgerstückrechnung führt die Prozesskostenrechnung im Vergleich zur Verwendung von Zuschlagssätzen zu einer **veränderten Zurechnung von Gemeinkosten**, die sich in drei **Effekten** darstellen lässt:

- Allokationseffekt
- Degressionseffekt
- Komplexitätseffekt.

Der **Allokationseffekt** bedeutet, dass sich die Selbstkosten eines Produkts ändern, da Wertbezugsgrößen durch Mengenbezugsgrößen ersetzt werden. Dies kann im Vergleich zu höheren oder niedrigeren Selbstkosten führen, ist jedoch verursachungsgerechter. Als Beispiel können Kosten je Bestellung angeführt werden, die dann nicht mehr Bestandteil des Materialgemeinkostenzuschlagssatzes sind.
Bei steigender Prozesszahl sinken die Prozesskosten, bei sinkender Prozesszahl steigen sie. Dieser **Degressionseffekt** rührt aus der oben angeführten Proportionalisierung von Fixkosten.

Im **Komplexitätseffekt** kommt zum Ausdruck, dass komplexere Produkte mit höheren Kosten belastet werden, da die benötigten Prozesse statt pauschaler Zuschlagssätze verwendet werden. Dieser Effekt ähnelt dem Allokationseffekt.

Unter Einbezug von Maschinenstundensatz- und Prozesskostenrechnung könnte eine differenzierende Zuschlagskalkulation wie folgt aussehen:

Fertigungslöhne	25 €
Fertigungsgemeinkosten	10 €
0,1 Maschinenstunden (Stundensatz 300,00 €)	30 €
Einzelmaterialkosten	50 €
Materialgemeinkosten	5 €
Prüfkosten (Prozesskosten je Prüfung 4,00 €)	4 €
4 Materialbewegungen à 1,- € (Prozesskosten je Materialbewegung)	4 €
Sondereinzelkosten der Fertigung	5 €
Herstellkosten	**133 €**
Verwaltungs- und Vertriebsgemeinkosten	13,30 €
Selbstkosten	**146,30 €**

Die Prozesskostenrechnung kann in einem Unternehmen neue Erkenntnisse bewirken. Produkte erscheinen durch die verursachungsgerechtere Zurechnung von Gemeinkosten in einem anderen Licht, das positiv wie negativ sein kann. Sie liefert für die indirekten Bereiche ähnlich gute Ergebnisse wie die Maschinenstundensatzrechnung in der Produktion. Wo immer repetitive Prozesse vorliegen, kann sie gute Daten für Analysen und strategische Entscheidungen liefern. Der Einführungs- und Pflegeaufwand für die Prozesskostenrechnung ist hoch. Es erfolgt eine Variabilisierung der Fixkosten, deren man sich bewusst sein muss.

5.4.3 Kuppelproduktkalkulation

Liegt eine **verbundene Produktion** vor, so entstehen aus einem Produktionsprozess immer mehrere Produkte.

Beispiele

Wird in einer Raffinerie Benzin hergestellt, so fällt im Produktionsprozess auch immer Diesel (bzw. Heizöl als identisches Produkt zum Diesel) an. Werden in einem Sägewerk im Schwarzwald Bretter erzeugt, entstehen Sägespäne und Sägeabfälle, die weiterveräußert werden können.

Man spricht in diesen Fällen von Kuppelprodukten. Die **Kuppelproduktkalkulation** soll die Gesamtkosten des Produktionsprozesses auf die einzelnen Produkte verteilen, da eine verursachungsgerechte Kalkulation nicht möglich ist. In der Praxis haben sich dabei zwei Verfahren etabliert:

- **Restwertmethode**

  Die Restwertmethode wird angewendet, wenn in der Kuppelproduktion **ein Hauptprodukt und mehrere Nebenprodukte** erzeugt werden, z. B. Bretter und Sägespäne. Man subtrahiert die Erlöse der Nebenprodukte, also der Sägespäne (abzüglich etwaiger Weiterverarbeitungskosten), von den Gesamtkosten des Kuppelprozesses und erhält die Kosten des Hauptprodukts, der Bretter.

- **Verteilungsmethode**

  Bei der Verteilungsmethode ist eine **eindeutige Unterscheidung in Haupt- und Nebenprodukte nicht möglich** (z. B. Diesel und Benzin). Es werden Äquivalenzziffern nach dem Kostentragfähigkeitsprinzip gebildet und die Produktkosten analog der Äquivalenzziffernkalkulation ermittelt.

Beispiele

Als Beispiel für die **Restwertmethode** dient ein Sägewerk. Zusätzlich zum Hauptprodukt „Brett“ fällt das Nebenprodukt „Sägespäne“ an. Die Gesamtkosten des Produktionsprozesses betrugen 500.000 €; aus dem Verkauf der Sägespäne konnten 12.000 € erlöst werden. Für die Verpackung der Sägespäne fielen 2.000 € an. An Brettern wurden 49.000 Meter produziert. Es resultiert folgende Berechnung:

Gesamtkosten	500.000 €
Nettoerlöse des Nebenprodukts (12.000 € - 2.000 €)	10.000 €
Kosten des Hauptprodukts	490.000 €

Damit ergeben sich Kosten von 10 € je Meter.

Als Beispiel für die **Verteilungsmethode** werden zwei Hauptprodukte eines Raffinerieprozesses angeführt. Die Äquivalenzziffern werden entsprechend den Marktpreisen (3 : 1) festgelegt; die Gesamtkosten des Produktionsprozesses betragen 500.000 €:

Produkt	Äquivalenzziffer	Produktionsmenge	Rechnungseinheiten	Sortenkosten	Kosten je Liter
Knall	3	100.000	300.000 €	300.000 €	3 €
Rauch	1	200.000	200.000 €	200.000 €	1 €

Für das Produkt „Knall" entstehen Kosten je Liter in Höhe von 3 €; für das Produkt „Rauch" belaufen sich die Kosten je Liter auf 1 €.

Aufgabe 42 > Seite 327
Aufgabe 43 > Seite 328

F. Grundlagen der Teilkostenrechnung

Nach Studium dieses Kapitels ...

- *kennen Sie Mängel der Vollkostenrechnung und daraus resultierende Probleme*
- *kennen Sie den Inhalt, die Ziele und die Aufgaben der Teilkostenrechnung*
- *können Sie Kosten in fixe und variable Anteile aufteilen*
- *verstehen Sie Entscheidungen auf der Basis von Deckungsbeiträgen*
- *können Sie einen Betriebsabrechnungsbogen auf Teilkostenbasis erstellen*
- *können Sie Break-even-Analysen für Ein- und Mehrproduktunternehmen durchführen*
- *können Sie eine mehrstufige Deckungsbeitragsrechnung erstellen*
- *können Sie Preisuntergrenzen bestimmen*
- *können Sie Engpassoptimierung betreiben*
- *können Sie Make-or-Buy-Analysen durchführen.*

Im Rahmen dieses Kapitels zur Teilkostenrechnung werden folgende Inhalte behandelt:

Grundlagen der Teilkostenrechnung	Mängel der Vollkostenrechnung
	Aufteilung der Kosten in fixe und variable Anteile
	Betriebsabrechnung im System der Teilkostenrechnung
	Ergebnisrechnung im System der Teilkostenrechnung
	Break-even-Analysen
	Engpassbezogene Programmplanung
	Bestimmung von Preisuntergrenzen
	Make-or-Buy-Entscheidungen

1. Mängel der Vollkostenrechnung

Auf Basis der vollen Kosten getroffene Entscheidungen führen nicht immer zu optimalen Ergebnissen, wie der aus dem Jahre 1900 stammende Artikel belegt *(Cassel)*:

„Ein Reisebureau hatte für eine Reihe von Sonntagen Extrazüge bestellt und sich verpflichtet, für jeden Zug 250 Mark zu zahlen. Der Zug sollte 400 Plätze, alle dritter Klasse, haben. Am ersten Sonntage hatte das Bureau den Fahrpreis auf 2 Mark festgesetzt, und es kamen 125 Theilnehmer. Die Roheinnahmen betrugen also 250 Mark, ebensoviel wie die Ausgaben. Nun sagten sich die Direktoren des Bureaus: „mit diesem Preise kommen wir ja nur auf unsere Selbstkosten; etwas müssen wir doch verdienen"; und so wurde der Preis auf 3 Mark erhöht. Nächsten Sonntag kamen 50 Theilnehmer. Das Ergebnis war eine Einnahme von 150 Mark, und ein reiner Verlust von 100 Mark. Daraufhin meinte

man im Bureau: „die Durchschnittskosten betragen ja 5 Mark für die Person, und wir befördern die Reisenden für 3 Mark; so kann es nicht gehen". Der Preis wurde jetzt auf 6 Mark erhöht mit dem Ergebnis, dass der Zug am nächsten Sonntag nur 6 Reisende beförderte. Der Verlust steigerte sich jetzt auf 214 Mark. Jetzt endlich traten die Direktoren zusammen und sagten sich: „Diese Geschichte mit den Selbstkosten muß doch ein Unsinn sein: die bringt uns ja nur Verluste." So wurde der Preis auf einmal auf 1 Mark herabgesetzt. Der Erfolg war glänzend: die Zahl der Reisenden betrug den nächsten Sonntag 400; es entstand ein Überschuß von 150 Mark und das Merkwürdigste von allem, die Selbstkosten waren auf 62,5 Pf. für die Person gesunken."

Die **Vollkostenrechnung** verrechnet sämtliche Kosten auf die Kostenträger, **ohne** eine Aufteilung und Trennung in fixe und variable Anteile vorzunehmen.

Die **Teilkostenrechnung** (sieht man von der Riebelschen Einzelkostenrechnung einmal ab) verrechnet **zunächst nur** die **variablen Kosten**.

Fixkosten hängen nicht von der Produktions- oder Absatzmenge ab, sondern fallen periodenbezogen an. Die Verrechnung von Gemeinkosten, die weitgehend Fixkosten darstellen, über Zuschlagssätze führt zu einer **künstlichen Variabilisierung fixer Kostenanteile**, die de facto nicht vorhanden ist.

Durch den Einsatz der **Teilkostenrechnung** werden **Fehlentscheidungen** im **kurzfristigen Bereich vermieden**; langfristig müssen zum Erhalt des Unternehmens stets die vollen Kosten gedeckt werden. Die Teilkostenrechnung ersetzt die Vollkostenrechnung nicht, sie stellt eine Ergänzung und Erweiterung derselben dar.

Ein Beispiel zeigt, wie die alleinige Anwendung der Vollkostenrechnung zu Fehlentscheidungen führen kann.

Beispiel

In einem Unternehmen werden zurzeit von einem Produkt jeden Monat 500 Stück verkauft. Die Einzelkosten pro Stück (Einzelmaterial, Einzellohn) betragen 10 €; an fixen Gemeinkosten fallen pro Monat 10.000 € an. Das Unternehmen könnte mit seinen vorhandenen Kapazitäten maximal 700 Stück pro Monat produzieren und absetzen. Der Verkaufspreis beträgt 30 € je Stück.

Die Vollkostenrechnung zeigt folgende Kalkulation und Ergebnissituation:

Einzelkosten pro Stück:	10 €
Gemeinkosten pro Stück:	20 €
Gesamte Stückkosten:	30 €
Umsatzerlöse:	15.000 €
Einzelkosten:	5.000 €
Gemeinkosten:	10.000 €
Gewinn:	0 €

Soll das Unternehmen im nächsten Monat einen Zusatzauftrag annehmen? Der Kunde würde 100 Stück zu einem Preis von jeweils 12 € kaufen.

Auf Basis der Vollkostenkalkulation liegt der angebotene Preis mit 12 € unter den Stückkosten von 30 €. Das Zusatzgeschäft erscheint nicht lohnend. Ein Stückverlust von 18 € (Preis minus Kosten pro Stück) wird suggeriert.

Tatsächlich würde sich der Gewinn des Unternehmens jedoch um 200 € erhöhen, da die fixen Gemeinkosten zeitbezogen pro Monat anfallen. Die höhere Stückzahl führt damit nur zu einer Erhöhung der gesamten Einzelkosten. Es ergibt sich folgendes Ergebnis:

Umsatzerlöse:	15.000 €
Umsatzerlöse aus Zusatzgeschäft:	1.200 €
Einzelkosten (600 Stück):	6.000 €
Gemeinkosten (fix):	10.000 €
Gewinn:	200 €

Das Zusatzgeschäft lohnt sich damit!

Für **kurzfristige Entscheidungen** ist die **Teilkostenrechnung oftmals besser geeignet als die Vollkostenrechnung**. Fixkosten können kurzfristig nicht beeinflusst werden, damit sind auf kurze Sicht in vielen Situationen auch nur die variablen Kosten relevant.

2. Aufteilung der Kosten in fixe und variable Anteile

Um eine Teilkostenrechnung durchführen zu können, müssen die fixen und variablen Bestandteile der Kosten bekannt sein. Dazu werden Verfahren der Kostenauflösung eingesetzt:

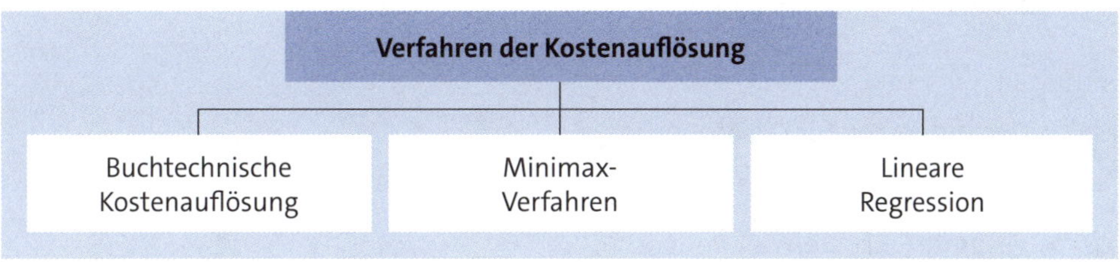

2.1 Buchtechnische Methode

Die buchtechnische Methode wird für Kosten verwendet, die vollständig fixen (z. B. Mieten) oder vollständig variablen Charakter (z. B. Hilfsstoffe) haben. Für diese kann bei der Buchung oder bereits in der betreffenden Kostenart festgelegt werden, dass es sich um fixe oder variable Kosten handelt. Die Trennung in fixe und variable Kosten wird bereits bei der Verbuchung des Geschäftsvorfalls oder generell für die betreffende Kostenart vorgenommen. In vielen IT-Systemen ist ein Kontierungsfeld für die Trennung in fixe und variable Kosten vorgesehen. Dort trägt man z. B. eine Null bei fixen Kosten und eine Eins bei variablen Kosten ein.

Beispiel

Buchtechnische Kostenauflösung:

Kostenart Hilfsstoffe				K_F?
4	0	4	0	**0 für fixe Kosten** **1 für variable Kosten**

Für das in der Abbildung gewählte Beispiel „Hilfsstoffe" müsste eine Eins eingetragen werden.

Unter den **Gemeinkosten** finden sich jedoch auch Kosten, die sowohl **fixe als auch variable Anteile** aufweisen, wie z. B. Hilfslöhne in der Fertigung. Hier müssen nun statt der buchtechnischen Methode andere Verfahren verwendet werden. Zur Berechnung der fixen und der variablen Anteile werden häufig das Minimax-Verfahren oder die lineare Regression eingesetzt.

2.2 Minimax-Verfahren

Das Minimax-Verfahren geht davon aus, dass die Differenzkosten zwischen zwei Beschäftigungsgraden proportionalen Charakter aufweisen, weil fixe Kosten von Beschäftigungsänderungen nicht berührt werden. Die Kostenfunktion hat die Gestalt

$$K(x) = k_v \cdot x + K_F$$

mit:

$K(x)$ = Gesamtkosten für die Menge x
k_v = variable Kosten pro Stück
x = Menge
K_F = gesamte Fixkosten der Periode

Die Steigung dieser linearen Kostenfunktion bilden die variablen Kosten k_v; sie werden auf der Basis von zwei Kosten-Beschäftigungspaaren als Quotient aus Kostendifferenz und Beschäftigungsdifferenz gebildet.

Beispiel

Monat	Stunden	Gesamtkosten
Januar	300	50.000 €
Februar	200	45.000 €

Die Kostendifferenz beträgt 5.000 €, die Beschäftigungsdifferenz 100 Stunden. Daraus resultieren 50 € variable Kosten pro Stunde. Bei 300 Stunden im Januar betragen die variablen Kosten damit 15.000 €, die fixen als Differenz zu den Gesamtkosten in Höhe von 50.000 € demnach 35.000 €. Die lineare Kostenfunktion auf Monatsbasis lautet:

$$K(x) = 50 \cdot x + 35.000$$

Die Annahme linearer Kostenfunktionen entspricht nicht den tatsächlichen Gegebenheiten, erleichtert jedoch Planung, Kontrolle und Steuerung.

2.3 Lineare Regression

Im Gegensatz zur Minimax-Methode baut die lineare Regression auf mehr als zwei Kosten-/Beschäftigungspaaren auf. Als statistische Methode bestimmt sie die lineare Kostenfunktion auf Basis der Kleinsten-Quadrate-Methode. Es wird jene Gerade durch die Punkteschar gelegt, zu welcher die Abstandsquadrate der Punkte zu ihr minimal sind:

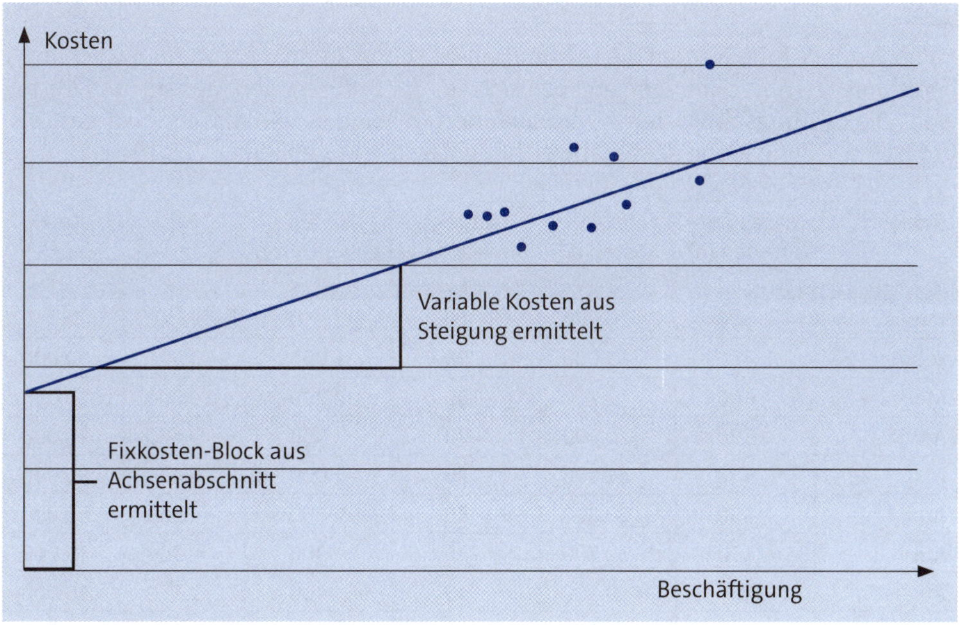

Statistische Methode *(Coenenberg/Fischer/Günther)*

Das Vorgehen wird an einem Beispiel erläutert.

Beispiel

In den einzelnen Monaten wurden jeweils die Maschinenstunden und die Hilfslohnkosten erfasst. Die Mittelwerte ergeben sich durch die Division der Summen durch die Anzahl der Monate:

Monat	Maschinenstunden (h)	Hilfslohnkosten (€)
Januar	500	20.000
Februar	450	19.000
März	600	22.200
April	520	20.500
Mai	580	21.000
Juni	550	20.800
Juli	470	19.700
August	460	19.600
September	490	20.100
Oktober	510	20.200
November	400	18.200
Dezember	470	18.700
Summe	**6.000**	**240.000**
Mittelwert	**500**	**20.000**

Im nächsten Schritt werden die Leistungsabweichung X und die Kostenabweichung Y berechnet. Die Abweichungen ergeben sich aus der Differenz von Monats- und Mittelwert. Die Leistungsabweichung wird quadriert (X^2) und es wird das Produkt aus Leistungsabweichung X und Kostenabweichung Y, also X • Y gebildet:

Monat	Maschinenstunden (h)	Hilfslohnkosten (€)	Leistungsabweichung X	Kostenabweichung Y	X^2	X • Y
Januar	500	20.000	0	0	0	0
Februar	450	19.000	-50	-1.000	2.500	50.000
März	600	22.200	100	2.200	10.000	220.000
April	520	20.500	20	500	400	10.000
Mai	580	21.000	80	1.000	6.400	80.000
Juni	550	20.800	50	800	2.500	40.000
Juli	470	19.700	-30	-300	900	9.000
August	460	19.600	-40	-400	1.600	16.000
September	490	20.100	-10	100	100	-1.000

Monat	Maschinen-stunden (h)	Hilfslohn-kosten (€)	Leistungs-abweichung X	Kosten-abweichung Y	X²	X • Y
Oktober	510	20.200	10	200	100	2.000
November	400	18.200	-100	-1.800	10.000	180.000
Dezember	470	18.700	-30	-1.300	900	39.000
Summe	**6.000**	**240.000**	**0**	**0**	**35.400**	**645.000**
Mittelwert	**500**	**20.000**				

Die variablen Stückkosten können dann aus der folgenden Formel berechnet werden:

$$k_v = \frac{\sum_{i=l}^{n} X_i \cdot Y_i}{\sum_{i=l}^{n} X_i^2}$$

Im Beispiel resultiert:

$$k_v = \frac{645.00}{35.400} = \mathbf{18{,}22\ €}$$

Die fixen Kosten resultieren aus der Differenz von Gesamtkosten und variablen Kosten. Berechnet aus dem Mittelwert ergibt sich 20.000 € - 500 • 18,22 € = 10.890 € Fixkosten pro Monat.

Aufgabe 44 > Seite 328

3. Betriebsabrechnung im System der Teilkostenrechnung

Möchte man die Teilkostenrechnung ständig als Ergänzung zur Vollkostenrechnung im Unternehmen führen, muss die Betriebsabrechnung ebenfalls ausgebaut werden. Die Kosten werden in ihre fixen und variablen Bestandteile zerlegt (vgl. dazu die Verfahren oben). In einem **Betriebsabrechnungsbogen auf Teilkostenbasis** werden **nur** die **variablen Kosten** in der Kostenstellenrechnung und auf die Kostenträger **weiter verrechnet**. Die **Fixkosten** werden als **Summe** in der **Erfolgsrechnung** berücksichtigt:

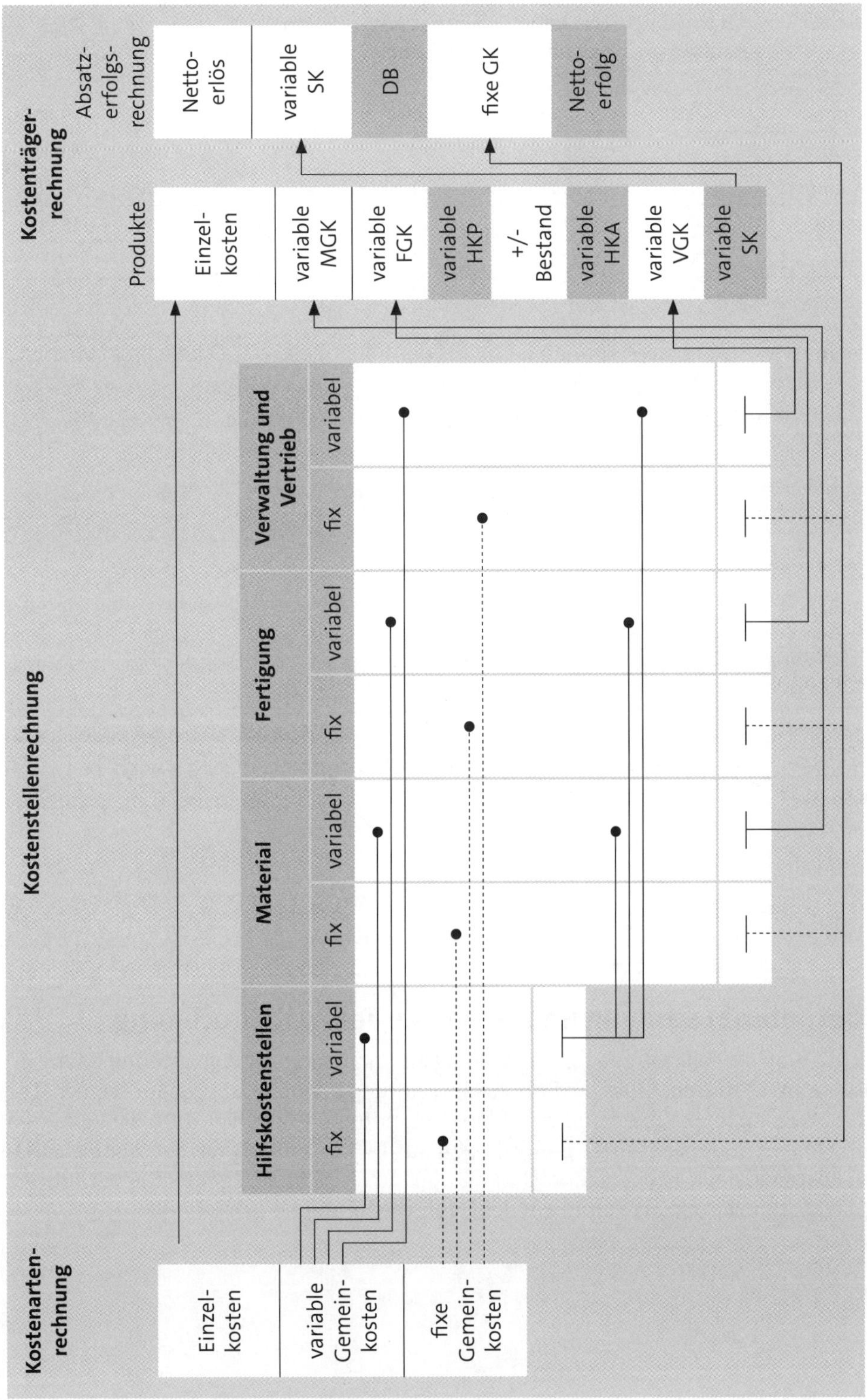

Betriebsabrechnung im System der Teilkostenrechnung

Das bedeutet, dass **keine Verrechnung der Fixkosten** – weder von den Hilfs- noch von den Hauptkostenstellen – auf die Produkte passiert. Die Differenz aus Erlösen und variablen Kosten bezeichnet man als **Deckungsbeitrag (DB)**; er trägt zur Deckung der Fixkosten bei und stellt ein zentrales Element der Teilkostenrechnung dar.

Das Vorgehen wird an einem Beispiel veranschaulicht.

Beispiel

Die ABC AG hat ihren **Vollkosten-BAB** erstellt, der folgendermaßen aussieht:

Kostenarten		**Material**	**Fertigung**	**Verwaltung und Vertrieb**	**Kostenträger**	
					A	**B**
Einzelmaterial	10.000				4.000	6.000
Einzellöhne	20.000				8.000	12.000
Gemeinkosten	48.000	5.000	30.000	13.000		
Total	**78.000**	**5.000**	**30.000**	**13.000**	**12.000**	**18.000**
Umlage Material		5.000			2.000	3.000
Umlage Fertigung			30.000		12.000	18.000
HKP					**26.000**	**39.000**
+/- Bestand					-1.000	1.000
HKA					**25.000**	**40.000**
Umlage VGK				-13.000	5.000	8.000
Selbstkosten					**30.000**	**48.000**
Verkaufserlöse					**35.000**	**45.000**
Nettoerfolg					**5.000**	**-3.000**

Zunächst wurden die Einzel- und Gemeinkosten ermittelt. Die Einzelkosten wurden direkt den Kostenträgern A und B zugerechnet, die Gemeinkosten den Kostenstellen Material, Fertigung sowie Verwaltung und Vertrieb. Danach erfolgte die Umlage der Material- und Fertigungsgemeinkosten. Der Materialgemeinkostenzuschlagssatz beträgt im Beispiel 50 %; er bezieht sich auf das Einzelmaterial. Der Fertigungsgemeinkostenzuschlagssatz beläuft sich auf 150 %; Bezugsbasis für ihn sind die Einzellöhne. Es ergeben sich die Herstellkosten der Produktion (HKP).

Von Produkt A wurden 26 Stück hergestellt, aber nur 25 Stück verkauft. Bei Herstellkosten in Höhe von 26.000 € für 26 Stück sind daher 1.000 € (Herstellkosten für ein Stück) als Bestandserhöhung zu berücksichtigen. Bei Produkt B wurden zwei Stück mehr verkauft als produziert; diese wurden dem Lager entnommen. Sie waren mit Herstellkosten in Höhe von 500 € je Stück bewertet worden. Es resultieren die Herstellkosten des Absatzes (HKA), die als Basis für die Verrechnung der Verwaltungs- und Vertriebsgemeinkosten dienen (VGK). Der Zuschlagssatz beträgt hier 20 %. Den Selbstkosten werden die Umsatzerlöse gegenübergestellt. A erwirtschaftet einen Gewinn von 5.000 €. Bei B entsteht ein Verlust von 3.000 €.

Das Unternehmen entscheidet sich, den Vollkosten-BAB zu einem Teilkosten-BAB auszubauen, um für kurzfristige Entscheidungen eine bessere Grundlage zu haben. Der **BAB auf Teilkostenbasis** sieht im Beispiel wie folgt aus:

Kostenarten GK_f		**Material**		**Fertigung**		**Verwaltung und Vertrieb**		**Kostenträger**	
		GK_f	**GK_v**	**GK_f**	**GK_v**	**GK_f**	**GK_v**	**A**	**B**
Einzel-material	10.000							4.000	6.000
Einzel-löhne	20.000							8.000	12.000
Gemein-kosten	48.000	2.750	2.250	20.000	10.000	8.755	4.245		
Total	**78.000**	**2.750**	**2.250**	**20.000**	**10.000**	**8.755**	**4.245**	**12.000**	**18.000**
Umlage Material			-2.250					900	1.350
Umlage Fertigung					-10.000			4.000	6.000
HKP								**16.900**	**25.350**
+/- Bestand								-650	850
HKA								**16.250**	**26.200**
Umlage VGK							-4.245	1.625	2.620
SK								**17.875**	**28.820**
Verkaufs-erlöse								**35.000**	**45.000**
DB								**17.125**	**16.180**
DB Total								**33.305**	
Fixkosten		**-2.750**		**-20.000**		**-8.755**		**31.505**	
Nettoerfolg								**1.800**	

Die Einzelkosten wurden direkt den Kostenträgern A und B zugerechnet. Die Gemeinkosten wurden in ihre fixen (GK_f) und variablen Anteile (GK_v) aufgeteilt. Dies geschieht durch Anwendung der Verfahren der Kostenauflösung, wie sie in » Kapitel F.2 beschrieben wurden. Danach erfolgte die Umlage der Material- und Fertigungsgemeinkosten. Im Unterschied zu einem BAB auf Vollkostenbasis werden jedoch nur die variablen Kosten weiterverrechnet. Der (variable) Materialgemeinkostenzuschlagssatz beträgt im Beispiel 22,5 %; er bezieht sich auf das Einzelmaterial. Der (variable) Fertigungsgemeinkostenzuschlagssatz beläuft sich auf 50 %; Bezugsbasis für ihn sind die Einzellöhne. Es ergeben sich die Herstellkosten der Produktion (HKP).

Von Produkt A wurden 26 Stück hergestellt, aber nur 25 Stück verkauft. Bei (variablen) Herstellkosten in Höhe von 16.900 € für 26 Stück sind daher 650 € (variable Herstellkosten für ein Stück) als Bestandserhöhung zu berücksichtigen. Bei Produkt B wurden zwei Stück mehr verkauft als produziert; diese wurden dem Lager entnommen. Sie waren mit (variablen) Herstellkosten in Höhe von 425 € je Stück bewertet worden. Es resultieren die (variablen) Herstellkosten des Absatzes (HKA), die als Basis für die Verrechnung der (variablen) Verwaltungs- und Vertriebsgemeinkosten dienen (VGK). Der Zuschlagssatz beträgt hier 10 %. Den (variablen) Selbstkosten werden die Umsatzerlöse gegenübergestellt.

A erwirtschaftet einen Deckungsbeitrag von 17.125 €; bei B entsteht ein Deckungsbeitrag von 16.180 €. Beide Produkte leisten damit einen Beitrag zur Deckung der Fixkosten, welche nun in Summe vom Deckungsbeitrag subtrahiert werden. Es resultiert ein Gewinn von 1.800 €. Der Ergebnisunterschied in Höhe von 200 € (Gewinn auf Basis Vollkosten 2.000 €, auf Basis Teilkosten 1.800 €) ist durch die unterschiedliche Bewertung der Bestandsveränderung zu erklären. So wirkt die Bestandserhöhung bei A mit 350 € weniger auf den Gewinn (1000 € Bestandserhöhung Vollkostenrechnung, 650 € Teilkostenrechnung), wohingegen sich das Ergebnis bei B um 150 € verbessert (850 € Bestandsminderung Teilkostenrechnung, 1.000 € Bestandsminderung Vollkostenrechnung).

4. Ergebnisrechnung im System der Teilkostenrechnung

Die Ergebnisrechnung im System der Teilkostenrechnung kann einstufig oder mehrstufig erfolgen.

4.1 Einstufige Deckungsbeitragsrechnung

In der einstufigen Deckungsbeitragsrechnung wird der Erfolg zweistufig ermittelt:

	Umsatzerlöse
-	variable Kosten
=	**Deckungsbeitrag**
-	fixe Kosten
=	**Gewinn oder Verlust**

Damit wird ersichtlich, ob überhaupt ein **Beitrag zur Deckung der fixen Kosten** erwirtschaftet wird. Sollte ein Produkt keinen positiven Deckungsbeitrag aufweisen, so führt jede Absatzmengenerhöhung zu schlechteren Ergebnissen.

4.2 Mehrstufige Deckungsbeitragsrechnung

Zur differenzierteren Erfolgsanalyse dient die mehrstufige Deckungsbeitragsrechnung. Sie verrechnet die Fixkosten nicht als einen Block, sondern differenziert zwischen den **Fixkostenschichten** des jeweiligen Unternehmens. Die Fixkosten werden dem sie verursachenden Bezugsobjekt zugeordnet. Dazu dienen **Hierarchiebildungen** wie die folgende:

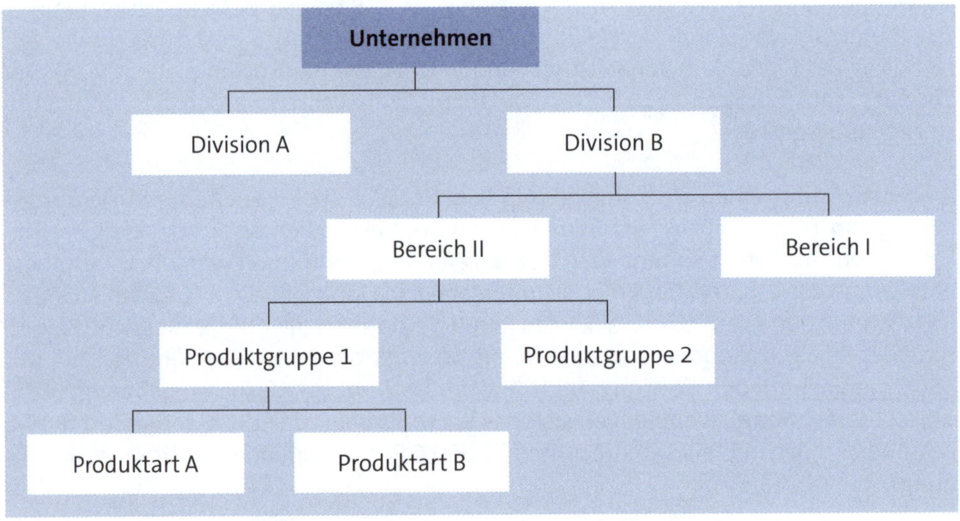

Das **Ergebnis** wird dann **stufenweise** ermittelt:

	Nettoerlöse
-	Variable Selbstkosten
=	**DB I**
-	Produktfixkosten
=	**DB II**
-	Produktgruppenfixkosten
=	**DB III**
-	Bereichsfixkosten
=	**DB IV**
-	Unternehmensfixkosten
=	**DB V**

Die Anzahl der Hierarchiestufen ist nicht vorgegeben, sondern ergibt sich aus den Gegebenheiten des jeweiligen Unternehmens. Die in der Abbildung aufgeführten Fixkosten können wie folgt erläutert werden:

	Erläuterung	**Beispiele**
Produktfixkosten	Fixkosten, die nur von einem einzigen Erzeugnis beansprucht werden	Spezialwerkzeug Entwicklungskosten Abschreibungen auf eine Maschine, die nur für dieses eine Produkt benötigt wird
Produktgruppenfixkosten	Fixkosten, die durch eine Produktgruppe entstehen	Abschreibungen auf eine Maschine, die nur für eine Produktgruppe benötigt wird Werbung für eine Produktgruppe
Bereichsfixkosten	Fixkosten, die nicht mehr einzelnen Produkten oder Produktgruppen, sondern nur noch betrieblichen Teilbereichen (die mehrere Produktgruppen umfassen) zurechenbar sind	Gehälter für die Leitung des Unternehmensbereichs „Fracht" bei der Lufthansa
Unternehmensfixkosten	Verbleibende Fixkosten, die dem gesamten Unternehmen zuzurechnen sind	Gehalt des Vorstandsvorsitzenden

Die mehrstufige Deckungsbeitragsrechnung wird wieder an einem Beispiel veranschaulicht:

Beispiel

Das Unternehmen „Water Value AG" ist in die beiden Unternehmensbereiche „Mineralwasser" und „Erfrischungsgetränke" gegliedert. Der Bereich „Erfrischungsgetränke" umfasst die Produktgruppen „Limonaden" und „Energy Drinks". Die Produktgruppe „Limonaden" beinhaltet die Produkte „Zitrone" und „Orange". Die Produktgruppe „Energy Drinks" umfasst die Produkte „Blue Ox" und „Green Ox". Im Unternehmensbereich „Mineralwasser" finden sich die Produkte „Classic" und „Still".

Grafisch veranschaulicht, stellt sich die Struktur des Unternehmens produktorientiert wie folgt dar:

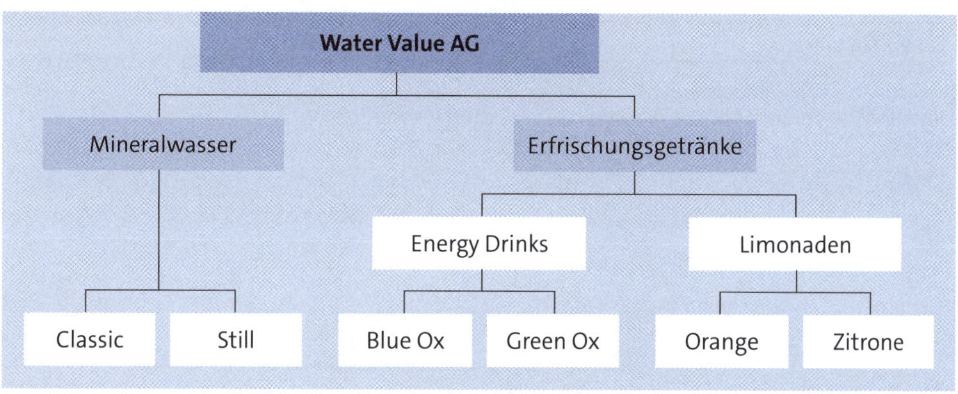

Folgende Daten liegen vor (Angaben pro Monat):

	Classic	Still	Blue Ox	Green Ox	Orange	Zitrone
Preis je Flasche in Euro	0,10	0,08	0,50	0,50	0,20	0,18
Absatzmenge in Stück	50.000	50.000	30.000	20.000	15.000	25.000
Variable Kosten je Flasche in Euro	0,03	0,02	0,15	0,16	0,08	0,05
Fixkosten in Euro	2.000	1.500	1.400	1.600	1.300	1.700

Für die Produktgruppe „Energy Drinks“ fallen produktgruppenspezifische Fixkosten in Höhe von 2.000 € an; für die Produktgruppe „Limonaden“ sind es 800 €. Der Bereich „Mineralwasser“ verursacht Fixkosten von 600 €, der Bereich „Erfrischungsgetränke“ 400 €. An Unternehmensfixkosten fallen 550 € an.

Es resultiert die mehrstufige Deckungsbeitragsrechnung:

	Classic	Still	Blue Ox	Green Ox	Orange	Zitrone
Umsatzerlöse	5.000	4.000	15.000	10.000	3.000	4.500
Variable Kosten	1.500	1.000	4.500	3.200	1.200	1.250
Deckungsbeitrag I	**3.500**	**3.000**	**10.500**	**6.800**	**1.800**	**3.250**
Produktfixe Kosten	2.000	1.500	1.400	1.600	1.300	1.700
Deckungsbeitrag II	**1.500**	**1.500**	**9.100**	**5.200**	**500**	**1.550**
Summe DB II	**3.000**		**14.300**		**2.050**	
Produktgruppenfixkosten			2.000		800	
DB III	**3.000**		**12.300**		**1.250**	
Summe DB III	**3.000**		**13.550**			
Bereichsfixkosten	600		400			
DB IV	**2.400**		**13.150**			
Summe DB IV	**15.550**					
Unternehmensfixkosten	550					
DB V / Gewinn	**15.000**					

Damit ist eine detaillierte Analyse der Produkte möglich.

5. Break-even-Analyse

5.1 Break-even-Analysen im Einproduktunternehmen

Wie bereits dargelegt, kann die Vollkostenrechnung zu Fehlentscheidungen führen. **Kurzfristige Entscheidungen** stützt man oftmals besser auf Basis der **variablen Kosten** ab, da die Fixkosten kurzfristig nicht abbaubar sind. In diesem Zusammenhang sollen die **„Sunk Costs"** nicht unerwähnt bleiben. Sunk Costs stellen bereits entstandene Kosten dar, die nicht rückgängig gemacht werden können und daher unwiderruflich anfallen. Sie sind im Entscheidungskalkül irrelevant. So macht es z. B. keinen Sinn, ein aussichtsloses Projekt weiterzuführen, weil bereits 1 Mio. € in dieses Produkt investiert wurde.

Für ein Unternehmen ist es interessant, zu wissen, welche Absatzmenge nötig ist, um Gewinne zu erzielen. Entsprechen sich Kosten und Erlöse, entsteht weder Verlust noch Gewinn. Trägt man Kosten und Erlöse in Abhängigkeit von der Menge in ein Koordinatensystem ein, so liegt die **Gewinnschwelle (Break-even-Point)** im **Schnittpunkt von Kosten- und Erlösfunktion**. Anders ausgedrückt entspricht der erwirtschaftete Deckungsbeitrag hier den Fixkosten. Bei Überschreiten der Gewinnschwelle entstehen Gewinne, bei Unterschreiten Verluste.

Im Einproduktunternehmen lässt sich der Break-even-Punkt einfach berechnen. Der Zusammenhang lässt sich grafisch wie folgt veranschaulichen:

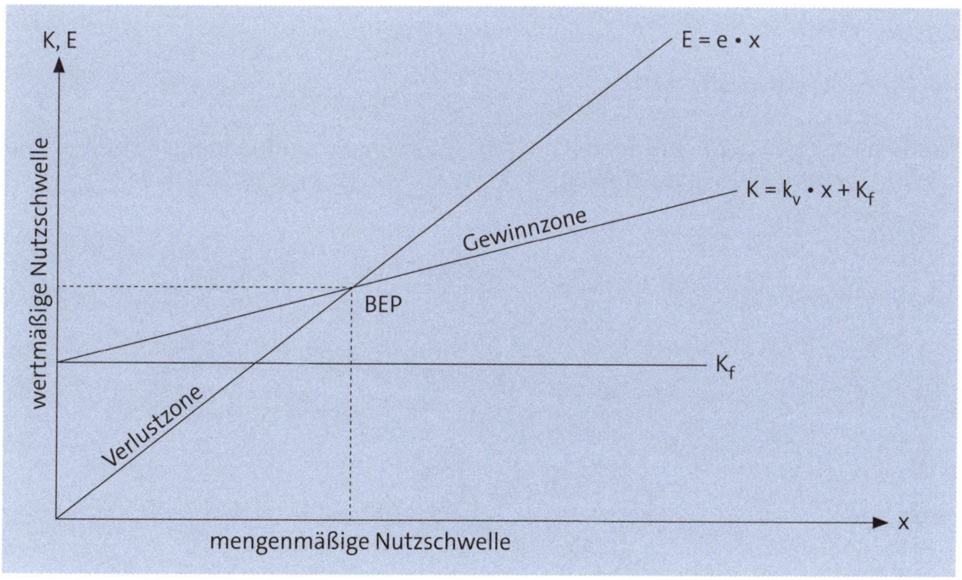

K = Gesamtkosten der Periode
E = Erlöse der Periode
K_f = Fixkosten der Periode
k_v = variable Kosten pro Stück
x = Menge

Erlös- und Kostenfunktion werden gleichgesetzt:

E = K, also

$$e \cdot x = k_v \cdot x + K_F$$

mit
e = Erlös pro Stück
x = Menge
k_v = variable Stückkosten
K_F = gesamte Fixkosten der Periode

Durch Umformen erhält man:

$$x = \frac{K_F}{e - k_v}$$

bzw.

$$x = \frac{K_F}{db}$$

mit db als Stückdeckungsbeitrag.

Grafisch lässt sich der Break-even-Point auch aus dem Zusammenhang Fixkosten und Gesamtdeckungsbeitrag darstellen:

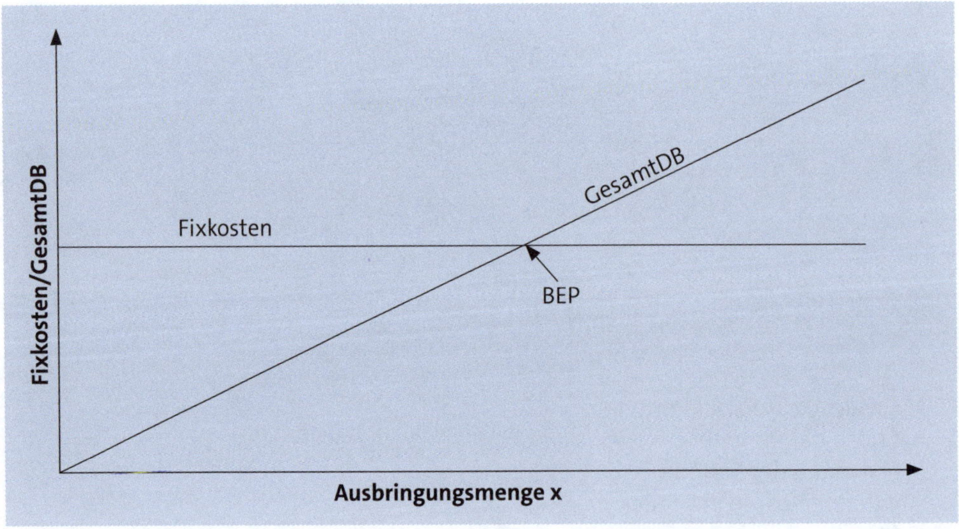

Die Berechnung des Break-even-Points in der dargestellten Form funktioniert nur, wenn eine Aufteilung der Kosten in fixe und variable Anteile möglich ist, wenn sich Produktions- und Absatzmenge entsprechen und in der betrachteten Periode Preise und Kosten konstant bleiben.

Die **wertmäßige Gewinnschwelle** stellt den Umsatz dar, bei dem sich Kosten und Erlöse entsprechen. Er kann durch die Multiplikation der Break-even-Menge mit dem Verkaufspreis berechnet werden.

Das Modell lässt sich modifizieren, indem z. B. die zur Erzielung eines vorgegebenen Gewinns oder zur Deckung nur der liquiditätswirksamen Kosten nötige Menge berechnet wird.

Die Berechnung des Break-even-Points wird anhand eines Beispiels veranschaulicht.

Beispiel

Der Student Bruno Bocksbeutel betreibt an den Dezemberwochenenden einen Glühweinstand. Er bezahlt für die Benutzung des Standes inklusive Inventar 200 € pro Tag. Für einen Becher Glühwein fallen 0,50 € variable Kosten an (Wein, Gewürze etc.). Ein Becher Glühwein wird für 3,00 € verkauft. Umsatzsteuer ist nicht zu berücksichtigen, da Herr Bocksbeutel als Kleinunternehmer eingestuft ist. Es stellt sich die Frage, wie viele Becher Glühwein pro Tag verkauft werden müssen, um keinen Verlust zu erleiden.

Der Break-even-Punkt, die Gewinnschwelle, ergibt sich durch die Division der Fixkosten durch den Stückdeckungsbeitrag. Die Fixkosten pro Tag betragen 200 €, der Stückdeckungsbeitrag 2,50 € (3,00 € (Verkaufspreis) - 0,50 € (variable Stückkosten)). Bruno Bocksbeutel muss pro Tag 80 Becher Glühwein verkaufen, um seine Kosten zu denken. Für jeden Becher, den er mehr verkauft, erwirtschaftet er einen Stückdeckungsbeitrag, der sich in voller Höhe als Gewinn niederschlägt. So beträgt sein Gewinn bei 81 Stück 2,50 €; bei 79 Stück würde er einen Verlust von 2,50 € erleiden.

Aufgabe 45 > Seite 329

5.2 Break-even-Analysen im Mehrproduktunternehmen

Im Mehrproduktunternehmen ist die Berechnung des Break-even-Points schwieriger, da die Fixkosten für verschiedene Produkte anfallen. Die Fixkosten müssen auf die Produkte verteilt werden, was bei Erzeugnisfixkosten kein Problem darstellt, bei Produktgruppen-, Bereichs- oder Unternehmensfixkosten jedoch nur durch eine relativ willkürliche Zurechnung derselben zu den Produkten erfolgen kann. Man geht dabei in der Praxis gerne von einem **fixen Produktmix** aus und berechnet den zur Erreichung der Gewinnschwelle nötigen Umsatz. Dies erfolgt über die **gewichtete Deckungsbeitragsrate** und wird im folgenden Beispiel veranschaulicht.

Beispiel

Der Cocktailbar-Inhaber Toni Tequila hat fünf Cocktails im Angebot:

	Long Island Iced Tea	Tequila Sunrise	Caipirinha	Mojito	Sex on the Beach
Verkaufspreis	8,00 €	7,00 €	6,00 €	6,50 €	7,50 €
Variable Kosten je Stück	2,50 €	3,50 €	1,50 €	2,60 €	3,00 €
Umsatzanteil	40 %	15 %	15 %	10 %	20 %
Fixkosten pro Monat	25.000,00 €				

Wo liegt sein Break-even-Umsatz?

Zunächst werden die Stückdeckungsbeiträge und die Deckungsbeitragsraten (DB je Stück in Prozent des Verkaufspreises) berechnet:

	Long Island Iced Tea	Tequila Sunrise	Caipirinha	Mojito	Sex on the Beach
Verkaufspreis	8,00 €	7,00 €	6,00 €	6,50 €	7,50 €
Variable Kosten je Stück	2,50 €	3,50 €	1,50 €	2,60 €	3,00 €
DB je Stück	5,50 €	3,50 €	4,50 €	3,90 €	4,50 €
Deckungsbeitragsrate	68,75 %	50 %	75 %	60 %	60 %

Anschließend wird die gewichtete Deckungsbeitragsrate ermittelt, indem zunächst die Umsatzanteile der Produkte mit ihrer jeweiligen Deckungsbeitragsrate multipliziert und die daraus resultierenden Ergebnisse addiert werden:

	Long Island Iced Tea	Tequila Sunrise	Caipirinha	Mojito	Sex on the Beach
Umsatzanteil	40 %	15 %	15 %	10 %	20 %
Deckungsbeitragsrate	68,75 %	50 %	75 %	60 %	60 %
Umsatzanteil mal Deckungsbeitragsrate	27,5 %	7,5 %	11,25 %	6 %	12 %
Gewichtete Deckungsbeitragsrate	**64,25 %**				

Nun werden die Fixkosten in Höhe von 25.000 € durch die gewichtete Deckungsbeitragsrate von 64,25 % dividiert. Es resultiert ein Break-even-Umsatz in Höhe von 38.910,51 €.

Ausgehend vom Break-even-Umsatz kann nun auf die benötigte Stückzahl je Sorte – bei gegebenem Umsatzmix – zurückgerechnet werden. Dazu wird der Break-even-Umsatz durch Multiplikation mit dem jeweiligen Umsatzanteil auf die Produkte verteilt. Durch Division mit dem Stückpreis erhält man die Stückzahl pro Produkt:

	Umsatzanteil	Umsatz	Verkaufspreis je Stück	Stückzahl
Long Island Iced Tea	40 %	15.564,20 €	8,00 €	1.945,525
Tequila Sunrise	15 %	5.836,58 €	7,00 €	833,797
Caiprinha	15 %	5.836,58 €	6,00 €	972,763
Mojito	10 %	3.891,05 €	6,50 €	598,623
Sex on the Beach	20 %	7.782,10 €	7,50 €	1.037,613
		38.910,51 €		

In der Praxis müssen die Stückzahlen gerundet werden, hier wird mit den ungerundeten Zahlen zur besseren Nachvollziehbarkeit weitergerechnet.

Zur Kontrolle werden die Kosten für die so berechneten Stückzahlen ermittelt. Dazu werden zunächst die gesamten variablen Kosten pro Produkt berechnet. Sie ergeben sich aus der oben ermittelten Stückzahl multipliziert mit den variablen Stückkosten. Da sich im Break-even-Punkt Erlöse und Kosten entsprechen, subtrahiert man nun die variablen Gesamtkosten pro Produkt vom Produktumsatz und erhält damit die Fixkosten pro Produkt:

	Verkaufspreis je Stück	Variable Kosten je Stück	Stückzahl	Variable Kosten gesamt	Umsatz	Fixkosten
Long Island Iced Tea	8,00 €	2,50 €	1.945,525	4.863,81 €	15.564,20 €	10.700,39 €
Tequila Sunrise	7,00 €	3,50 €	833,797	2.918,29 €	5.836,58 €	2.918,29 €
Caiprinha	6,00 €	1,50 €	972,763	1.459,14 €	5.836,58 €	4.377,44 €
Mojito	6,50 €	2,60 €	598,623	1.556,42 €	3.891,05 €	2.334,63 €
Sex on the Beach	7,50 €	3,00 €	1.037,613	3.112,84 €	7.782,10 €	4.669,26 €
				13.910,50 €	**38.910,51 €**	**25.000,01 €**

Wie auch das Beispiel zeigt, beeinflussen mehrere Variablen die Höhe des Break-even-Umsatzes. Ändern sich Umsatzanteile, Verkaufspreis, variable Kosten oder Stückkosten, muss die Berechnung neu erfolgen.

Aufgabe 46 > Seite 329

6. Engpassbezogene Programmplanung

Insbesondere in Zeiten der Hochkonjunktur treten in Unternehmen **Engpässe** auf; man ist nicht mehr in der Lage, die Marktnachfrage vollständig zu produzieren und damit zu befriedigen. Engpässe können aus fehlendem Personal, fehlenden Maschinen, fehlenden Materialien oder auch fehlenden Lagerkapazitäten resultieren. Für das betreffende Unternehmen stellt sich dann die Frage, welcher Produktmix zu produzieren ist, um den Gewinn zu optimieren.

Es handelt sich um eine kurzfristige Entscheidung. Die Fixkosten müssen daher nicht näher betrachtet werden; sie fallen unabhängig vom jeweiligen Produktmix in gleicher Höhe an. Zu optimieren ist der Deckungsbeitrag des knappen Gutes, also der DB je Engpasseinheit. Dieser wird als **relativer Deckungsbeitrag db_r** bezeichnet:

$$db_r = \frac{\text{db je Stück}}{\text{benötigte Anzahl Engpasseinheiten je Stück}}$$

Diese Vorgehensweise funktioniert bei Vorliegen eines Engpasses. Treten mehrere Engpässe gleichzeitig auf, werden Gleichungssysteme oder Isogewinnlinien zur Lösungsberechnung verwendet.

Zur Veranschaulichung des Lösungswegs bei Vorliegen **eines Engpasses** dient das folgende Beispiel.

Beispiel

Von einem Edelmetall können maximal 4.000 kg beschafft werden. Es ist von folgender Situation auszugehen:

	Produkt A	Produkt B	Produkt C
Maximale Absatzmenge	6.000	5.000	10.000
Stückpreis	100 €	80 €	50 €
Variable Stückkosten	60 €	40 €	30 €
Benötigtes Edelmetall je Stück in kg	0,50	0,30	0,10

Es wird der Deckungsbeitrag je Stück produktbezogen ermittelt und aus diesem der relative Deckungsbeitrag je Engpasseinheit (hier: pro Kilogramm) berechnet, der die Grundlage für die Optimierung bildet:

	Produkt A	Produkt B	Produkt C
DB je Stück	40 €	40 €	20 €
DB je kg	80 €	133,33 €	200 €
Rangfolge	3	2	1

Am förderungswürdigsten ist Produkt C mit einem DB von 200 € je kg, gefolgt von B und A. Daher werden zunächst 10.000 Stück (maximale Absatzmenge) von C produziert; dafür werden 1.000 kg des Edelmetalls benötigt. Damit bleiben 3.000 kg des Edelmetalls übrig. Als Nächstes werden 5.000 Stück von Produkt B produziert, wofür 1.500 kg des Edelmetalls eingesetzt werden. Von den 4.000 kg bleiben damit 1.500 kg für Produkt A übrig; dies reicht für eine Produktion von 3.000 Stück.

	Produkt A	Produkt B	Produkt C
DB je kg	80 €	133,33 €	200 €
Rangfolge	3	2	1
Produktionsmenge	3.000	5.000	10.000
Benötigtes Edelmetall in kg	1.500	1.500	1.000

Da von Produkt A 6.000 Stück abgesetzt werden könnten, wird auf eine Produktion von 3.000 Stück verzichtet, für die kein Edelmetall mehr zur Verfügung steht.

Durch die Optimierung der relativen Deckungsbeiträge wird der Gesamtdeckungsbeitrag maximal. Bei gegebenen Fixkosten bedeutet dies maximalen Gewinn.

Der Gesamtdeckungsbeitrag aus dem Produktmix kann auf zwei Arten berechnet werden – über den Stückdeckungsbeitrag mal Produktionsmenge oder über den relativen Deckungsbeitrag mal Anzahl der Engpasseinheiten. Beide Varianten zeigt die folgende Tabelle:

Beispiel

	Produkt A	Produkt B	Produkt C
DB je Stück	40 €	40 €	20 €
Produktionsmenge	3.000	5.000	10.000
Gesamt DB je Produkt	120.000 €	200.000 €	200.000 €
Gesamt DB	520.000 €		

	Produkt A	Produkt B	Produkt C
DB je kg	80 €	133,33 €	200 €
Benötigtes Edelmetall in kg	1.500	1.500	1.000
Gesamt DB je Produkt	120.000 €	200.000 €	200.000 €
Gesamt DB	520.000 €		

Ein höherer Gesamtdeckungsbeitrag als 520.000 € kann in der vorliegenden Situation nicht erreicht werden. Damit ist der maximale Gewinn gegeben.

Aufgabe 47 > Seite 329

7. Bestimmung von Preisuntergrenzen

Die Bestimmung von Preisuntergrenzen hängt im Wesentlichen von drei Faktoren ab:

- Zeithorizont
- Kapazitätsauslastung
- Auswirkungen im Markt.

Hinsichtlich des **Zeithorizonts** lassen sich **langfristige** und **kurzfristige** Entscheidungen unterscheiden. **Langfristig** müssen generell alle Produkte die gesamten durch sie verursachten Kosten decken und möglichst Gewinne erwirtschaften. **Kurzfristig** kann es Situationen geben, in denen ein Zusatzauftrag ergebnisverbessernd wirken kann, obwohl er die Vollkosten nicht deckt. Dies setzt jedoch in jedem Fall **freie Kapazitäten** voraus.

Beispiel

Ein Unternehmen fertigt die Produkte A und B mit folgenden Daten:

	Produkt A	**Produkt B**
Verkaufspreis je Stück	10,00 €	8,00 €
Variable Kosten je Stück	4,00 €	3,00 €
Absatzmenge in Stück	20.000	10.000
Fixkosten pro Periode	100.000 €	
Aktuelle Auslastung	70 %	

Das Unternehmen verrechnet in seiner Vollkostenrechnung 70 % der Fixkosten auf A, 30 % auf B. Daraus resultiert folgende Ergebnissituation:

	Produkt A	**Produkt B**
Verkaufspreis je Stück	10,00 €	8,00 €
Variable Kosten je Stück	4,00 €	3,00 €
Absatzmenge in Stück	20.000	10.000
Gesamt-Deckungsbeitrag	120.000 €	50.000 €
Fixkosten	70.000 €	30.000 €
Gewinn pro Produkt	50.000 €	20.000 €
Gewinn gesamt	70.000 €	

Das Unternehmen bekommt eine Anfrage für einen Zusatzauftrag. Nachgefragt werden einmalig 10.000 Stück von Produkt B für einen ausländischen Markt. Der Interessent bietet 4,00 € je Stück und damit 2,00 € weniger als die aktuellen vollen Kosten (Vollkosten 6,00 €, bestehend aus 3,00 € variablen Kosten und 3,00 € Fixkostenanteil je Stück).

Dennoch lohnt sich der Zusatzauftrag, wie folgende Berechnung zeigt:

	Produkt A	Produkt B
Verkaufspreis je Stück	10,00 €	8,00 €
Variable Kosten je Stück	4,00 €	3,00 €
Absatzmenge in Stück	20.000	10.000
Gesamt-Deckungsbeitrag	120.000 €	50.000 €
Zusatzmenge		10.000 Stück
Zusatz-Deckungsbeitrag		10.000 €
Fixkosten	70.000 €	30.000 €
Gewinn pro Produkt	50.000 €	30.000 €
Gewinn gesamt	80.000 €	

Für den Zusatzauftrag fallen zusätzlich nur die variablen Kosten an; die Fixkosten bleiben unverändert. Damit erhält das Unternehmen zusätzlich 10.000 € Stückdeckungsbeiträge basierend auf einem Stückpreis von 4,00 € und variablen Stückkosten von 3,00 €, insgesamt also 10.000 €, die direkt den Gewinn erhöhen.

Aus rein kostenrechnerischen Gesichtspunkten lohnt sich der Zusatzauftrag; er führt zu einer Gewinnerhöhung. Allerdings muss es sich um einen kurzfristigen Zusatzauftrag handeln, der zudem keine Auswirkungen auf Preis und Absatzmenge des „Normalprogramms" hat. Die zusätzlich anfallenden Erlöse sowie die zusätzlich anfallenden Grenzkosten sind zu berücksichtigen. Dabei muss es sich bei den Grenzkosten nicht immer ausschließlich um variable Kosten handeln. Wird ein Zusatzauftrag angenommen, für den zusätzliche fixe Kosten anfallen, sind diese ebenfalls zu berücksichtigen. Im Regelfall müssen kurzfristig bei freien Kapazitäten mindestens die variablen Kosten durch den Verkaufspreis gedeckt sein (positiver Deckungsbeitrag).

Sind negative **Auswirkungen im Markt** zu erwarten, z. B. durch niedrigere Verkaufszahlen der normalen Produkte, ist dies in die Entscheidung einzubeziehen.

Beispiel

Der Verkauf von Luxuslimousinen eines Automobilherstellers zum Preis von 34.900 € über eine Online-Plattform würde zwar wahrscheinlich Deckungsbeiträge generieren, jedoch den Absatz der Autos über andere Kanäle stark beeinträchtigen. Sinkende Absatzzahlen dort wären wohl die Folge.

Als weiterer Fall bleibt die Bestimmung **kurzfristiger Preisuntergrenzen bei Vollbeschäftigung**. Volle Auslastung der Kapazitäten bedeutet, dass ein Zusatzauftrag ein bestehendes Produkt ganz oder teilweise verdrängen würde und dessen Deckungsbeiträge damit verloren gingen. Diese Opportunitätskosten müssen bei der Festlegung der Preisuntergrenze berücksichtigt werden. Die kurzfristige Preisuntergrenze für den

Zusatzauftrag ergibt sich dann aus den variablen Kosten (besser: Grenzkosten) des Auftrags sowie dem Verlust an Deckungsbeitrag aus der Eliminierung des bestehenden Produkts.

Beispiel

Ein Unternehmen fertigt bislang die Produkte C und D mit folgenden Daten:

	Produkt C	Produkt D
Verkaufspreis je Stück	1,00 €	2,00 €
Variable Kosten je Stück	0,50 €	1,10 €
Benötigte Fertigungsminuten je Stück	1	1,5
Absatzmenge in Stück	40.000	30.000
Benötigte Fertigungsminuten	40.000	45.000
Maximalkapazität in Minuten	85.000	
Aktuelle Auslastung	100 %	
Fixkosten pro Periode	30.000 €	

Daraus resultiert folgende Ergebnissituation:

	Produkt C	Produkt D
Verkaufspreis je Stück	1,00 €	2,00 €
Variable Kosten je Stück	0,50 €	1,10 €
DB je Stück	0,50 €	0,90 €
DB gesamt	47.000 €	
Fixkosten pro Periode	30.000 €	
Gewinn	17.000 €	

Es wird überlegt, zusätzlich ein Produkt E anzubieten, das wegen der vorliegenden Vollauslastung C oder D teilweise verdrängen würde. Man geht für E von variablen Kosten von 1,50 € je Stück aus. E beansprucht pro Stück eine Fertigungsminute; es sollen 9.000 Stück in der laufenden Periode produziert werden.

Zunächst wird der Engpass-DB für die Produkte C und D bestimmt:

	Produkt C	Produkt D
Verkaufspreis je Stück	1,00 €	2,00 €
Variable Kosten je Stück	0,50 €	1,10 €
Benötigte Fertigungsminuten je Stück	1	1,5
DB je Stück	0,50 €	0,90 €
DB je Fertigungsminute	0,50 €	0,60 €

Produkt C erwirtschaftet von beiden den niedrigeren DB je Fertigungsminute; es müsste daher Produkt E weichen. Für E gilt daher als Preisuntergrenze 2,00 €. Diese setzt sich aus den variablen Kosten von 1,50 € und den Opportunitätskosten (DB-Verlust aus 1 Fertigungsminute, die bei C wegfällt) in Höhe von 0,50 € zusammen.

Bei einem Preis von 2,00 € pro Stück für E ergibt sich dasselbe Betriebsergebnis wie zuvor. Jeder Preis über 2,00 € für E führt zu einer Gewinnsteigerung.

	Produkt C	Produkt D	Produkt E
Verkaufspreis je Stück	1,00 €	2,00 €	2,00 €
Variable Kosten je Stück	0,50 €	1,10 €	1,50 €
DB je Stück	0,50 €	0,90 €	0,50 €
Absatzmenge	31.000	30.000	9.000
Fertigungszeit in Minuten pro Stück	1	1,5	1
Fertigungszeit in Minuten	31.000	45.000	9.000
Fertigungsminuten gesamt		85.000	
Auslastung		100 %	
DB gesamt		47.000 €	
Fixkosten pro Periode		30.000 €	
Gewinn		17.000 €	

8. Make-or-Buy-Entscheidungen

8.1 Anwendungsgebiete und Entscheidungssituationen

Entscheidungen hinsichtlich Eigenfertigung (make) oder Fremdbezug (buy) sind zu einem wichtigen Thema geworden – sowohl in den Unternehmen als auch volkswirtschaftlich. Make-or-Buy-Entscheidungen können in allen Bereichen eines Unternehmens auftreten *(Olfert)*:

Unternehmensbereich	Beispiel
Beschaffung	Eigenherstellung von Teilen? Eigenherstellung von Werkzeugen oder Anlagegegenständen? Kauf oder Leasing von Anlagegegenständen? Personalauswahl, -einstellung und -verwaltung über Personaldienstleister?
Fertigung	Eigene Forschung und Entwicklung oder Kauf von Patenten/Lizenzen? Eigenfertigung von Einzelteilen und Baugruppen oder reine Montage? Eigene Wartung und Reparatur oder Vergabe von Lohnaufträgen?
Vertrieb	Eigene Werbeabteilung oder Agenturauftrag? Eigener Kundendienst oder Kundendienst über Fachhandel? Verkäufer oder Handelsvertreter? Eigene Lkw oder Fremdtransporte?
Finanzen	Eigenes Debitorenmanagement oder Factoring?
Verwaltung	Eigene EDV oder Dienstleister? Eigene Kantine? Einsatz von externen Unternehmensberatern?

Generell führt die Entscheidung für den **Fremdbezug i. d. R.** ausschließlich zu **variablen Kosten**, wohingegen die **Eigenfertigung variable und fixe Kosten** verursacht.

Bei Make-or-Buy-Entscheidungen sind nicht nur Berechnungen anzustellen; es gilt, **weitere Faktoren** zu berücksichtigen. Eigenfertigung ist immer dann anzustreben, wenn Betriebsgeheimnisse gewahrt bleiben sollen; sie ist i. d. R. nicht möglich, wenn der Lieferant Schutzrechte wie Patente besitzt. Die Qualität beider Varianten sollte verglichen werden, wie auch die terminliche Realisierbarkeit. Für Eigenfertigung sprechen i. d. R. höhere Flexibilität und Unabhängigkeit; manchmal ist sie auch aus Imagegründen nötig. Bei Fremdbezug entstehen Vorteile in der Lagerhaltung und das Risiko des technischen Fortschritts wird durch den Lieferanten getragen. Bisweilen dient der Fremdbezug der Abrundung und Ergänzung des eigenen Sortiments.

Es lassen sich **verschiedene Entscheidungssituationen** unterscheiden *(Däumler/Grabe)*:

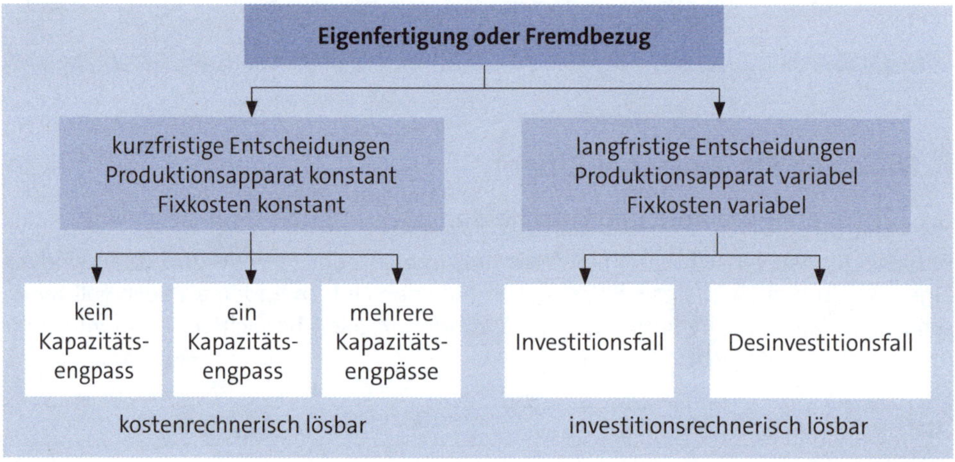

Bei **kurzfristigen Entscheidungen** kann der Produktionsapparat nicht verändert werden; die Fixkosten bleiben konstant. Kurzfristig kann man z. B. keine zusätzlichen Fabriken eröffnen, die Kapazität kann nur langfristig im größeren Stil verändert werden. Damit fallen die Fixkosten sowohl bei Eigenfertigung als auch bei Fremdbezug in gleicher Höhe an.

Bei **langfristigen Entscheidungen** steht der Produktionsapparat zur Disposition. Fixkosten können aufgebaut (Investition) oder abgebaut (Desinvestition) werden. Langfristige Entscheidungen werden mittels Investitionsrechnungen beurteilt. Wendet man z. B. das statische Verfahren des Kostenvergleichs an, so sind die vollen Kosten aller Handlungsalternativen zu berücksichtigen.

8.2 Kurzfristige Entscheidungen ohne Kapazitätsengpass

Bei den **kurzfristigen Entscheidungen** ist zu prüfen, ob kein Kapazitätsengpass, ein Kapazitätsengpass oder mehrere Kapazitätsengpässe vorliegen. Liegt **kein Kapazitätsengpass** vor, so bekommt – sofern nicht andere Gründe dagegensprechen – der Lieferant nur den Zuschlag, wenn er unter den Grenzkosten (i. d. R. also den variablen Kosten) des eigenen Unternehmens anbietet. Auf den Einbezug von Verwaltungs- und Vertriebskosten in den Vergleich kann i. d. R. verzichtet werden, da diese bei Eigenfertigung und Fremdbezug in gleicher Höhe anfallen. Die Fixkosten finden ebenfalls keine Berücksichtigung, da sie bei Eigenfertigung und Fremdbezug in gleicher Höhe anfallen.

Beispiel

Ein Unternehmen, das genügend Kapazitäten frei hat, überlegt, Teile fremd zu beziehen oder selbst herzustellen. Der Controller stellt folgende Daten zur Verfügung:

Teil	Menge in Stück pro Monat	Günstigster Fremdbezugspreis p_F	Variable Stückkosten k_v	Gesamte Stückkosten k
A	100	30 €	22 €	32 €
B	50	40 €	32 €	44 €
C	200	50 €	35 €	40 €
D	150	10 €	12 €	14 €

Die Analyse ergibt, dass A, B und C eigengefertigt werden sollen, da der günstigste Fremdbezugspreis höher ist als die eigenen variablen Kosten. D sollte, sofern nicht andere Gründe wie z. B. Know-how-Verlust dagegensprechen, fremdbezogen werden, da der Fremdbezugspreis unter den eigenen variablen Kosten liegt.

Der Beleg für diese Analyse kann rechnerisch erbracht werden. Zunächst werden die fixen Kosten der Periode offengelegt:

Teil	Menge in Stück pro Monat	Gesamte Stückkosten k	Variable Stückkosten k_v	Fixe Kosten je Stück k_f	Gesamte Fixkosten
A	100	32 €	22 €	10 €	1.000 €
B	50	44 €	32 €	12 €	600 €
C	200	40 €	35 €	5€	1.000 €
D	150	14 €	12 €	2 €	300 €
Gesamte Fixkosten pro Periode					2.900 €

Folgt man der Analyseempfehlung, so ergeben sich folgende Kosten:

Teil	Menge in Stück pro Monat	Fremdbezugskosten P_F	Variable Stückkosten K_V
A B C D	100 50 200 150	 1.500 €	2.200 € 1.600 € 7.000 €
Summen		1.500 €	10.800 €
Summe Fixkosten		12.300 € 2.900 €	
Gesamtkosten		15.200 €	

15.200 € ist die Kostenuntergrenze; niedrigere Kosten sind in der vorliegenden Situation nicht realisierbar.

8.3 Kurzfristige Entscheidungen mit Kapazitätsengpass

Liegt eine kurzfristige Entscheidung mit einem Kapazitätsengpass vor, so bedeutet dies, dass die Kapazitäten nicht ausreichen, alle benötigten Teile oder Produkte selbst herzustellen. Ein Teil muss fremdbezogen werden. Was soll nun zugekauft, was selbst hergestellt werden? Die durch den Fremdbezug entstehenden Mehrkosten sind zu minimieren; damit werden die Gesamtkosten minimal.

Beispiel

Die Bottleneck GmbH produziert Flaschen der Typen A, B, C, D und E. Für Monatsbedarf, benötigte und vorhandene Kapazitäten, Kosten und Preise gelten folgende Daten:

Typ	Menge in Tsd. je Monat	Produktionszeit je Tsd. Stück in Minuten	Benötigte Kapazitäten	Preis je Tsd. Stück bei Fremdbezug in Euro	Variable Kosten je Tsd. Stück bei Eigenfertigung in Euro	Verkaufspreis je Tsd. Stück in Euro
A	100	50	5.000	30,00	25,00	50,00
B	500	40	20.000	25,00	22,00	35,00
C	400	25	10.000	20,00	18,50	40,00
D	200	30	6.000	22,00	20,00	45,00
E	150	20	3.000	10,00	11,00	15,00
Benötigte Gesamtkapazität			44.000			
Verfügbare Gesamtkapazität			30.000			

Welche Flaschen soll die Bottleneck GmbH fremd beziehen, welche selbst fertigen?

Um diese Frage zu beantworten, wird zunächst jeweils die Ersparnis bei Eigenfertigung gegenüber Fremdbezug pro Stück berechnet. Die Fixkosten werden dabei nicht berücksichtigt, da sie sowohl bei Eigenfertigung als auch bei Fremdbezug anfallen.

Flaschentyp	Preis je Tsd. Stück bei Fremdbezug in Euro	Variable Kosten je Tsd. Stück bei Eigenfertigung in Euro	Ersparnis je Tsd. Stück bei Eigenfertigung in Euro
A	30,00	25,00	5,00
B	25,00	22,00	3,00
C	20,00	18,50	1,50
D	22,00	20,00	2,00
E	10,00	11,00	-1,00

Damit wird klar, dass E fremdbezogen werden soll, da der Einkaufspreis unter den eigenen variablen Kosten liegt. E bindet jedoch nur 3.000 Kapazitätseinheiten, daher sind weitere Flaschen fremd zu beziehen. Das zu optimierende knappe Gut sind die zur Verfügung stehenden Kapazitätseinheiten. Die Ersparnis je Kapazitätseinheit ist zu maximieren, um die Gesamtkosten minimal zu halten. Daher wird die Ersparnis je Stück nun in eine Ersparnis je Kapazitätseinheit transformiert:

Typ	Menge in Tsd. je Monat	Produktionszeit je Tsd. Stück in Minuten	Benötigte Kapazitäten	Ersparnis je Tsd. Stück bei Eigenfertigung	Ersparnis je Kapazitätseinheit	Rangfolge	Eigenfertigung Menge in Tsd. Stück	Belegte Kapazitäten	Fremdbezug Menge in Tsd. Stück
A	100	50	5.000	5,0	0,100	1	100	5.000	
B	500	40	20.000	3,0	0,075	2	500	20.000	
C	400	25	10.000	1,5	0,060	4			400
D	200	30	6.000	2,0	0,067	3	167	5.000	33
Benötigte Gesamtkapazität			41.000					30.000	
Verfügbare Gesamtkapazität			30.000						

Die niedrigsten Gesamtkosten sind damit in folgendem Mix aus Eigenfertigung und Fremdbezug zu erreichen:

Flaschentyp	Eigenfertigung Menge in Tsd. Stück	Fremdbezug Menge in Tsd. Stück
A	100	
B	500	
C		400
D	167	33
E		150

Bei **kurzfristigen Entscheidungen mit mehreren Engpässen** können Lösungen mittels linearer Optimierung gefunden werden.

Aufgabe 48 - 49 > Seite 330
Aufgabe 50 > Seite 331

9. Abweichungsanalysen

9.1 Grundlagen

Im Rahmen der operativen Planung (Budgetierung, kurzfristige Planung) werden Erlös- und Kostenpläne für die Planungsperiode (in der Regel ein Geschäftsjahr) erarbeitet. Abgeleitet von den strategischen Zielen wird mit dem Engpassbereich, der in der Regel im Absatzbereich liegt, mit der Planung begonnen. In der Absatzplanung werden demnach Absatzmengen und Absatzpreise geplant und daraus die zu produzierenden Fertigungsmengen abgeleitet. Diese resultieren aus der Berücksichtigung geplanter Lagerbestandsveränderungen bei unfertigen und fertigen Erzeugnissen. Aus der Fertigungsprogrammplanung werden die fertigungsbezogenen Einzelkosten (Materialeinzelkosten, Fertigungseinzelkosten, Sondereinzelkosten der Fertigung) abgeleitet. Dabei werden Stücklisten und Arbeitspläne mit den entsprechenden Kosten verbunden. Die Planung der Material- und Fertigungsgemeinkosten erfolgt in den entsprechenden Kostenstellen. Damit ist die Ermittlung der stück- und periodenbezogenen Herstellkosten möglich. Zur Vervollständigung von Kostenträgerzeit- und Kostenträgerstückrechnung müssen dann kostenstellenbezogen die Verwaltungs- und Vertriebsgemeinkosten sowie absatzbasiert die Sondereinzelkosten des Vertriebs ermittelt werden. Der Planungsinhalt wird an einem Beispiel veranschaulicht:

Absatzplan		
Absatzmenge	5.000 €	
Stückerlös	300 €	
Produktionsplan		
Produktionsmenge	5.000 €	
Variable produktionsbezogene Kosten		
Einzellohnkosten pro Stunde	100 €	
Benötigte Stunden pro Stück	1,0	
Einzelmaterialkosten pro kg	60 €	
Benötigtes Einzelmaterial pro Stück	0,5	

Material- und Fertigungsgemeinkosten		
Gehälter		120.000 €
Abschreibungen auf Anlagevermögen		180.000 €
Kalkulatorische Zinsen		100.000 €
Hilfsstoffe (unechte Gemeinkosten)		60.000 €
Energie (50% ´variabel)		40.000 €
Verwaltungs- und Vertriebskosten		
Verwaltungsgemeinkosten		120.000 €
Vertriebsgemeinkosten		90.000 €

Die **Herstellkosten** betragen damit:

Einzellohnkosten	500.000 €
Einzelmaterialkosten	150.000 €
Material- und Fertigungsgemeinkosten	500.000 €
Herstellkosten gesamt	**1.150.000 €**
Herstellkosten pro Stück	**230 €**

Daraus lässt sich die **Planergebnisrechnung** nach **Umsatzkostenverfahren** erstellen:

Umsatzerlöse	1.500.000 €
Herstellkosten des Umsatzes	1.150.000 €
Verwaltungs- und Vertriebsgemeinkosten	210.000 €
Gewinn	**140.000 €**

Nach dem Gesamtkostenverfahren stellt sich die Planergebnisrechnung folgendermaßen dar:

Umsatzerlöse	1.500.000 €
Einzellohnkosten	500.000 €
Einzelmaterialkosten	150.000 €
Material- und Fertigungsgemeinkosten	500.000 €
Verwaltungs- und Vertriebsgemeinkosten	210.000 €
Gewinn	**140.000 €**

Im **Ist** wurden die folgenden **Werte** ermittelt:

Absatzmenge		
Absatzmenge	4.800	
Stückerlös	295 €	
Produktionsplan		
Produktionsmenge	5.000	
Variable produktionsbezogene Kosten		
Einzellohnkosten pro Stunde	110 €	
Benötigte Stunden pro Stück	1,05	
Einzelmaterialkosten pro kg	65 €	
Benötigtes Einzelmaterial pro Stück	0,4	
Material- und Fertigungsgemeinkosten		
Gehälter		120.000 €
Abschreibungen auf Anlagevermögen		180.000 €
Kalkulatorische Zinsen		100.000 €
Hilfsstoffe (unechte Gemeinkosten)		58.000 €
Energie (20.000 € fix)		42.000 €
Verwaltungs- und Vertriebskosten		
Verwaltungsgemeinkosten		120.000 €
Vertriebsgemeinkosten		90.000 €

Im **Ist** sind damit für 5.000 Stück folgende **Herstellkosten** angefallen:

Einzellohnkosten	5.000 Stück à 1,05 h à 110 €	554.400 €
Einzelmaterialkosten	5.000 Stück à 0,4 kg à 65 €	124.800 €
Gehälter		120.000 €
Abschreibungen auf Anlagevermögen		180.000 €
Kalkulatorische Zinsen		100.000 €
Hilfsstoffe (unechte Gemeinkosten)		58.000 €
Energie (20.000 € fix)		42.000 €
Ist-Herstellkosten		**1.207.500 €**
Ist-Herstellkosten pro Stück		**241,50 €**

Daraus lässt sich die **Ist-Ergebnisrechnung** nach **Umsatzkostenverfahren** erstellen:

Umsatzerlöse	1.416.000 €
Herstellkosten des Umsatzes (4.800 Stück)	1.159.200 €
Verwaltungs- und Vertriebsgemeinkosten	210.000 €
Gewinn	**46.800 €**

Geplant war ein Gewinn in Höhe von 140.000 €, erzielt wurden 46.800 €, die **Abweichung** zwischen **Plan- und Ist-Gewinn** beträgt damit **93.200 €**. Die Gründe für die Abweichung werden in den folgenden Kapiteln detailliert ermittelt und analysiert.

9.2 Analyse von Erlös- und Deckungsbeitragsabweichungen

Zunächst erfolgt dabei die Analyse der Erlösabweichungen. Die **Erlösabweichung** stellt die **Differenz zwischen Isterlösen und Planerlösen** dar. Geplant waren Umsatzerlöse in Höhe von 1.500.000 €, erzielt wurden 1.416.000 €. Die gesamte **Erlösabweichung** beträgt damit **84.000 €** (1.500.000 € - 1.416.000 €).

Gründe für die Erlösabweichung können aus gegenüber Plan abweichenden Absatzmengen und abweichenden Erlösen resultieren.

Die **Absatzmengenabweichung** wird dabei aus

(Planmenge - Istmenge) • Planpreis

berechnet.

Im Beispiel beträgt die Istmenge 4.800 Stück, die Planmenge 5.000 Stück, bewertet wird zum Planpreis von 300 €.

Die Absatzmengenabweichung beträgt damit

(5.000 - 4.800) • 300€ = 60.000 €

Die Absatzpreisabweichung ergibt sich aus

(Planpreis - Istpreis) • Istmenge

Im Beispiel ergibt sich

(300 € - 295 €) • 4.800 = 24.000 €

Von der gesamten Erlösabweichung sind damit 60.000 € durch die niedrigere Absatzmenge und 24.000 € durch den geringeren Absatzpreis verursacht.

Betrachtet man die Ergebnisse näher, so stellt man fest, dass ein Teil der Abweichungen durch Preis und Menge gleichermaßen verursacht wurde, die sogenannte **Sekundärabweichung**. Den Zusammenhang liefert die folgende Abbildung:

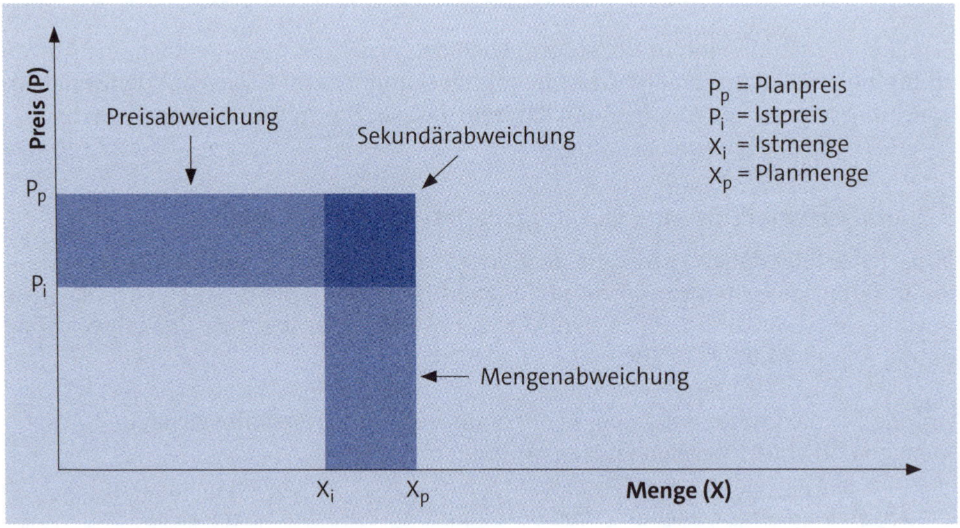

Betriebsabrechnung im System der Teilkostenrechnung

In der Praxis wird die Sekundärabweichung in der Regel nicht separat ausgewiesen, sondern der Mengenabweichung zugerechnet.

Die Absatzpreisabweichung wirkt sich vollständig auf das Betriebsergebnis aus, die Absatzmengenabweichung jedoch nur anteilig, da bei einer Mindermenge auch variable Kosten eingespart werden. Durch die Mindermenge von 200 Stück sind 26.000 € variable Einzelkosten (100 € Einzellöhne pro Stück, 30 € Einzelmaterial pro Stück, 200 Stück) nicht angefallen. Darüber hinaus wurden variable Gemeinkosten für 200 Stück vermieden. Dazu zählen Hilfsstoffe (58.000 € : 5.000 Stück • 200 Stück = 2.320 €) und Energie (22.000 € variabler Anteil : 5.000 Stück • 200 Stück = 880 €). Insgesamt fielen daher bedingt durch die Mindermenge von 200 Stück 29.200 € variable Kosten nicht an.

Die ergebniswirksame Erlösabweichung kann daher wie folgt berechnet werden:

Absatzmengenabweichung	60.000 €
vermiedene variable Kosten (200 Stück)	-29.200 €
Absatzpreisabweichung	24.000 €
Ergebniswirksame Erlösabweichung	**54.800 €**

Durch den Einbezug der variablen Kosten wird aus der Erlöskontrolle eine Ergebniskontrolle in Bezug auf die erwirtschafteten Deckungsbeiträge. Kurzfristig sind die Fixkosten nicht abbaubar und werden daher hier nicht berücksichtigt.

Der **geplante Stückdeckungsbeitrag** ergibt sich laut folgender:

Stückerlös		300,00 €
Einzellohnkosten pro Stück	1 h à 100 €	100,00 €
Einzelmaterialkosten pro Stück	0,5 kg à 60 €	30,00 €
Variable Gemeinkosten je Stück	12 € Hilfsstoffe, 4 € Energie	16,00 €
Plan-Deckungsbeitrag je Stück		**144,00 €**
Plan-Deckungsbeitrag gesamt	**Planmenge 5.000 Stück**	**720.000 €**

Der **Ist-Deckungsbeitrag** kann wie folgt berechnet werden:

Stückerlös		295,00 €
Einzellohnkosten pro Stück	1,05 h à 110 €	115,50 €
Einzelmaterialkosten pro Stück	0,4 kg à 65 €	26,00 €
Variable Gemeinkosten je Stück	11,60 Hilfsstoffe, 4,40 Energie	16,00 €
Ist-Deckungsbeitrag je Stück		**137,50 €**
Ist-Deckungsbeitrag gesamt	**Istmenge 4.800 Stück**	**660.000 €**

Die gesamte Deckungsbeitragsabweichung beträgt damit 60.000 € (Plandeckungsbeitrag 720.000 € - Istdeckungsbeitrag 660.000 €). Sie lässt sich wiederum in eine mengen- und preisbezogene Abweichung zerlegen.

Die Deckungsbeitrag-Absatzmengenabweichung berechnet sich aus (Planmenge - Istmenge) • Plandeckungsbeitrag, die Deckungsbeitrag-Preisabweichung ergibt sich als (Plandeckungsbeitrag - Istdeckungsbeitrag) • Istmenge.

Die Deckungsbeitrag-Absatzmengenabweichung beträgt damit (5.000 - 4.800) • 144 € = 28.800 €, die Deckungsbeitrag-Preisabweichung (144 € - 137,50 €) • 4.800 = 31.200 €. Zusammen ergibt sich die Gesamt-DB-Abweichung in Höhe von 60.000 €. Die Logik zur Behandlung der Sekundärabweichung entspricht jener der Erlösabweichung.

Von der Deckungsbeitrag-Preisabweichung in Höhe von 31.200 € lassen sich 24.000 € aus der Absatzpreisabweichung (s. o.) erklären. Der Differenzbetrag von 7.200 € resultiert aus Abweichungen in den variablen Kosten.

Die **Gewinnabweichung** von 93.200 € lässt sich damit auf folgende **Ursachen** zurückführen:

Absatzpreisabweichung (s. o.)	24.000 €
Ergebniswirksamer Teil der Absatzmengenabweichung (s. o.)	30.800 €
Höhere variable Kosten	55.200 €
In der Bestandserhöhung aktivierte Fixkosten	-16.800 €
Gewinnabweichung	**93.200 €**

Die **geplanten variablen Stückkosten** betrugen:

Einzellohnkosten pro Stück	100 €
Einzelmaterialkosten pro Stück	30 €
Hilfsstoffe pro Stück	12 €
Energiekosten pro Stück	4 €
Variable Plankosten pro Stück	**146 €**

Bezogen auf 4.800 Stück sind dies 700.800 €.

Die **tatsächlichen variablen Stückkosten (IST)** betrugen:

Einzellohnkosten pro Stück	115,50 €
Einzelmaterialkosten pro Stück	26,00 €
Hilfsstoffe pro Stück	11,60 €
Energiekosten pro Stück	4,40 €
Variable Istkosten pro Stück	**157,50 €**

Bezogen auf 4.800 Stück sind dies 756.000 €. Die Differenz zwischen den gesamten variablen Istkosten (756.00 €) und den gesamten variablen Plankosten (700.800 €) beträgt damit 55.200 €. Es wird noch zu klären sein, ob höhere Ressourcenverbräuche oder -preise der Grund dafür sind.

In den **Herstellungskosten** sind folgende **Fixkosten** enthalten (Plan = Ist):

Gehälter	120.000 €
Abschreibungen auf Anlagevermögen	180.000 €
Kalkulatorische Zinsen	100.000 €
Energie	20.000 €
Summe	**420.000 €**

Von 5.000 produzierten Einheiten wurden 200 auf Lager gelegt. Damit wurden anteilig 16.800 € Fixkosten in der Bestandserhöhung aktiviert, die Kosten damit entsprechend nicht berücksichtigt. Dieser Betrag ist daher ebenfalls bei der Ermittlung der Gewinnabweichung zu berücksichtigen.

Während bislang auf die Beschäftigungsabhängigkeit der Kosten (variabel versus fix) abgestellt wurde, erfolgt die Analyse der Abweichungen im Folgenden auf Basis der Unterscheidung hinsichtlich der Zurechnung der Kosten (Einzelkosten, Gemeinkosten).

9.3 Abweichungsanalysen im Bereich der Einzelkosten

Für den Soll-Ist-Vergleich werden sowohl für die Einzelkosten als auch die Gemeinkosten Abweichungsanalysen durchgeführt. Bei den **Einzelkosten** wird die **Gesamtabweichung** ermittelt, die sich in **Preis- und Mengenabweichung** zerlegen lässt. Die Gesamtabweichung (GA) wird aus der Differenz von geplanten und tatsächlichen Einzelkosten berechnet:

$$GA = \sum_j (x_i \cdot P_i - x_s \cdot P_s)$$

Diese lässt sich in **Preisabweichung (PA)** und **Mengenabweichung (MA)** zerlegen. Fixkostenanteile sind nicht zu berücksichtigen, da Einzelkosten variabel sind:

$$PA = \sum_j (P_i - P_p) \cdot x_i$$

$$MA = \sum_j (x_i - x_s) \cdot P_p$$

Folgende Größen werden verwendet:
x_i = Ist-Materialmenge bzw. Ist-Zeitbedarf
x_s = Soll-Materialmenge bzw. Soll-Zeitbedarf
P_i = Ist-Materialpreis bzw. Ist-Lohnsatz
P_p = Plan-Materialpreis bzw. Plan-Lohnsatz
j = Materialart bzw. Arbeitsgang

Für die **Einzellohnkosten** resultiert die **Gesamtabweichung** aus der Differenz von tatsächlichen Einzellohnkosten (1,05 h • 4800 Stück • 110 €) = 554.000 € und geplanten Einzellohnkosten (1h • 4.800 Stück • 100 €) = 480.000 €, also 74.400 €. Diese lässt sich zerlegen in die Preisabweichung und die Mengenabweichung. Die **Preisabweichung** beträgt (110 € - 100 €) • 1,05 h • 4.800 Stück = 50.400 €. Die **Mengenabweichung** resultiert aus (1,05 h • 4.800 Stück - 1,0 h • 4.800 Stück) • 100 € und entspricht 24.000 €. Sowohl der Ressourcenverbrauch (1,05 h statt 1 h) als auch der Ressourcenpreis (110 € pro h statt 100 € pro h) waren höher als geplant.

Die Vorgehensweise bei den Einzelmaterialkosten erfolgt entsprechend. Die Gesamtabweichung pro Stück wird aus der Differenz von tatsächlichen Einzelmaterialkosten (0,4 kg • 4.800 Stück • 65 € = 124.800 €) und geplanten Einzelmaterialkosten (0,5 kg • 4.800 Stück • 60 € = 144.000 €) und ermittelt, sie beträgt -19.200 €. Diese lässt sich zerlegen in die Preisabweichung und die Mengenabweichung. Die Preisabweichung pro Stück beträgt (65 € - 60 €) • 0,4 h • 4.800 Stück = 9.600 €. Die Mengenabweichung resultiert aus (0,4 h • 4.800 Stück - 0,5 h • 4.800 Stück) • 60 € und entspricht -28.800 €.

Der höhere Faktorpreis konnte hier durch einen niedrigeren Materialeinsatz überkompensiert werden.

9.4 Abweichungsanalysen im Bereich der Gemeinkosten

Zur Analyse von Gemeinkosten kommen in der Kostenstellenrechnung folgende Verfahren zum Einsatz:

- Starre Plankostenrechnung
- Flexible Plankostenrechnung auf Vollkostenbasis
- Flexible Plankostenrechnung auf Teilkostenbasis (Grenzplankostenrechnung)

Die **starre Plankostenrechnung** berechnet aus den gesamten Plankosten und der Planbeschäftigung einen Plankostenverrechnungssatz, der auf die Istbeschäftigung angewendet wird. Die so ermittelten verrechneten Plankosten werden mit den Istkosten verglichen, es resultiert die **Gesamtabweichung**:

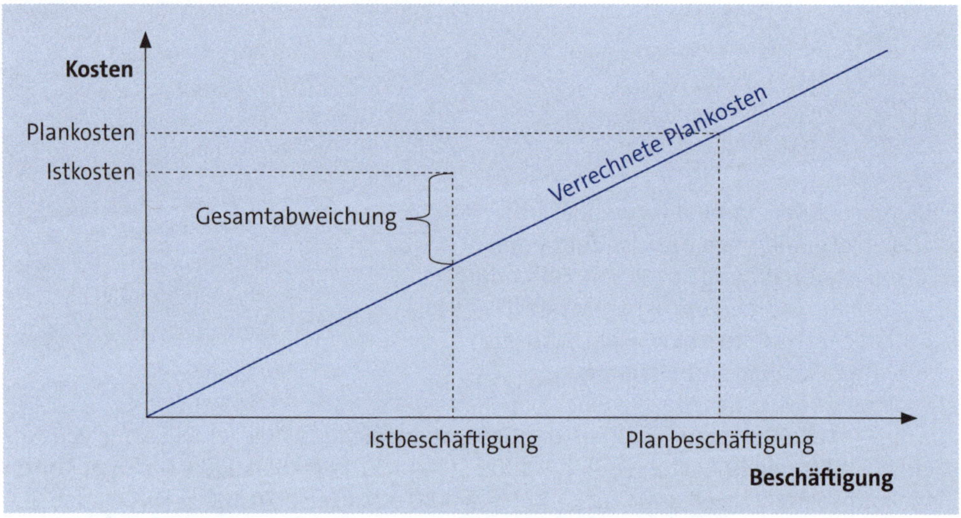

Starre Plankostenrechnung

Folgende Größen werden benötigt bzw. berechnet:

$$\text{Plankostenverrechnungssatz} = \frac{\text{Plankosten}}{\text{Planbeschäftigung}}$$

$$\text{Verrechnete Plankosten} = \text{Plankostenverrechnungssatz} \cdot \text{Istbeschäftigung}$$

Gesamtabweichung = Istkosten - verrechnete Plankosten

Aus dem Beispiel werden die Abweichungsanalysen im Bereich der Fertigungs- und Materialgemeinkosten verwendet. Auf eine Analyse der Verwaltungs- und Vertriebsgemeinkosten wird hier verzichtet, aus Vereinfachungsgründen entsprechen sich hier Plan- und Istwerte.

Geplant wurden folgende **Fertigungs- und Materialgemeinkosten**:

Material- und Fertigungsgemeinkosten	
Gehälter	120.000 €
Abschreibungen auf Anlagevermögen	180.000 €
Kalkulatorische Zinsen	100.000 €
Hilfsstoffe (unechte Gemeinkosten)	60.000 €
Energie (50 % variabel)	40.000 €
Summe	**500.000 €**

Bezogen auf die Planmenge von **5.000 Stück** ergibt sich ein **Plankostenverrechnungssatz** von **100 € je Stück**. Die Istmenge ist **4.800 Stück**, die **verrechneten Plankosten** betragen damit **480.000 €**.

Im **Ist** sind die folgenden **Material- und Fertigungsgemeinkosten** angefallen:

Gehälter	120.000 €
Abschreibungen auf Anlagevermögen	180.000 €
Kalkulatorische Zinsen	100.000 €
Hilfsstoffe (unechte Gemeinkosten)	58.000 €
Energie (50 % variabel)	42.000 €
Summe	**500.000 €**

Die **Istkosten** übersteigen damit die **verrechneten Plankosten**, was **negativ** zu bewerten ist.

Istkosten	500.000 €
Verrechnete Plankosten	480.000 €
Gesamtabweichung	**20.000 €**

Die Analyse der Kostenüberschreitung fällt aufgrund der Proportionalisierung der Fixkosten schwer. Bei sinkenden Beschäftigungen steigen die Kosten je Einheit, bei steigenden Beschäftigungen fallen sie. Aus der Gesamtabweichung wird nicht ersichtlich, ob unwirtschaftliches Verhalten oder mangelnde Auslastung oder veränderte Faktorpreise ursächlich für die Abweichung sind.

Mehr in der Lage zu leisten ist die **flexible Plankostenrechnung auf Vollkostenbasis**, die eine Trennung der Kosten in ihre fixen und variablen Anteile vornimmt. Damit wird die Proportionalisierung der Fixkosten vermieden. Neben den verrechneten Plankosten werden Sollkosten ermittelt, sie beziehen die geplanten Kosten unter Berücksichtigung fixer und variabler Anteile auf die Istbeschäftigung. Damit kann die Gesamtabweichung in Verbrauchs- und Beschäftigungsabweichung aufgeteilt werden. Die Verbrauchsabweichung resultiert aus effizientem bzw. ineffizientem Arbeiten in der Kostenstelle, die Beschäftigungsabweichung stellt die Kosten nicht ausgelasteter Kapazitäten dar, es handelt sich um die Fixkostenanteile, die nicht verteilt werden konnten.

Den **Gesamtzusammenhang** zeigt die folgende Abbildung:

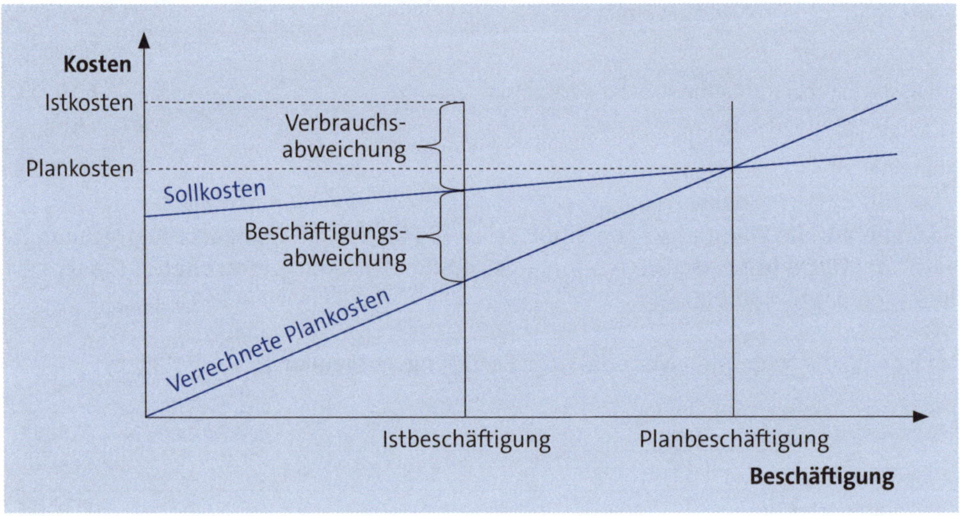

Flexible Plankostenrechnung auf Vollkostenbasis

Folgende Größen werden benötigt bzw. berechnet:

$$\text{Plankostenverrechnungssatz} = \frac{\text{Plankosten}}{\text{Planbeschäftigung}}$$

$$\text{Verrechnete Plankosten} = \text{Plankostenverrechnungssatz} \cdot \text{Istbeschäftigung}$$

$$\text{Gesamtabweichung} = \text{Istkosten} - \text{verrechnete Plankosten}$$

$$\text{Variabler Plankostenverrechnungssatz} = \frac{\text{Variable Plankosten}}{\text{Planbeschäftigung}}$$

$$\text{Sollkosten} = \frac{\text{Variabler Plankosten-}}{\text{verrechnungssatz}} \cdot \text{Istbeschäftigung} + \text{geplante Fixkosten}$$

Verbrauchsabweichung = Istkosten - Sollkosten

Beschäftigungsabweichung = Sollkosten - verrechnete Plankosten

Im **Beispiel** müssen zunächst die **Plan-Gemeinkosten** (**Fertigung und Material**) in **fixe und variable** Anteile aufgeteilt werden:

Material- und Fertigungsgemeinkosten		**fix**	**variabel**
Gehälter	120.000 €	120.000 €	
Abschreibungen auf Anlagevermögen	180.000 €	180.000 €	
Kalkulatorische Zinsen	100.000 €	100.000 €	
Hilfsstoffe (unechte Gemeinkosten)	60.000 €		60.000 €
Energie (20.000 € fix)	40.000 €	20.000 €	20.000 €
Summe	**500.000 €**	**420.000 €**	**80.000 €**

Bei Planbeschäftigung (5.000 Stück) betragen die Fixkosten 420.000 € und die variablen Kosten 80.000 €. Der **variable Plankostenverrechnungssatz** beträgt damit **16 €** (80.000 € : 5.000 Stück). Es resultieren **Sollkosten** in Höhe von **496.800 €** (4.800 Stück à 16 € zuzüglich der geplanten Fixkosten von 420.000 €).

Es ergeben sich folgende Abweichungen:

Istkosten	500.000 €
Verrechnete Plankosten	480.000 €
Gesamtabweichung	**20.000 €**

Istkosten	500.000 €
Sollkosten	496.800 €
Verbrauchsabweichung	**3.200 €**

Sollkosten	496.800 €
Verrechnete Plankosten	480.000 €
Beschäftigungsabweichung	**16.800 €**

Die **Verbrauchsabweichung** ist durch den Kostenstellenverantwortlichen zu vertreten, sie resultiert in höheren Ressourcenverbräuchen oder höheren Faktorkosten gegenüber Plan.

Die **Beschäftigungsabweichung** resultiert aus der fehlenden Auslastung (4.800 Stück statt geplanter 5.000 Stück) und den damit nicht weiter verrechneten Fixkosten. In der Regel entsteht eine Beschäftigungsabweichung durch Absatzprobleme, die zu einer niedrigeren Produktionsauslastung führen. Manchmal ist sie jedoch auch durch den Ausfall von Produktionsanlagen bedingt.

Ähnlich gut geeignet ist die **flexible Plankostenrechnung auf Teilkostenbasis**, die sogenannte **Grenzplankostenrechnung**. Sie ermittelt die Verbrauchsabweichung durch Gegenüberstellung von variablen Istkosten und (variablen) Sollkosten:

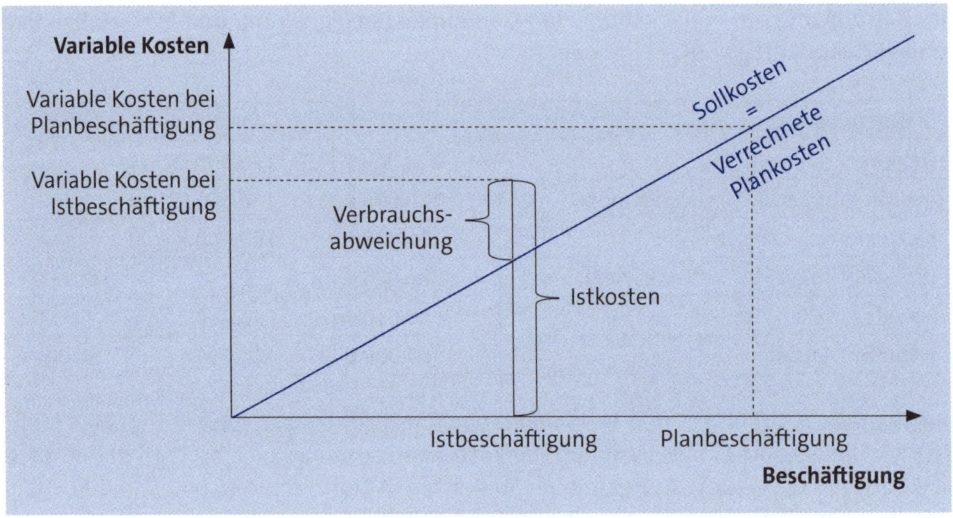

Flexible Plankostenrechnung auf Vollkostenbasis (Grenzplankostenrechnung)

Folgende Größen werden benötigt bzw. berechnet:

$$\text{Variabler Plankostenverrechnungssatz} = \frac{\text{Variable Plankosten}}{\text{Planbeschäftigung}}$$

$$\text{Sollkosten} = \text{variabler Plankostenverrechnungssatz} \cdot \text{Istbeschäftigung}$$

Die Sollkosten entsprechen in der Grenzplankostenrechnung den (variablen) verrechneten Plankosten. Damit lässt sich die **Verbrauchsabweichung** berechnen:

Verbrauchsabweichung = Istkosten - Sollkosten

Im **Beispiel** ergeben sich folgende **Ist-Werte**:

Gesamte Istkosten	500.000 €
Fixe Istkosten	-420.000 €
Variable Istkosten	**80.000 €**

Die **Sollkosten** resultieren aus 4.800 Stück à 16 € (s. o.), also 76.800 €. Damit ergibt sich die **Verbrauchsabweichung**:

Variable Istkosten	80.000 €
Variable Sollkosten	76.800 €
Verbrauchsabweichung	**3.200 €**

Diese entspricht vom Ergebnis und damit auch der Interpretation dem in der flexiblen Plankostenrechnung auf Vollkostenbasis ermittelten Ergebnis.

Eine Analyse der Fixkosten erfolgt in der Grenzplankostenrechnung per se nicht. Dies kann jedoch durch die Berechnung von **Nutz- und Leerkosten** passieren. Die **Nutzkosten** geben den Anteil der genutzten Fixkosten an, während die **Leerkosten** jenen der ungenutzten Kapazitäten ausweisen.

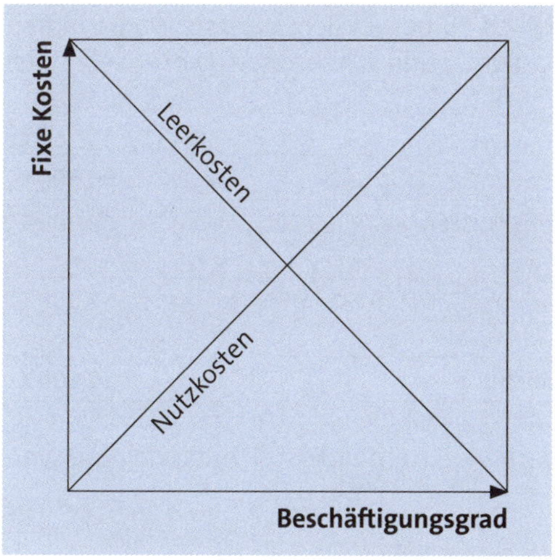

Nutz- und Leerkosten

Im Beispiel waren für 5.000 Stück 420.000 € fixe Fertigungs- und Materialgemeinkosten geplant. Produziert und abgesetzt wurden jedoch nur 4.800 Stück. Von den 420.000 € Fixkosten waren demnach **16.800 € Leerkosten** und 403.200 € Nutzkosten. Die Leerkosten entsprechen der in der flexiblen Plankostenrechnung auf Vollkostenbasis ermittelten Beschäftigungsabweichung und sind analog zu interpretieren.

Abschließend werden die Ergebnisse der einzelnen Analysen zusammengefasst und in den Gesamtkontext gestellt.

Auf der obersten Verdichtungsebene ergibt sich folgendes Bild:

	Plan	Ist	Abweichung
Umsatzerlöse	1.500.000 €	1.416.000 €	84.000 €
Herstellkosten des Umsatzes	1.150.000 €	1.159.200 €	9.200 €
Verwaltungs- und Vertriebsgemeinkosten	210.000 €	210.000 €	0 €
Gewinn	**140.000 €**	**46.800 €**	**93.200 €**

Die **Gewinnabweichung** von 93.200 € lässt sich damit auf folgende **Ursachen** zurückführen:

Absatzpreisabweichung (s. o.)	24.000 €
Ergebniswirksamer Teil der Absatzmengenabweichung (s. o.)	30.800 €
Gesamtabweichung Einzellohnkosten (s. o.)	74.400 €
Gesamtabweichung Einzelmaterialkosten (s. o.)	-19.200 €
Beschäftigungsabweichung (s. o.)	-16.800 €
Gewinnabweichung	**93.200 €**

Die Verbrauchsabweichung ist hier nicht explizit zu berücksichtigen, sie wurde in den ergebniswirksamen Teil der Absatzmengenabweichung einbezogen. Dieser setzt sich zusammen aus:

Absatzmengenabweichung (s. o.)	60.000 €
durch Mindermenge (200 Stück) vermiedene Einzelkosten (130 € je Stück)	-26.000 €
durch Mindermenge (200 Stück) vermiedene variable Gemeinkosten (16 € je Stück)	-3.200 €
Ergebniswirksamer Teil der Absatzmengenabweichung	**30.800 €**

Die hier ausgewiesene Abweichung in den variablen Gemeinkosten entspricht der Verbrauchsabweichung.

Aufgabe 1:

Ordnen Sie die genannten Teilgebiete dem internen oder externen Rechnungswesen durch Ankreuzen zu:

Teilgebiet	**Internes Rechnungswesen**	**Externes Rechnungswesen**
Kreditorenbuchhaltung		
Kalkulation		
Bilanzerstellung		
Kostenplanung		
Investitionsplanung		
Erstellung der Gewinn- und Verlustrechnung		

Lösung s. Seite 333

Aufgabe 2:

Ordnen Sie den Begriffen „Ein- und Auszahlung“, „Einnahme und Ausgabe“, „Ertrag und Aufwand“ sowie „Leistung und Kosten“ den zugehörigen Bestandsgrößen in der folgenden Tabelle zu. Erläutern Sie dann die genannten Stromgrößen.

Stromgrößen			**Bestandsgrößen**
positiv	**negativ**		
Einzahlung	Auszahlung	+	
		=	
Einnahme	Ausgabe	+ -	
		=	
Ertrag	Aufwand	+	
		=	
Leistung	Kosten	-	
		=	

Lösung s. Seite 333

Aufgabe 3:

Geben Sie bei den folgenden Aussagen jeweils an, ob diese falsch oder richtig sind.

	Aussage	falsch	richtig
1.	Der Einsatz von Schmierstoffen in der Fertigung ist Zweckaufwand.		
2.	Der Ansatz von kalkulatorischen Wagnissen kann zu Zusatzkosten führen.		
3.	Eigenkapitalzinsen stellen Anderskosten dar.		
4.	Spenden an das Rote Kreuz führen zu Anderskosten.		
5.	Neutraler Aufwand umfasst betriebsfremden, periodenfremden und ordentlichen Aufwand.		
6.	Der Totalschaden eines nicht kaskoversicherten Fahrzeugs stellt neutralen Aufwand dar.		
7.	Die Eingangsrechnung für den Software-Wartungsvertrag lässt Zusatzkosten entstehen.		
8.	Kosten für die Restrukturierung des Außendienstes stellen Grundkosten dar.		
9.	Eine steuerliche Sonderabschreibung führt zu Anderskosten.		
10.	Die Tilgung eines Bankkredits führt zu neutralem Aufwand.		

Lösung s. Seite 334

Aufgabe 4:

Erläutern Sie die folgenden Begriffe und geben Sie jeweils ein Beispiel an:

- neutraler Aufwand
- neutraler Ertrag
- Zweckaufwand
- Zweckertrag
- kalkulatorische Leistungen
- kalkulatorische Kosten.

Lösung s. MiniLex Seite 375 ff.

Aufgabe 5:

Dem Buchhalter der XYZ GmbH sind die Inventarblätter durcheinandergeraten. Erstellen Sie aus den Inventarblättern in Anlehnung an § 266 HGB die Bilanz und ermitteln Sie das Periodenergebnis. Das Eigenkapital zum 31.12. des Vorjahres betrug 1 Mio. €.

Der Buchhalter hat die Inventurblätter in folgender Reihenfolge:

- Forderungen aus Lieferungen und Leistungen 300.000 €
- Betriebs- und Geschäftsausstattung 450.000 €

► Darlehen	500.000 €
► Vorräte	180.000 €
► Kasse und kurzfristige Bankguthaben	120.000 €
► Verbindlichkeiten aus Lieferungen und Leistungen	300.000 €
► Grundstücke und Gebäude	500.000 €

Lösung s. Seite 335

Aufgabe 6:

Der Tischlermeister Hugo Hobel hat 2023 einen Kleiderschrank gefertigt. Dafür sind 500 € Materialkosten und 700 € Lohnkosten angefallen. Der Schrank soll 2024 für 1.500 € verkauft werden. Gemeinkosten kennt Herr Hobel nicht.

Stellen Sie die Gewinn- und Verlustrechnung nach Gesamt- und Umsatzkostenverfahren für 2023 auf.

Lösung s. Seite 335

Aufgabe 7:

Deuten Sie die folgenden Buchungssätze! Welcher Geschäftsvorfall liegt jeweils zugrunde?

a) Waren an Kasse

b) Bank an Forderungen

c) Darlehen an Bank

d) Maschinen an Verbindlichkeiten

e) Geschäftsausstattung an Waren

f) Verbindlichkeiten an Kasse

g) Wertpapiere an Bank

h) Personalaufwand an Bank

i) Forderungen aus Lieferungen und Leistungen an Umsatzerlöse

j) Zinsaufwand an Bank

k) Waren an Verbindlichkeiten aus Lieferungen und Leistungen

l) Bank an Forderungen aus Lieferungen und Leistungen

m) Provisionen an sonstige Verbindlichkeiten

n) Frachtkosten an Kasse

o) Grundstücke an Darlehen

Lösung s. Seite 336

Aufgabe 8:

Bilden Sie die Buchungssätze für die folgenden Geschäftsvorfälle:

a) Kauf einer Maschine gegen Barzahlung
b) Tilgung einer Verbindlichkeit
c) Kunde bezahlt Rechnung durch Überweisung
d) Einzahlung von Kassenguthaben auf das Bankkonto
e) Aufnahme eines Darlehens
f) Wareneinkauf auf Barzahlung
g) Wareneinkauf auf Rechnung (Ziel)
h) Barzahlung einer Kundenforderung
i) Banküberweisung eines Lohnvorschusses
j) Bareinzahlung auf das Girokonto
k) Bezahlung einer Lieferantenrechnung durch Überweisung
l) Kauf eines Grundstücks bei Kaufpreisstundung
m) Darlehensgewährung in bar gegen hypothekarische Sicherheit
n) Bankabbuchung für Aktienkauf
o) Rücksendung unverkäuflicher Ware an den Lieferanten
p) Gegenlieferung eines Kunden (Ware statt Geld)
q) Barabhebung bei der Bank
r) Darlehensrückzahlung durch Überweisung

Lösung s. Seite 336

Aufgabe 9:

Formulieren Sie die Buchungssätze für die folgenden Geschäftsvorfälle! (Hinweis: Keine Berücksichtigung der Umsatzsteuer)

a) Der Kunde Huber begleicht eine offene Rechnung in Höhe von 200 €.
b) Wir verkaufen Waren für 150 €; der Einstandspreis war 100 €. (Hinweis: Es sind zwei Buchungssätze zu bilden.)
c) Wir überweisen eine Lieferantenrechnung in Höhe von 300 €.
d) Wir kaufen Waren auf Ziel für 400 €.
e) Wir überweisen Löhne und Gehälter (Personalaufwand) in Höhe von 2.000 €.
f) Wir bezahlen Frachtaufwand in Höhe von 450 € bar.
g) Wir zahlen 300 € aus der Kasse auf das Bankkonto ein.
h) Wir kaufen ein Grundstück für 100.000 € bei Kaufpreisstundung.
i) Wir erhalten ein Darlehen in Höhe von 100.000 € gegen hypothekarische Sicherheit.

j) Von unserem Konto werden 20.000 € abgebucht, da wir Wertpapiere zur langfristigen Kapitalanlage gekauft haben.

k) Wir schicken unverkäufliche Ware an den Lieferanten zurück, Einstandspreis 200 €.

l) Statt eine offene Rechnung in Höhe von 300 € zu bezahlen, liefert uns der Kunde Waren.

m) Ein Kunde bezahlt eine Rechnung in Höhe von 200 € bar.

n) Barabhebung bei der Bank, 500 €

o) Darlehensrückzahlung durch Überweisung, 10.000 €

p) Wir überweisen die Miete in Höhe von 1.200 €.

Lösung s. Seite 337

Aufgabe 10:

Formulieren Sie für die UB GmbH die Buchungssätze zu folgenden Geschäftsvorfällen. Rechnen Sie zur Vereinfachung mit einem USt-Satz von 20 %. Ermitteln Sie die MwSt-Zahllast bzw. den MwSt-Erstattungsanspruch.

1. Für erbrachte Beratungsleistungen stellt die UB GmbH Ende des Jahres ihrem Kunden eine Rechnung über 100.000 € zuzüglich Umsatzsteuer. Die Zahlung erfolgt erst im nächsten Geschäftsjahr.
2. Die UB GmbH erhält für die Vermittlung von Aufträgen an eine befreundete Unternehmung Provisionen in Höhe von 10.000 € zuzüglich Umsatzsteuer in bar.
3. Am 31.12. kauft die UB GmbH neue Computer zum Preis von 20.000 € zuzüglich Umsatzsteuer. Sie werden noch am letzten Tag des Geschäftsjahres ausgeliefert und sind ab diesem Zeitpunkt dem Vermögen des Unternehmens zuzurechnen. Die Nutzung beginnt erst mit Beginn des nächsten Jahres. Auch die Bezahlung der bereits am 31.12. erhaltenen Rechnung wird erst im neuen Jahr erfolgen.
4. Die UB GmbH überweist 10.000 € Zinsen an die Sparkasse.
5. Die UB GmbH zahlt die Miete in Höhe von 5.000 € an den Privatmann Reinhard Reich.

Lösung s. Seite 338

Aufgabe 11:

Buchen Sie die folgenden Geschäftsvorfälle

a) Der Mitarbeiter Huber erhält ein Bruttogehalt von 5.000 € pro Monat. Sein Lohnsteuersatz liegt bei 30 % und der Kirchensteuersatz bei 10 % von der Lohnsteuer.

   Die Beitragssätze zur Sozialversicherung werden mit 20 % für den Arbeitgeber und 20 % für den Arbeitnehmer angesetzt. Steuern und Versicherungen werden erst im nächsten Monat bezahlt. Das Nettogehalt wird sofort überwiesen.

b) Der Mitarbeiter Maier erhält einen Vorschuss in Höhe von 2.000 € in bar.

c) Ende des Monats bekommt Herr Maier sein noch ausstehendes Gehalt überwiesen. Insgesamt stehen ihm pro Monat 4.000 € brutto zu, wobei der Vorschuss aus b) zu berücksichtigen ist. Zu berücksichtigen sind Lohnsteuer, Kirchensteuer und Solidaritätszuschlag (für Maier 20 %, 10 % und 5 %) und Sozialabgaben (21 % Arbeitgeber, 20 % Arbeitnehmer). Das „Restgehalt“ wird überwiesen; Steuern und Versicherungen werden erst im nächsten Monat bezahlt.

Lösung s. Seite 339

Aufgabe 12:

Der Schreinermeister Horst Hobel hat im Mai 2023 insgesamt 20 Tische des Modells „Rustikal“ hergestellt. Er hat folgende (allesamt herstellungsbezogene) Aufwandsbuchungen vorgenommen:

Materialaufwand	2.000 €	an	Vorräte	2.000 €
Lohnaufwand	3.000 €	an	Bank	3.000 €
Sonstige Aufwendungen	1.000 €	an	Kasse	1.000 €

Er hat im Mai 2023 insgesamt 18 Tische zum Einzelpreis von 500 € zuzüglich 19 % Umsatzsteuer sowie aus seinem Lagerbestand einen Schrank für 1.200 € zuzüglich 19 % Umsatzsteuer verkauft. Die Herstellungskosten des Schranks betrugen 1.000 €.

Ermitteln Sie den Wert der Bestandsveränderungen und stellen Sie die Gewinn- und Verlustrechnung

a) nach Gesamtkostenverfahren und

b) nach Umsatzkostenverfahren

auf.

Lösung s. Seite 340

Aufgabe 13:

Buchen Sie die folgenden Geschäftsvorfälle:

a) Einkauf von Waren auf Ziel im Wert von 150.000 €, Rabatt 20 %, Umsatzsteuer 19 %, Skontonutzung 3 %, Begleichung durch Überweisung

b) Verkauf von Fertigerzeugnissen auf Ziel, Umsatzerlöse 100.000 € zuzüglich 19 % Umsatzsteuer, Rabatt 20 %, Skontonutzung durch den Kunden 2 %

c) Verkauf von Waren auf Ziel, Umsatzerlöse 50.000 € zuzüglich Umsatzsteuer 19 %, Rabatt 10 %, nachträgliche Gewährung eines Bonus in Höhe von 2 %

Lösung s. Seite 340

Aufgabe 14:

Lösen Sie die nachstehende Bilanz in Konten auf und bilden Sie die Buchungssätze für die Konteneröffnung.

AKTIVA	Eröffnungsbilanzkonto		PASSIVA
	Euro		Euro
I. Anlagevermögen		**I. Eigenkapital**	152.840
1. Grundstücke			
a) Grund und Boden	30.000	**II. Fremdkapital**	
b) Gebäude	150.000	1. Darlehen	177.000
2. Technische Anlagen und Maschinen	65.000	2. Verbindlichkeiten gegenüber Kreditinstituten	6.900
3. Fuhrpark	10.000	3. Verbindlichkeiten aus Lieferungen und Leistungen	34.600
4. Betriebs- und Geschäftsausstattung	12.000		
5. Wertpapiere	24.000		
II. Umlaufvermögen			
1. Vorräte	54.500		
2. Forderungen aus Lieferungen und Leistungen	17.300		
3. Bank	8.000		
4. Kasse	540		
	371.340		371.340

Lösung s. Seite 341

Aufgabe 15:

Die Firma Häberle hat folgende Eröffnungsbilanz erstellt:

AKTIVA		Bilanz per 01.01.2023	PASSIVA
	Euro		Euro
Anlagevermögen		**Eigenkapital**	
Maschinen	80.000	Eigenkapital	100.000
Fuhrpark	20.000		
Betriebs- und Geschäftsausstattung	30.000		
Umlaufvermögen		**Fremdkapital**	
Waren	35.000	Langfristiges Bankdarlehen	110.000
Forderungen aus Lieferungen und Leistungen	20.000	Verbindlichkeiten aus Lieferungen und Leistungen	40.000
Bank	70.000	Rückstellungen	10.000
Kasse	5.000		
	260.000		260.000

Verbuchen Sie die nachfolgenden Geschäftsvorfälle und erstellen Sie die Gewinn- und Verlustrechnung für das Jahr 2023 sowie die Schlussbilanz zum 31.12.2023. Gehen Sie von einem MwSt-Satz von 10 % aus; dieser ist in den Geschäftsvorfällen noch nicht enthalten. Geben Sie in den T-Konten auch immer die Nummer des Buchungssatzes an.

1. Wareneinkauf auf Ziel: 60.000 €
2. Warenverbrauch: 40.000 €
3. Abschreibungen auf Maschinen: 20.000 €
4. Abschreibungen auf Betriebs- und Geschäftsausstattung: 7.500 €
5. Kauf von Anlagen im Bau (Fertigstellung in 2021) auf Ziel: 9.000 €
6. Bildung einer Pensionsrückstellung: 1.500 €
7. Tilgung des langfristigen Bankdarlehens: 20.000 €
8. Barauszahlung eines Lohnvorschusses: 4.000 €
9. Lohnzahlung:
   - Nettolohn 20.000 € (Bank)
   - Arbeitnehmeranteil zu Sozialversicherung und Lohnsteuer 4.000 € (Verbindlichkeiten gegenüber Sozialversicherung und Finanzbehörden)
   - Arbeitgeberanteil zu Sozialversicherung 3.000 € (Verbindlichkeiten gegenüber Sozialversicherung und Finanzbehörden)
10. Verkauf des Lkw (Buchwert 20.000 €) auf Ziel für 18.000 € am 01.01.2023

11. Kauf eines neuen Lkw für 30.000 € am 01.01.2023, Banküberweisung
12. Abschreibung des neuen Lkw auf 4 Jahre
13. Banküberweisung von Zinsen: 3.000 €
14. Erlöse aus Warenverkauf (Ziel): 150.000 €
15. Ein Kunde begleicht eine Forderung von 5.000 € durch Überweisung.
16. Die Mehrwertsteuerzahllast wird überwiesen.

S	Maschinen	H

S	Fuhrpark	H

S	Betriebs- und Geschäftsausstattung	H

S	Anlagen im Bau	H

S	Waren	H

S	Forderungen aus L. u. L.	H

S	Sonstige Forderungen	H

S	Vorsteuer	H

S	Bank	H

S	Kasse	H

S	Eigenkapital	H

S	Langfristiges Bankdarlehen	H

S	Verbindlichkeiten aus L. u. L.	H

S	Verbindlichkeiten Steuern und Sozialabgaben	H

S	Rückstellungen	H

S	Umsatzsteuer	H

S	Mehrwertsteuerverrechnung	H

S	Umsatzerlöse	H

S	Warenaufwand	H

S	Lohn- und Gehaltsaufwand	H

S	Abschreibungen	H

S	Sozialaufwand	H

S	Außerordentlicher Aufwand	H

S	Zinsaufwendungen	H

AKTIVA	Bilanz per 31.12.2023		PASSIVA
	Euro		Euro
Anlagevermögen		**Eigenkapital**	
Maschinen		Eigenkapital	
Fuhrpark			
Betriebs- und Geschäftsausstattung			
Anlagen im Bau			
Umlaufvermögen		**Fremdkapital**	
Waren		Langfristiges Bankdarlehen	
Forderungen aus Lieferungen und Leistungen		Verbindlichkeiten aus Lieferungen und Leistungen	
Sonstige Forderungen		Rückstellungen	
Kasse		Verbindlichkeiten Steuern und Sozialabgaben	

Aufwand	Gewinn- und Verlustrechnung	Ertrag

Lösung s. Seite 342

Aufgabe 16:

Es ist folgende Eröffnungsbilanz per 01.01.2023 gegeben:

AKTIVA		Bilanz	PASSIVA
	Euro		Euro
Anlagevermögen		**Eigenkapital**	
Maschinen	80.000	Eigenkapital	100.000
Fuhrpark	20.000		
Betriebs- und Geschäftsausstattung	30.000		
Umlaufvermögen		**Fremdkapital**	
Waren	35.000	Langfristiges Bankdarlehen	110.000
Forderungen aus Lieferungen und Leistungen	20.000	Verbindlichkeiten aus Lieferungen und Leistungen	40.000
Bank	70.000	Rückstellungen	10.000
Kasse	5.000		
	260.000		260.000

Verbuchen Sie die nachfolgenden Geschäftsvorfälle und erstellen Sie die Gewinn- und Verlustrechnung für das Jahr 2023 sowie die Schlussbilanz zum 31.12.2023. Gehen Sie von einem MwSt-Satz von 10 % aus; dieser ist in den Geschäftsvorfällen noch nicht enthalten.

1. Kauf einer Maschine für 10.000 €, Bezahlung durch Überweisung
2. Abschreibungen auf Maschinen: 4.000 €
3. Kauf von Betriebs- und Geschäftsausstattung für 10.000 € auf Ziel
4. Entnahme eines Schreibtisches aus dem Warenbestand (Anschaffungskosten: 2.000 €) zur Nutzung als Geschäftsausstattung
5. Abschreibungen auf Betriebs- und Geschäftsausstattung: 8.000 €
6. Kauf von Anlagen im Bau (Fertigstellung in 2024) auf Ziel: 10.000 €
7. Aktivierung von Eigenleistungen: 5.000 €
8. Bildung einer Pensionsrückstellung: 2.000 €
9. Tilgung des langfristigen Bankdarlehens durch Überweisung: 20.000 €
10. Barauszahlung eines Lohnvorschusses: 4.000 € (Rückzahlung in 2024)
11. Lohnzahlung: Nettolohn 20.000 € (Bank), Arbeitnehmeranteil zu Sozialversicherung und Lohnsteuer 4.000 € (Verbindlichkeiten gegenüber Sozialversicherung und Finanzbehörden), Arbeitgeberanteil zu Sozialversicherung 3.000 € (Verbindlichkeiten gegenüber Sozialversicherung und Finanzbehörden)
12. Verkauf des Lkw (Buchwert 20.000 €) auf Ziel für 10.000 € am 01.01.2023

13. Kauf eines neuen Lkw für 30.000 € am 01.01.2023 per Banküberweisung
14. Abschreibung des neuen Lkw auf 4 Jahre
15. Banküberweisung von Zinsen: 3.000 €
16. Erlöse aus Warenverkauf (Ziel): 150.000 €
17. Ein Kunde begleicht eine Forderung von 11.000 € durch Überweisung.
18. Wareneinkauf für 117.000 € auf Ziel
19. Rücksendung schlechter Ware für 5.000 € an den Lieferanten
20. Warenbestand laut Inventur: 50.000 €
21. Verbindlichkeiten in Höhe von 110.000 € werden per Banküberweisung beglichen.
22. Mietaufwand wird überwiesen: 10.000 € (MwSt-frei)
23. Gewährung eines Darlehens von 50.000 € an den Geschäftsführer (Überweisung)
24. Die Mehrwertsteuerzahllast wird überwiesen bzw. das Guthaben per Überweisung erhalten.

S	Maschinen	H

S	Fuhrpark	H

S	Betriebs- und Geschäftsausstattung	H

S	Anlagen im Bau	H

S	Waren	H

S	Forderungen aus L. u. L.	H

S	Sonstige Forderungen/ Aktivdarlehen	H

S	Kasse	H

S	Bank	H

S	Vorsteuer	H

S	Aktivierte Eigenleistung	H

S	Mehrwertsteuerverrechnung	H

S	Eigenkapital	H

S	Langfristiges Bankdarlehen	H

S	Verbindlichkeiten aus L. u. L.	H

S	Verbindlichkeiten Steuern und Sozialabgaben	H

S	Rückstellungen	H

S	Umsatzsteuer	H

S	Umsatzerlöse	H

S	Erträge aus der Aktivierung von Eigenleistung	H

S	Warenaufwand	H

S	Lohn	H

S	Abschreibungen	H

S	Außerordentlicher Aufwand	H

S	Zinsaufwendungen	H

S	Mietaufwendungen	H

S	Sozialaufwand	H

Lösungen zur Buchhaltung: Bitte tragen Sie hier die Endsaldi der Konten ein!

	Endsaldo
Anlagen im Bau	
Maschinen	
Fuhrpark	
Betriebs- und Geschäftsausstattung	
Aktivierte Eigenleistungen	
Waren	
Forderungen aus Lieferungen und Leistungen	
Sonstige Forderungen/Aktivdarlehen	
Bank	
Kasse	
Vorsteuer	

Eigenkapital	
Langfristiges Bankdarlehen	
Verbindlichkeiten aus Lieferungen und Leistungen	
Verbindlichkeiten Steuern und Sozialabgaben	
Bank	
Umsatzsteuerschuld	

Rückstellungen	
Lohnaufwand	
Mietaufwand	
Warenaufwand	
Abschreibungen	
Zinsen	
Sozialaufwand	
Außerordentlicher Aufwand	
Umsatzerlöse	
Erträge aus aktivierten Eigenleistungen	

Gewinn/Verlust 2023	

Lösung s. Seite 346

Aufgabe 17:

Erläutern Sie die folgenden Begriffe und geben Sie jeweils ein Beispiel an:

- Bilanz
- Konto
- Bilanzverkürzung
- Buchungssatz
- Kontenplan
- Erfolgsneutrale Buchungen
- Erfolgswirksame Buchungen

Lösung s. MiniLex Seite 375 ff.

Aufgabe 18:

Die Real Estate GmbH erwirbt ein Grundstück. Folgende Aufwendungen fallen an:

Kaufpreis	1.000.000 €
Beurkundungsgebühr für den Kaufvertrag	6.000 €
Beurkundungsgebühr für die Eintragung der Grundschuld zur Finanzierung des Kaufpreises	700 €
Grunderwerbssteuer	50.000 €
Eintragungsgebühr für die Eigentumsübertragung	2.000 €
Eintragungsgebühr für die Grundschuld	600 €
Maklerprovision inklusive 19 % Umsatzsteuer	35.700 €
Grundsteuer jährlich	4.500 €

Das Grundstück soll mit einem Alters- und Pflegeheim bebaut werden. Bevor mit dem Bau begonnen werden kann, muss ein sich auf dem Grundstück befindender Pferdestall abgerissen werden. Die Kosten dafür betragen 15.000 € zuzüglich 19 % Umsatzsteuer.

Bestimmen Sie die handelsrechtlichen Anschaffungskosten.

Lösung s. Seite 351

Aufgabe 19:

Für die Herstellung eines Fertigerzeugnisses sind folgende aufwandsgleiche Kosten angefallen:

Fertigungsmaterialkosten	50.000 €
Zinsen auf das Eigenkapital	10.000 €
Kalkulatorische Wagnisse	5.000 €
Fertigungsgemeinkosten	105.000 €
Vertriebsgemeinkosten	12.000 €
Verwaltungsgemeinkosten	22.000 €
Anteilige Aufwendungen für Betriebskindergarten (im Zeitraum der Herstellung)	2.000 €
Fertigungslohnkosten	70.000 €
Materialgemeinkosten	8.000 €
Sondereinzelkosten des Vertriebs	10.000 €

a) Ermitteln Sie die Herstellungskosten nach HGB für einen möglichst niedrigen Gewinnausweis.

b) Ermitteln Sie die Herstellungskosten nach HGB für einen möglichst hohen Gewinnausweis.

Lösung s. Seite 352

Aufgabe 20:

Berechnen Sie aus den folgenden Angaben den derivativen Geschäfts- oder Firmenwert. Unterscheiden Sie Asset Deal und Share Deal.

Position	Buchwert	Marktwert/Zeitwert
Anlagevermögen	200.000 €	410.000 €
Bankverbindlichkeiten	70.000 €	70.000 €
Rückstellungen	30.000 €	40.000 €

Der Kaufpreis beträgt 400.000 €.

Lösung s. Seite 352

Aufgabe 21:

Klären Sie für die folgenden Sachverhalte jeweils **Ansatz, Ausweis und Bewertung** zum 31.12.2023.

a) Selbsterstellte Software zur Nutzung im eigenen Unternehmen; Herstellungskosten 100.000 €, voraussichtliche Nutzungsdauer 5 Jahre, Inbetriebnahme 01.07.2023

b) Selbsterstelltes Patent zur Nutzung im eigenen Unternehmen; Herstellungskosten 200.000 €, voraussichtliche Nutzungsdauer 5 Jahre, Inbetriebnahme 01.10.2023

c) Gekaufte Software zur Nutzung im eigenen Unternehmen; Anschaffungskosten 200.000 €, voraussichtliche Nutzungsdauer 10 Jahre, Inbetriebnahme 01.04.2023

d) Erwerb einer Ausschankgenehmigung auf dem Oktoberfest am 01.04.2023, Verwaltungsgebühr 2.000 €, Marktwert 200.000 €, Laufzeit: 10 Jahre

Lösung s. Seite 352

Aufgabe 22:

Die Max Maschine GmbH hat im Juni 2023 eine Fertigungsanlage installiert und am 01.07.2023 in Betrieb genommen. Die Rechnung der Maschinenfabrik lautet über 1.000.000 € zuzüglich 19 % Umsatzsteuer. Die Zahlung erfolgte am 01.07.2023 unter Abzug

- eines Nachlasses in Höhe von 2 % wegen eines Lackschadens und
- 3 % Skonto.

Folgende weitere Aufwendungen sind entstanden:

► Herstellungskosten für ein Fundament für die Maschine in der Fabrikhalle; Rechnungsbetrag inkl. 19 % USt	23.800 €
► Fracht exkl. USt	2.000 €
► Zinskosten für Betriebsmittelkredit im 1. Jahr	16.000 €
► allgemeine Verwaltungskosten zur Einholung des günstigsten Angebotes	2.000 €

Die geschätzte Nutzungsdauer beträgt 10 Jahre.

a) Wie hoch sind die Anschaffungskosten?

b) Mit welchem Betrag ist die Anlage am 31.12.2023 zu bilanzieren?

Lösung s. Seite 353

Aufgabe 23:

Am 01.07.2023 wurden 100 Aktien gekauft. Die Anschaffungskosten betrugen 50 € je Stück. Der Kurs am 31.12.2023 beläuft sich auf 47 €. Die Aktien wurden dem Umlaufvermögen zugeordnet. Mit welchem Wert ist am 31.12.2023 zu bilanzieren?

Im Jahr 2024 erholt sich die Aktie, der Kurs am 31.12.2024 beträgt 54 € je Stück. Was ist zu tun?

Lösung s. Seite 353

Aufgabe 24:

Bei der Alfons Müller GmbH befinden sich am 31.12.2023 3.000 kg einer Chemikalie auf Lager. Die Wiederbeschaffungskosten betragen 45 €/kg; die Anschaffungskosten betrugen 50 €/kg.

Mit welchem Wert ist am 31.12.2023 zu bilanzieren?

Lösung s. Seite 353

Aufgabe 25:

Die Emil Elektro AG stellt Spezialbauteile für Flugzeuge her. Sie ist Zulieferer der Airtaxi AG, welche die Bauteile in ihre Flugzeuge einbaut. Die Airtaxi AG ist der einzige Abnehmer dieser Bauteile.

Im Lager der Emil Elektro AG befinden sich am Ende des Jahres 2023 noch einige unfertige Bauteile, die erst 2024 fertig gestellt werden sollen. Aus der Kostenrechnung ist bekannt, dass diese Bauteile bisher aufwandsgleiche Stückkosten in Höhe von 100 € verursacht haben. Bei der weiteren Bearbeitung der unfertigen Bauteile werden noch 40 € pro Stück anfallen. Für Fracht einschließlich Versicherung werden jeweils 5 € pro Bauteil veranschlagt.

Die fertigen Bauteile sollen wegen langfristiger Verträge zu einem Stückpreis von 154,70 € (einschließlich 19 % Umsatzsteuer) an die Airtaxi AG verkauft werden.

a) Unter welcher Bilanzposition im Jahresabschluss der Emil Elektro AG zum 31.12.2023 wird dieser Vorgang erfasst?

b) Mit welchem Betrag je Stück geht dieser Vorgang in den Jahresabschluss der Emil Elektro AG zum 31.12.2023 ein?

Lösung s. Seite 354

Aufgabe 26:

a) Ermitteln Sie aus den nachfolgenden Angaben den Wert des Endbestands zum 31.12. nach der Methode der gleitenden Durchschnitte.

Bestand bzw. Bewegung	Datum	Anzahl	Wert je Stück
Anfangsbestand	01.01.	500 Stück	6 €/Stück
Abgang	27.02	200 Stück	
Zugang	02.05.	100 Stück	5 €/Stück
Zugang	10.09.	300 Stück	4 €/Stück
Abgang	26.11.	340 Stück	

b) Ermitteln Sie aus den nachfolgenden Angaben den Wert des Endbestands zum 31.12. nach FIFO.

Bestand bzw. Bewegung	Datum	Anzahl	Wert je Stück
Anfangsbestand	01.01.	2.000 Stück	1,50 €/Stück
Zugang	31.03.	1.500 Stück	1,20 €/Stück
Zugang	30.06.	1.000 Stück	1,15 €/Stück
Zugang	30.09.	1.300 Stück	1,25 €/Stück
Abgänge		3.600 Stück	
Endbestand		2.200 Stück	

c) Ermitteln Sie aus den nachfolgenden Angaben den Wert des Endbestands zum 31.12. nach LIFO.

Bestand bzw. Bewegung	Datum	Anzahl	Wert je Stück
Anfangsbestand	01.01.	100 Stück	50 €/Stück
Zugang	06.04.	50 Stück	80 €/Stück
Zugang	10.11.	100 Stück	100 €/Stück
Abgänge		130 Stück	
Endbestand		120 Stück	

Lösung s. Seite 354

Aufgabe 27:

Die vereinfachte Bilanz der A-AG hat zum 31.12.2023 folgendes Aussehen (Werte in Euro):

AKTIVA		Bilanz	PASSIVA
	Euro		Euro
Anlagevermögen	2.130.000	Gezeichnetes Kapital	2.100.000
Umlaufvermögen	2.550.000	Gewinnrücklagen	800.000
		Jahresüberschuss	80.000
		Verbindlichkeiten	1.700.000
	4.680.000		4.680.000

Es wird auf der Hauptversammlung beschlossen, 60 % des Jahresüberschusses auszuschütten und den Rest in die Gewinnrücklagen einzustellen. Wie sieht die Schlussbilanz aus?

Lösung s. Seite 355

Aufgabe 28:

Die Hans Heyer AG hat ein Nennkapital von 1 Mio. €, das sich aus 10.000 Aktien à 100 € zusammensetzt. Sie gibt 1.000 junge Aktien zum Nennwert von 120 € aus, also mit einem Agio von 20 €. Was passiert bilanziell?

Lösung s. Seite 355

Aufgabe 29:

Die Emil Elektro AG kauft im Januar 2023 bei einem amerikanischen Lieferanten Hilfsstoffe für 2 Mio. US$. Das Zahlungsziel beträgt 90 Tage; die Möglichkeit eines Skontoabzugs ist nicht gegeben. Zum 31.12.2023 sinkt der Marktwert der Hilfsstoffe auf 1,8 Mio. US$. Zum Kaufzeitpunkt war der Wechselkurs 1 € = 0,90 US$; am 31.12.2023 betrug der Wechselkurs 1 € = 0,85 US$.

Mit welchem Wert werden die Rohstoffe und die Verbindlichkeiten am 31.12.2023 bei der Emil Elektro AG angesetzt?

Lösung s. Seite 355

Aufgabe 30:

Wie sind die folgenden Sachverhalte zum 31.12.2023 zu bilanzieren? Darzustellen sind **Bilanzansatz, Bilanzausweis** und **Bewertung**.

a) Die A GmbH hat zum 01.07.2023 einen Pkw erworben, der für 10 Jahre als Geschäftsfahrzeug genutzt werden soll. Die Anschaffungskosten betrugen 40.000 €.

b) Ein Einzelhändler schließt im November 2023 mit einem Lieferanten einen Vertrag über den Bezug von Waren im Februar 2024 zu einem Festpreis von 200.000 € ab. Zum Bilanzstichtag zeigt sich, dass die betreffenden Artikel nur unter Einstandspreis für 180.000 € verkauft werden können.

c) Ein Unternehmen erhält im Dezember 2023 Mietzahlungen für Januar 2024 in Höhe von 8.000 €.

d) Voraussichtlich sind für 2023 noch 6.498,60 € Körperschaftssteuer nachzuzahlen.

e) Am 01.07.2023 wurden 100 Aktien gekauft. Die Anschaffungskosten betrugen 50 € je Stück. Der Kurs am 31.12.2023 beläuft sich auf 47 €. Die Aktien wurden dem Umlaufvermögen zugeordnet.

f) Am 01.07.2023 wurden 100 Aktien gekauft. Die Anschaffungskosten betrugen 50 € je Stück. Der Kurs am 31.12.2023 beläuft sich auf 47 €. Die Aktien wurden dem Anlagevermögen zugeordnet.

g) Am 01.07.2023 wurden 100 Aktien gekauft. Die Anschaffungskosten betrugen 50 € je Stück. Der Kurs am 31.12.2023 beläuft sich auf 52 €. Die Aktien wurden dem Umlaufvermögen zugeordnet.

h) Am 01.07.2023 wurden 100 Aktien gekauft. Die Anschaffungskosten betrugen 50 € je Stück. Der Kurs am 31.12.2023 beläuft sich auf 52 €. Die Aktien wurden dem Anlagevermögen zugeordnet.

i) Bei einer Spezialmaschine wird die im Dezember 2023 fällige regelmäßige Wartung im Mai 2024 nachgeholt. Voraussichtliche Aufwendungen: 20.000 €.

j) Die Software AG hat ein Programm für die Handel AG entwickelt, das im Januar 2024 an die Handel AG ausgeliefert werden soll. Es sind bis Ende 2023 bei der Software AG Herstellungskosten in Höhe von 200.000 € entstanden. Klären Sie den Sachverhalt aus Sicht der Software AG.

k) Die für November 2023 geplante Fertigstellung einer Lagerhalle verzögert sich witterungsbedingt bis März 2024. Für 2023 geplante Herstellungskosten in Höhe von 20.000 € werden erst 2024 anfallen.

l) Ein Unternehmen gewährt Dienstjubiläumszahlungen. Jeder Mitarbeiter erhält nach 20 Jahren Betriebszugehörigkeit 1.000 €.

m) Abbuchung der Büromiete für Januar 2024 im Dezember 2023: 800 €.

n) Das Weihnachtsgeld für die Mitarbeiter in Höhe von 12.000 € wird erst am 05.01.2024 überwiesen.

o) Die Zinsen für ein an einen Mitarbeiter ausgereichtes Darlehen in Höhe von 800,54 € werden erst am 17.01.2024 von diesem überwiesen.

Lösung s. Seite 356

Aufgabe 31:

Erstellen Sie aus den folgenden Angaben die Gewinn- und Verlustrechnung jeweils nach Gesamt- und Umsatzkostenverfahren. Berechnen Sie den Gewinn jeweils bei Anwendung der Wertuntergrenze und der Wertobergrenze. Sämtliche Kosten sind aufwandsgleich.

Produktionsmenge	1.000 Stück
Absatzmenge	800 Stück
Fertigungslöhne	10.000 €
Fertigungsmaterial	15.000 €
Fertigungsgemeinkosten	22.500 €
Materialgemeinkosten	7.500 €
Vertriebskosten	12.000 €
Verwaltungsgemeinkosten	8.000 €
Sondereinzelkosten der Fertigung	7.000 €
Verkaufspreis je Stück ohne Umsatzsteuer	100 €

a) GKV Wertobergrenze

b) UKV Wertobergrenze

c) GKV Wertuntergrenze

d) UKV Wertuntergrenze

Lösung s. Seite 357

Aufgabe 32:

Erläutern Sie die folgenden Begriffe und geben Sie jeweils ein Beispiel an:

- Inventar und Inventur
- derivativer Geschäfts- oder Firmenwert
- Herstellungskosten
- Gesamtkostenverfahren
- Rückstellungen
- Kapitalrücklage
- niedriger beizulegender Stichtagswert.

Lösung s. MiniLex Seite 375 ff.

Aufgabe 33:

Die Mutter AG mit Sitz in Karlsruhe erwirbt Ende 2023 100 % der Anteile an der Tochter GmbH für 400 T€. Die Handelsbilanzen II der beiden Gesellschaften stellen sich wie folgt dar:

AKTIVA	HB II Mutter AG zum 31.12.2023		PASSIVA
	in T€		in T€
Anlagevermögen	300	Gez. Kapital	400
Beteiligung Tochter GmbH	400	Rücklagen	200
Darlehen an Tochter GmbH	100	Fremdkapital	600
Umlaufvermögen	4.000		
	1.200		1.200

AKTIVA	HB II Tochter GmbH zum 31.12.2023		PASSIVA
	in T€		in T€
Anlagevermögen	100	Gez. Kapital	100
Umlaufvermögen	300	Rücklagen	50
		Fremdkapital	150
		Darlehen von Mutter AG	100
	400		400

Die Bilanz der Tochter GmbH enthält zusätzlich 100 T€ stille Reserven im Anlagevermögen.

Erstellen Sie die Konzernbilanz zum 31.12.2023. Benutzen Sie dazu das folgende Formular:

Erstkonsolidierung						
Bilanzposten	**MU HB II**	**TU HB III**	**Summen-bilanz**	**Konsolidierungsspalte Soll**	**Haben**	**Konzernbilanz**
AKTIVA						
Geschäfts- oder Firmenwert						
Anlagevermögen						
Beteiligung						
Darlehen an Tochter GmbH						
Umlaufvermögen						
Summe Aktiva						
PASSIVA						

Lösung s. Seite 359

Aufgabe 34:

Das Unternehmen A im Konzernverbund liefert an das Unternehmen B im Konzernverbund eine selbst hergestellte Maschine für 1.000.000 € (HK bei A: 800.000 €). B verarbeitet die Maschine weiter und wendet hierfür 150.000 € auf. Die Maschine befindet sich am Bilanzstichtag noch auf Lager. Führen Sie die Aufwands- und Ertragskonsolidierung mittels Gesamtkostenverfahren und Umsatzkostenverfahren in den folgenden Tabellen durch.

Gesamtkostenverfahren (alle Angaben in Euro)

GuV-Position	**A**		**B**		**Summen-GuV**		**Konsolidie-rungsspalte**		**Konzern-GuV**	
	Soll	Haben	Soll	Haben	Soll	Haben	Soll	Haben	Soll	Haben
Aufwendungen										
Bestandserhöhung Fertigerzeugnisse										
Umsatzerlöse										
Gewinn										
Summe										

Umsatzkostenverfahren (alle Angaben in Euro)

GuV-Position	A		B		Summen-GuV		Konsolidierungsspalte		Konzern-GuV	
	Soll	Haben	Soll	Haben	Soll	Haben	Soll	Haben	Soll	Haben
HK abgesetzte Produkte										
Umsatzerlöse										
Gewinn										
Summe										

Lösung s. Seite 360

Aufgabe 35:

Die Mutter AG mit Sitz in Karlsruhe erwirbt Ende 2023 80 % der Anteile an der Tochter GmbH für 400 T€. Die Handelsbilanzen II der beiden Gesellschaften stellen sich wie folgt dar:

HB II Mutter AG zum 31.12.2023

AKTIVA	in T€	PASSIVA	in T€
Anlagevermögen	300	Gez. Kapital	400
Beteiligung Tochter GmbH	400	Rücklagen	200
Darlehen an Tochter GmbH	100	Fremdkapital	600
Umlaufvermögen	4.000		
	1.200		1.200

HB II Tochter GmbH zum 31.12.2023

AKTIVA	in T€	PASSIVA	in T€
Anlagevermögen	100	Gez. Kapital	100
Umlaufvermögen	300	Rücklagen	50
		Fremdkapital	150
		Darlehen von Mutter AG	100
	400		400

Die Bilanz der Tochter GmbH enthält zusätzlich 100 T€ stille Reserven im Anlagevermögen.

Erstellen Sie die Konzernbilanz zum 31.12.2023. Benutzen Sie dazu das folgende Formular:

Erstkonsolidierung 80 %						
Bilanzposten	**MU HB II**	**TU HB III**	**Summen-bilanz**	**Konsolidierungsspalte Soll**	**Haben**	**Konzern-bilanz**
AKTIVA						
Geschäfts- oder Firmenwert						
Anlagevermögen						
Beteiligung						
Darlehen an Tochter GmbH						
Umlaufvermögen						
Unterschiedsbetrag						
Summe Aktiva						
						PASSIVA
Gezeichnetes Kapital						
Rücklagen						
Gewinn						
Fremdkapital						
Darlehen von Mutter AG						
Summe Passiva						

Lösung s. Seite 361

Aufgabe 36:

Für das Geschäftsjahr 2023 wurden die Bilanz und die Gewinn- und Verlustrechnung erstellt; ein Auszug aus dem Anlagespiegel liegt vor:

AKTIVA	Bilanz		PASSIVA		
	2023	2022		2023	2022
		in Mio. €			in Mio. €
			Gezeichnetes Kapital	800	800
Sachanlagevermögen	1.800	1.200	Kapitalrücklagen	200	200
			Gewinnrücklagen	200	100
			Gewinnvortrag	0	400
			Jahresüberschuss	500	0
Anlagevermögen	**1.800**	**1.200**	**Eigenkapital**	**1.700**	**1.500**
Vorräte	1.200	1.500	Rückstellungen (Pensionen)	700	600
Forderungen aus Lieferungen und Leistungen	900	1.000	Sonstige Rückstellungen	400	600
Flüssige Mittel	400	300	Verbindlichkeiten aus Lieferungen und Leistungen	800	500
			Langfristige Verbindlichkeiten gegenüber Kreditinstituten	700	800
Umlaufvermögen	**2.500**	**2.800**	**Fremdkapital**	**2.600**	**2.500**
Bilanzsumme	**4.300**	**4.000**	**Bilanzsumme**	**4.300**	**4.000**

Gewinn und Verlustrechnung (01.01.2023 - 31.12.2023)

Umsatzerlöse	
Minderung des Bestandes an fertigen Erzeugnisse	-100
Materialaufwand	-500
Personalaufwand	-900
Abschreibungen Sachanlagevermögen	-400
Sonstige betrieblichen Aufwendungen	-250
Sonstige betriebliche Erträge aus Anlageverkäufen	50
Zinsen und ähnliche Aufwendungen	-250
Steuern vom Einkommen und Ertrag	-50
Jahresüberschuss	**500**

Auzug aus dem Anlagespiegel

	AHK	Zugänge (AHK)	Abgänge (AHK)	Abschreibungen des Gj. 2023	Buchwert 01.01.23	Buchwert 31.12.23
Sachanlagen	4.000	1.000	100	400	1.200	1.800

Vom Gewinnvortrag des Vorjahres wurden 300 Mio. € als Dividende ausgeschüttet.

Erstellen Sie die Kapitalflussrechnung für 2023. Ermitteln Sie dabei den Cashflow aus laufender Geschäftstätigkeit sowohl nach direkter als auch nach indirekter Methode.

Lösung s. Seite 362

Aufgabe 37:

Erläutern Sie die folgenden Begriffe und geben Sie jeweils ein Beispiel an:

- Control-Konzept
- Equity-Methode
- Kapitalflussrechung
- Cashflow aus Finanzierungstätigkeit
- Zwischenergebniseliminierung
- Vollkonsolidierung.

Lösung s. MiniLex Seite 375 ff.

Aufgabe 38:

Berechnen Sie die kalkulatorischen Zinsen nach der Durchschnitts- und Restwertmethode auf Basis der folgenden Angaben (alle Werte in Euro):

Anlagevermögen	**Anschaffungskosten**	**Aktueller Buchwert**
Bebaute Grundstücke	250.000	250.000
Gebäude	450.000	150.000
Maschinen	500.000	200.000
Betriebs- und Geschäftsausstattung	100.000	60.000
Fuhrpark	50.000	20.000
Umlaufvermögen	**Wert Jahresbeginn**	**Wert Jahresende**
Vorräte	120.000	80.000
Forderungen	40.000	60.000
Wertpapiere (spekulativ)	250.000	150.000
Liquide Mittel	30.000	70.000
Unverzinsliches Fremdkapital	**Wert Jahresbeginn**	**Wert Jahresende**
Kundenanzahlungen	110.000	90.000
Verbindlichkeiten aus Lieferungen und Leistungen	60.000	40.000

Der kalkulatorische Zinssatz ist mit 8 % anzusetzen.

Lösung s. Seite 363

Aufgabe 39:

Erstellen Sie aus den folgenden Angaben die Ergebnisrechnung (Kostenträgerzeitrechnung) nach dem Gesamtkostenverfahren

a) auf Vollkostenbasis und

b) auf Teilkostenbasis.

Produktionsmenge	500 Stück
Absatzmenge	400 Stück
Lagerbestand zu Beginn der Periode	0 Stück
Lagerbestand am Ende der Periode	100 Stück
Fertigungslöhne	20.000 €
Fertigungsmaterial	30.000 €
Fertigungsgemeinkosten (davon 30 % variabel, 70 % fix)	100 %
Materialgemeinkosten (davon 50 % variabel, 50 % fix)	20 %
Sondereinzelkosten der Fertigung	4.000 €
Vertriebsgemeinkosten (davon 20 % variabel, 80 % fix)	12.000 €
Verwaltungsgemeinkosten (davon 10 % variabel, 90 % fix)	8.000 €
Verkaufspreis je Stück ohne Umsatzsteuer	200 €

Lösung s. Seite 365

Aufgabe 40:

In einem Blechwalzwerk werden 3 Blechsorten hergestellt, die sich hinsichtlich ihrer Stärke unterscheiden. Der Kostenanfall verhält sich proportional zur Blechstärke. Die Gesamtkosten betragen 290.000 €. Berechnen Sie die Sortenkosten sowie die Kosten je Einheit.

Blechsorte	Stärke	Äquivalenzziffer	Produktionsmenge	RE	Sortenkosten	Kosten je Stück
A	2 mm		10.000			
B	4 mm		20.000			
C	3 mm		15.000			

Lösung s. Seite 368

Aufgabe 41:

Für einen Abrechnungsmonat liegen folgende Angaben vor:

Fertigungsmaterial	1.000.000 €
Fertigungslöhne	1.500.000 €
Verwaltungs- und Vertriebsgemeinkosten	210.000 €
Fertigungsgemeinkosten	1.500.000 €
Materialgemeinkosten	200.000 €

Für die beiden Kostenträger (KT) des Unternehmens sind folgende Stückkosten bekannt:

	KT A	KT B
Fertigungsmaterial pro Stück	50 €	25 €
Fertigungslohn pro Stück	30 €	10 €
SEK des Vertriebs pro Stück	18 €	0 €

Bilden Sie differenzierte Gemeinkostensätze (mit einer Nachkommastelle) und kalkulieren Sie die Selbstkosten je Stück.

Lösung s. Seite 369

Aufgabe 42:

a) Ein Sägewerk produziert Bretter; als Nebenprodukt fallen Sägespäne an. Die Gesamtkosten des Produktionsprozesses betragen 60.000 €. Die Sägespäne werden in Plastiksäcke verpackt, wofür 1.000 € anfallen. Die Erlöse für die Sägespäne betragen 11.000 €. Es wurden 50.000 Bretter produziert. Ermitteln Sie die Herstellkosten eines Brettes.

b) In einer Raffinerie werden in einem Produktionsprozess gleichzeitig und untrennbar die Produkte A und B erzeugt. Die Gesamtkosten des Produktionsprozesses betragen 500.000 €. Es entstehen 50.000 l des Produkts A und 150.000 l des Produkts B. Der Marktpreis für A beträgt 2 € pro Liter, jener für B 1 € pro Liter. Berechnen Sie die Kosten je Liter für die beiden Produkte.

Lösung s. Seite 369

Aufgabe 43:

Erläutern Sie die folgenden Begriffe und geben Sie jeweils ein Beispiel an:

- Betriebsabrechnungsbogen
- kalkulatorische Kosten
- sekundäre Kosten
- Divisionskalkulation
- Verursachungsprinzip.

Lösung s. MiniLex Seite 375 ff.

Aufgabe 44:

a) Unter welcher Voraussetzung ist die buchtechnische Methode anwendbar?

b) Bestimmen Sie aus den folgenden Angaben die lineare Kostenfunktion mittels Minimax-Verfahren:

Maschinenstunden	Hilfslohnkosten
2.000	240.000 €
2.400	280.000 €

c) Bestimmen Sie aus den folgenden Angaben die lineare Kostenfunktion mittels linearer Regression:

Monat	Maschinen-stunden	Gemeinkosten	X	Y	X • X	X • Y
Januar	180	23.000 €				
Februar	220	26.000 €				
März	190	24.000 €				
April	210	27.000 €				
Summe						
Durch-schnitt						

Variable Kosten je Stunde: ________

Fixkosten pro Monat: ________

Lösung s. Seite 371

Aufgabe 45:

Der Imbissstand „Curry King“ verkauft ausschließlich Currywürste. Folgende Daten liegen vor:

Fixkosten je Monat	9.000 €
Variable Kosten je Portion	2,00 €
Verkaufspreis je Portion	5,00 €

Berechnen Sie die Break-even-Menge und den Break-even-Umsatz pro Monat.

Lösung s. Seite 371

Aufgabe 46:

Der Konditor Tim Torte produziert vier Tortenarten. Er hat folgende Daten ermittelt:

	Sachertorte	**Schwarzwälder Kirschtorte**	**Bündner Nusstorte**	**Friesentorte**
Verkaufspreis je Stück	4,00 €	4,50 €	4,80 €	3,00 €
Variable Kosten je Stück	2,00 €	1,80 €	3,00 €	1,20 €
Umsatzanteil	25 %	40 %	20 %	15 %
Fixkosten pro Monat	10.000,00 €			

Wo liegt sein Break-even-Umsatz?

Lösung s. Seite 372

Aufgabe 47:

Die Harry Hayer AG stellt in einer Kostenstelle vier Produkte her, die mit A, B, C und D bezeichnet werden. Im Planmonat stehen in der Kostenstelle 25 Arbeitstage mit je 12 Arbeitsstunden pro Tag zur Verfügung. Ferner liegen folgende Daten vor:

Produkt	**A**	**B**	**C**	**D**
Variable HK in Euro	40,00	32,50	75,00	60,00
Sonstige variable Kosten in Euro	10,00	9,00	15,00	15,00
Systembearbeitungszeit (Minuten pro Stück)	2,0	1,6	3,0	2,8
Absatzpreis netto je Stück in Euro	80,00	73,50	142,50	110,00
Maximale Absatzmenge	3.000	4.500	2.000	2.500

Für das Produkt D besteht im Planmonat eine Lieferzusage von 600 Stück.

Die fixen Kosten im Planmonat betragen 236.000 €. Davon sind 12,5 % direkt dem Produkt A zurechenbar, 20 % betreffen Produkt B, auf die Produkte C und D entfallen 12,5 % bzw. 10 %. Die verbleibenden Fixkosten fallen für alle Produkte gemeinsam an.

a) Bestimmen Sie die optimale Zusammensetzung des Produktprogramms für den Planmonat.

b) Stellen Sie nach Maßgabe des Produktprogramms aus a) die mehrstufige Deckungsbeitragsrechnung auf.

Lösung s. Seite 372

Aufgabe 48:

Ein Unternehmen, das genügend Kapazitäten frei hat, überlegt, Teile fremd zu beziehen oder selbst herzustellen. Der Controller stellt folgende Daten zur Verfügung:

Teil	Menge in Stück pro Monat	Günstigster Fremdbezugspreis p_F	Variable Stückkosten k_v	Gesamte Stückkosten k
A	1.000	30 €	20 €	32 €
B	500	40 €	28 €	39 €
C	400	50 €	38 €	47 €
D	2.000	20 €	21 €	28 €

Was ist fremd zu beziehen, was eigen zu fertigen?

Lösung s. Seite 373

Aufgabe 49:

Die Hugentobler AG möchte ihr Sortiment erweitern. Dazu muss sie entweder Investitionen tätigen (Eigenfertigung) oder einen Lieferanten beauftragen.

Für die Eigenfertigung wären folgende Investitionen nötig:

Objekt	Anschaffungskosten	Nutzungsdauer
Grundstück	200.000 €	
Fertigungshalle	500.000 €	20 Jahre
Produktionsanlagen	500.000 €	10 Jahre

Bei Eigenfertigung fallen zusätzlich folgende Kosten an:

Fertigungslöhne pro Stück	5 €
Fertigungsmaterial pro Stück	10 €
Weitere Fixkosten pro Jahr	35.000 €
Weitere variable Fertigungskosten pro Stück	1 €

Die Hugentobler AG geht von einer Produktions- und Absatzmenge von 10.000 Stück pro Jahr aus. Sie rechnet mit einem kalkulatorischen Zinssatz von 10 %.

Bei Fremdbezug würden folgende Kosten anfallen:

Kaufpreis	35 €
Skonto	3 %
Frachtkosten je Stück	2 €
Kosten der Qualitätsprüfung je Stück	1 €

Welche der beiden Alternativen ist vorteilhafter?

Lösung s. Seite 373

Aufgabe 50:

Erläutern Sie die folgenden Begriffe und geben Sie jeweils ein Beispiel an:

- Deckungsbeitrag
- Break-even-Point
- relativer Deckungsbeitrag
- Make-or-Buy-Entscheidung
- Preisuntergrenze.

Lösung s. MiniLex Seite 375 ff.

Lösung zu 1:

Teilgebiet	Internes Rechnungswesen	Externes Rechnungswesen
Kreditorenbuchhaltung		x
Kalkulation	x	
Bilanzerstellung		x
Kostenplanung	x	
Investitionsplanung	x	
Erstellung der Gewinn- und Verlustrechnung		x

Lösung zu 2:

Man unterscheidet folgende Strom- und Bestandsgrößen:

Stromgrößen			Bestandsgrößen
positiv	**negativ**		
Einzahlung	Auszahlung	+	Bargeld jederzeit verfügbare Bankguthaben
		=	Zahlungsmittelbestand
Einnahme	Ausgabe	+ -	Zahlungsmittelbestand Forderungen Verbindlichkeiten
		=	Geldvermögen
Ertrag	Aufwand	+	Geldvermögen Sachvermögen
		=	Netto- oder Reinvermögen
Leistung	Kosten	-	Betriebsnotwendiges Vermögen
		=	Abzugskapital Betriebsnotwendiges Vermögen

Von **Ein- und Auszahlungen** spricht man, wenn liquide Mittel zu- oder abfließen und sich damit der Zahlungsmittelbestand verändert. Stellt man auf die Veränderung der Bestandsgröße „Geldvermögen" ab, so spricht man von **Einnahmen und Ausgaben**.

Erträge und Aufwendungen stellen auf Veränderungen des Reinvermögens ab. Aufwendungen repräsentieren den Wert aller verbrauchten Leistungen einer Periode, während Erträge den Wert aller erbrachten Leistungen einer Periode repräsentieren. Erträge und Aufwendungen sind gewinnwirksam; aus ihrer Differenz wird in der Gewinn- und Verlustrechnung der Gewinn oder Verlust berechnet.

Kosten und Leistungen stellen auf das Kerngeschäft ab und umfassen daher nur betriebszweckbezogene Wertminderungen und zuwächse. Sie übernehmen den Zweckaufwand und ertrag als Grundkosten bzw. Grundleistungen. Darüber hinaus beziehen sie kalkulatorische Kosten und Leistungen ein.

Lösung zu 3:

	Aussage	**falsch**	**richtig**
1.	Der Einsatz von Schmierstoffen in der Fertigung ist Zweckaufwand.		x
2.	Der Ansatz von kalkulatorischen Wagnissen kann zu Zusatzkosten führen.	x	
3.	Eigenkapitalzinsen stellen Anderskosten dar.		x
4.	Spenden an das Rote Kreuz führen zu Anderskosten.	x	
5.	Neutraler Aufwand umfasst betriebsfremden, periodenfremden und ordentlichen Aufwand.	x	
6.	Der Totalschaden eines nicht kaskoversicherten Fahrzeugs stellt neutralen Aufwand dar.		x
7.	Die Eingangsrechnung für den Software-Wartungsvertrag lässt Zusatzkosten entstehen.	x	
8.	Kosten für die Restrukturierung des Außendienstes stellen Grundkosten dar.		x
9.	Eine steuerliche Sonderabschreibung führt zu Anderskosten.		x
10.	Die Tilgung eines Bankkredits führt zu neutralem Aufwand.	x	

Erläuterungen zu den falschen Aussagen:

Zu 2.: Kalkulatorische Wagnisse zählen zu den Anderskosten.

Zu 4.: Spenden an das Rote Kreuz stellen keine Kosten dar; sie gehören zum neutralen Aufwand.

Zu 5.: Ordentlicher Aufwand gehört nicht zum neutralen Aufwand.

Zu 7.: Es handelt sich um Zweckaufwand, somit um Grundkosten.

Zu 10: Die Tilgung ist erfolgsneutral, stellt also weder Aufwand noch Kosten dar.

Lösung zu 4:

Siehe MiniLex (S. 375 ff.)

Lösung zu 5:

AKTIVA	Bilanz der XYZ GmbH zum 31.12.		PASSIVA
	Euro		Euro
A. Anlagevermögen		**A. Eigenkapital**	750.000
1. Grundstücke und Gebäude	500.000		
Betriebs- und Geschäftsausstattung	450.000	**B. Verbindlichkeiten**	
		1. Darlehen	500.000
B. Umlaufvermögen		2. Verbindlichkeiten aus Lieferungen und Leistungen	300.000
Vorräte	180.000		
Forderungen aus Liegerungen und Leistungen	300.000		
Kasse und kurzfristiges Bankguthaben	120.000		
	1.550.000		1.550.000

Periodenergebnis	
Eigenkapital des Vorjahres	1.000.000
abzgl. des Eigenkapital des aktuellen Jahres	750.000
Veränderung Eigenkapital/Periodenergebnis (Verlust)	250.000

Lösung zu 6:

Gesamtkostenverfahren	
Umsatzerlöse	
Bestandserhöhung Fertigerzeugnisse	1.200
= Gesamtleistung	1.200
- Materialaufwand	500
- Personalaufwand	700
= Betriebsergebnis	0

Umsatzkostenverfahren	
Umsatzerlöse	0
- Herstellungskosten des Umsatzes	0
= Bruttoergebnis	0
= Betriebsergebnis	0

Lösung zu 7:

a) Kauf von Waren durch Barzahlung

b) Ein Kunde zahlt seine Rechnung durch Banküberweisung.

c) Tilgung eines Darlehens durch Banküberweisung

d) Kauf einer neuen Maschine auf Ziel

e) Entnahme von Waren aus dem Warenlager zur Nutzung als Geschäftsausstattung (z. B. Schreibtisch im Möbelhaus)

f) Tilgung einer Verbindlichkeit durch Barzahlung

g) Kauf von Wertpapieren durch Banküberweisung

h) Zahlung von Löhnen

i) Verkauf von Erzeugnissen

j) Zinsen für einen Kredit werden überwiesen.

k) Kauf von Waren auf Ziel

l) Ein Kunde begleicht seine Rechnung durch Banküberweisung.

m) Abrechnung für Provisionen der Vertriebsmitarbeiter. Auszahlung erfolgt später.

n) Barzahlung von Frachtkosten an eine Spedition

o) Kauf eines Grundstücks bei Kaufpreisstundung

Lösung zu 8:

a)	Maschinen	an	Kasse
b)	Verbindlichkeiten	an	Bank
c)	Bank	an	Forderungen
d)	Bank	an	Kasse
e)	Bank	an	Darlehen
f)	Waren	an	Kasse
g)	Waren	an	Verbindlichkeiten aus L. u. L.

h)	Kasse	an	Forderungen
i)	Forderungen	an	Bank
j)	Bank	an	Kasse
k)	Verbindlichkeiten	an	Bank
l)	Grundstücke	an	Darlehen
m)	Kasse	an	Darlehen
n)	Wertpapiere	an	Bank
o)	Verbindlichkeiten	an	Waren
p)	Waren	an	Forderungen
q)	Kasse	an	Bank
r)	Darlehen	an	Bank

Lösung zu 9:

a)	Bank	200	an	Forderungen	200
b)	Forderungen	150	an	Umsatzerlöse	150
	Warenaufwand	100	an	Waren	100
c)	Verbindlichkeiten	300	an	Bank	300
d)	Waren	400	an	Verbindlichkeiten	400

e)	Personalaufwand	2.000	an	Bank	2.000
f)	Frachtkosten	450	an	Kasse	450
g)	Bank	300	an	Kasse	300
h)	Grundstücke	100.000	an	Darlehen	100.000
i)	Bank	100.000	an	Darlehen	100.000
j)	Wertpapiere	20.000	an	Bank	20.000
k)	Verbindlichkeiten	200	an	Waren	200
l)	Waren	300	an	Forderungen	300
m)	Kasse	200	an	Forderungen	200
n)	Kasse	500	an	Bank	500
o)	Darlehen	10.000	an	Bank	10.000
p)	Mietaufwand	1.200	an	Bank	1.200

Lösung zu 10:

1.	Forderungen	120.000	an an	Umsatzerlöse Umsatzsteuerschuld	100.000 20.000
2.	Kasse	12.000	an an	Provisionserlöse Umsatzsteuerschuld	10.000 2.000
3.	Geschäftsausstattung Vorsteuer	20.000 4.000	an an	Sonstige Verbindlichkeiten	24.000

4.

Zinsaufwendungen	10.000	an	Bank	10.000

5.

Mietaufwendungen	5.000	an	Bank	5.000

Die Mehrwertsteuerzahllast ergibt sich aus der Differenz von Umsatzsteuerschuld (22.000 €) und Vorsteuer (4.000 €) in Höhe von 18.000 €.

Lösung zu 11:

a)

Gehälter	5.000	an	Finanzamt Verbindlichkeiten	1.650
Arbeitgeber-Anteil zur Sozialversicherung	1.000	an	Sozialversicherung-Vorauszahlungen	2.000
		an	Bank	2.350

b)

Forderungen an Mitarbeiter	2.000	an	Kasse	2.000

c)

Gehälter	4.000	an	Finanzamt Verbindlichkeiten	880
Arbeitgeber-Anteil zur Sozialversicherung	800	an	Sozialversicherung-Vorauszahlungen	1.600
		an	Forderungen an Mitarbeiter	2.000
		an	Bank	320

Aus dem Gehalt von Huber resultieren folgende Werte:

Arbeitgeber-Anteil zur Sozialversicherung (20 %)	1.000
Arbeitnehmer-Anteil zur Sozialversicherung (20 %)	1.000
Lohnsteuer (30 %)	1.500
Kirchensteuer (10 % der Lohnsteuer)	150
Nettogehalt	3.350

Aus dem Gehalt von Maier resultieren folgende Werte:

Arbeitgeber-Anteil zur Sozialversicherung (20 %)	800
Arbeitnehmer-Anteil zur Sozialversicherung (20 %)	800
Lohnsteuer (20 %)	800
Kirchensteuer (10 % der Lohnsteuer)	80
Nettogehalt	2.320

Lösung zu 12:

Gesamtkostenverfahren	
Umsatzerlöse	10.200
+ Bestandsmehrung	600
- Bestandsminderung	1.000
= Gesamtleistung	9.800
- Materialaufwand	2.000
- Personalaufwand	3.000
- sonstige Aufwendungen	1.000
= Betriebsergebnis	3.800

Umsatzkostenverfahren	
Umsatzerlöse	10.200
- Herstellungskosten des Umsatzes	6.400
= Bruttoergebnis	3.800
= Betriebsergebnis	3.800

Lösung zu 13:

a)

Waren	120.000			
Vorsteuer	22.800	an	Verbindlichkeiten	142.800

Verbindlichkeiten	142.800	an	Skontoerträge	3.600
		an	Vorsteuer	684
		an	Bank	138.516

b)

Forderungen	95.200	an	Umsatzerlöse	80.000
		an	Umsatzsteuer	15.200

Bank	93.296	an		
Skontoaufwand	1.600	an		
Umsatzsteuer	304	an	Forderungen	95.200

c)

Forderungen	53.550	an	Umsatzerlöse	45.000
		an	Umsatzsteuer	8.550

Bank	52.479			
Gewährte Boni	900			
Umsatzsteuer	171	an	Forderungen	53.550

Lösung zu 14:

Auflösung der Bilanz in T-Konten

S	Grund und Boden	H
EBK	30.000	

S	Gebäude	H
EBK	150.000	

S	Technische Anlagen und Maschinen	H
EBK	65.000	

S	Fuhrpark	H
EBK	10.000	

S	Betriebs- und Geschäftsausstattung	H
EBK	12.000	

S	Wertpapiere	H
EBK	24.000	

S	Vorräte	H
EBK	54.500	

S	Forderungen aus L. u. L.	H
EBK	17.300	

S	Bank	H
EBK	8.000	

S	Kasse	H
EBK	540	

S	Eigenkapital	H
	EBK	152.840

S	Darlehen	H
	EBK	177.000

S	Verbindlichkeiten gegenüber Kreditinstituten	H
	EBK	6.900

S	Verbindlichkeiten aus L. u. L.	H
	EBK	34.600

Bildung der Buchungssätze:

Nr.	Soll	Betrag		Haben	Betrag
1.	Grund und Boden	30.000	an	Eröffnungsbilanzkonto	30.000
2.	Gebäude	150.000	an	Eröffnungsbilanzkonto	150.000
3.	Technische Anlagen und Maschinen	65.000	an	Eröffnungsbilanzkonto	65.000
4.	Fuhrpark	10.000	an	Eröffnungsbilanzkonto	10.000

5.	Betriebs- und Geschäftsausstattung	12.000	an	Eröffnungsbilanzkonto	12.000
6.	Wertpapiere	24.000	an	Eröffnungsbilanzkonto	24.000
7.	Vorräte	54.500	an	Eröffnungsbilanzkonto	54.500
8.	Forderungen aus L. u. L.	17.300	an	Eröffnungsbilanzkonto	17.300
9.	Bank	8.000	an	Eröffnungsbilanzkonto	8.000
10.	Kasse	540	an	Eröffnungsbilanzkonto	540
11.	Eröffnungsbilanzkonto	152.840	an	Eigenkapital	152.840
12.	Eröffnungsbilanzkonto	177.000	an	Darlehen	177.000
13.	Eröffnungsbilanzkonto	6.900	an	Verbindlichkeiten ggü. Kreditinstituten	6.900
14.	Eröffnungsbilanzkonto	34.600	an	Verbindlichkeiten aus L. u. L.	34.600

Lösung zu 15:

Bildung der Buchungssätze:

1.	Waren Vorsteuer	60.000 6.000	an	Verbindlichkeiten	66.000
2.	Warenaufwand	40.000	an	Waren	40.000
3.	Abschreibungen auf Sachanlagen	20.000	an	Maschinen	20.000

Nr.	Soll	Betrag		Haben	Betrag
4.	Abschreibungen auf Sachanlagen	7.500	an	Betriebs- und Geschäftsausstattung	7.500
5.	Anlagen im Bau Vorsteuer	9.000 900	an	Verbindlichkeiten aus L. u. L.	9.900
6.	Gehälter	1.500	an	Rückstellungen	1.500
7.	Lgfr. Bankdarlehen	20.000	an	Bank	20.000
8.	Sonstige Forderungen	4.000	an	Kasse	4.000
9.	Gehälter Sozialaufwand	24.000 3.000	an an	Bank Verbindlichkeiten Steuern und Sozialabgaben	20.000 7.000
10.	Forderungen Außerordentlicher Aufwand	19.800 2.000	an an	Fuhrpark Umsatzsteuer	20.000 1.800
11.	Fuhrpark Vorsteuer	30.000 3.000	an	Bank	33.000
12.	Abschreibungen	7.500	an	Fuhrpark	7.500
13.	Zinsaufwendungen	3.000	an	Bank	3.000
14.	Forderungen	165.000	an an	Umsatzerlöse Umsatzsteuer	150.000 15.000
15.	Bank	5.000	an	Forderungen	5.000
16.1	Umsatzsteuer	16.800	an	Mehrwertsteuerverrechnung	16.800
16.2	Mehrwertsteuerverrechnung Mehrwertsteuerverrechnung	9.900 6.900	an an	Vorsteuer Bank	9.900 6.900

Buchen auf den T-Konten:

S	Maschinen		H
EBK	80.000	3.	20.000
		SBK	60.000
	80.000		80.000

S	Fuhrpark		H
EBK	20.000	10.	20.000
11.	30.000	12.	7.500
		SBK	22.500
	50.000		50.000

S	Betriebs- und Geschäftsausstattung		H
EBK	30.000	4.	7.500
		SBK	22.500
	30.000		30.000

S	Anlagen im Bau		H
5.	9.000	SBK	9.000
	9.000		9.000

S	Waren		H
EBK	35.000	2.	40.000
1.	60.000	SBK	55.000
	95.000		95.000

S	Forderungen aus L. u. L.		H
EBK	20.000	15.	5.000
10	19.800	SBK	199.800
14.	165.000		
	204.800		204.800

S	Sonstige Forderungen		H
8.	4.000	9.	4.000
	4.000		4.000

S	Vorsteuer		H
1.	6.000	16.1	9.900
5.	900		
11.	3.000		
	9.900		9.900

S	Bank		H
EBK	70.000	7.	20.000
15.	5.000	9.	20.000
SBK	7.900	11	33.000
		13.	3.000
		16.2	6.900
	82.900		82.900

S	Kasse		H
EBK	5.000	8.	4.000
		SBK	1.000
	5.000		5.000

S	Eigenkapital		H
SBK	137.500	EBK	100.000
		Gewinn	37.500
	137.500		137.500

S	Langfristiges Bankdarlehen		H
7.	20.000	EBK	110.000
SBK	90.000		
	110.000		110.000

S	Verbindlichkeiten aus L. u. L.		H
SBK	115.900	EBK	40.000
		1.	66.000
		5.	9.900
	115.900		115.900

S	Verbindlichkeiten Steuern und Sozialabgaben		H
SBK	7.000	9.	7.000
	7.000		7.000

S	Rückstellungen		H
SBK	11.500	EBK	10.000
		6.	1.500
	11.500		11.500

S	Umsatzsteuer		H
16.1	16.800	10.	1.800
		14.	15.000
	16.800		16.800

S	Mehrwertsteuerverrechnung		H
16.1	9.900	16.1	16.800
16.2	6.900		
	16.800		16.800

S	Umsatzerlöse		H
GuV	150.000	14.	150.000
	150.000		150.000

S	Warenaufwand		H
2.	40.000	GuV	40.000
	40.000		40.000

S	Lohn- und Gehaltsaufwand		H
6.	1.500	GuV	25.500
9.	24.000		
	25.500		25.500

S	Abschreibungen		H
3.	20.000	GuV	35.000
4.	7.500		
12.	7.500		
	35.000		35.000

S	Sozialaufwand		H
9.	3.000	GuV	3.000
	3.000		3.000

S	Außerordentlicher Aufwand		H
10.	2.000	GuV	2.000
	2.000		2.000

S	Zinsaufwendungen		H
13.	3.000	GuV	3.000
	3.000		3.000

Darstellung in der Gewinn- und Verlustrechnung sowie in der Bilanz:

S	**Gewinn- und Verlustrechnung**		H
Warenaufwand	40.000	Umsatzerlöse	150.000
Lohn- und Gehaltsaufwand	25.500		
Sozialaufwand	3.000		
Abschreibungen	35.000		
Außerordentlicher Aufwand	2.000		
Zinsaufwendungen	3.000		
Gewinn	**41.500**		
	150.000		150.000

AKTIVA	Bilanz per 31.12.2023		PASSIVA
	Euro		Euro
Anlagevermögen		Eigenkapital	
Maschinen	60.000	Eigenkapital	141.500
Fuhrpark	22.500		
Betriebs- und Geschäftsausstattung	22.500		
Anlagen im Bau	9.000		
Umlaufvermögen		Fremdkapital	
Waren	55.000	Bank	7.900
Forderungen aus Lieferungen und Leistungen	199.800	Langfristiges Bankdarlehen	90.000
Sonstige Forderungen	4.000	Verbindlichkeiten aus Lieferungen und Leistungen	115.900
Kasse	1.000	Rückstellungen	11.500
		Verbindlichkeiten Steuern und Sozialabgaben	7.000
	373.800		373.800

Lösung zu 16:

Bildung der Buchungssätze:

Nr.	Soll	Betrag		Haben	Betrag
1.	Maschinen	10.000			
	Vorsteuer	1.000	an	Bank	11.000
2.	Abschreibungen	4.000	an	Maschinen	4.000
3.	Betriebs- und Geschäftsausstattung	10.000			
	Vorsteuer	1.000	an	Verbindlichkeiten	11.000
4.	Betriebs- und Geschäftsausstattung	2.000	an	Waren	2.000
5.	Abschreibungen	8.000	an	Betriebs- und Geschäftsausstattung	8.000
6.	Anzahlungen im Bau	10.000			
	Vorsteuer	1.000	an	Verbindlichkeiten	11.000

Nr.	Soll	Betrag		Haben	Betrag
7.	Aktivierte Eigenleistungen	5.000	an	Erträge aus der Aktivierung von Eigenleistungen	5.000
8.	Lohn- und Gehaltsaufwand	2.000	an	Rückstellungen	2.000
9.	Langfristiges Bankdarlehen	20.000	an	Bank	20.000
10.	Sonstige Forderungen	4.000		Kasse	4.000
11.	Lohn	24.000	an	Bank	20.000
	Sozialaufwand	3.000	an	Verbindlichkeiten Steuern und Sozialabgaben	7.000
12.	Forderungen	11.000	an	Fuhrpark	20.000
	Außerordentlicher Aufwand	10.000	an	Umsatzsteuer	1.000
13.	Fuhrpark	30.000			
	Vorsteuer	3.000	an	Bank	33.000
14.	Abschreibungen	7.500	an	Fuhrpark	7.500
15.	Zinsaufwendungen	3.000	an	Bank	3.000
16.	Forderungen	165.000	an	Umsatzerlöse	150.000
			an	Umsatzsteuer	15.000
17.	Bank	11.000	an	Forderungen	11.000
18.	Waren	117.000			
	Vorsteuer	11.700	an	Verbindlichkeiten	128.700
19.	Verbindlichkeiten	5.500	an	Waren	5.000
			an	Umsatzsteuer	500

Nr.	Soll	Betrag		Haben	Betrag
20.	Aufwendungen für Waren	95.000	an	Waren	95.000

Hinweis: Die Aufwendungen für Waren ergeben sich aus der Saldierung im Warenkonto unter Berücksichtigung des Endbestandes laut Inventur.

Nr.	Soll	Betrag		Haben	Betrag
21.	Verbindlichkeiten	110.000	an	Bank	110.000
22.	Mietaufwand	10.000	an	Bank	10.000
23.	Aktivdarlehen	50.000	an	Bank	50.000
24.1	Umsatzsteuer	16.000	an	Mehrwertsteuerverrechnung	16.000
	Mehrwertsteuerverrechnung	17.700	an	Vorsteuer	17.700
24.2	Bank	1.200	an	Mehrwertsteuerverrechnung	1.200

Buchen auf den T-Konten:

S	Maschinen		H
EBK	80.000	2.	4.000
1.	10.000	SBK	86.000
	90.000		90.000

S	Fuhrpark		H
EBK	20.000	12.	20.000
13.	30.000	14.	7.500
		SBK	22.500
	50.000		50.000

S	Betriebs- und Geschäftsausstattung		H
EBK	30.000	5.	8.000
3.	10.000	SBK	34.000
4.	2.000		
	42.000		42.000

S	Anlagen im Bau		H
6.	10.000	SBK	10.000
	10.000		10.000

S	Waren		H
EBK	35.000	4.	2.000
18.	117.000	19.	5.000
		20.	95.000
		SBK	50.000
	152.000		152.000

S	Forderungen aus L. u. L.		H
EBK	20.000	17.	11.000
12.	11.000	SBK	185.000
16.	165.000		
	196.000		196.000

S	Sonstige Forderungen/ Aktivdarlehen		H
10.	4.000	SBK	54.000
23.	50.000		
	54.000		54.000

S	Kasse		H
EBK	5.000	10.	4.000
		SBK	1.000
	5.000		5.000

S	Bank		H
EBK	70.000	1.	11.000
17.	11.000	9.	20.000
24.2	1.200	11.	20.000
SBK	174.800	13.	33.000
		15.	3.000
		21.	110.000
		22.	10.000
		23.	50.000
	257.000		257.000

S	Vorsteuer		H
1.	1.000	24.1	17.700
3.	1.000		
6.	1.000		
13.	3.000		
18.	11.700		
	17.700		17.700

S	Aktivierte Eigenleistung		H
7.	5.000	SBK	5.000
	5.000		5.000

S	Mehrwertsteuerverrechnung		H
24.1	17.700	24.1	16.500
		24.2	1.200
	17.700		17.700

S	Eigenkapital		H
Verlust	11.500	EBK	100.000
SBK	88.500		
	100.000		100.000

S	Langfristiges Bankdarlehen		H
9.	20.000	EBK	110.000
SBK	90.000		
	110.000		110.000

S	Verbindlichkeiten aus L. u. L.		H
19.	5.500	EBK	40.000
21.	110.000	3.	11.000
SBK	75.200	6.	11.000
		18.	128.700
	190.700		190.700

S	Verbindlichkeiten Steuern und Sozialabgaben		H
SBK	7.000	11.	7.000
	7.000		7.000

S	Rückstellungen		H
SBK	12.000	EBK	10.000
		8.	2.000
	12.000		12.000

S	Umsatzsteuer		H
24.1	16.500	12.	1.000
		16.	15.000
		19.	500
	16.500		16.500

S	Umsatzerlöse		H
GuV	150.000	16.	150.000
	150.000		150.000

S	Erträge aus der Aktivierung von Eigenleistung		H
GuV	5.000	7.	5.000
	5.000		5.000

S	Warenaufwand		H
20.	95.000	GuV	95.000
	95.000		95.000

S	Lohn- und Gehaltsaufwand		H
8	2.000	GuV	26.000
11.	24.000		
	26.000		26.000

S	Abschreibungen		H
2.	4.000	GuV	19.500
5.	8.000		
14.	7.500		
	19.500		19.500

S	Außerordentlicher Aufwand		H
12.	10.000	GuV	10.000
	10.000		10.000

S	Zinsaufwendungen		H
15.	3.000	GuV	3.000
	3.000		3.000

S	Mietaufwendungen		H
21.	10.000	GuV	10.000
	10.000		10.000

S	Sozialaufwand		H
11.	3.000	GuV	3.000
	3.000		3.000

Endsaldi:

	Endsaldo
Anlagen im Bau	10.000
Maschinen	86.000
Fuhrpark	22.500
Betriebs- und Geschäftsausstattung	34.000
Aktivierte Eigenleistungen	5.000
Waren	50.000
Forderungen aus Lieferungen und Leistungen	185.000
Sonstige Forderungen/Aktivdarlehen	54.000
Bank	0
Kasse	1.000
Vorsteuer	

Eigenkapital	88.500
Langfristiges Bankdarlehen	90.000
Verbindlichkeiten aus Lieferungen und Leistungen	75.200
Verbindlichkeiten Steuern und Sozialabgaben	7.000
Bank	174.800
Umsatzsteuerschuld	
Rückstellungen	12.000

Lohn- und Gehaltsaufwand	26.000
Mietaufwand	10.000
Warenaufwand	95.000
Abschreibungen	19.500
Zinsaufwendungen	3.000
Sozialaufwand	3.000
Außerordentlicher Aufwand	10.000
	166.500
Umsatzerlöse	150.000
Erträge aus aktivierten Eigenleistungen	5.000
	155.000

~~Gewinn/~~Verlust	11.500

Lösung zu 17:

Siehe MiniLex (S. 375 ff.)

Lösung zu 18:

Bestimmung der handelsrechtlichen Anschaffungskosten:

Kaufpreis	1.000.000 €
+ Beurkundungsgebühr für den Kaufvertrag	6.000 €
+ Grunderwerbssteuer	50.000 €
+ Eintragungsgebühr für die Eigentumsübertragung	2.000 €
+ Maklerprovision ohne Umsatzsteuer	30.000 €
+ Abriss Pferdestall	15.000 €
Summe	1.103.000 €

Finanzierungskosten gehören nicht zu den Anschaffungskosten, daher sind die Grundschuld-Gebühren nicht aktivierungsfähig. Die Kosten für den Abriss des Pferdestalls sind nötig, um den betriebsbereiten Zustand (Bebauung) herzustellen.

Lösung zu 19:

Materialeinzelkosten	50.000 €
Fertigungseinzelkosten	70.000 €
Sonderkosten der Fertigung	0 €
Materialgemeinkosten	8.000 €
Fertigungsgemeinkosten	105.000 €
= **Wertuntergrenze der Herstellungskosten (Lösung a)**	233.000 €
Kosten der allgemeinen Verwaltung	22.000 €
Aufwendungen für soziale Einrichtungen des Betriebs	2.000 €
= **Wertobergrenze der Herstellungskosten (Lösung b)**	257.000 €

Lösung zu 20:

Berechnung des derivativen Geschäfts- oder Firmenwertes:

Kaufpreis Tochterunternehmen - (Zeitwert Vermögenswerte - Zeitwert Schulden)

400.000 € - (410.000 € - 70.000 € - 40.000 €) = 100.000 €

Asset Deal	Share Deal
Hierbei werden alle Vermögenswerte und Schulden in die Bilanz des Mutterunternehmens übernommen. Das gekaufte Unternehmen existiert nach der Transaktion nicht mehr. Liegt ein Geschäfts- oder Firmenwert vor (in diesem Fall 100.000 €), muss dieser in der Bilanz ausgewiesen werden.	Hier werden keine einzelnen Vermögenswerte und Schulden in die Bilanz des Mutterunternehmens übernommen. Das Mutterunternehmen bilanziert lediglich die Beteiligung an dem Unternehmen. Das gekaufte Unternehmen existiert nach der Transaktion weiter. Im Einzelabschluss gibt es hier keinen derivativen Geschäfts- oder Firmenwert.

Lösung zu 21:

	Ansatz	Bewertung	Ausweis
a)	**Aktivierungswahlrecht** (§ 248 Abs. 2 HGB)	Bei Ausübung des Wahlrechts zu Herstellungskosten minus planmäßige Abschreibungen (ab 01.07.2023), also 90.000 €	Anlagevermögen, immaterielle Vermögensgegenstände
b)	**Aktivierungswahlrecht** (§ 248 Abs. 2 HGB)	Bei Ausübung des Wahlrechts zu Herstellkosten minus planmäßige Abschreibungen (ab 01.10.2023), also 190.000 €	Anlagevermögen, immaterielle Vermögensgegenstände

	Ansatz	Bewertung	Ausweis
c)	**Aktivierungspflicht**	Zu Anschaffungskosten minus planmäßige Abschreibungen (ab 01.04.2023), also 185.000 €	Anlagevermögen, immaterielle Vermögensgegenstände
d)	**Aktivierungspflicht**	Zu Anschaffungskosten minus planmäßige Abschreibungen (ab 01.04.2023), also 1.850 €	Anlagevermögen, immaterielle Vermögensgegenstände

Lösung zu 22:

a)

Anschaffungspreis	1.000.000 €
Anschaffungspreisminderungen:	
Nachlass in Höhe von 2 %	- 20.000 €
Skonto in Höhe von 3 % (von geminderten Anschaffungskosten)	- 29.400 €
Herstellungskosten für das Fundament (betriebsbereiter Zustand)	+ 20.000 €
Fracht (Anschaffungsnebenkosten)	+ 2.000 €
Anschaffungskosten	**972.600 €**

b)

Anschaffungskosten	972.600 €
abzgl. Abschreibungen für 6 Monate	- 48.630 €
Wert zum 31.12.2023	923.970 €

Lösung zu 23:

Buchung am 01.07.2023	100 • 50 €	5.000 €
Bilanzierung zum 31.12.2023 Außerplanmäßige Abschreibung (niedrigerer Börsenpreis)	100 • 47 €	4.700 € 300 €
Bilanzierung zum 31.12.2024 Zuschreibung (Pflicht, Aufhebung der außerplanmäßigen Abschreibung)	100 • 50 €	5.000 € 300 €

Lösung zu 24:

Bewertung mit dem niedrigeren Marktpreis:	3.000 kg • 45 € =	135.000 €

Lösung zu 25:

a) Unfertige Erzeugnisse

b) Es ist auf den niedrigeren beizulegenden Wert abzuschreiben:
130 € (154,70 € - 19 % Umsatzsteuer, also 24,70 €) - 40 € - 5 € = **85 €**

Hinweis: 154,70 € entsprechen 119 %.

Lösung zu 26:

a) Endbestand zum 31.12. nach der Methode der gleitenden Durchschnitte:

Bestand bzw. Bewegung	Datum	Anzahl	Wert je Stück	Gesamtwert
Anfangsbestand	01.01.	500 Stück	6,00 €/Stück	3.000 €
Abgang	27.02.	200 Stück	6,00 €/Stück	1.200 €
Bestand	27.02.	300 Stück	6,00 €/Stück	1.800 €
Zugang	02.05.	100 Stück	5,00 €/Stück	500 €
Bestand	02.05.	400 Stück	5,75 €/Stück	2.300 €
Zugang	10.09.	300 Stück	4,00 €/Stück	1.200 €
Bestand	10.09.	700 Stück	5,00 €/Stück	3.500 €
Abgang	26.11.	340 Stück	5,00 €/Stück	1.700 €
Bestand	26.11.	360 Stück	5,00 €/Stück	1.800 €

b) Endbestand zum 31.12. nach FIFO:

Der Endbestand von 2.200 Stück resultiert aus den Zugängen vom 30.09. (1.300 Stück à 1,25 €) und vom 30.06. (900 Stück à 1,15 €):

Anzahl	Wert je Stück	Gesamtwert
900	1,15 €	1.035 €
1.300	1,25 €	1.625 €
2.200	**1,21 €**	**2.660 €**

Der Wert je Stück in Höhe von 1,21 € resultiert aus der Division des Gesamtwertes in Höhe von 2.660 € durch die Menge von 2.200 Stück.

c) Endbestands zum 31.12. nach LIFO:

Der Endbestand von 120 Stück resultiert aus dem Anfangsbestand (100 Stück à 50 €) und dem Zugang vom 06.04. (20 Stück à 80 €):

Anzahl	Wert je Stück	Gesamtwert
100	50 €	5.000 €
20	80 €	1.600 €
120	**55 €**	**6.600 €**

Lösung zu 27:

AKTIVA	Bilanz		PASSIVA
	Euro		Euro
Anlagevermögen	2.130.000	Gezeichnetes Kapital	2.100.000
Umlaufvermögen	**2.502.000**	**Gewinnrücklagen**	**832.000**
		Jahresüberschuss	**0**
		Verbindlichkeiten	1.700.000
	4.632.000		4.632.000

Lösung zu 28:

- Erhöhung des Nennkapitals um 100.000 €
- Erhöhung der Kapitalrücklagen um 20.000 €
- Erhöhung der liquiden Mittel um 120.000 €

Lösung zu 29:

Devisenkassamittelkurs = Stichtagskurs (1 € = US$ 0,90)

Bewertung der Hilfsstoffe zum Kaufzeitpunkt:

1,8 Mio. € (2,0 Mio. € • US$ 0,90)

Bewertung der Hilfsstoffe zum Abschlussstichtag:

1,53 Mio. € (1,8 Mio. € • US$ 0,85)

Zum Stichtag ist der niedrigere Marktpreis anzusetzen, also 1,53 Mio. €. Es sind außerplanmäßige Abschreibungen in Höhe von 0,27 Mio. € vorzunehmen.

Bewertung der Verbindlichkeiten zum Kaufzeitpunkt:

1,8 Mio. € (2,0 Mio. € • US$ 0,9)

Bewertung der Verbindlichkeiten zum Abschlussstichtag:

1,7 Mio. € (2,0 Mio. € • US$ 0,85)

Zum Stichtag sind 1,7 Mio. € anzusetzen. Es entstehen Währungsgewinne von 0,1 Mio. €.

Lösung zu 30:

	Ansatz	Bewertung	Ausweis
a)	Aktivierungspflicht	38.000 €	Anlagevermögen, Fuhrpark
b)	Passivierungspflicht („Drohverlustrückstellung“)	20.000 €	Sonstige Rückstellungen
c)	Passivierungspflicht	8.000 €	Passive Rechnungsabgrenzung
d)	Passivierungspflicht („Rückstellung für ungewisse Verbindlichkeiten)	6.498,60 €	Steuerrückstellungen
e)	Aktivierungspflicht	4.700 €	Wertpapiere des Umlaufvermögens
f)	Aktivierungspflicht	4.700 € bei dauernder Wertminderung, 4.700 € oder 5.000 € bei voraussichtlich vorübergehender Wertminderung	Anlagevermögen, Finanzanlagen
g)	Aktivierungspflicht	5.000 €	Wertpapiere des Umlaufvermögens
h)	Aktivierungspflicht	5.000 €	Anlagevermögen, Finanzanlagen
i)	Ansatzverbot		
j)	Aktivierungspflicht	200.000 €	Umlaufvermögen, Vorräte, fertige Leistungen
k)	Ansatzverbot		
l)	Passivierungspflicht (Rückstellung für ungewisse Verbindlichkeiten)	Ansatz pro Mitarbeiter und Jahr der Betriebs-zugehörigkeit 50 €	Rückstellungen für Pensionen und ähnliche Verpflichtungen
m)	Aktivierungspflicht	800 €	Aktive Rechnungsabgrenzung
n)	Passivierungspflicht	12.000 €	Sonstige Verbindlichkeiten
o)	Aktivierungspflicht	800,54 €	Umlaufvermögen, sonstige Forderungen

Lösung zu 31:

a) **GKV Wertobergrenze**

Die Herstellungskosten an der Wertobergenze betragen 70.000 €, pro Stück demnach 70 €. Daraus resultiert eine Bestandserhöhung von 14.000 €.

Aufwendungen			**Erträge**
Fertigungslöhne	10.000 €	Umsatzerlöse	80.000 €
Fertigungsmaterial	15.000 €	Bestandserhöhung	14.000 €
Fertigungsgemeinkosten	22.500 €		
Materialgemeinkosten	7.500 €		
Sondereinzelkosten der Fertigung	7.000 €		
Verwaltungsgemeinkosten	8.000 €		
Vertriebskosten	12.000 €		
Gewinn	12.000 €		
Summe	**94.000 €**	**Summe**	**94.000 €**

Der Gewinn ergibt sich als Differenz von Erträgen und Aufwendungen.

b) **UKV Wertobergrenze**

Im Umsatzkostenverfahren stellt man den Umsatzerlösen die durch sie verursachten Aufwendungen gegenüber. Für 800 Stück belaufen sich die Herstellungskosten auf 56.000 €. Es ergibt sich folgende Darstellung:

Aufwendungen			**Erträge**
Herstellungskosten der zur Erzielung der Umsatzerlöse erbrachten Leistungen	56.000 €	Umsatzerlöse	80.000 €
Vertriebskosten	12.000 €		
Gewinn	12.000 €		
Summe	**80.000 €**	**Summe**	**80.000 €**

Der Gewinn beträgt ebenfalls 12.000 €.

c) **GKV Wertuntergrenze**

Die Herstellungskosten an der Wertuntergenze betragen 62.000 €, pro Stück demnach 62 €. Daraus resultiert eine Bestandserhöhung von 12.400 €. Es resultiert folgendes Ergebnis:

Aufwendungen			**Erträge**
Fertigungslöhne	10.000 €	Umsatzerlöse	80.000 €
Fertigungsmaterial	15.000 €	Bestandserhöhung	12.400 €
Fertigungsgemeinkosten	22.500 €		
Materialgemeinkosten	7.500 €		
Sondereinzelkosten der Fertigung	7.000 €		
Verwaltungsgemeinkosten	8.000 €		
Vertriebskosten	12.000 €		
Gewinn	10.400 €		
Summe	**92.400 €**	**Summe**	**92.400 €**

d) **UKV Wertuntergrenze**

In der Darstellung des Umsatzkostenverfahrens ergibt sich folgendes Bild:

Aufwendungen			**Erträge**
Herstellungskosten der zur Erzielung der Umsatzerlöse erbrachten Leistungen	49.600 €	Umsatzerlöse	80.000 €
Verwaltungsgemeinkosten	8.000 €		
Vertriebskosten	12.000 €		
Gewinn	10.400 €		
Summe	**80.000 €**	**Summe**	**80.000 €**

Lösung zu 32:

Siehe MiniLex (S. 375 ff.)

Lösung zu 33:

Erstkonsolidierung						
Bilanzposten	**MU HB II**	**TU HB III**	**Summen-bilanz**	**Konsolidierungsspalte Soll**	**Haben**	**Konzernbilanz**
AKTIVA						
Geschäfts- oder Firmenwert				150 [2]		150
Anlagevermögen	300	200 [1]	500			500
Beteiligung	400		400		400 [2]	
Darlehen an Tochter GmbH	100		100		100 [3]	
Umlaufvermögen	400	300	700			700
Summe Aktiva	**1.200**	**500**	**1.700**			**1.350**
						PASSIVA
Gezeichnetes Kapital	400	100	500	100 [2]		400
Rücklagen	200	150 [1]	350	150 [2]		200
Fremdkapital	600	150	750			750
Darlehen von Mutter AG		100	100	100 [3]		
Summe Passiva	**1.200**	**500**	**1.700**			**1.350**

Buchungssätze:

1.

Anlagevermögen (Auflösung stiller Reserven)	100	an	Gewinnrücklagen	100

2.

Gez. Kapital	100	an	Beteiligung	400
Rücklagen	150			
Geschäfts- oder Firmenwert	150			

3.

Darlehen von Mutter AG	100	an	Darlehen an Tochter AG	100

Lösung zu 34:

Gesamtkostenverfahren

GuV-Position	A		B		Summen-GuV		Konsolidierungsspalte		Konzern-GuV	
	Soll	Haben	Soll	Haben	Soll	Haben	Soll	Haben	Soll	Haben
Aufwendungen	800		1.150		1.950			1.000	950	
Bestandserhöhung Fertigerzeugnisse				1.150		1.150	200			950
Umsatzerlöse		1.000				1.000	1.000			
Gewinn	200				200			200		
Summe	**1.000**	**1.000**	**1.150**	**1.150**	**2.150**	**2.150**	**1.200**	**1.200**	**950**	**950**

Umsatzkostenverfahren

GuV-Position	A		B		Summen-GuV		Konsolidierungsspalte		Konzern-GuV	
	Soll	Haben	Soll	Haben	Soll	Haben	Soll	Haben	Soll	Haben
Aufwendungen	800				800			800		
Umsatzerlöse		1.000				1.000	1.000			
Gewinn	200				200			200		
Summe	**1.000**	**1.000**			**1.000**	**1.000**				

Lösung zu 35:

Erstkonsolidierung						
Bilanzposten	**MU HB II**	**TU HB III**	**Summenbilanz**	**Konsolidierungsspalte Soll**	**Haben**	**Konzernbilanz**
AKTIVA						
Geschäfts- oder Firmenwert				200 [3]		200
Anlagevermögen	300	200 [1]	500			500
Beteiligung	400		400		400 [2]	
Darlehen an Tochter GmbH	100		100		100 [4]	
Umlaufvermögen	400	300	700			700
Summe Aktiva	**1.200**	**500**	**1.700**			**1.400**
						PASSIVA
Gezeichnetes Kapital	400	100	500	80 [2] 20 [3]		400
Rücklagen	200	150 [1]	350	120 [2] 30 [3]		200
Anteil anderer Gesellschafter					50 [3]	50
Fremdkapital	600	150	750			750
Darlehen von Mutter AG		100	100	100 [4]		
Summe Passiva	**1.200**	**500**	**1.700**			**1.400**

Buchungssätze:

1.

Anlagevermögen (Auflösung stiller Reserven)	100	an	Gewinnrücklagen	100

2.

Gez. Kapital	80	an	Beteiligung	400
Rücklagen	120			
Geschäfts- oder Firmenwert	200			

3.

Gez. Kapital	20	an	Anteil anderer Gesel.	50
Rücklagen	30			

4.

Darlehen von Mutter AG	100	an	Darlehen an Tochter AG	100

Lösung zu 36:

Cashflow aus laufender Geschäftstätigkeit (indirekte Methode)

Jahresüberschuss	500
Abschreibungen auf Sachanlagevermögen	400
Zinsen und ähnliche Aufwendungen	250
Abnahme der Vorräte	300
Abnahme der Forderungen	100
Abnahme der sonstigen Rückstellungen	- 200
Zunahme Pensionsrückstellungen	100
Zunahme der Verbindlichkeiten aus Lieferungen und Leistungen	300
Sonstige betriebliche Erträge aus Anlageverkäufen	- 50
Summe	**1.700**

Cashflow aus laufender Geschäftstätigkeit (direkte Methode)

Einzahlungen aus Umsatzerlösen	3.000
Auszahlungen für Personal	- 800
Auszahlungen für Material	0
Sonstige betriebliche Auszahlungen	- 450
Steuerauszahlungen	- 50
Summe	**1.700**

Cashflow aus Finanzierungstätigkeit

Dividendenausschüttung	- 300
Auszahlungen für Zinsen und ähnliche Aufwendungen	- 250
Tilgung langfristiger Kredite	- 100
Summe	**- 650**

Cashflow aus Investitionstätigkeit

Auszahlungen für Investitionen ins Anlagevermögen	- 1.000
Einzahlungen aus Anlageverkäufen	50
Summe	**- 950**

Cashflow aus laufender Geschäftstätigkeit	1.700
Cashflow aus Finanzierungstätigkeit	- 650
Cashflow aus Investitionstätigkeit	- 950
Veränderung der Liquidität	**100**

Nebenrechnungen zur Ermittlung des Cashflows aus laufender Geschäftstätigkeit mit der direkten Methode:

1. **Berechnung der Materialauszahlungen:**

S	Vorräte		H
Anfangsbestand	1.500	Materialaufwand	500
Materialauszahlungen	**300**	Bestandsminderung	100
		Endbestand	1.200
	1.800		1.800

Die Erhöhung der Verbindlichkeiten aus Lieferung und Leistung in Höhe von 300 können mit den Materialauszahlungen 300 verrechnet werden. Daraus resultieren dann Auszahlungen für Material in Höhe von 0.

2. Berechnung der Personalauszahlungen:

Personal	- 900
Zunahme der Pensionsrückstellungen	100
= Personalauszahlungen	**- 800**

3. Berechnung der sonstigen betrieblichen Auszahlungen:

Sonstige betriebliche Aufwendungen	- 250
Abnahme sonstige Rückstellungen	- 200
= sonstige betriebliche Auszahlungen	**- 450**

Lösung zu 37:

Siehe MiniLex (S. 375 ff.)

Lösung zu 38:

Durchschnittsmethode (alle Werte in Euro)

	Bebaute Grundstücke	250.000		
	Nicht abnutzbares AV			**250.000**
	Gebäude	450.000		
	Maschinen	500.000		
	Betriebs- und Geschäftsausstattung	100.000		
	Fuhrpark	50.000		
+	**Abnutzbares AV zu halben Anschaffungskosten**		1.100.000	**550.000**
	Vorräte	100.000		
	Forderungen	50.000		
	Liquide Mittel	50.000		
+	**Durchschnittlicher Bestand des betriebsnotwendigen UV**			**200.000**
=	**Betriebsnotwendiges Vermögen**			**1.000.000**
	Kundenanzahlungen	100.000		
	Verbindlichkeiten aus Lieferungen und Leistungen	50.000		
-	**Unverzinsliches Fremdkapital**			**150.000**
=	**Betriebsnotwendiges Kapital**			**850.000**

Berechnung der kalkulatorischen Zinsen:

850.000 € • 8 % = 68.000 €

Restwertmethode (alle Werte in Euro)

	Bebaute Grundstücke	250.000	
	Gebäude	150.000	
	Maschinen	200.000	
	Betriebs- und Geschäftsausstattung	60.000	
	Fuhrpark	20.000	
=	**Betriebsnotwendiges AV**		**680.000**
	Vorräte	100.000	
	Forderungen	50.000	
	Liquide Mittel	50.000	
+	**Durchschnittlicher Bestand des betriebsnotwendigen UV**		**200.000**
=	**Betriebsnotwendiges Vermögen**		**880.000**
	Kundenanzahlungen	100.000	
	Verbindlichkeiten aus Lieferungen und Leistungen	50.000	
-	**Unverzinsliches Fremdkapital**		**150.000**
=	**Betriebsnotwendiges Kapital**		**730.000**

Berechnung der kalkulatorischen Zinsen:

730.000 € • 8 % = 58.400 €

- Die bebauten Grundstücke gelten als nicht abnutzbares Anlagevermögen und müssen bei der Durchschnittsmethode mit den Anschaffungskosten bewertet werden.
- Nicht zu berücksichtigen sind bei beiden Verfahren die Wertpapiere aus dem Umlaufvermögen, da diese nicht der Leistungserstellung des Unternehmens dienen.

Lösung zu 39:

a) Kostenträgerzeitrechnung auf Vollkostenbasis (Gesamtkostenverfahren)

	Position	**variabel/fix**	**Werte in Euro**
	Fertigungsmaterial		30.000
+	Materialgemeinkosten (20 %)	variabel (50 %)	3.000
		fix (50 %)	3.000
+	Fertigungslöhne		20.000
+	Fertigungsgemeinkosten (100 %)	variabel (30 %)	6.000
		fix (70 %)	14.000
+	Sondereinzelkosten der Fertigung		4.000
=	**Herstellkosten**		**80.000**
+	Verwaltungsgemeinkosten (8.000)	variabel (10 %)	800
		fix (90 %)	7.200
+	Vertriebsgemeinkosten (12.000)	variabel (20 %)	2.400
		fix (80 %)	9.600
=	**Selbstkosten**		**100.000**

Berechnungen der Materialgemeinkosten:

30.000 • 20 % = 6.000 €
6.000 • 50 % = 3.000 € (entspricht dem Betrag für variabel und fix)

Berechnung der Fertigungsgemeinkosten:

20.000 • 100 % = 20.000 €
20.000 • 30 % = 6.000 € (variabel)
20.000 • 70 % = 14.000 € (fix)

Berechnung der Verwaltungsgemeinkosten:

8.000 • 10 % = 800 € (variabel)
8.000 • 90 % = 7.200 € (fix)

Berechnung der Vertriebsgemeinkosten:

12.000 • 20 % = 2.400 € (variabel)
12.000 • 80 % = 9.600 € (fix)

Berechnung der Stückkosten:

Herstellkosten gesamt dividiert durch die produzierte Menge:

80.000 : 500 = 160 €/Stück

Selbstkosten gesamt dividiert durch die produzierte Menge:

100.000 : 500 = 200 €/Stück

Berechnung des Umsatzes:

Abgesetzte Menge multipliziert mit dem Verkaufspreis:

400 • 200 = 80.000 €

Berechnung der Bestandsmehrung:

Nicht abgesetzte Menge multipliziert mit den Herstellkosten pro Stück:

160 • 100 = 16.000 €

Berechnung des Betriebsergebnisses:

	Umsatzerlöse	80.000 €
+	Bestandsmehrung	16.000 €
-	Selbstkosten	100.000 €
=	**Betriebsverlust**	**-4.000 €**

In Kontenform stelle sich die Kostenträgerzeitrechnung auf Vollkostenbasis nach Gesamtkostenverfahren wie folgt dar:

Kosten			**Erlöse**
Fertigungslöhne	20.000 €	Umsatzerlöse	80.000 €
Fertigungsgemeinkosten	20.000 €	Bestandserhöhung	16.000 €
Fertigungsmaterial	30.000 €	Verlust	4.000 €
Materialgemeinkosten	6.000 €		
Sondereinzelkosten der Fertigung	4.000 €		
Verwaltungsgemeinkosten	8.000 €		
Vertriebsgemeinkosten	12.000 €		
	100.000 €		100.000 €

b) Kostenträgerzeitrechnung auf Teilkostenbasis (Gesamtkostenverfahren)

Hinweis: Teil b) ist erst nach der Lektüre des Kapitels F lösbar

Hier erfolgt die Bewertung der Bestandsveränderung zu variablen Herstellkosten. Diese werden wie folgt ermittelt:

	Position	**variabel**	**Werte in Euro**
	Fertigungsmaterial		30.000
+	Materialgemeinkosten (20 %)	variabel (50 %)	3.000
+	Fertigungslöhne		20.000
+	Fertigungsgemeinkosten (100 %)	variabel (30 %)	6.000
+	Sondereinzelkosten der Fertigung		4.000
=	**Variable Herstellkosten**		**63.000**

Die variablen Herstellkosten je Stück betragen demnach:

63.000 € : 500 Stück = 126 €/Stück

Berechnung des Betriebsergebnisses:

	Umsatzerlöse	80.000 €
+	Bestandsmehrung	12.600 €
-	Selbstkosten	100.000 €
=	**Betriebsverlust**	**- 7.400 €**

In Kontenform stellt sich die Kostenträgerzeitrechnung auf Teilkostenbasis nach Gesamtkostenverfahren wie folgt dar:

Kosten			**Erlöse**
Fertigungslöhne	20.000 €	Umsatzerlöse	80.000 €
Fertigungsgemeinkosten	20.000 €	Bestandserhöhung	12.600 €
Fertigungsmaterial	30.000 €	Verlust	7.400 €
Materialgemeinkosten	6.000 €		
Sondereinzelkosten der Fertigung	4.000 €		
Verwaltungsgemeinkosten	8.000 €		
Vertriebsgemeinkosten	12.000 €		
	100.000 €		100.000 €

Lösung zu 40:

Blech-sorte	Stärke	Äquiva-lenzziffer	Produktions-menge	Rechnungs-einheit	Sorten-kosten	Kosten je Stück
A	2 mm	1	10.000	10.000	40.000 €	4 €
B	4 mm	2	20.000	40.000	160.000 €	8 €
C	3 mm	1,5	15.000	22.500	90.000 €	6 €
				72.500	290.000 €	

Festlegung der Äquivalenzziffer:

A: 2 mm = 1 → ist die kleinste Einheit
B: 4 mm = 2 → B ist doppelt so stark wie A
C: 3 mm = 1,5 → ist 50 % stärker als A

Berechnung der Rechnungseinheiten:

Äquivalenzziffer multipliziert mit der Produktionsmenge:

A: 1 • 10.000 = 10.000
B: 2 • 20.000 = 40.000
C: 1,5 • 15.000 = 22.500

Die Summe der Rechnungseinheiten ergibt 72.500.

Berechnung der Kosten je Rechnungseinheit:

Gesamtkosten dividiert durch die Anzahl der Rechnungseinheiten:

290.000 : 72.500 = 4 €/Rechnungseinheit

Berechnung der Sortenkosten:

Kosten pro Rechnungseinheit multipliziert mit der jeweiligen Anzahl Rechnungseinheiten:

A: 4 • 10.000 = 40.000 €
B: 4 • 40.000 = 160.000 €
C: 4 • 22.500 = 90.000 €

Die Summe der Sortenkosten ergibt die Gesamtkosten in Höhe von 290.000 €.

Berechnung der Kosten je Stück:

Sortenkosten dividiert durch Produktionsmenge:

A: 40.000 € : 10.000 Stück = 4 €/Stück
B: 160.000 € : 20.000 Stück = 8 €/Stück
C: 90.000 € : 15.000 Stück = 6 €/Stück

Lösung zu 41:

	Kostenträger A in Euro	Kostenträger B in Euro
Fertigungsmaterial pro Stück	50	25
Materialgemeinkostensatz (20 %)	10	5
Fertigungslöhne	30	10
Fertigungsgemeinkosten (100 %)	30	10
Herstellkosten	**120**	**50**
Verwaltungs- und Vertriebsgemeinkosten (5 %)	6	2,5
SEK des Vertriebs pro Stück	18	-
Selbstkosten	**144**	**52,50**

Berechnung des Materialgemeinkostensatzes:

Materialgemeinkosten dividiert durch das Fertigungsmaterial:

(200.000 : 1.000.000) • 100 = 20 %

Berechnung des Fertigungsgemeinkostensatzes:

Fertigungsgemeinkosten dividiert durch die Fertigungslöhne:

(1.500.000 : 1.500.000) • 100 = 100 %

Berechnung des Verwaltungs- und Vertriebsgemeinkostensatzes:

Verwaltungs- und Vertriebsgemeinkosten dividiert durch die Herstellkosten:

(210.000 : 4.200.000) • 100 = 5 %

Lösung zu 42:

a) Sägewerk

	Gesamtkosten	60.000 €
-	Nettoerlöse durch Sägespäne (11.000 - 1.000)	10.000 €
=	Gesamtkosten der Bretter	50.000 €

Berechnung der Herstellkosten pro Brett:

Anzahl produzierte Bretter dividiert durch die Gesamtkosten der Bretter:

50.000 € : 50.000 Stück = 1 €/Stück

b) Raffinerie

Produkt	Äquivalenzziffer	Produktionsmenge	Rechnungseinheit	Sortenkosten	Kosten je Liter
A	2	50.000	100.000	200.000 €	4 €
B	1	150.000	150.000	300.000 €	2 €
			250.000	500.000 €	

Festlegung der Äquivalenzziffer:

Die Äquivalenzziffern werden entsprechend den Marktpreisen (2 : 1) festgelegt.

Berechnung der Rechnungseinheiten:

Äquivalenzziffer multipliziert mit der Produktionsmenge:

A: 2 • 50.000 = 100.000
B: 1 • 150.000 = 150.000

Die Summe der Rechnungseinheiten ergibt 250.000.

Berechnung der Kosten je Rechnungseinheit:

Gesamtkosten dividiert durch die Anzahl Rechnungseinheiten:

500.000 : 250.000 = 2 €/Rechnungseinheit

Berechnung der Sortenkosten:

Kosten pro Rechnungseinheit multipliziert mit der Anzahl der Rechnungseinheiten:

A: 2 • 100.000 = 200.000 €
B: 2 • 150.000 = 300.000 €

Die Summe der Sortenkosten ergibt die Gesamtkosten in Höhe von 500.000 €.

Berechnung der Kosten je Stück:

Sortenkosten dividiert durch Produktionsmenge:

A: 200.000 € : 50.000 Stück = 4 €/Stück
B: 300.000 € : 150.000 Stück = 2 €/Stück

Lösung zu 43:

Siehe MiniLex (Seite 375 ff.)

Lösung zu 44:

a) Die buchtechnische Methode ist unter der Voraussetzung anwendbar, dass es sich bei der betreffenden Kostenart um 100 % fixe oder 100 % variable Kosten handelt.

b) Bestimmung der linearen Kostenfunktion mittels Minimax-Verfahren:

Maschinenstunden	Hilfslohnkosten
2.000	240.000 €
2.400	280.000 €

Die Leistungsdifferenz beträgt 400 Stunden, die Kostendifferenz 40.000 €. Dividiert man die Kostendifferenz durch die Leistungsdifferenz, erhält man die variablen Kosten je Stunde (Steigung der Geraden). Im Beispiel sind dies 100 € je Stunde. Bei 2.000 Maschinenstunden betragen die Hilfslohnkosten 240.000 €. Davon sind 200.000 € variabel (2.000 Stunden à 100 €). Demnach belaufen sich die Fixkosten pro Monat auf 40.000 €.

c) Bestimmung der linearen Kostenfunktion mittels linearer Regression:

Monat	Maschinen-stunden	Gemein-kosten	X	Y	X • X	X • Y
Januar	180	23.000 €	-20,00	-2.000 €	400	40.000
Februar	220	26.000 €	20,00	1.000 €	400	20.000
März	190	24.000 €	-10,00	-1.000 €	100	10.000
April	210	27.000 €	10,00	2.000 €	100	20.000
Summe	800	100.000 €	0,00	0 €	1.000	90.000
Durchschnitt	200	25.000 €				

Variable Kosten je Stunde: (90.000 : 1.000) = 90 €
Fixkosten je Monat: (25.000 - 90 • 200) = 7.000 €

Lösung zu 45:

Die Break-even-Menge ergibt sich, indem man die Fixkosten durch den Stückdeckungsbeitrag dividiert:

$$x = \frac{K_F}{e - k_v}$$, also

$$x = \frac{9.000}{5 - 2} = 3.000$$

Pro Monat müssen 3.000 Portionen verkauft werden, um weder Verlust noch Gewinn zu erzielen. Wertmäßig entspricht dies 15.000 € Umsatz (3.000 Stück à 5 €).

Lösung zu 46:

Zur Ermittlung des Break-even-Umsatzes werden zunächst die Stückdeckungsbeiträge und die Deckungsbeitragsraten berechnet. Dann werden Deckungsbeitragsrate und Umsatzanteil multipliziert:

	Sacher-torte	Schwarzwälder Kirschtorte	Bündner Nusstorte	Friesentorte
Verkaufspreis je Stück	4,00 €	4,50 €	4,80 €	3,00 €
Variable Kosten je Stück	2,00 €	1,80 €	3,00 €	1,20 €
Umsatzanteil	25 %	40 %	20 %	15 %
DB je Stück	2,00 €	2,70 €	1,80 €	1,80 €
DB-Rate (DB zu VK)	50 %	60 %	37,5 %	60 %
Umsatzanteil • DB-Rate	12,5 %	24 %	7,5 %	9 %

Die gewichtete Deckungsbeitragsrate ergibt sich aus der Summe der Umsatzanteile mal Deckungsbeitragsrate, hier 53 %.

Nun werden die Fixkosten in Höhe von 10.000,00 € durch die gewichtete Deckungsbeitragsrate von 53 % dividiert. Es resultiert ein Break-even-Umsatz in Höhe von 18.867,92 €.

Lösung zu 47:

a) Bestimmung der optimalen Zusammensetzung des Produktprogramms für den Planmonat

Die Kapazität im Planmonat beträgt 18.000 Min. (25 Tage à 12 h à 60 Min.). Zur Ermittlung der Rangfolge werden die relativen Deckungsbeiträge (Deckungsbeitrag je Engpasseinheit) ermittelt:

Produkt	A	B	C	D
DB/Stück (€)	30,00	32,00	52,50	35,00
DB/Minute (€)	15,00	20,00	17,50	12,50
Rang	III	I	II	IV

Zu berücksichtigen ist die Lieferzusage von Produkt D. Anschließend kann die Kapazität nach der vorliegenden Rangfolge vergeben werden. Für das Produkt A bleiben nur 3.120 Minuten übrig, damit können 1.560 Stück produziert werden:

Produkt	A	B	C	D
DB/Stück (€)	30,00	32,00	52,50	35,00
DB/Minute (€)	15,00	20,00	17,50	12,50
Rang	III	I	II	IV
„Verplante" Kapazität				1.680
Produktion Stück	1.560	4.500	2.000	
Benötigte Kapazität	3.120	7.200	6.000	

b) Aufstellung der mehrstufigen Deckungsbeitragsrechnung nach Maßgabe des Produktprogramms aus a)

Die stufenweise Deckungsbeitragsrechnung stellt sich dann wie folgt dar:

Produkt	**A**	**B**	**C**	**D**
Umsatzerlöse	124.800	330.750	285.000	66.000
Variable Kosten	78.000	186.750	180.000	45.000
DB I	46.800	144.000	105.000	21.000
Produktfixkosten	29.500	47.200	29.500	23.600
DB II	17.300	96.800	75.500	-2.600
Summe DB II	187.000			
Unternehmensfixkosten	106.200			
DB III (BE)	80.800			

Lösung zu 48:

Teil D ist fremd zu beziehen, da der Fremdbezugspreis unter den eigenen variablen Kosten liegt.

Die Teile A, B und C sind eigen zu fertigen.

Lösung zu 49:

Zunächst werden die Kosten des Fremdbezugs berechnet:

Kaufpreis	35,00 €
Skonto	- 1,05 €
Frachtkosten je Stück	2,00 €
Kosten der Qualitätsprüfung je Stück	1,00 €
Summe	**36,95 €**

Dann erfolgt die Berechnung der Kosten der Eigenfertigung. Dabei werden zunächst das durchschnittliche Kapital und die jährlichen Abschreibungen ermittelt:

Objekt	**Anschaffungskosten**	**Nutzungsdauer**	**Durchschnittliches Kapital**	**Abschreibungen p. a.**
Grundstück	200.000 €		200.000 €	0,00 €
Fertigungshalle	500.000 €	20 Jahre	250.000 €	25.000 €
Produktionsanlagen	500.000 €	10 Jahre	250.000 €	50.000 €
			700.000 €	**75.000 €**

Das durchschnittliche Kapital wird mit dem kalkulatorischen Zinssatz von 10 % multipliziert. Es resultieren kalkulatorische Zinsen in Höhe von **70.000 €**.

Die gesamten Fixkosten belaufen sich damit auf 180.000 € pro Jahr bzw. 18,00 € je Stück:

Kalkulatorische Abschreibungen p. a.	75.000 €
Kalkulatorische Zinsen p. a.	70.000 €
Weitere Fixkosten p. a.	35.000 €
Fixkosten p. a.	**180.000 €**
Produktions- und Absatzmenge p. a.	10.000 Stück
Fixkostenanteil je Stück	**18,00 €**

Somit können die Stückkosten bei Eigenfertigung berechnet werden

Fertigungslöhne pro Stück	5,00 €
Fertigungsmaterial pro Stück	10,00 €
Fixkosten pro Stück	18,00 €
Weitere variable Fertigungskosten pro Stück	1,00 €
Summe	**34,00 €**

Die Kosten für die Eigenfertigung sind niedriger als jene für den Fremdbezug, daher ist die Eigenfertigung zu bevorzugen.

Lösung zu 50:

Siehe MiniLex (S. 375 ff.)

Das MiniLex enthält die wichtigsten Begriffe, die in diesem Buch behandelt werden. Weitere Begriffe finden sich in: *Olfert/Rahn/Zschenderlein*, Lexikon der Betriebswirtschaftslehre, Kiehl.

Abgrenzung, *sachliche*
Überleitung von der Finanzbuchhaltung in die Kostenrechnung. Dabei werden neutrale Aufwendungen und Erträge nicht in die Kostenrechnung übernommen. Zusätzlich werden kalkulatorische Kosten und Leistungen berücksichtigt.

Abgrenzung, *zeitliche*
Periodengerechte Erfolgsermittlung. In der Kostenartenrechnung werden die Kosten verusachungsgerecht auf die Abrechnungsperioden verteilt (z. B. Verteilung des Urlaubsgeldes auf 12 Monate).

Abschreibung
Bewertung, Erfassung und Verrechnung von Wertminderungen.

Abschreibungen, *kalkulatorische*
Abschreibung in der Kostenrechnung, die den tatsächlichen Wertverzehr vom Sachanlagevermögen unabhängig von rechtlichen Vorgaben abbildet, z. B. Abschreibung auf Wiederbeschaffungswerte.

Aktivierungsverbot
Verbot, bilanzielle Sachverhalte als Vermögensgegenstände auf der Aktivseite der Bilanz aufzunehmen, vgl. dazu § 248 Abs. 1 HGB.

Aktivierungswahlrecht
Wahlrecht, bilanzielle Sachverhalte als Vermögensgegenstände auf der Aktivseite der Bilanz aufzunehmen, vgl. dazu § 248 Abs. 2 HGB, § 274 Abs. 1 HGB, § 250 Abs. 3 HGB.

Anderskosten
Kosten, die in anderer Höhe als die entsprechenden Aufwandspositionen anfallen. Dazu zählen kalkulatorische Abschreibungen, kalkulatorische Zinsen und kalkulatorische Wagnisse.

Andersleistung
Leistungen, die in anderer Höhe als die entsprechenden Ertragspositionen anfallen, z. B. Fertigerzeugnis auf Lager, das bilanziell anders bewertet wird als in der Kostenrechnung (Herstellungskosten bzw. Herstellkosten).

Anhang
Für bestimmte Unternehmen vorgeschriebener Pflichtbestandteil des Jahresabschlusses, der Erklärungen und Ergänzungen zu einzelnen Positionen der Bilanz und der Gewinn- und Verlustrechnung (GuV) enthält.

Anlagengitter, Anlagespiegel
Teil des Anhangs des Jahresabschlusses, der einen Überblick über die Wertentwicklung der Positionen des Anlagevermögens gibt. Ausgangspunkt sind dabei die historischen Anschaffungs- und Herstellungskosten.

Anlagevermögen
Vermögensgegenstände, die dazu bestimmt sind, dem Unternehmen dauernd zu dienen, § 247 Abs. 2 HGB.

Anleihe
Sammelbegriff für festverzinsliche, langfristige Schuldverschreibungen. Anleihen werden sowohl von der öffentlichen Hand als auch von privaten Unternehmen zu Finanzierungszwecken ausgegeben. Über die Emission von Anleihen kann langfristiges Fremdkapital über Wertpapierbörsen aufgenommen werden. Die Finanzierung über Anleihen zählt zur langfristigen Kreditfinanzierung.

Anschaffungskosten
Handelsrechtlicher Bewertungsmaßstab für gekaufte Vermögensgegenstände, § 255 Abs. 1 HGB.

Äquivalenzziffernkalkulation
Verfahren der Kostenträgerstückrechnung (Kalkulation), das eine feste Kostenrelation zwischen den Produkten voraussetzt.

Asset Deal
Unternehmenskauf, bei dem die Vermögensgegenstände und Schulden des gekauften Unternehmens zu deren Zeitwerten in die Bilanz des kaufenden Unternehmens übernommen werden. Das gekaufte Unternehmen verschwindet; in der Bilanz des kaufenden Unternehmens entsteht ein derivativer Geschäfts- oder Firmenwert.

Aufwand
Begriff aus Buchhaltung und Bilanzierung, der den Werteverzehr eines Unternehmens für verbrauchte Güter, Dienstleistungen und öffentliche Ausgaben innerhalb einer Rechnungsperiode kennzeichnet. Zu unterscheiden sind Zweckaufwand und neutraler Aufwand.

Aufwand, *neutraler*
Teil des Aufwands, der betriebsfremde Aufwendungen, periodenfremde Aufwendungen und außerordentliche Aufwendungen beinhaltet. Wird nur in der Buchhaltung/Bilanzierung, nicht aber in der Kostenrechnung berücksichtigt.

Aufwandskonto
Erfolgskonto, in dem Aufwendungen erfasst werden.

Ausgabe
Verminderung des Nettogeldvermögens, die Auszahlung, Abgang kurzfristiger Forderungen oder Zugang kurzfristiger Verbindlichkeiten sein kann.

Beschäftigungsabweichung
Eine Beschäftigungsabweichung entsteht, wenn die Istbeschäftigung von der Planbeschäftigung abweicht. Sie ermittelt im Rahmen der Plankostenrechnung, welcher Teil der fixen Kosten nicht erwirtschaftet wurde (positive Beschäftigungsabweichung) oder zu viel erwirtschaftet wurde (negative Beschäftigungsabweichung).

Bestandskonto, *aktives*
Konto, das aus der Aktivseite der Bilanz abgeleitet wird. Im Unterschied zu den Erfolgskonten werden bei den Bestandskonten deren Salden fortgeführt.

Bestandskonto, *passives*
Konto, das aus der Passivseite der Bilanz abgeleitet wird. Im Unterschied zu den Erfolgskonten werden bei den Bestandskonten deren Salden fortgeführt.

Betriebsabrechnungsbogen (BAB)
Instrument der Kostenrechnung in Form einer Tabelle. Verarbeitet werden Kostenarten- und Kostenstellenrechnung, ggf. auch Kostenträgerzeitrechnung. Aus dem BAB resultieren die Gemeinkostenzuschlagssätze.

Bilanz
Stichtagsbezogene Gegenüberstellung der Vermögensgegenstände und der Schulden eines Unternehmens (ital.: „la bilancia", die Waage).

Bilanzgewinn
Ist der in der Bilanz von Kapitalgesellschaften ausgewiesene Teil des Gewinns. Er berechnet sich wie folgt:

Jahresüberschuss/Jahresfehlbetrag
+ Gewinnvortrag aus dem Vorjahr oder
- Verlustvortrag aus dem Vorjahr
+ Entnahmen aus der Kapitalrücklage
+ Entnahmen aus Gewinnrücklagen
- Einstellungen in Gewinnrücklagen
= Bilanzgewinn/Bilanzverlust

Bilanzierungsfähigkeit, *Aktivierungsfähigkeit*
Sie ist Voraussetzung für die Erfassung eines Vermögensgegenstands in der Bilanz.

Bilanzierungsfähigkeit, *Passivierungsfähigkeit*
Sie ist Voraussetzung für die Erfassung einer Schuldenposition in der Bilanz.

Bilanzpolitische Maßnahmen
Positive oder negative Beeinflussung des Wertes von Aktiva oder Passiva durch Ausübung von Ansatz- und Bewertungswahlrechten.

Bilanzverkürzung
Buchung, bei der ein passives Bestandskonto im Soll und ein aktives Bestandskonto im Haben bebucht wird. Dadurch reduziert sich die Bilanzsumme. Beispiel: Begleichung von Verbindlichkeiten durch Barzahlung.

Bilanzverlängerung
Buchung, bei der ein aktives Bestandskonto im Soll und ein passives Bestandskonto im Haben bebucht wird. Dadurch erhöht sich die Bilanzsumme. Beispiel: Kauf einer Maschine auf Kredit.

Break-even-Punkt
Menge bzw. Umsatz, bei der/dem Gewinn und Verlust gleich Null sind.

Bruttovermögen
Sachvermögen + Geldvermögen

Buchführungspflicht
Rechtliche Verpflichtung, auf Basis einer doppelten Buchführung Jahresabschlüsse zu erstellen; handelsrechtlich siehe dazu § 238 HGB.

Buchung/Buchungssatz
Eintragung eines Geschäftsvorfalls aufgrund eines Belegs in eines der Bücher einer Buchführung. Ein Buchungssatz umfasst mindestens eine Eintragung auf der Soll-Seite eines Kontos und mindestens eine Eintragung auf der Haben-Seite eines Kontos. Man unterscheidet erfolgsneutrale und erfolgswirksame Buchungen.

Buchung, *erfolgsneutrale*
Buchung ohne Auswirkung auf Gewinn oder Verlust, Buchung zwischen Bestandskonten.

Buchung, *erfolgswirksame*
Buchung mit Auswirkung auf Gewinn oder Verlust, Buchung zwischen Bestandskonten und Erfolgskonten.

Cashflow aus Finanzierungstätigkeit
Element der Kapitalflussrechnung. Er stellt die Erhöhung/Verminderung der Liquidität aus Zu- und Abflüssen von Eigenkapital und Finanzverbindlichkeiten dar.

Cashflow aus Investitionstätigkeit
Element der Kapitalflussrechnung. Er stellt die Erhöhung/Verminderung der Liquidität aus Desinvestitionen und Investitionen dar.

Cashflow aus laufender (operativer) Geschäftstätigkeit
Element der Kapitalflussrechnung. Er stellt die Erhöhung/Verminderung der Liquidität aus wirtschaftlicher Tätigkeit dar.

Control-Konzept
Begriff aus der Konzernrechnungslegung zur Prüfung, ob ein Mutter-Tochter-Verhältnis vorliegt. Ergibt sich aus dem Kriterienkatalog nach § 290 Abs. 2 HGB. Basiert auf der rechtlichen Möglichkeit, das Tochterunternehmen zu beherrschen.

Deckungsbeitrag
Differenz aus Verkauserlös(en) und variablen Kosten. Trägt zur Deckung der fixen Kosten bei.

Deckungsbeitrag, *relativer*
Deckungsbeitrag pro Engpasseinheit, wird zur ökonomischen Optimierung des Produktions- und Absatzprogramms benötigt. Beispiel: Deckungsbeitrag je Fertigungsminute.

Divisionskalkulation, *einstufige*
Verfahren der Kostenträgerstückrechnung (Kalkulation), das bei Einproduktunternehmen, bei denen es keine Lagerbestandsänderungen an unfertigen und fertigen Erzeugnissen gibt, anwendbar ist.

Divisionskalkulation, *mehrstufige*
Verfahren der Kostenträgerstückrechnung (Kalkulation), das bei Einproduktunternehmen, bei denen es Lagerbestandsänderungen an unfertigen und fertigen Erzeugnissen gibt, anwendbar ist.

Deckungsbeitrag
Betrag, um den der Verlaufserlös die variablen Kosten übersteigt. Er trägt zur Deckung der fixen Kosten bei.

EBIT
Steht für Earnings before Interest and Taxes und bezeichnet den Gewinn vor Zinsen und Steuern. In der praktischen Anwendung umfasst das EBIT den Gewinn vor Finanzergebnis, außerordentlichem Ergebnis und Steuern. Es werden also außerordentliche Erträge und Aufwendungen ebenso ignoriert wie Zinsen, sonstige Finanzierungsaufwendungen oder -erträge und Steuern, da diese Positionen nicht durch die eigentliche betriebliche Tätigkeit entstanden sind. Das EBIT wird gerne für Unternehmensvergleiche verwendet, da es die individuelle Unternehmensfinanzierung sowie die Ertragssteuerhöhe ausblendet.

EBITDA
Steht für Earnings Before Interest, Taxes, Depreciation and Amortization und bezeichnet den Ertrag vor Zinsen, Steuern, Abschreibungen auf Sachanlagen und Abschreibungen auf immaterielle Vermögensgegenstände. Anders ausgedrückt stellt das EBITDA den Ertrag vor Finanzergebnis, außerordentlichem Ergebnis, Steuern und Abschreibungen dar.

Eigenkapital
Differenz von Vermögen und Schulden, die auch als Reinvermögen bezeichnet wird. Mittel, die von den Eigentümern eines Unternehmens zu dessen Finanzierung aufgebracht oder als erwirtschafteter Gewinn thesauriert wurden.

Eigenkapitalspiegel, Eigenkapitalveränderungsrechnung
Kann nach § 264 Abs. 1 Satz 2 HGB verpflichtender Bestandteil des Jahresabschlusses sein. Stellt die Veränderungen des Eigenkapitals während eines Geschäftsjahres dar.

Einfluss, *beherrschender*
Begriff aus der Konzernrechnungslegung zur Prüfung, ob ein Mutter-Tochter-Verhältnis vorliegt. Ergibt sich aus dem Kriterienkatalog nach § 290 Abs. 2 HGB. Basiert auf der rechtlichen Möglichkeit, das Tochterunternehmen zu beherrschen.

Einheitstheorie
Geht von dem Grundgedanken aus, dass die in einem Konzern zusammengefassten rechtlich selbstständigen Unternehmen eine wirtschaftliche Einheit bilden.

Einnahme
Erhöhung des Nettogeldvermögens. Dabei kann es sich um Einzahlungen, Zugänge kurzfristiger Forderung oder Abgänge kurzfristiger Verbindlichkeiten handeln.

Einzelkosten
Kosten, die dem Kostenträger direkt zugerechnet werden, z. B. Einzelmaterial.

Engpassoptimierung
Ermittlung des optimalen Produktions- und Absatzprogramms unter Berücksichtigung knapper Ressourcen (Engpässe). Die Berechnung erfolgt über relative Deckungsbeiträge.

Erlösabweichung
Die Abweichung zwischen Ist- und Planerlösen wird untersucht. Sie kann preisbedingt (Absatzpreisabweichung) oder mengenbedingt (Absatzmengenabweichung) sein.

Ertrag
Begriff aus Buchhaltung und Bilanzierung, der den Wertezuwachs eines Unternehmens für verbrauchte Güter, Dienstleistungen und öffentliche Ausgaben innerhalb einer Rechnungsperiode kennzeichnet. Zu unterscheiden sind Zweckertrag und neutraler Ertrag.

Ertrag, *neutraler*
Teil des Ertrags, der betriebsfremde Erträge, periodenfremde Erträge und außerordentliche Erträge beinhaltet. Wird nur in der Buchhaltung/Bilanzierung, nicht aber in der Kostenrechnung berücksichtigt.

Ertragskonto
Erfolgskonto, in dem Erträge erfasst werden.

Equity-Methode
Methode zur Bilanzierung von Anteilen an und Geschäftsbeziehungen zu assoziierten Unternehmen und Joint-Ventures.

Fertigungseinzelkosten
Fertigungskosten, die dem Kostenträger direkt zugerechnet werden, z. B. Fertigungslöhne.

Fertigungsgemeinkosten
Fertigungskosten, die dem Kostenträger nicht direkt zugerechnet werden können oder sollen, werden in der Kostenstellenrechnung erfasst und dann über Zuschlags- oder Verrechnungssätze auf die Kostenträger verrechnet.

Finanzanlagen
Teil des Anlagevermögens, der sämtliche, dauernd dem Geschäftsbetrieb dienenden monetären und nicht-physischen Vermögensgegenstände umfasst.

Finanzbuchhaltung
Zentrales Element des betrieblichen Rechnungswesens. Abbildung sämtlicher Geschäftsvorfälle mittels doppelter Buchführung.

Flexible Plankostenrechnung auf Vollkostenbasis
Methode zur Abweichungsanalyse bei den Gemeinkosten, die die Mängel der starren Plankostenrechnung vermeidet. Es wird zwischen variablen und fixen Kosten unterschieden, was eine differenzierte Analyse ermöglicht. Die Gesamtabweichung wird zerlegt in die Verbrauchsabweichung und die Beschäftigungsabweichung.

Gemeinkosten
Kosten, die den Kostenträgern nicht direkt zugerechnet werden können oder sollen. Sie werden in der Kostenstellenrechnung erfasst und dann über Zuschlags- oder Verrechnungssätze auf die Kostenträger verrechnet.

Gemeinkosten, *unechte*
Kosten, die den Kostenträgern nicht direkt zugerechnet werden sollen. Stellen variable Kosten dar, wie z. B. Hilfsstoffe, die aus Wirtschaftlichkeitsgründen als Fertigungsgemeinkosten in der Kostenstellenrechnung verarbeitet werden. Werden in der Kostenstellenrechnung erfasst und dann über Zuschlags- oder Verrechnungssätze auf die Kostenträger verrechnet.

Gesamtabweichung Einzelkosten
Differenz zwischen Ist- und Planeinzelkosten.

Gesamtkostenverfahren
Form der Erfolgsermittlung, die im internen wie externen Rechnungswesen verwendet wird. Im Gegensatz zum Umsatzkostenverfahren werden den gesamten Kosten bzw. Aufwendungen die Umsatzerlöse gegenübergestellt. Unterschiede zwischen Produktionsmenge und Absatzmenge werden über Bestandsveränderungen berücksichtigt.

Geschäfts- oder Firmenwert
Immaterielles Wirtschaftsgut, das den Gegenwert des Rufes, der Kundengunst, des Personalstamms, des Know-how, der Marktstellung usw. darstellt.

Geschäfts- oder Firmenwert, *derivativer*
Bezeichnung für einen immateriellen Vermögensposten im Unternehmen, der durch entgeltlichen Erwerb von anderen Unternehmen oder Unternehmensteilen entsteht, wenn der Kaufpreis das Reinvermögen (Differenz zwischen Zeitwert der Vermögensgegenstände und Zeitwert der Schulden) übersteigt.

Geschäfts- oder Firmenwert, *originärer*
Durch die Unternehmenstätigkeit selbst geschaffener und nicht aktivierbarer Wert.

Gewinn- und Verlustrechnung
Gegenüberstellung von Erträgen und Aufwendungen zur Gewinnermittlung, die handelsrechtlich in § 275 HGB geregelt ist. Aufstellung kann nach Gesamt- oder Umsatzkostenverfahren erfolgen.

Gewinnrücklage
Wird aus einbehaltenen (thesaurierten) Jahresüberschüssen gebildet. Teil des Eigenkapitals von Kapitalgesellschaften.

Gewinnvortrag
Bilanzposition, die den Rest des Bilanzgewinnes enthält, der aus dem Vorjahr zu übernehmen ist und nach dem Beschluss über die Gewinnverwendung übrig bleibt. Gegensatz ist der Verlustvortrag.

Goodwill
Siehe Geschäfts- oder Firmenwert.

Grenzplankostenrechnung
Methode zur Abweichungsanalyse bei den variablen Gemeinkosten, die die Mängel der starren Plankostenrechnung vermeidet. Die Analyse bezieht sich nur auf die variablen Kosten. Ausgewiesen wird die Beschäftigungsabweichung.

Grundkapital
Nominelles Kapital einer Aktiengesellschaft. Ergibt sich aus der Multiplikation der Anzahl der Aktien mit ihrem Nennwert.

Grundsätze ordnungsmäßiger Buchführung
Regeln zur Buchführung und Bilanzierung, die sich teilweise aus gesetzlichen Vorgaben, teilweise aus bestehender Praxis ergeben.

Haben
Rechte Seite eines Kontos; aus dem Italienischen „deve avere" – er soll HABEN – abgeleitet.

Herstellkosten
Kostenrechnerischer Bewertungsmaßstab für selbst erstellte Vermögensgegenstände.

Herstellungskosten
Handelsrechtlicher Bewertungsmaßstab für selbst erstellte Vermögensgegenstände, § 255 Abs. 2, 2a und 3 HGB.

IAS
International **A**ccounting **S**tandards, vgl. IFRS.

IFRS
International **F**inancial **R**eporting **S**tandards. Die IFRS sind internationale Bilanzierungsvorschriften, die im Gegensatz zum deutschen HGB die Informationsversorgung der Investoren in den Vordergrund stellen.

Inventar
Vollständiges und bewertetes Bestandsverzeichnis aller Vermögensgegenstände und Schulden eines Unternehmens.

Inventur
Vorgang zur Erstellung des Inventars. Bei physischen Vermögensgegenständen geschieht dies durch „zählen, messen, wiegen", ansonsten buchmäßige Erfassung.

Istkosten
In einer abgelaufenen Abrechnungsperiode tatsächlich angefallene Kosten.

Jahresfehlbetrag
Handelsrechtlicher Begriff für innerhalb eines Geschäftsjahres entstandenen Verlust.

Jahresüberschuss
Handelsrechtlicher Begriff für innerhalb eines Geschäftsjahres entstandenen Gewinn nach Ertragssteuern.

Kapital, *betriebsnotwendiges*
Kostenrechnerische Größe, die das zu verzinsende Kapital bezeichnet. Die Berechnung erfolgt aus der Differenz von betriebsnotwendigem Vermögen und Abzugskapital.

Kapital, *gezeichnetes*
Teil des Eigenkapitals, auf das die Haftung der Gesellschafter für die Verbindlichkeiten der Kapitalgesellschaft gegenüber den Gläubigern beschränkt ist.

Kapitalerhöhung
Erhöhung des Eigenkapitals durch Mittelzufluss von außen, z. B. Ausgabe weiterer Aktien.

Kapitalflussrechnung
Instrument zur Darstellung und Analyse der Liquidätsveränderung. Ihre Gestaltung ist in den Standards DRS 21, IAS 7 und SFAS 95 geregelt.

Kapitalkosten
Verzinsungsansprüche der Kapitalgeber, bestehend aus Fremdkapitalkosten und Eigenkapitalkosten. Oft als Weighted Average Cost of Capital (WACC) verwendet.

Kapitalmarktorientierung
Ausrichtung der Unternehmensziele an den Interessen der Anteilseigner.

Kapitalrücklage
Teil des Eigenkapitals bei Kapitalgesellschaften, der entsteht, wenn bei Außenfinanzierungsmaßnahmen Zuzahlungen wie z. B. Agio erfolgen.

Konsolidierung
Begriff aus der Konzernrechnungslegung zur Darstellung eines Konzerns nach der Einheitstheorie. Umfasst die Konsolidierung von Aufwand und Ertrag (Eliminierung der konzerninternen Aufwendungen und Erträge), die Konsolidierung von Vermögen und Schulden (Eliminierung der konzerninternen Vermögens- und Schuldenverflechtungen) sowie die Zwischenergebniskonsolidierung (Eliminierung von Gewinnen bzw. Verlusten aus konzerninternen Lieferungen, die bei einem Konzernunternehmen den Erfolg verändert haben und bei einem anderen Konzernunternehmen als Teil der Anschaffungs- bzw. Herstellungskosten von Vermögensgegenständen aktiviert wurden).

Kontenplan
Verzeichnis aller Konten eines Unternehmens.

Kontenrahmen
Systematisches Verzeichnis aller Konten für die Buchführung in einem Wirtschaftszweig. Dient als Richtlinie und Empfehlung für die Aufstellung eines konkreten Kontenplans in einem Unternehmen.

Konto
Das zur Aufnahme und wertmäßigen Erfassung von Geschäftsvorfällen bestimmte Objekt. Stellt eine Untergliederung von Bilanz- oder GuV-Positionen dar. Italienisch „il conto", die Rechnung.

Konzern
Zusammenschluss von gleichartigen, rechtlich selbstständigen Unternehmen mit gemeinsamer Leitung.

Konzernabschluss
Jahresabschluss eines Konzerns. Stellt den Konzern als wirtschaftliche Einheit dar.

Kosten
Bewerteter Verzehr von Wirtschaftsgütern zur Erstellung und zum Absatz von Sach- und/oder Dienstleistungen. Zu unterscheiden sind Grundkosten und kalkulatorische Kosten.

Kosten, *fixe*
Kosten, die unabhängig von der Beschäftigung anfallen, z. B. Mieten.

Kosten, *kalkulatorische*
Kosten, denen kein Aufwand (Zusatzkosten) oder Aufwand in anderer Höhe (Anderskosten) gegenübersteht.

Kosten, *primäre*
Kosten der von außerhalb des Unternehmens bezogenen Wirtschaftsgüter.

Kosten, *sekundäre*
Entstehen in der innerbetrieblichen Leistungsverrechnung (Kostenstellenrechnung). Aus von außerhalb des Unternehmens bezogenen Wirtschaftsgütern werden durch Faktorkombination innerbetriebliche Güter. Diese werden mittels sekundärer Kosten weiterverrechnet, z. B. Kosten je gefahrenen Kilometer im Fuhrpark.

Kosten, *variable*
Kosten, die abhängig von der Beschäftigung anfallen, z. B. Einzelmaterial.

Kosten- und Leistungsrechnung
Wesentliches Element des internen Rechnungswesens. Umfasst Kostenarten-, Kostenstellen- und Kostenträgerrechnung.

Kostenartenrechnung
Erste von drei Stufen der Kostenrechnung. Aus der Finanzbuchhaltung werden die Grundkosten (Zweckaufwand) übernommen und zusätzlich kalkulatorische Kosten ermittelt. Sie geht der Frage nach, welche Kosten entstanden sind.

Kostenauflösung
Verfahren der Auflösung von Kosten in deren fixe und variable Anteile. Zu nennen sind insbesondere die buchtechnische Methode, das Minimax-Verfahren und die lineare Regression.

Kostenstelle
Ort der Kostenentstehung und Kostenzurechnung.

Kostenstellenrechnung
Zweite von drei Stufen der Kostenrechnung. Die Gemeinkosten werden aus der Kostenartenrechnung auf Kostenstellen verrechnet. Ferner erfolgt innerhalb der Kostenstellenrechnung die innerbetriebliche Leistungsverrechnung. Die Kostenstellenrechnung liefert die Grundlagen zur Ermittlung von Gemeinkostenzuschlagssätzen.

Kostenträger
Die in einem Unternehmen hergestellten Produkte oder Dienstleistungen. Dies können Absatzleistungen und innerbetriebliche Leistungen sein.

Kostenträgerstückrechnung
Wird auch als Kalkulation bezeichnet. Ermittelt werden die Stückkosten der Kostenträger.

Kostenträgerzeitrechnung
Auch als Ergebnisrechnung bezeichnet. Sie stellt eine kurzfristige Erfolgsrechnung dar. Ermittlung des Periodenergebnisses (Gewinn/Verlust) in der Kostenrechnung.

Kuppelproduktkalkulation
Kalkulationsverfahren für verbundene Produkte. Zum Einsatz kommen hierbei die Restwertmethode und die Verteilungsmethode.

Lagebericht
Bestandteil der handelsrechtlichen Berichtspflichten bei mittelgroßen und großen Kapitalgesellschaften. Der Lagebericht soll die derzeitige und zukünftige Situation des Unternehmens hinsichtlich der Chancen und Risiken darstellen.

Leerkosten
Teil der Fixkosten, der durch Unterbeschäftigung (ungenutzte Anlagen, Betriebsmittel) entsteht.

Leistung
Betrieblich bedingter und bewerteter Wertezufluss an Gütern und Dienstleistungen.

Leistungen, *kalkulatorische*
Leistungen, denen kein Ertrag (Zusatzleistung) oder Ertrag in anderer Höhe (Andersleistung) gegenübersteht.

Leistungsverrechnung, *innerbetriebliche*
Die Kosten der in den Hilfskostenstellen erstellten innerbetrieblichen Leistungen werden hierbei den empfangenden Hilfs- und Hauptkostenstellen zugerechnet.

Liquide Mittel
Kassenbestände und sofort verfügbare Bankguthaben.

Liquidität
Fähigkeit und Bereitschaft eines Unternehmens, seinen Zahlungsverpflichtungen termingerecht und betragsgenau nachzukommen.

Liquiditätssaldo
Wird durch die Gegenüberstellung der liquiden Mittel zu Beginn und Ende der Abrechnungsperiode ermittelt und auch als Fondsveränderungsrechnung bezeichnet.

Lucky Buy
Bezeichnet einen „günstigen Kauf". Der Kaufpreis für ein Unternehmen ist niedriger als dessen Reinvermögen (Differenz aus Zeitwert von Vermögen und Schulden). Kann auch durch stille Lasten begründet sein.

Make-or-Buy-Entscheidung
Entscheidung, ob Eigenfertigung (Make) oder Fremdbezug (buy) wirtschaftlich sinnvoller ist.

Maschinenstundensatz
Maschinenabhängige Gemeinkosten je Maschinenstunde.

Maschinenstundensatzrechnung
Verfahren zur verursachungsgerechten Verrechnung maschinenabhängiger Fertigungsgemeinkosten.

Materialeinzelkosten
Materialkosten, die dem Kostenträger direkt zugerechnet werden.

Materialgemeinkosten
In den Materialkostenstellen anfallende Gemeinkosten für Beschaffung, Prüfung, Lagerung und Abnahme des Materials. Sie werden den Kostenträgern über Zuschlags- oder Verrechnungssätze zugerechnet.

Mengenabweichung
Teil der Erlösabweichung, der durch Abweichungen zwischen Ist- und Planabsatzmenge verursacht.

Methode, *buchtechnische*
Aufteilung von Kosten in fixe und variable Anteile. Nur anwendbar bei 100 % fixen oder 100 % variablen Kosten.

Miete, *kalkulatorische*
Mietkostenäquivalent für ein durch einen Einzelunternehmer oder einen Gesellschafter einer Personengesellschaft dem Unternehmen zur Verfügung gestellte Räume.

Minimax-Methode
Verfahren zur Auflösung von Kosten in fixe und variable Anteile. Aus zwei Punktepaaren (Leistung/Kosten) wird die lineare Kostenfunktion ermittelt.

Normalkosten
Durchschnittswerte aus den Istkosten mehrerer früherer Abrechnungsperioden.

Nutzkosten
Fixkosten, die für die Bereitstellung der tatsächlich durch die Produktion in Anspruch genommenen Kapazität entstehen.

Offenlegungspflicht
Wird auch als Publizitätspflicht bezeichnet. Verpflichtung, rechnungslegungsbezogene Informationen zu veröffentlichen.

Plankosten
Kosten, die für eine zukünftige Periode geplant werden.

Preisabweichung
Teil der Erlösabweichung, der durch Abweichungen zwischen Ist- und Planpreis verursacht wurde.

Preisuntergrenze
Mindestpreis, den ein Unternehmen für sein Produkt verlangen muss. Zu unterscheiden sind die kurzfristige und die langfristige Preisuntergrenze.

Prozesskostenrechnung
Verfahren zur verursachungsgerechteren Verrechnung von Gemeinkosten in den indirekten Bereichen.

Rating
Bewertende Klassifizierung von Schuldnern (oder auch Anleihen), bei der vor allem die Zahlungsfähigkeit eingeschätzt werden soll. Die Einordnung erfolgt nach bankeigenen Kriterien („internes Rating") oder wird von international tätigen Ratingagenturen vorgenommen.

Rechnungsabgrenzung
Sie dient dazu, Erträge und Aufwände den richtigen Perioden zuzuordnen.

Rechnungsabgrenzung, *aktive*
Bei der aktiven Rechnungsabgrenzung werden Ausgaben der laufenden Periode, die Aufwand der folgenden Periode darstellen, periodengerecht abgegrenzt. Beispiel: Rechnung für die Kfz-Versicherung 2024 wird im Dezember 2023 überwiesen.

Rechnungsabgrenzung, *passive*
Bei der passiven Rechnungsabgrenzung werden Einnahmen der laufenden Periode, die Ertrag der folgenden Periode darstellen, periodengerecht abgegrenzt. Beispiel: Vermieter erhält die Miete für Januar 2024 bereits im Dezember 2023.

Rechnungswesen, *externes*
Teil des Rechnungswesens, das sich primär an unternehmensexterne Adressaten richtet.

Rechnungswesen, *internes*
Teil des Rechnungswesens, das sich primär an unternehmensinterne Adressaten richtet.

Regression, *lineare*
Verfahren der Auflösung von Kosten in deren fixe und variable Anteile.

Reinvermögen
Auch als Nettovermögen bezeichnet. Differenz zwischen dem auf der Aktivseite einer Bilanz ausgewiesenen Vermögen (Bruttovermögen) und den auf der Passivseite ausgewiesenen Verbindlichkeiten eines Unternehmens.

Rückstellungen
Verbindlichkeiten eines Unternehmens, die dem Grund und/oder der Höhe nach ungewiss sind.

Segementberichterstattung
Veröffentlichung von finanziellen Informationen zu einzelnen Teilbereichen des Unternehmens.

Selbstkosten
Begriff aus der Kostenträgerstückrechnung. Umfasst die Herstellkosten sowie die Kosten für Verwaltung und Vertrieb.

Share Deal
Unternehmenskauf, bei dem Anteile eines Unternehmens gekauft werden. Zu unterscheiden ist der Asset Deal.

Soll
Linke Seite eines Kontos. Aus dem Italienischen „deve dare" – er SOLL geben – abgeleitet.

Sondereinzelkosten des Vertriebs und der Fertigung
Kostenelemente, die eindeutig einem bestimmten Fertigungs- oder Kunden-

auftrag zugeordnet werden. Bei den Sondereinzelkosten der Fertigung handelt es sich dabei z. B. um Werkzeugkosten oder Lizenzgebühren. Bei den Sondereinzelkosten des Vertriebs handelt es sich dabei z. B. um Umsatzprovisionen oder einzeln zurechnebare Ausgangsfrachten.

Starre Plankostenrechnung
Stellt eine einfache Methode zur Abweichungsanalyse bei den Gemeinkosten dar. Der Plankostenverrechnungssatz wird auf die Istbeschäftigung bezogen und das Ergebnis mit den Ist-Gemeinkosten verglichen. Problematisch dabei ist die Proportionalisierung der Fixkosten.

Steuern, *latente*
Verborgene Steuerlasten oder -vorteile, die sich aufgrund von Unterschieden im Ansatz oder in der Bewertung von Vermögensgegenständen oder Schulden zwischen der Steuerbilanz und der Handelsbilanz ergeben haben und im Zeitablauf wieder verschwinden werden, z. B. durch die unterschiedliche Behandlung von Rückstellungen für drohende Verluste aus schwebenden Geschäften.

Stichtagswert, *niedrigerer beizulegender*
Bewertungsmaßstab für Vermögensgegenstände des Umlaufvermögens bei Fehlen eines Markt- oder Börsenpreises.

Teilkostenrechnung
System, bei dem nur ein Teil der Kosten in die Entscheidung einbezogen wird, z. B. nur die variablen Kosten.

Transitorische Posten
Sie beschreiben Geschäftsvorfälle, die im alten Geschäftsjahr einen Zahlungsvorgang ausgelöst haben, dessen Ergebnis aber betriebswirtschaftlich ganz oder teilweise in das neue Geschäftsjahr gehört. Transitorische Aktiva liegen vor, wenn Zahlungen aufgrund von rechtlichen Verpflichtungen für einen Aufwand vorgeleistet werden, wie z. B. Mietvorauszahlungen am 15. Dezember für das Folgejahr. Transitorische Passiva liegen vor, wenn Erträge aufgrund rechtlicher Verpflichtungen als Vorauszahlungen eingegangen sind.

Umlaufvermögen
Vermögensgegenstände, die nicht dazu bestimmt sind, dem Unternehmen dauernd zu dienen; Umkehrschluss zu § 247 Abs. 2 HGB.

Umsatzkostenverfahren
Form der Erfolgsermittlung, die im internen wie externen Rechnungswesen verwendet wird. Im Gegensatz zum Gesamtkostenverfahren werden den Umsatzerlösen die für ihre Erzielung nötigen Kosten bzw. Aufwendungen gegenübergestellt.

Unternehmen, *assoziiertes*
Unternehmen, auf das ein maßgeblicher, aber kein beherrschender Einfluss ausgeübt wird. Dies wird bei Anteilen zwischen 20 % und 50 % vermutet.

Unternehmerlohn, *kalkulatorischer*
Gehaltskostenäquivalent für die durch einen Einzelunternehmer oder einen Gesellschafter einer Personengesellschaft dem Unternehmen zur Verfügung gestellte Arbeitsleistung.

Unterschiedsbetrag aus der Kapitalkonsolidierung
Passiver Unterschiedsbetrag aus der Kapitalkonsolidierung; sogenannter „Bad Will".

Verbindlichkeiten
Summe der offenen finanziellen Verpflichtungen eines Unternehmens gegenüber seinen Lieferanten und sonstigen Gläubigern.

Verbindlichkeitenspiegel
Von Kapitalgesellschaften ausgewiesene Übersicht über die gesamten Verbindlichkeiten nach Art, Höhe, Restlaufzeiten sowie Art und Umfang der Sicherheiten zur Erfüllung ihrer Ausweispflichten gemäß § 268 Abs. 5 HGB.

Verbrauchsabweichung
Entspricht im Rahmen der Plankostenrechnung der Differenz von Ist- zu Sollkosten, ggf. weiter differenziert nach Mengen- und/oder Preisabweichungen.

Verlustvortrag
Summe der noch nicht mit Gewinnen verrechneten kumulierten Verluste der Vorjahre.

Vermögensgegenstand, *immaterieller*
Nicht-physischer Vermögensgegenstand, z. B. Software oder Patent.

Vertriebsgemeinkosten
Vertriebskosten, die dem Kostenträger nicht direkt zugerechnet werden können oder sollen. Sie werden in der Kostenstellenrechnung verarbeitet.

Verursachungsprinzip
Besagt, dass einem Kalkulationsobjekt nur jene Kosten angelastet werden sollen, die dieses Objekt auch verursacht hat.

Verwaltungsgemeinkosten
Verwaltungskosten, die dem Kostenträger nicht direkt zugerechnet werden können oder sollen. Sie werden in der Kostenstellenrechnung verarbeitet.

Vollkonsolidierung
Grundsätzliches Verfahren für den Konzernabschluss. Umfasst die Kapitalkonsolidierung, die Schuldenkonsolidierung, die Zwischenergebniseliminierung, die Aufwands- und Ertragskonsolidierung sowie die Anpassung der latenten Steuern.

Vollkostenrechnung
Kostenrechnungssystem, das alle Kosten einbezieht.

Vorräte
Auf Lager befindliche, für den Produktions- und Absatzprozess bestimmte Werkstoffe und Produkte, die in der Bilanz unter den Positionen Roh-, Hilfs- und Betriebsstoffe sowie unfertige Erzeugnisse (Halbfabrikate) und fertige Erzeugnisse (Fertigprodukte) ausgewiesen werden.

Wagnisse, *kalkulatorische*
Kosten für Einzelrisiken, die nicht versichert werden können oder sollen.

Wert, *niedriger beizulegender*
Hilfskonstrukt für die Bewertung von Vermögensgegenständen, für die es keinen Börsen- oder Marktpreis gibt.

Wertobergrenze
Höchster gesetzlich zulässiger Wert für die Bemessung der Herstellungskosten.

Wertuntergrenze
Niedrigster gesetzlich zulässiger Wert für die Bemessung der Herstellungskosten.

Zinsen, *kalkulatorische*
Kostenrechnerischer Ansatz für Zinsen. Ermittelt durch Multiplikation des betriebsnotwendigen Kapitals mit dem kalkulatorischen Zinssatz.

Zusatzkosten
Kosten, die zusätzlich zu den entsprechenden Aufwandspositionen anfallen. Dazu zählen kalkulatorische Miete und kalkulatorischer Unternehmerlohn.

Zusatzleistung
Leistungen, die zusätzlich zu den entsprechenden Ertragspositionen anfallen.

Zuschlagskalkulation, *differenzierende*
Verfahren der Kostenträgerstückrechnung (Kalkulation), bei dem die Gemeinkosten differenziert mittels Zuschlags- oder Verrechnungssätzen auf die Produkte verrechnet werden. Voraussetzung dafür ist ein Betriebsabrechnungsbogen.

Zuschlagskalkulation, *summarische*
Verfahren der Kostenträgerstückrechnung (Kalkulation), bei dem die Gemeinkosten mittels eines einzigen Zuschlagssatzes auf die Produkte verrechnet werden. Anwendbar vor allem in Kleinunternehmen mit wenig differenziertem Produktprogramm.

Zweckaufwand
Teil des Aufwands, der wirtschaftlich der betrachteten Periode zurechenbar ist und zur Erfüllung des Betriebszwecks anfällt. Wird als Grundkosten in die Kostenartenrechnung übernommen.

Zweckertrag
Teil des Ertrags, der wirtschaftlich der betrachteten Periode zurechenbar ist und zur Erfüllung des Betriebszwecks anfällt.

Zwischenergebniseliminierung
Eliminierung von Gewinnen bzw. Verlusten aus konzerninternen Lieferungen, die bei einem Konzernunternehmen den Erfolg verändert haben und bei einem anderen Konzernunternehmen als Teil der Anschaffungs- bzw. Herstellungskosten von Vermögensgegenständen aktiviert wurden.

A. Grundlagen des Rechnungswesens

Barth/Barth, Controlling, 2. Auflage, München 2008

Bolin/Stephani/Wyrwa/Grefe, Kompakt-Training Bilanzen, 10. Auflage, Herne 2020

Britzelmaier, B., Informationsverarbeitungs-Controlling – Ein datenorientierter Ansatz, Stuttgart 1999

Britzelmaier/Dittrich/Macha, Starthilfe Finanz- und Rechnungswesen, Stuttgart/Leipzig/Wiesbaden 2003

Britzelmaier, B., Kompakt-Training wertorientierte Unternehmensführung, 2. Auflage, Herne 2013

Britzelmaier, B., Controlling, 3. Auflage, München 2020

Buchholz, R., Grundzüge des Jahresabschlusses nach HGB und IFRS, 10. Auflage, München 2019

Buchholz, R., Internationale Rechnungslegung. Die wesentlichen Vorschriften nach IFRS und HGB; mit Aufgaben und Lösungen, 16. Auflage, Berlin 2023

Coenenberg/Haller/Schultze, Jahresabschluss und Jahresabschlussanalyse, 26. Auflage, Stuttgart 2021

Coenenberg/Fischer/Günther, Kostenrechnung und Kostenanalyse, 9. Auflage, Stuttgart 2016

Deyhle, A., Controller-Handbuch. Enzyklopädisches Lexikon für die Controller-Praxis, 6. Auflage, Gauting 2008

Deyhle/Hauser, Controller-Praxis, 18. Auflage, Wörthsee 2016

Deyhle/Radinger, Controller-Handbuch. Enzyklopädisches Lexikon für die Controller-Praxis, 6. Auflage, Offenburg 2008

Eisele/Knobloch, Technik des betrieblichen Rechnungswesens, Buchführung und Bilanzierung, Kosten- und Leistungsrechnung, Sonderbilanzen, 9. Auflage, München 2018

Friedl/Hofmann/Pedell, Kostenrechnung, 4. Auflage, München 2022

Horváth/Gleich/Seiter, Controlling, 15. Auflage, München 2023

Horváth & Partners Stuttgart, Das Controllingkonzept. Der Weg zu einem wirkungsvollen Controllingsystem, 8. Auflage, München 2016

Internationaler Controller Verein e. V., Controller-Leitbild, 2. Auflage, Gauting b. München 2007

Internationaler Controller Verein e. V., Controller-Anforderungen, Selbstverständnis und Chancen, 2. Auflage, Gauting b. München 2008

International Group of Controlling (IGC), Das Controller Leitbild der IGC, verabschiedet am 08.06.2013 in Bukarest, online verfügbar unter https://www.igc-controlling.org/fileadmin/pdf/controller-de-2013.pdf, zuletzt abgerufen am 16.06.2023

Igelspacher, A., Geschichte der Rechnungsprüfung in Bayern. Bayrischer Oberster Rechnungshof. München 2002. Online verfügbar unter www.orh.bayern.de/.../Geschichte/Geschichte_der_Rechnungspruefung.pdf, zuletzt aktualisiert am 15.01.2002, zuletzt abgerufen am 16.06.2023

Joos, T., Controlling, Kostenrechnung und Kostenmanagement, 5. Auflage, Wiesbaden 2014

Jórasz/Baltzer, Kosten- und Leistungsrechnung, 6. Auflage, Stuttgart 2019

Jung, H., Controlling, 4. Auflage, München 2014

Kilger/Vikas/Pampel, Flexible Plankostenrechnung und Deckungsbeitragsrechnung, 13. Auflage, Wiesbaden 2012

Meyer/Theile, Bilanzierung nach Handels- und Steuerrecht: unter Einschluss der Konzernrechnungslegung und der internationalen Rechnungslegung, 32. Auflage, Herne 2022

Olfert, K., Kompakt-Training Kostenrechnung, 9. Auflage, Herne 2021

Olfert, K., Kostenrechnung, 18. Auflage, Herne 2018

Ogger, G., Kauf Dir einen Kaiser, Augsburg 1979

Ortner, E., Datenbankentwurf auf der Ebene der Benutzer – dargestellt am Beispiel von Buchungs- und Abrechnungssystemen, in: Schiemenz/Wagner, Angewandte Wirtschafts- und Sozialkybernetik. Neue Ansätze in Praxis und Wissenschaft, Berlin 1984, S. 167 - 181

Pacioli, L., Summa de Arithmetica, Geometria, Proportioni et Proportionalità, hrsg. von Enrico Giusti, Venedig 1994 (Nachdruck der Erstausgabe Paganinis, Venedig 1494)

Pacioli/Penndorf, Abhandlung über die Buchhaltung 1494, Stuttgart 2009

Peemöller, V. H., Controlling. Grundlagen und Einsatzgebiete, 5.Auflage, Herne/Berlin 2005

Preißler, P. R., Controlling. Lehrbuch und Intensivkurs, 15. Auflage, München 2020

Preißner, A., Praxiswissen Controlling. Grundlagen – Werkzeuge – Anwendungen, 6. Auflage, München 2010

Riebel, P., Einzelkosten- und Deckungsbeitragsrechnung – Grundfragen einer markt- und entscheidungsorientierten Unternehmensrechnung, 7. Auflage, Wiesbaden 1994

Schmalenbach, E., Buchführung und Kalkulation im Fabrikgeschäft, in: Deutsche Metallindustriezeitung, 1899, Nachdruck 1928, Leipzig.

Schmalenbach, E., Der Kontenrahmen, 6. Auflage, Leipzig 1939

Schmalenbach, E., Pretiale Lenkung des Betriebes, Bremen-Horn 1948

Schmalenbach, E., Kostenrechnung und Preispolitik, 8. Auflage, Köln 1963

Schmalenbach/Bauer, Kostenrechnung und Preispolitik, 7. Auflage, Köln 1956

Schmalenbach, E., Der freien Wirtschaft zum Gedächtnis, 3. Auflage, bearb. von Bauer, R., Köln 1963

Weber/Weißenberger, Einführung in das Rechnungswesen. Bilanzierung und Kostenrechnung, 10. Auflage, Stuttgart 2021

Weitnauer, A., Venezianischer Handel der Fugger: Nach der Musterbuchhaltung des Matthäus Schwarz, München 1931

Wöhe/Döring/Brösel, Einführung in die allgemeine Betriebswirtschaftslehre, 27. Auflage, München 2020

Wöltje, J., Schnelleinstieg Rechnungswesen, 2. Auflage, München 2017

Wöltje, J., Buchführung und Jahresabschluss, 3. Auflage, Rinteln 2012

B. Grundlagen der Buchführung

Bieg/Waschbusch, Buchführung: Systematische Anleitung mit zahlreichen Übungsaufgaben und Online-Training. Grundsätze ordnungsmäßiger Buchführung und Bilanzierung, 10. Auflage, Herne 2021

Bolin/Stephani/Wyrwa/Grefe, Kompakt-Training Bilanzen, 10. Auflage, Herne 2020

Britzelmaier/Dittrich/Macha, Starthilfe Finanz- und Rechnungswesen, Stuttgart/Leipzig/Wiesbaden 2003

Britzelmaier, B., Controlling, 3. Auflage, München 2020

Buchholz, R., Grundzüge des Jahresabschlusses nach HGB und IFRS, 10. Auflage, München 2019

Coenenberg/Haller/Schultze, Jahresabschluss und Jahresabschlussanalyse, 26. Auflage, Stuttgart 2021

Döring/Buchholz, Buchhaltung und Jahresabschluss: Mit Aufgaben und Lösungen, 16. Auflage, Berlin 2021

Eisele/Knobloch, Technik des betrieblichen Rechnungswesens, Buchführung und Bilanzierung, Kosten- und Leistungsrechnung, Sonderbilanzen, 9. Auflage, München 2019

Meyer/Theile, Bilanzierung nach Handels- und Steuerrecht: unter Einschluss der Konzernrechnungslegung und der internationalen Rechnungslegung, 31. Auflage, Herne 2021

Olfert, K., Kompakt-Training Kostenrechnung, 9. Auflage, Herne 2021

Olfert, K., Kostenrechnung, 18. Auflage, Herne 2018

Pacioli, L., Summa de Arithmetica, Geometria, Proportioni et Proportionalità, herausgegeben von Enrico Giusti, Venedig 1994 (Nachdruck der Erstausgabe Paganinis, Venedig 1494)

Pacioli/Penndorf, Abhandlung über die Buchhaltung 1494, Stuttgart 2009

Schmalenbach, E., Buchführung und Kalkulation im Fabrikgeschäft, in: Deutsche Metallindustriezeitung, 1899, Nachdruck 1928, Leipzig.

Schmalenbach, E., Der Kontenrahmen, 6. Auflage, Leipzig 1939

Weber/Weißenberger, Einführung in das Rechnungswesen. Bilanzierung und Kostenrechnung, 10. Auflage, Stuttgart 2021

Wöhe/Döring/Brösel, Einführung in die allgemeine Betriebswirtschaftslehre, 27. Auflage, München 2020

Wöltje, J., Schnelleinstieg Rechnungswesen, 2. Auflage, München 2017

Wöltje, J., Buchführung und Jahresabschluss, 3. Auflage, Rinteln 2012

Zschenderlein, O., Kompakt-Training Buchführung 1 – Grundlagen, 10. Auflage, Herne 2020

Zschenderlein, O., Kompakt-Training Buchführung 2 – Vertiefung, 5. Auflage, Herne 2021

C. Grundlagen der Bilanzierung (Einzelabschluss)

Bacher, U., Bilanzierung, Investition und Finanzierung, 10. Auflage, Herne 2019

Bieg/Waschbusch, Buchführung: Systematische Anleitung mit zahlreichen Übungsaufgaben und Online-Training. Grundsätze ordnungsmäßiger Buchführung und Bilanzierung, 10. Auflage, Herne 2021

Bitz/Schneeloch/Wittstock/Patek, Der Jahresabschluss. Nationale und internationale Rechtsvorschriften, Analyse, Politik, 6. Auflage, München 2014

Bolin/Stephani/Wyrwa/Grefe, Kompakt-Training Bilanzen, 10. Auflage, Herne 2020

Britzelmaier/Dittrich/Macha, Starthilfe Finanz- und Rechnungswesen, Stuttgart/Leipzig/Wiesbaden 2003

Britzelmaier, B., Controlling, 3. Auflage, München 2020

Buchholz, R., Grundzüge des Jahresabschlusses nach HGB und IFRS, 10. Auflage, München 2019

Buchholz, R., Internationale Rechnungslegung. Die wesentlichen Vorschriften nach IFRS und HGB – mit Aufgaben und Lösungen, 16. Auflage, Berlin 2023

Coenenberg/Haller/Schultze, Jahresabschluss und Jahresabschlussanalyse, 26. Auflage, Stuttgart 2021

Döring/Buchholz, Buchhaltung und Jahresabschluss: Mit Aufgaben und Lösungen, 16. Auflage, Berlin 2021

Eisele/Knobloch, Technik des betrieblichen Rechnungswesens, Buchführung und Bilanzierung, Kosten- und Leistungsrechnung, Sonderbilanzen, 9. Auflage, München 2019

Meyer/Theile, Bilanzierung nach Handels- und Steuerrecht: unter Einschluss der Konzernrechnungslegung und der internationalen Rechnungslegung, 31. Auflage, Herne 2021

Nothhelfer/Bacher/Rade/Scholz, Klausurtraining für Bilanzierung und Finanzwirtschaft, Berlin/Boston 2015

Olfert, K., Kompakt-Training Kostenrechnung, 9. Auflage, Herne 2021

Olfert, K., Kostenrechnung, 18. Auflage, Herne 2018

Pacioli, L., Summa de Arithmetica, Geometria, Proportioni et Proportionalità, herausgegeben von Enrico Giusti, Venedig 1994 (Nachdruck der Erstausgabe Paganinis, Venedig 1494)

Pacioli/Penndorf, Abhandlung über die Buchhaltung 1494, Stuttgart 2009

Schildbach/Stobbe/Freichel/Hamacher, Der handelsrechtliche Jahresabschluss, 11. Auflage, Sternenfels 2019

Schmalenbach, E., Buchführung und Kalkulation im Fabrikgeschäft, in: Deutsche Metallindustriezeitung, 1899

Schmalenbach, E., Der Kontenrahmen, 6. Auflage, Leipzig 1939

Schweitzer/Baumeister, Allgemeine Betriebswirtschaftslehre, 11. Auflage, Berlin 2015

Weber/Weißenberger, Einführung in das Rechnungswesen. Bilanzierung und Kostenrechnung, 10. Auflage, Stuttgart 2021

Wöhe/Döring/Brösel, Einführung in die allgemeine Betriebswirtschaftslehre, 27. Auflage, München 2020

Wöltje, J., Schnelleinstieg Rechnungswesen, 2. Auflage, München 2016

Wöltje, J., Buchführung und Jahresabschluss, 3. Auflage, Rinteln 2012

Wöltje, J., Bilanzen lesen, verstehen und gestalten, 14. Auflage, Freiburg 2021

Zschenderlein, O., Kompakt-Training Buchführung 1 – Grundlagen, 10. Auflage, Herne 2020

Zschenderlein, O., Kompakt-Training Buchführung – Vertiefung, 5. Auflage, Herne 2021

D. Grundlagen der Konzernrechnungslegung

Bacher, U., Bilanzierung, Investition und Finanzierung, 10. Auflage, Herne 2019

Behringer/Lühn, Cashflow und Unternehmensbeurteilung. Berechnungen und Anwendungsfelder für die Finanzanalyse, 11. Auflage, Berlin 2016

Britzelmaier, B., Eagle-Starthilfe Finanzierung und Investition, 2. Auflage, Leipzig 2009

Buchholz, R., Grundzüge des Jahresabschlusses nach HGB und IFRS, 10. Auflage, München 2019

Buchholz, R., Internationale Rechnungslegung. Die wesentlichen Vorschriften nach IFRS und HGB; mit Aufgaben und Lösungen, 16. Auflage, Berlin 2023

Coenenberg/Haller/Schultze, Jahresabschluss und Jahresabschlussanalyse, 26. Auflage, Stuttgart 2021

Eisele/Knobloch, Technik des betrieblichen Rechnungswesens, Buchführung und Bilanzierung, Kosten- und Leistungsrechnung, Sonderbilanzen, 9. Auflage, München 2019

Meyer/Theile, Bilanzierung nach Handels- und Steuerrecht: unter Einschluss der Konzernrechnungslegung und der internationalen Rechnungslegung, 31. Auflage, Herne 2021

ÖBB, Organisation, https://konzern.oebb.at/de/ueber-den-konzern/organisation, zuletzt aufgerufen am 16.06.2023

Schweitzer/Baumeister, Allgemeine Betriebswirtschaftslehre, 11. Auflage, Berlin 2015

Weber/Weißenberger, Einführung in das Rechnungswesen. Bilanzierung und Kostenrechnung, 10. Auflage, Stuttgart 2021

Wöhe/Döring/Brösel, Einführung in die allgemeine Betriebswirtschaftslehre, 27. Auflage, München 2020

Wöltje, J., Schnelleinstieg Rechnungswesen, 2. Auflage, München 2016

Wöltje, J., Buchführung und Jahresabschluss, 3. Auflage, Rinteln 2012

Wöltje, J., Bilanzen lesen, verstehen und gestalten, 14. Auflage, Freiburg 2021

E. Grundlagen der Vollkostenrechnung

Britzelmaier, B., Controlling, 3. Auflage, München 2020

Britzelmaier, B., Controlling: Das Übungsbuch, München 2014

Britzelmaier/Dittrich/Macha, Starthilfe Finanz- und Rechnungswesen, Stuttgart/Leipzig/Wiesbaden 2003

Coenenberg/Fischer/Günther, Kostenrechnung und Kostenanalyse, 9. Auflage, Stuttgart 2016

Däumler/Grabe, Kostenrechnung 1 – Grundlagen. Mit Fragen und Aufgaben, Antworten und Lösungen, Testklausuren, 11. Auflage, Herne 2013

Däumler/Grabe, Kostenrechnung 2 – Deckungsbeitragsrechnung. Mit Fragen und Aufgaben, Antworten und Lösungen, Tests und Tabellen, 10. Auflage, Herne 2013

Däumler/Grabe, Kostenrechnung 3 – Plankostenrechnung und Kostenmanagement. Mit Fragen und Aufgaben, Antworten und Lösungen, Testklausur, 9. Auflage, Herne 2014

Eisele/Knobloch, Technik des betrieblichen Rechnungswesens, Buchführung und Bilanzierung, Kosten- und Leistungsrechnung, Sonderbilanzen, 9. Auflage, München 2019

Ewert/Wagenhofer, Interne Unternehmensrechnung, 9. Auflage, Berlin 2023

Fischbach/Fischbach, Grundlagen der Kostenrechnung, 8. Auflage, München 2022

Friedl/Hofmann/Pedell, Kostenrechnung, 4. Auflage, München 2022

Götze, U., Kostenrechnung und Kostenmanagement, 6. Auflage, Berlin 2023

Haberstock/Haberstock, Kostenrechnung I, 13. Auflage, Berlin 2008

Haberstock/Breithecker, Kostenrechnung II, 15. Auflage, Heidelberg 2022

Horváth/Mayer, Prozeßkostenrechnung. Der neue Weg zu mehr Kostentransparenz und wirkungsvolleren Unternehmensstrategien, Controlling 1/1989, S. 214–219

Horváth/Mayer, Prozeßkostenrechnung. Konzeption und Entwicklung, krp 1993, Sonderheft 2, S. 15–28.

Joos, T., Controlling, Kostenrechnung und Kostenmanagement. Grundlagen – Instrumente – neue Ansätze, 5. Auflage, Wiesbaden 2014

Jórasz/Baltzer, Kosten- und Leistungsrechnung. Lehrbuch mit Aufgaben und Lösungen, 7. Auflage, Stuttgart 2023

Kilger/Vikas/Pampel, Flexible Plankostenrechnung und Deckungsbeitragsrechnung, 13. Auflage, Wiesbaden 2012

Kudert/Sorg, Kostenrechnung leicht gemacht, 2. Auflage, Berlin 2019

Macha, R., Grundlagen der Kosten- und Leistungsrechnung, 6. Auflage, München 2019

Olfert, K., Kompakt-Training Kostenrechnung, 9. Auflage, Herne 2021

Olfert, K., Kostenrechnung, 18. Auflage, Herne 2018

Riebel, P., Einzelkosten- und Deckungsbeitragsrechnung. Grundfragen einer markt- und entscheidungsorientierten Unternehmensrechnung, 7. Auflage, Wiesbaden 1994

Schmalenbach, E., Pretiale Lenkung des Betriebes, Bremen-Horn 1948

Schmalenbach/Bauer, Kostenrechnung und Preispolitik, 7. Auflage, Köln 1956

Schmalenbach, E., Kostenrechnung und Preispolitik, 8. Auflage, Köln 1963

Schweitzer/Küpper, Systeme der Kosten- und Erlösrechnung, 11. Auflage, München 2015

Weber/Weißenberger, Einführung in das Rechnungswesen. Bilanzierung und Kostenrechnung, 10. Auflage, Stuttgart 2021

Wöhe/Döring/Brösel, Einführung in die allgemeine Betriebswirtschaftslehre, 27. Auflage, München 2020

F. Grudlagen der Teilkostenrechnung

Britzelmaier, B., Controlling, 3. Auflage, München 2020

Britzelmaier, B., Controlling: Das Übungsbuch, München 2014

Cassel, G., Grundsätze für die Bildung der Personentarife auf den Eisenbahnen, in: Archiv für Eisenbahnwesen 23. Jahrgang (1900), S. 116 - 146, 402 - 424

Coenenberg/Fischer/Günther, Kostenrechnung und Kostenanalyse, 9. Auflage, Stuttgart 2016

Däumler/Grabe, Kostenrechnung 2 – Deckungsbeitragsrechnung. Mit Fragen und Aufgaben, Antworten und Lösungen, Tests und Tabellen, 10. Auflage, Herne 2013

Däumler/Grabe, Kostenrechnung 3 – Plankostenrechnung und Kostenmanagement. Mit Fragen und Aufgaben, Antworten und Lösungen, Testklausur, 9. Auflage, Herne 2014

Eisele/Knobloch, Technik des betrieblichen Rechnungswesens, Buchführung und Bilanzierung, Kosten- und Leistungsrechnung, Sonderbilanzen, 9. Auflage, München 2019

Ewert/Wagenhofer, Interne Unternehmensrechnung, 9. Auflage, Berlin 2023

Fischbach/Fischbach, Grundlagen der Kostenrechnung, 8. Auflage, München 2022

Friedl/Hofmann/Pedell, Kostenrechnung, 4. Auflage, München 2022

Götze, U., Kostenrechnung und Kostenmanagement, 6. Auflage, Berlin 2023

Haberstock/Haberstock, Kostenrechnung I, 15. Auflage, Berlin 2022

Haberstock/Breithecker, Kostenrechnung II, 10. Auflage, Heidelberg 2008

Joos, T., Controlling, Kostenrechnung und Kostenmanagement. Grundlagen – Instrumente – neue Ansätze, 5. Auflage, Wiesbaden 2014

Jórasz/Baltzer, Kosten- und Leistungsrechnung. Lehrbuch mit Aufgaben und Lösungen, 7. Auflage, Stuttgart 2023

Kilger/Vikas/Pampel, Flexible Plankostenrechnung und Deckungsbeitragsrechnung, 13. Auflage, Wiesbaden 2012

Macha, R., Grundlagen der Kosten- und Leistungsrechnung, 6. Auflage, München 2019

Olfert, K., Kompakt-Training Kostenrechnung, 9. Auflage, Herne 2021

Olfert, K., Kostenrechnung, 18. Auflage, Herne 2018

Riebel, P., Einzelkosten- und Deckungsbeitragsrechnung. Grundfragen einer markt- und entscheidungsorientierten Unternehmensrechnung, 7. Auflage, Wiesbaden 1994

Schmalenbach, E., Pretiale Lenkung des Betriebes, Bremen-Horn 1948

Schmalenbach/Bauer, Kostenrechnung und Preispolitik, 7. Auflage, Köln 1956

Schmalenbach, E., Kostenrechnung und Preispolitik, 8. Auflage, Köln 1963

Schweitzer/Küpper, Systeme der Kosten- und Erlösrechnung, 11. Auflage, München 2015

Weber/Weißenberger, Einführung in das Rechnungswesen. Bilanzierung und Kostenrechnung, 10. Auflage, Stuttgart 2021

Wöhe/Döring/Brösel, Einführung in die allgemeine Betriebswirtschaftslehre, 27. Auflage, München 2020

Industrie-Kontenrahmen (IKR)

Herausgegeben vom Bundesverband der Deutschen Industrie (gekürzt)

Kontenklasse 0		Kontenklasse 1
AKTIVA		
Anlagevermögen		Umlaufvermögen
0 Immaterielle Vermögensgegenstände und Sachanlagen **00 Ausstehende Einlagen** bei Kapitalgesellschaften: auf das gezeichnete Kapital, bei Kommanditgesellschaften: ausstehende Kommanditeinlagen 001 noch nicht eingeforderte Einlagen * 002 eingeforderte Einlagen (s. § 272 Abs. 1[1]) und vgl. Ktn. 268 u. 305) 01 **Aufwendungen für die Ingangsetzung und Erweiterung des Geschäftsbetriebes** (s. § 269) *Immaterielle Vermögensgegenstände[2])* (vgl. § 248 Abs. 2) 02 **Konzessionen, gewerbliche Schutzrechte und ähnliche Rechte und Werte sowie Lizenzen an solchen Rechten und Werten** 021 Konzessionen 022 Gewerbliche Schutzrechte 023 ähnliche Rechte und Werte 024 Lizenzen an Rechten und Werten 03 **Geschäfts- oder Firmenwert** 031 Geschäfts- und Firmenwert 032 Verschmelzungsmehrwert 04 **Geleistete Anzahlungen auf immaterielle Vermögensgegenstände** *Sachanlagen* 05 **Grundstücke, grundstücksgleiche Rechte und Bauten einschließlich der Bauten auf fremden Grundstücken** 050 unbebaute Grundstücke 051 bebaute Grundstücke 0511 mit eigenen Bauten 0519 mit fremden Bauten 052 grundstücksgleiche Rechte 053 Betriebsgebäude 0531 auf eigenen Grundstücken 0539 auf fremden Grundstücken 054 Verwaltungsgebäude 055 andere Bauten 056 Grundstückseinrichtungen 0561 auf eigenen Grundstücken 0569 auf fremden Grundstücken 057 Gebäudeeinrichtungen 058 frei 059 Wohngebäude 06 **frei**	07 **Technische Anlagen und Maschinen** (Untergliederung nach den Bedürfnissen des Industriezweiges bzw. des Unternehmens. Nachstehende Positionen können dazu nur eine Anregung geben). 070 Anlagen und Maschinen der Energieversorgung 071 Anlagen der Materiallagerung und -bereitstellung 072 Anlagen und Maschinen der mechanischen Materialbearbeitung, -verarbeitung 073 Anlagen für Wärme-, Kälte- und chemische Prozesse sowie ähnliche Anlagen 074 Anlagen für Arbeitssicherheit und Umweltschutz 075 Transportanlagen und ähnliche Betriebsvorrichtungen 076 Verpackungsanlagen- und -maschinen 077 sonstige Anlagen und Maschinen 078 Reservemaschinen und -anlageteile 079 geringwertige Anlagen 08 **Andere Anlagen, Betriebs- und Geschäftsausstattung** 080 andere Anlagen 081 Werkstätteneinrichtung 082 Werkzeuge, Werksgeräte und Modelle, Prüf- und Messmittel 083 Lager- und Transporteinrichtungen 084 Fuhrpark 085 sonstige Betriebsausstattung 086 Büromaschinen, Organisationsmittel und Kommunikationsanlagen 087 Büromöbel und sonstige Geschäftsausstattung 088 Reserveteile für Betriebs- und Geschäftsausstattung 089 geringwertige Vermögensgegenstände der Betriebs- und Geschäftsausstattung 09 **Geleistete Anzahlungen und Anlagen im Bau** 090 geleistete Anzahlungen auf Sachanlagen 091 Anlagen im Bau	**1 Finanzanlagen** 10 **frei** 11 **Anteile an verbundenen Unternehmen** (s. § 271 Abs. 2) 110 an einem herrschenden oder einem mit Mehrheit beteiligten Unternehmen 111 an der Konzernmutter, soweit nicht zu Kto. 110 gehörend 112/117 an Tochterunternehmen 118 frei 119 an sonstigen verb. Unternehmen 12 **Ausleihungen an verbundene Unternehmen** 120 gesichert, durch Grundpfandrechte oder andere Sicherheiten 125 ungesichert 13 **Beteiligungen** 130 Beteiligungen an assoziierten Unternehmen 135 andere Beteiligungen 14 **Ausleihungen an Unternehmen, mit denen ein Beteiligungsverhältnis besteht** 140 gesichert, durch Grundpfandrechte oder andere Sicherheiten 145 ungesichert 15 **Wertpapiere des Anlagevermögens** 150 Stammaktien 151 Vorzugsaktien 152 Genussscheine 153 Investmentzertifikate 154 Gewinnobligationen 155 Wandelschuldverschreibungen 156 festverzinsliche Wertpapiere 157 frei 158 Optionsscheine 159 sonstige Wertpapiere 16 **Sonstige Ausleihungen (Sonstige Finanzanlagen)** 160 Genossenschaftsanteile 161 gesicherte sonstige Ausleihungen 162 frei 165 Ausleihungen an Mitarbeiter, an Organmitglieder und an Gesellschafter 1681/1653 Ausl. an Mitarbeiter * 1654 Ausl. an Geschäftsführer/Vorstandsmitglieder 1655 frei * 1656 Ausl. an Mitglieder des Beirats/Aufsichtsrates 1657 frei * 1658 Ausl. an Gesellschafter 166/168 frei 169 übrige sonstige Finanzanlagen

Industrie-Kontenrahmen (IKR)
(Fortsetzung)

Kontenklasse 2	Kontenklasse 3
AKTIVA	PASSIVA
Umlaufvermögen	

Kontenklasse 2 – AKTIVA – Umlaufvermögen

2 Umlaufvermögen und aktive Rechnungsabgrenzung

Vorräte

20 **Roh-, Hilfs- und Betriebsstoffe**[3)]

21 **Unfertige Erzeugnisse, unfertige Leistungen**

22 **Fertige Erzeugnisse und Waren**
- 220/227 fertige Erzeugnisse
- 228 Waren (Handelswaren)[2)]
- 229 frei

23 **Geleistete Anzahlung auf Vorräte**

Forderungen und sonstige Vermögensgegenstände (24 – 26)

24 **Forderungen aus Lieferungen**[4)]
- 240/244 Forderungen aus Lieferungen und Leistungen
- 245 Wechselforderungen aus Lieferungen und Leistungen
- 246/248 frei
- 249 Wertberichtigungen zu Forderungen aus Lieferungen und Leistungen

25 **Forderungen gegen verbundene Unternehmen und gegen Unternehmen, mit denen ein Beteiligungsverhältnis besteht**

* *Forderungen gegen verbundene Unternehmen*
- 250 Forderungen aus Lieferung und Leistungen
- 251 Leistungen
- 252 Wechselforderungen
- 253 sonstige Forderungen
- 254 Wertberichtigungen zu Forderungen gegen verbundene Unternehmen[5)]

* *Forderungen gegen Unternehmen, mit denen ein Beteiligungsverhältnis besteht*
- 255 Forderungen aus Lieferungen und Leistungen
- 256 Leistungen
- 257 Wechselforderungen
- 258 sonstige Forderungen
- 259 Wertberichtigungen zu Forderungen mit Beteiligungsverhältnissen[5)]

26 **Sonstige Vermögensgegenstände**
- 260 anrechenbare Vorsteuer
- 261 aufzuteilende Vorsteuer
- 262 sonstige Forderungen an Finanzbehörden
- 263 sonstige Forderungen an Finanzbehörden
- 264 Forderungen an Sozialversicherungsträger
- 265 Forderungen an Mitarbeiter, an Organmitglieder und an Gesellschafter
  - 2651/2653 Ford. an Mitarbeiter
  - * 2654 Ford. an Geschäftsführer/Vorstandsmitglieder
  - 2655 frei
  - * 2656 Ford. an Mitglieder des Beirats/Aufsichtsrates
  - 2657 frei
  - * 2658 Ford. an Gesellschafter
- 266 andere sonstige Forderungen
  - 2661 Ansprüche auf Versicherungs- sowie Schadensersatzleistungen
  - 2662 Kostenvorschüsse
  - 2663 Kautionen und sonstige Sicherheitsleistungen
  - 2664 Darlehen, soweit nicht Finanzanlage
  - 2665/2667 frei
  - 2668 Forderungen aus Soll-Salden der Kontengruppe 44
- 267 andere sonstige Vermögensgegenstände
- 268 eingefordertes, noch nicht eingezahltes Kapital und eingeforderte Nachschüsse
  - * 2681 eingefordertes, noch nicht eingezahltes Kapital
  - * 2685 eingeforderte Nachschüsse
- 269 Wertberichtigungen zu sonstigen Forderungen und Vermögensgegenstände[5)]

27 **Wertpapiere**
- * 270 Anteile an verbundenen Unternehmen
- * 271 eigene Anteile

* *Sonstige Wertpapiere*
- 272 Aktien
- 273 variabel verzinsliche Wertpapiere
- 274 festverzinsliche Wertpapiere
- 275 Finanzwechsel
- 276/277 frei
- 278 Optionsscheine
- 279 sonstige Wertpapiere

28 **Flüssige Mittel**
- 280/284 Guthaben bei Kreditinstituten
- 285 Postgiroguthaben
- 286 Schecks
- 287 Bundesbank
- 288 Kasse
- 289 Nebenkassen

29 **Aktive Rechnungsabgrenzung**
- * 290 Disagio (s. § 268 Abs. 6)
- 291 Zölle und Verbrauchssteuern
- 292 Umsatzsteuer auf Anzahlungen
- 293 andere aktive Jahresabgrenzungposten
- 294 frei
- * 295 aktive Steuerabgrenzung
- * 299 nicht durch Eigenkapital gedeckter Fehlbetrag

Kontenklasse 3 – PASSIVA

3 Eigenkapital und Rückstellungen

Eigenkapital (vgl. 272)

30 **Kapitalkonto/Gezeichnetes Kapital**

Bei Einzalfirmen und Personengesellschaften:
- 300 Kapitalkonto Gesellschafter A
  - 3001 Eigenkapital
  - 3002 Privatkapital
- 301 Kapitalkonto Gesellschafter A
  - 3011 Eigenkapital
  - 3012 Privatkapital

alternativ:
- 300 Festkapitalkonto
  - 3001 Gesellschafter A
  - 3002 Gesellschafter B
- 301 veränderliches Kapitalkonto
  - 3011 Gesellschafter A
  - 3012 Gesellschafter B
- 302 Privatkonto
  - 3021 Gesellschafter A
  - 3022 Gesellschafter B

Bei Kapitalgesellschaften
- 300 Gezeichnetes Kapital
- * 305 noch nicht eingeforderte Einlagen

31 **Kapitalrücklage**
- 311 Aufgeld aus der Ausgabe von Anteilen
- 312 Aufgeld aus der Ausgabe von Wandelschuldverschreibungen
- 313 Zahlung aus der Gewährung eines Vorzugs für Anteile
- 314 andere Zuzahlungen von Gesellschaftern in das Eigenkapital
- * 318 eingeforderte Nachschüsse

32 **Gewinnrücklagen**
- * 321 gesetzliche Rücklagen
- * 322 Rücklage für eigene Anteile
  - 3221 für Anteile eines herrschenden oder eines mit Mehrheit beteiligten Unternehmens
  - 3222 für Anteile des Unternehmens selbst
- * 323 satzungsmäßige Rücklagen
- * 324 andere Gewinnrücklagen
- * 325 Eigenkapitalanteil bestimmter Passivposten
  - 3251 EK-Anteil von Wertaufholungen
  - 3252 EK-Anteil von Preissteigerungsrücklagen

33 **Ergebnisverwendung**[6)]
(anstelle Bilanzposition A IV *„Gewinnvortrag/Verlustvortrag"* gem. § 266 Abs. 3)
- 331 Jahresergebnis des Vorjahres
- * 332 Ergebnisvortrag aus früheren Perioden
- 333 Entnahmen aus der Kapitalrücklage

Industrie-Kontenrahmen (IKR)
(Fortsetzung)

Kontenklasse 3 – PASSIVA

334 Veränderungen der Gewinnrücklagen vor Bilanzergebnis
335 Bilanzergebnis (Bilanzgewinn/Bilanzverlust)
336 Ergebnisausschüttung
337 zusätzlicher Aufwand oder Ertrag aufgrund Ergebnisverwendungsbeschluss
338 Einstellungen in Gewinnrücklagen nach Bilanzergebnis
339 Ergebnisvortrag auf neue Rechnung

34 **Jahresüberschuss/Jahresfehlbetrag**

35 **Sonderposten mit Rücklagenanteil** (s. § 247 Abs. 3, § 273 u. § 281)
350 sog. steuerfreie Rücklagen
355 Wertberichtigung auf Grund steuerlicher Sonderabschreibungen

36 **Wertberichtigungen** (Bei Kapitalgesellschaften als Passivposten der Bilanz nicht mehr zulässig)

Rückstellungen (s. §249)

37 **Rückstellungen für Pensionen und ähnliche Verpflichtungen**
371 Verpflichtungen für eingetretene Pensionsfälle
372 Verpflichtungen für unverfallbare Anwartschaften
373 Verpflichtungen für verfallbare Anwartschaften
374 Verpflichtungen für ausgeschiedene Mitarbeiter
375 Pensionsähnliche Verpflichtungen (z. B. Verpflichtungen aus Vorruhestandsregelungen)

38 **Steuerrückstellungen**
380 Gewerbeertragsteuer
381 Körperschaftsteuer
382 Kapitalertragsteuer
383 ausländ. Quellensteuer
384 andere Steuern vom Einkommen und Ertrag
(*) 385 latente Steuern
386/388 frei
389 sonstige Steuerrückstellungen

39 **Sonstige Rückstelleungen**
390 für Personalaufwendungen und die Vergütung an Aufsichtsgremien
391 für Gewährleistung
3911 Vertragsgarantie
3915 Kulanzgarantie
392 Rechts- und Beratungskosten
393 für andere ungewisse Verbindlichkeiten
394/396 frei
397 für drohende Verluste aus schwebenden Geschäften
398 für unterlassene Instandhaltung
399 für andere Aufwendungen

Kontenklasse 4 – PASSIVA

4 **Verbindlichkeiten und passive Rechnungsabgrenzung**

40 **frei**

41 **Anleihen**
(*) 410 Konvertible Anleihen
415 Anleihen – nicht konvertibel

42 **Verbindlichkeiten gegenüber Kreditinstituten**

43 **Erhaltene Anzahlungen auf Bestellungen**

44 **Verbindlichkeiten aus Lieferungen und Leistungen**[4]

45 **Wechselverbindlichkeiten** (Schuldwechsel)
450 gegenüber Dritten
451 gegenüber verbundenen Unternehmen
452 gegenüber Unternehmen, mit denen ein Beteiligungsverhältnis besteht

46 **Verbindlichkeiten gegenüber verbundenen Unternehmen**[4]
460 aus Lieferungen und Leistungen/Inland
465 aus Lieferungen und Leistungen/Ausland
469 sonstige Verbindlichkeiten (verb. Unternehmen)

47 **Verbindlichkeiten gegenüber Unternehmen, mit denen ein Beteiligungsverhältnis besteht**[4]
470 aus Lieferungen und Leistungen/Inland
475 aus Lieferungen und Leistungen/Ausland
479 sonstige Verbindlichkeiten (betlg. verh.)

48 **Sonstige Verbindlichkeiten**
(*) 481 Umsatzsteuer nicht fällig
(*) 482 Umsatzsteuervorauszahlung
483 sonstige Steuerverbindlichkeiten
484 Verbindlichkeiten gegenüber Sozialversicherungsträgern
485 Verbindlichkeiten gegenüber Mitarbeitern, Organmitgliedern und Gesellschaftern
486 andere sonstige Verbindlichkeiten
487/488 frei
489 übrige sonstige Verbindlichkeiten

49 **Passive Rechnungsabgrenzung**
490 passive Jahresabgrenzung

Anmerkung: Hier können je nach betrieblicher Organisation weitere Konten für die **innerjährige Rechnungsabgrenzung** eingefügt werden.

Kontenklasse 5 – ERTRÄGE

5 **Erträge**
50 **Umsatzerlöse** (vgl. § 277 Abs. 1)
500/504 frei
505 steuerfreie Umsätze
506 steuerfreie Umsätze
507 Lieferungen in das Währungsgebiet der Mark der DDR (WgM-DDR)
508 Erlöse 1/2 Ust.-Satz
509 frei

51
510 Umsatzerlöse für eigene Erzeugnisse und andere Leistungen
513 1/1 Ust.-Satz
514 andere Umsatzerlöse, 1/1 Ust.-Satz
515 Umsatzerlöse für Waren 1/1 Ust.-Satz
Erlösberichtigungen (soweit nicht den Umsatzerlösarten direkt zurechenbar)
516 Skonti
517 Boni
518 andere Erlösberichtigungen
519 frei

52 **Erhöhung oder Verminderung des Bestandes an unfertigen und fertigen Erzeugnissen**
521 Bestandsveränderungen an unfertigen Erzeugnissen und nicht abgerechneten Leistungen
522 Bestandsveränderungen an fertigen Erzeugnissen
523/524 frei
(*) 525 zusätzliche Abschreibungen auf Erzeugnisse bis Untergrenze erwarteter Wertschwankungen
(*) 526 steuerliche Sonderabschreibungen auf Erzeugnisse

53 **Andere aktivierte Eigenleistungen**
530 selbst erstellte Anlagen
539 sonstige andere aktivierte Eigenleistungen

54 **Sonstige betriebliche Erträge**[8]
540 Nebenerlöse
541 sonstige Erlöse[8]
542 Eigenverbrauch (umsatzsteuerpflichtige Lieferungen und Leistungen ohne Entgelt gem. §1 Abs. 1 Nr. 2a, 2b, 2c und 3 UStG; vgl. Kto. 6935)
543 andere sonstige betriebliche Erträge
5431 empfangene Schadensersatzleistungen
5432 Schuldennachlass
5433 Steuerbelastungen an Organgesellschaften
5434 Investitionszulagen
544 Erträge aus Werterhöhungen von Gegenständen des Anlagevermögens
545 Erträge aus Werterhöhungen von Gegenständen des Umlaufvermögens außer Vorräten und Wertpapieren

Industrie-Kontenrahmen (IKR)
(Fortsetzung)

Kontenklasse 5 – ERTRÄGE

546 Erträge aus dem Abgang von Vermögensgegenständen
  5461 immaterielle Vermögensgegenstände
  5462 Sachanlagen
  5463 Umlaufvermögen (soweit nicht unter anderen Erlösen)
* 547 Erträge aus der Auflösung von Sonderposten mit Rücklageanteil
548 Erträge aus der Herabsetzung von Rückstellungen
* 549 periodenfremde Erträge

55 Erträge aus Beteiligungen
* *Erträge aus Beteiligungen an verbundenen Unternehmen*
* 550 Erträge aus Beteiligungen an verbundenen Unternehmen, mit denen Verträge über Gewinngemeinschaft, Gewinnabführung oder Teilgewinnabführung bestehen
551 Erträge aus Beteiligungen an anderen verbundenen Unternehmen
552 Erträge aus Zuschreibungen zu Anteilen an verbundenen Unternehmen
553 Erträge aus dem Abgang von Anteilen an verbundenen Unternehmen
554 frei
* *Erträge aus Beteiligungen an nicht verbundenen Unternehmen*
* 555 Erträge aus Beteiligungen an nicht verbundenen Unternehmen, mit denen Verträge über Gewinngemeinschaft, Gewinnabführung oder Teilgewinnabführungen bestehen
556 Erträge aus anderen Beteiligungen
557 Erträge aus Zuschreibungen zu Anteilen an nicht verbundenen Unternehmen
558 Erträge aus dem Abgang von Anteilen an nicht verbundenen Unternehmen
559 frei

56 Erträge aus anderen Wertpapieren und Ausleihungen des Finanzanlagevermögens
* 560 Erträge von verbundenen Unternehmen aus anderen Wertpapieren und Ausleihungen des Anlagevermögens
565 Erträge von nicht verbundenen Unternehmen aus anderen Wertpapieren und Ausleihungen des Anlagevermögens

57 Sonstige Zinsen und ähnliche Erträge
* 570 sonstige Zinsen und ähnliche Erträge von verbundenen Unternehmen
579 übrige sonstige Zinsen und ähnliche Erträge

58 Außerordentliche Erträge

59 Erträge aus Verlustübernahme

Kontenklasse 6 – AUFWENDUNGEN

6 Betriebliche Aufwendungen

Materialaufwand

60 Aufwendungen für Roh-, Hilfs- und Betriebsstoffe und für bezogene Waren
600 Rohstoffe/Fertigungsmaterial
601 Vorprudukte/Fremdbauteile
602 Hilfsstoffe
603 Betriebsstoffe/Verbrauchswerkzeuge
604 Verpackungsmaterial
605 Energie
606 Reparaturmaterial und Fremdinstandhaltung (sofern nicht unter 616, weil die Fremdinstandhaltung überwiegt)
607 sonstiges Material
608 Aufwendungen für Waren
609 Sonderabschreibungen auf Roh-, Hilfs- und Betriebsstoffe u.f. bezogene Waren (sofern das Kto. 609 noch für best. Materialien benötigt wird, können für diese Abschreibungen auch z. B. die Unter-Ktn. 6198/6199 eingesetzt werden)
  6091 frei
* 6092 zusätzliche Abschreibungen auf Material und Waren bis Untergrenze erwarteter Wertschwankungen
* 6093 steuerliche Sonderabschreibungen auf Material und Waren

61 Aufwendungen für bezogene Leistungen
610 Fremdleistungen für Erzeugnisse und andere Umsatzleistungen
611 Fremdleistungen für die Auftragsgewinnung (bei Auftragsfertigung – soweit einzelnen Aufträgen zurechenbar)
612 Entwicklungs-, Versuchs- und Konstruktionsarbeiten durch Dritte
613 weitere Fremdleistungen
614 Frachten und Fremdlager (inkl. Vers. u. anderer Nebenkosten)
615 Vertriebsprovisionen
616 Fremdinstandhaltung und Reparaturmaterial
617 sonstige Aufwendungen für bezogene Leistungen

Aufwandsberichtigungen (soweit nicht den Aufwandsarten direkt zurechenbar)
618 Skonti
619 Boni und andere Aufwandsberichtigungen

Personalaufwand

Löhne
620 Löhne für geleistete Arbeitszeit einschl. tariflicher, vertraglicher oder arbeitsbedingter Zulagen
621 Löhne für andere Zeiten (Urlaub, Feiertag, Krankheit)
622 sonstige tarifliche oder vertragliche Aufwendungen für Lohnempfänger
623 freiwillige Zuwendungen
624 frei
625 Sachbezüge
626 Vergütungen an gewerbl. Auszubilden
627/628 frei
629 sonstige Aufwendungen mit Lohncharakter

Gehälter
630 Gehälter einschließlich tariflicher, vertraglicher oder arbeitsbedingter Zulagen
631 frei
632 sonstige tarifliche oder vertragliche Aufwendungen
633 freiwillige Zuwendungen
634 frei
635 Sachbezüge
636 Vergütung an techn./kaufm. Auszubildende
637/638 frei
639 sonstige Aufwendungen mit Gehaltscharakter

Soziale Abgaben und Aufwendungen für Altersversorgung und für Unterstützung

Soziale Abgaben
640 Arbeitgeberanteil zur Sozialversicherung (Lohnbereich)
641 Arbeitgeberanteil zur Sozialversicherung (Gehaltsbereich)
642 Beiträge zur Berufsgenossenschaft
643 sonstige soziale Aufwendungen

Aufwendungen für Altersversorgung
644 gezahlte Betriebsrenten (einschl. Vorruhestandsgeld)
645 Veränderungen der Pensionsrückstellungen
646 Aufwendungen für Direktversicherungen
647 Zuweisungen an Pensions- und Unterstützungskassen
648 sonstige Aufwendungen für Altersversorgung

Aufwendung für Unterstützung
649 Beihilfen und Unterstützungsleistungen

Abschreibungen
650 Abschreibungen auf aktivierte Aufwendungen, für die Ingangsetzung und Erweiterung des Geschäftsbetriebes

Abschreibungen auf Anlagevermögen
651 Abschreibungen auf immaterielle Vermögensgegenstände des Anlagevermögens

Industrie-Kontenrahmen (IKR)
(Fortsetzung)

Kontenklasse 6 | Kontenklasse 7

AUFWENDUNGEN

* 6511 A. auf Rechte gem. Ktn. Gr. 02
* 6512 A. auf Geschäfts- oder Firmenwert
* 6513 A. Auf Anzahlungen gem. Ktn. Gr. 04
* 652 Abschreibungen auf Grundstücke und Gebäude
* 653 Abschreibungen auf technische Anlagen und Maschinen
* 654 Abschreibungen auf andere Anlagen, Betriebs- und Geschäftsausstattung
* 655 außerplanmäßige Abschreibungen auf Sachanlagen
* 656 steuerrechtliche Sonderabschreibungen auf Sachanlagen

* *Abschreibungen auf Umlaufvermögen (soweit das in d. Gesellsch. übliche Maß überschreitend, s. § 275 Abs. 2 Ziff. 7b)*
657 unübliche Abschreibungen auf Vorräte
658 unübliche Abschreibungen auf Forderungen und sonstige Vermögensgegenstände
659 frei

Sonstige betriebliche Aufwendungen (66 – 70)

66 **Sonstige Personalaufwendungen**
660 Aufwendungen für Personaleinstellung
661 Aufwendungen für übernommene Fahrtkosten
662 Aufwendungen für Werkarzt und Arbeitssicherheit
663 personenbezogene Versicherungen
664 Aufwendungen für Fort- und Weiterbildung
665 Aufwendungen für Dienstjubiläen
666 Aufwendungen für Belegschaftsveranstaltungen
667 frei (evtl. Aufwendungen für Werksküche und Sozialeinrichtungen)
668 Ausgleichsabgabe nach dem Schwerbehindertengesetz
669 übrige sonstige Personalaufwendungen

67 **Aufwendungen für die Inanspruchnahme von Rechten und Diensten**
670 Mieten, Pachten, Erbbauzinsen
671 Leasing
672 Lizenzen und Konzessionen
673 Gebühren
674 Leiharbeitskräfte (soweit nicht unter 6132)
675 Bankspesen/Kosten des Geldverkehrs u. d. Kapitalbeschaffung
676 Provisionen (soweit nicht unter 611 oder 615)
677 Prüfung, Beratung, Rechtsschutz
678 Aufwendungen für Aufsichtsrat/Beirat oder dgl.
679 frei

68 **Aufwendungen für Kommunikation (Dokumentation, Informatik, Reisen, Werbung)**
680 Büromaterial und Drucksachen
681 Zeitungen und Fachliteratur
682 Post
683 sonstige Kommunikationsmittel
684 frei
685 Reisekosten
686 Gästebewirtung und Repräsentation
687 Werbung
688 frei
689 sonstige Aufwendungen für Kommunikation

69 **Aufwendungen für Beiträge und Sonstiges sowie Wertkorrekturen und periodenfremde Aufwendungen**
690 Versicherungsbeiträge, div.
691 Kfz-Versicherungsbeiträge
692 Beiträge zu Wirtschaftsverbänden und Berufsvertretungen
693 andere sonstige betriebliche Aufwendungen
6931 Verluste aus Schadensfällen
6932 Forderungsverzicht
6935 Eigenverbrauch
695 Verluste aus Wertminderungen von Gegenständen des Umlaufvermögens (außer Vorräten und Wertpapieren)
6951 Abschreibungen auf Forderungen wegen Uneinbringlichkeit
6952 Einzelwertberichtigungen
6953 Pauschalwertberichtigungen
6954 Kursverluste bei Forderungen in Fremdwährung und Valutabständen
* 6955 zusätzliche Abschreibungen auf Forderungen in Fremdwährung und Valutabestände bis Untergrenze erwarteter Wertschwankungen
696 Verluste aus dem Abgang von Vermögensgegenständen
697 Einstellungen in den Sonderposten mit Rücklageanteil
* 6971 steuerliche Sonderabschreibungen auf Anlagevermögen
* 6973 steuerliche Sonderabschreibungen auf Umlaufvermögen
6979 sonstige Einstellungen in den Sonderposten mit Rücklageanteil
698 Zuführungen zu Rückstellungen soweit nicht unter anderen Aufwendungen erfassbar
* 699 periodenfremde Aufwendungen (soweit nicht bei den betreffenden Aufwandsarten zu erfassen)

7 **Weitere Aufwendungen**
70 **Betriebliche Steuer**
700 Gewerbekapitalsteuer
701 Vermögensteuer
702 Grundsteuer
703 Kraftfahrzeugsteuer
704 frei
705 Wechselsteuer
706 Gesellschaftssteuer
707 Ausfuhrzölle
708 Verbrauchsteuem
709 sonstige betriebliche Steuern

71/73 **frei**

74 **Abschreibungen auf Finanzanlagen und auf Wertpapiere des Umlaufvermögens und Verluste aus entsprechenden Abgängen**
740 Abschreibungen auf Finanzanlagen
7401 frei
* 7402 Abschreibungen auf den beizulegenden Wert
* 7403 steuerliche Sonderabschreibungen
741 frei
742 Abschreibungen auf Wertpapiere des Umlaufvermögens
743/744 frei
745 Verluste aus dem Abgang von Finanzanlagen
746 Verluste aus dem Abgang von Wertpapieren des Umlaufvermögens
747/748 frei
* 749 Aufwendungen aus Verlustübernahme

75 **Zinsen und ähnliche Aufwendungen**
* 750 Zinsen und ähnliche Aufwendungen an verbundene Unternehmen
751 Bankzinsen
752 Kredit- und Überziehungsprovisionen
753 Diskontaufwand
754 Abschreibung auf Disagio
755 Bürgschaftsprovisionen
756 Zinsen für Verbindlichkeiten
757 Abzinsungsbeträge
758 frei
759 sonstige Zinsen und ähnliche Aufwendungen

76 **Außerordentliche Aufwendungen**

77 **Steuern vom Einkommen und Ertrag**
770 Gewerbeertragsteuer
771 Körperschaftsteuer
772 Kapitalertragsteuer
773 ausländ. Quellensteuer
774 frei
775 latente Steuern
776/778 frei
779 sonstige Steuern vom Einkommen und Ertrag

78 **Sonstige Steuern**

79 **Aufwendungen aus Gewinnabführungsvertrag**

Industrie-Kontenrahmen (IKR)
(Fortsetzung)

Kontenklasse 8 – ERGEBNISRECHNUNGEN

8 Ergebnisrechnungen

80 **Eröffnung/Abschluss**
- 800 Eröffnungsbilanzkonto
- 801 Schlussbilanzkonto
- 802 GuV-Konto
- 803 GuV-Konto Umsatzkostenverfahren

Konten der Kostenbereiche für die GuV im Umsatzkostenverfahren

81 **Herstellungskosten**
- 810 Fertigungsmaterial
- 811 Fertigungsfremdleistungen
- 812 Fertigungslöhne und -gehälter
- 813 Sondereinzelkosten der Fertigung
- 814 Primärgemeinkosten des Materialbereichs
- 815 Primärgemeinkosten des Fertigungsbereichs
- 816 Sekundärgemeinkosten des Materialbereichs
- 817 Sekundärgemeinkosten des Fertigungsbereichs (s. Hinweis unter Konto 816)

82 **Vertriebskosten**

82 **Allgemeine Verwaltungskosten**

84 **Sonstige betriebliche Aufwendungen**

Konten der kurzfristen Erfolgsrechnung (KER) für innerjährige Rechnungsperioden (Monat, Quartal oder Halbjahr)

85 **Korrekturkonten zu den Erträgen der Kontenklasse 5**
- 850 Umsatzerlöse
- 851 frei
- 852 Bestandsveränderungen
- 853 andere aktivierte Eigenleistungen
- 854 sonstige betriebliche Erträge
- 855 Erträge aus Beteiligungen
- 856 Erträge aus anderen Wertpapieren und Ausleihungen des Finanzvermögens
- 857 sonstige Zinsen und ähnliche Erträge
- 858 außerordentliche Erträge
- 859 frei

86 **Korrekturkonten zu den Aufwendungen der Kontenklasse 6**
- 860 Aufwendungen für Roh-, Hilfs- und Betriebsstoffe und für bezogene Waren
- 861 Aufwendungen für bezogene Leistungen
- 862 Löhne
- 863 Gehälter
- 864 Soziale Abgaben und Aufwendungen für Altersversorgung und für Unterstützung
- 865 Abschreibungen
- 866 sonstige Personalaufwendungen
- 867 Aufwendungen für die Inanspruchnahme von Rechten und Diensten
- 868 Aufwendungen für Kommunikation (Dokumentation, Informatik, Reisen, Werbung)
- 869 Aufwendungen für Beiträge und Sonstiges sowie Wertkorrekturen und periodenfremde Aufwendungen

87 **Korrekturkonten zu den Aufwendungen der Kontenklasse 7**
- 870 betriebliche Steuer
- 871/873 frei
- 874 Abschreibungen auf Finanzanlagen und auf Wertpapiere des Umlaufvermögens und Verluste aus entsprechenden Abgängen
- 875 Zinsen und ähnliche Aufwendungen
- 876 außerordentliche Aufwendungen
- 877 Steuern vom Einkommen und Ertrag
- 878 sonstige Steuern
- 879 frei

88 **Kurzfristige Erfolgsrechnung (KER)**
- 880 Gesamtkostenverfahren
- 881 Umsatzkostenverfahren

89 **Innerjährige Rechnungsabgrenzung** (alternativ zu 298 bzw. 498)
- 890 aktive Rechnungsabgrenzung
- 895 passive Rechnungsabgrenzung

Die Kontengruppen 85 – 87 erfassen die Gegenbuchungen zur KER auf Konto 880, gleichzeitig enthalten sie die Abgrenzugsbeträge dieser periodenbereinigten Aufwendungen und Erträge zu den Salden der Kontenklasse 5 – 7. Die Gegenbuchung der Abgrenzung z. B. 298 bzw. 498 oder 890 bzw. 895.

Kontenklasse 9 – KOSTEN- UND LEISTUNGSRECHNUNG

9 Kosten- und Leistungsrechnung (KLR)

90 **Unternehmensbezogene Abgrenzungen** (betriebsfremde Aufwendungen und Erträge)

91 **Kostenrechnerische Korrekturen**

92 **Kostenarten und Leistungsarten**

93 **Kostenstellen**

94 **Kostenträger**

95 **Fertige Erzeugnisse**

96 **Interne Lieferungen und Leistungen sowie deren Kosten**

97 **Umsatzkosten**

98 **Umsatzleistungen**

99 **Ergebnisausweise**

In der Praxis wird die KLR gewöhnlich tabellarisch durchgeführt. Es wird auf die dreibändigen BDI-Empfehlungen zur Kosten- und Leistungsrechnung hingewiesen.

Industrie-Kontenrahmen (IKR)
(Fortsetzung)

Erläuterungen zu einzelnen Positionen des IKR

* Abgesehen von geringfügigen Ausnahmen wurde die Gliederung des IKR so angelegt, dass die laut den gesetzlichen Bilanz- und GuV-Gliederungsschemata für große Kapitalgesellschaften ausweispflichtigen Posten jeweils eine Kontengruppe (zweistellige Nummer) belegen. Außerdem wurde bestimmten weiteren gesondert auszuweisenden Posten jeweils eine Kontengruppe eingeräumt. Die dann noch verbleibenden gesondert ausweispflichtigen Posten, die auf Einzelkonten (dreistellige Nummer) oder Unterkonten (vierstellige Nummer) erfasst werden, wurden durch Kennzeichnung mit einem Stern (*) hervorgehoben. Zum Teil können einzelne Posten davon zusammengefasst ausgewiesen werden. Die Pflicht zum gesonderten Ausweis kann sich auch auf den Anhang beziehen.

1) Hinweise auf Gesetzesparagraphen beziehen sich auf das HGB, sofern nichts anderes vermerkt ist.

2) Bestimmte Begriffe der gesetzlichen Gliederungsschemata können nicht in die Nomenklatur des Kontenrahmens selbst übernommen werden, weil sie sich nicht mit einem Konto oder einer Kontengruppe decken. Sie wurden deshalb in Fettdruck als Zwischenüberschriften an die entsprechenden Stellen des Kontenrahmens eingefügt. Eine Ausnahme bilden demgegenüber die Kursiv-Zeilen der Klasse 8, die als Überschriften zur Abgrenzung von getrennten Funktionsbereichen eingefügt wurden, sowie die Zwischenzeilen „Erlösberichtigungen“ und „Aufwandsberichtigungen“.

3) Für Anschaffungsnebenkosten und Anschaffungskostenminderungen können Unterkonten gebildet werden (s. Kontengruppe 20 und Konto 228).

4) Forderungen und Verbindlichkeiten aus Lieferungen und Leistungen werden im Allgemeinen nach Inland und Ausland sowie ggf. nach weiteren Kundengruppierungen gegliedert. Für Forderungen und Verbindlichkeiten in Fremdwährung werden getrennte Konten geführt (s. Kontengruppen 24 und 44).

Für Verbindlichkeiten, die durch Pfandrechte oder ähnliche Rechte gesichert sind, empfiehlt es sich, in allen Kontengruppen jeweils getrennte Konten zu führen – vgl. §285 Nr. 1b und Nr. 2 i. V. m. §288 (s. Kontengruppen 44 - 48).

Eine Gliederung der Konten für Forderungen und Verbindlichkeiten nach den gesetzlich unterschiedenen Restlaufzeiten (s. §268 Abs. 4 u. 5 und §285 Nr. 1a u. 2 i. V. m. §288) wird nicht als generell zu empfehlen angesehen, da dies im Zeitablauf jeweils entsprechende Umbuchungen bedingen würde. Bei den Verbindlichkeiten ergäbe sich außerdem eine zuzsätzliche Komplikation durch die weitere gesetzliche Unterscheidung zwischen gesicherten und ungesicherten Verbindlichkeiten (s. §285 Nr. 1 u. Nr. 2). Es soll daher der Buchführungsorganisation im Einzelfall überlassen bleiben, ob sie das Kriterium der Restlaufzeiten im Kontenplan berücksichtigt.

5) Einzelwertberichtigungen können auch direkt auf den Einzelkonten bzw. auf Unterkonten zugeordnet werden (s. Konten 249, 254 und 259).

6) Bei Kontengruppe 33 ergibt sich eine Besonderheit. Sie steht anstelle der Position A IV der Passivseite „Gewinnvortrag/Verlustvortrag“ des Bilanzgliederungsschemas. Eine gleichlautende Bezeichnung für die Kontengruppe erweist sich jedoch als nicht sinnvoll, weil in der Bilanz dieser Posten vom Gesetzgeber nur unter der Voraussetzung einer Bilanzaufstellung „vor Ergebnisverwendung“ oder „nach vollständiger Ergebnisverwendung“ vorgesehen ist. Bei Bilanzaufstellung „nach teilweiser Ergenisverwendung“ steht an dieser Stelle der Bilanz der Posten „Bilanzgewinn/Bilanzverlust“. In allen drei Fällen ist es aber dieselbe Kontengruppe, die je nach den Voraussetzungen den einen oder den anderen Posten als Saldo ausweist. Es muss daher für die Kontengruppe eine Bezeichnung gewählt werden, die alle Alternativen abdeckt. Da sich in jedem Falle in dieser Kontengruppe die Buchungsschritte der „Ergebnisverwendung“ abspielen, dürfte der Begriff „Ergebnisverwendung“ die richtige Bezeichnung für diese Kontengruppe sein.

7) Die bei Einzelunternehmen und Personengesellschaften anfallenden Einkommensteuern für die Unternehmer/Mitunternehmer werden nicht in der Kontengruppe 77 erfasst, sondern unmittelbar den jeweiligen Privatkonten belastet. Es besteht andererseits ein Interesse auch für den Bilanzleser, dass publizitätspflichtige Einzelunternehmen und Personengesellschaften ein mit Kapitalgesellschaften vergleichbares Ergebnis ausweisen können. Eine dem §257 Abs. 1 HGB-Regierungsentwurf v. 26.8.83 entsprechende Regelung im Publizitätsgesetz wäre daher wünschenswert (s. Konten 388 u. 778).

8) Die mit den Konten 540 u. 541 angesprochenen Erträge können je nach den Verhältnissen des einzelnen Unternehmens auch zu den Umsatzerlösen gehören und sind dann in der Kontengruppe 50/51 zu erfassen (s. §277 Abs. 1).

A

Abgrenzung
-, sachliche 375
-, zeitliche 375
Abrechnungssystem 29
Absatzleistung
-, auftragsbestimmte 225 f.
-, lagerbestimmte 225 f.
Abschlussbuchung 81
Abschlussgliederungsprinzip 51 f.
Abschreibung 68, 70 f., 201 ff., 375
-, arithmetisch-degressive 69, 202, 205
-, außerplanmäßige 109 f.
-, Buchungssatz 70
-, degressive 110
-, digitale 205
-, geometrisch-degressive 69 f., 202 ff.
-, gleichmäßige 202
-, kalkulatorische 201, 375
-, leistungsbezogene 69, 202, 206
-, lineare 69, 71, 110, 202, 204, 207
-, nach Beschäftigung 69
-, nach Zeit 69
-, planmäßige 109 f.
-, progressive 69, 110, 202, 205 f.
-, ungleichmäßige 202 f.
Abschreibungsverfahren 69
Abzugskapital 31
Agio 123
Akkordlohn 200
Aktiengesellschaft 89
Aktiva 40 f.
Aktivierungsfähigkeit 96
Aktivierungsgebote 96
Aktivierungsverbot 96 f., 375
Aktivierungswahlrecht 96 f., 105 f., 375
Aktivtausch 57
Anbauverfahren 218
Anderskosten 31, 34, 193, 200 f., 375
Andersleistung 31, 34, 375
Anhang 139, 141, 143, 375
-, Pflichtangaben 140
Anlagengitter 375
Anlagespiegel 141, 375
Anlagevermögen 41, 45, 104 f., 375
-, abnutzbares 110
-, Bestandteile 105
-, nicht abnutzbares 110
Anleihe 121, 375
Ansatz 95
Ansatzpflicht 131
Ansatzwahlrecht 96, 131
Ansatzwahlverbot 96
Anschaffungsgemeinkosten 98
Anschaffungskosten 72, 98 f., 376
-, Bestandteile 98
Anschaffungskostenprinzip 93
Anschaffungspreis 198
Äquivalenzziffernkalkulation 240, 376
Asset Deal 107, 376
Aufwand 31 ff., 46, 376
-, neutraler 33 f., 376
Aufwandsbuchung 61
Aufwandskonsolidierung 160
Aufwandskonto 83, 376
Aufwandsrückstellung 125
Aufwendung 30, 47 f., 60
-, außerordentliche 33, 49
-, betriebsfremde 33
-, Buchungssatz 60
-, neutrale 33
-, periodenfremde 33
Ausgabe 30, 32, 376
Ausschüttungssperre 134
Außenfinanzierung 114, 117
Außenverpflichtung 125 f.
Ausweis 95, 97
Auszahlung 30 ff.

B

Beschäftigungsabweichung 292 ff., 376
Bestandserhöhung 73
Bestandsgröße 30, 32
Bestandskonto 82, 84
-, aktives 57, 62
-, passives 56 f., 63, 376
Bestandsminderung
-, Buchung 74
Bestandsveränderung 73
Betriebsabrechnungsbogen (BAB) 216, 231 f., 376
-, auf Teilkostenbasis 259
Betriebsbuchhaltung 22 f., 29, 185
Betriebsergebnis 136
Betriebsergebnisrechnung 227
-, GKV 227
-, UVK 228
Betriebsmittelkosten 200

Bewertung 95, 97
Bewertungsmaßstäbe 98
Bilanz 23, 40, 376
-, Pflichtangaben 140
Bilanzgewinn 119
Bilanzidentität 94
Bilanzierung 20, 86
-, Adressaten 49
Bilanzierungsfähigkeit 95 f.
-, Aktivierungsfähigkeit 377
-, Passivierungsfähigkeit 377
Bilanzklarheit 92 f.
Bilanzkontinuität 92, 94
Bilanzpolitische Maßnahme 377
Bilanzschema
-, nach § 266 HGB 43
Bilanzverkürzung 57 f., 377
Bilanzverlängerung 57 f., 377
Bilanzverlust 119
Bilanzwahrheit 92
Blockverfahren 218
Bonus 75 f.
Bonusgutschrift 76
Break-even-Analyse 267
Break-even-Point 267 ff., 377
Bruttoarbeitsentgelt 64
Bruttogehalt 64, 66
Bruttolohn 64
Bruttovermögen 40, 377
Buchbestände
-, Kontrolle 39
-, Korrektur 39
Buchführung 19 f., 26, 35 f.
Buchführungspflicht 36, 377
-, abgeleitete 36
-, nach Handelsrecht 37
-, nach Steuerrecht 37
-, orginäre 36
Buchhaltung 28
Buchhaltungspflicht
-, handelsrechtliche 91
Buchtechnische Methode 255
Buchung 377
-, erfolgsneutrale 57, 377
-, erfolgswirksame 58 f., 377
-, gewinnwirksame 58
Buchungssatz 377
Buchungssystem 29
Buchungstechnik 54, 56
Bundesbankguthaben 45

C

Case Law 182
Cashflow 169, 171
-, aus Finanzierungstätigkeit 169, 171, 176, 377
-, aus Investitionstätigkeit 169 f., 175, 377
-, aus laufender Geschäftstätigkeit 169 f., 173, 377
-, direkte Ermittlung 170
Code Law 182
Control-Konzept 152 f., 378
Controlling 21, 26

D

Debitorenbuchhaltung 23
Deckungsbeitrag 378
-, relativer 272, 378
Deckungsbeitragsrate 269 f.
Deckungsbeitragsrechnung
-, einstufige 263
-, mehrstufige 264 ff.
Dienstleistungskosten 200
Disagio 123 f.
Disposition 22
Divisionskalkulation 378
-, einstufige 238
-, mehrstufige 238 f.
Dokumentationsfunktion 150
Drohverlustrückstellung 126 f.
Durchschnittsmethode 208 ff.
Durchschnittsprinzip 226

E

EBIT 378
EBITDA 378
Eigenfertigung 277 ff.
Eigenkapital 40 f., 45, 59, 114 ff., 378
-, Komponenten 114
Eigenkapitalspiegel 378
Eigenkapitalveränderungsrechnung 167, 378
Einfluss
-, beherrschender 378
Einheitsfiktion 149
Einheitstheorie 149 f., 379
Einlage 79
Einnahme 30, 379

Einnahme-Überschuss-Rechnung 36
Einzahlung 30 ff.
Einzelabschluss 86, 90 f., 155
-, nach HGB 90
Einzelbewertung 93
Einzelkaufleute 36
Einzelkosten 191 f., 243, 379
Endkostenstelle 217
Engpassoptimierung 379
Entnahme 79, 81
Equity-Bewertung 154 f.
Equity-Methode 165 f., 379
Erfolgskonto 82
Erfüllungsbetrag 103, 123
Ergebnisrechnung 263
Erlösabweichung 285 ff., 379
Eröffnungsbilanzkonto 81
Eröffnungsbuchung 81
Ertrag 30 ff., 46 ff., 59, 379
-, außerordentlicher 49
-, Buchung 59
-, neutraler 33 f., 379
-, ordentlicher 33
Ertragsbuchung 59
Ertragskonsolidierung 158, 160
Ertragskonto 83, 379
Ertragssteuer 131
Eventualverbindlichkeiten 134

F

Fertigungseinzelkosten 379
Fertigungsgemeinkosten 379
Fertigungsgemeinkostenzuschlag 224
Fertigungslohn 200
Festwertverfahren 102
FIFO 198
Finance Cashflow 171
Finanzanlage 45, 105, 108, 379
Finanzbuchhaltung 22 ff., 379
Finanzergebnis 136
Finanz- und Investitionswesen 29
Fixkosten 254
Flexible Plankostenrechnung auf Teilkostenbasis 290, 294
Flexible Plankostenrechnung auf Vollkostenbasis 290, 292, 294, 379
Folgebewertung 97, 108
Forderungen 45, 111
Fremdbezug 277 ff., 281

G

Gehalt 64, 199 f.
Geldvermögen 30
Gemeinkosten 191 f., 243, 380
-, Fertigungsbereich 215
-, Forschungs- und Entwicklungsbereich 215
-, Materialbereich 215
-, unechte 243, 380
Gemeinschaftskontenrahmen der Industrie (GKR) 51, 195 f.
Gemeinschaftsunternehmen 154
Geringwertige Wirtschaftsgüter 109
Gesamtabweichung 289 ff.
Gesamtkostenverfahren 46 ff., 73 f., 135, 160, 227, 229, 380
Geschäftsbetrieb
-, in kaufmännischer Weise eingerichteter 36
Geschäftsbuchhaltung 23, 29
Geschäfts- oder Firmenwert 106 ff., 380
-, derivativer 380
-, originärer 380
Geschäftsvorfall
-, erfolgsneutraler 72
-, vorsteuerrelevanter 62
Gewerbebetrieb 35 f.
Gewinnrücklage 46, 118, 380
Gewinnschwelle 267
-, wertmäßige 269
Gewinn- und Verlustkonto 83
Gewinn- und Verlustrechnung (GuV) 23, 40, 46, 48, 84, 135
-, Bruttoprinzip 135
-, Pflichtangaben 142
-, Staffelform 135
Gewinn- und Verlustrechnungskonto 83
Gewinnvortrag 46, 119, 380
Gleichungssystem
-, lineares 222
GoB zu Aktivierung und Passivierung 92, 94
GoB zu Inventur und Inventar 92, 94
GoB zur Bewertung 92, 94
GoB zur formellen Ordnungsmäßigkeit 92, 94
Going concern principle 95
Goodwill 380
Grenzplankostenrechnung 294 f.
Grundkapital 380

Grundkosten 31, 33 f.
Grundleistung 31, 33 f.
Grundsätze ordnungsmäßiger Buchführung (GoB) 381
-, allgemeine 92
-, Pflichtbestandteile 100
-, spezielle 92
-, unzulässige Bestandteile 100
-, Wahlbestandteile 100
Gruppenbewertung 102 f.
Guthaben
-, bei Kreditinstituten 45

H

Haben 381
Habenseite 50
Handelsbilanz 132, 158 f.
Handelsgesetzbuch 20, 87
Handelsgewerbe 35
Handelsrecht 35 f.
Herstellkosten 214, 381
-, des Umsatzes 230
Herstellungskosten 98 f., 214, 381
-, handelsrechtliche 100
Herstellungskostenbestandteile 102
Hilfslohn 200
Höchstwertprinzip 94 f.

I

IAS 381
IFRS-Abschluss
-, Bestandteile 182 f.
IFRS-System 178
Imparitätsprinzip 93, 124
Industriekontenrahmen (IKR) 52 f., 196
Informationsfunktion 150
Innenfinanzierung 114
Innenverpflichtung 125
International Financial Reporting Standards (IFRS) 20, 155 f.
Inventar 23, 38 ff., 381
Inventur 23, 38, 199, 381
-, nachverlagerte 38
-, permanente 38
-, vorgelagerte 38
Inventurmethode 198
Investive Cashflow 170
Istkosten 189 f., 381

J

Jahresabschlusses (JA) 88 f.
-, Anhang 139
-, Kapitalgesellschaft 91, 155
-, Merkmale 182
Jahresfehlbetrag 46, 119, 381
Jahresüberschuss 46, 119, 381

K

Kalkulation 191 f.
-, Mehrproduktfertigung 239
Kalkulationsverfahren 237 f.
Kapazitätsengpass 279 f.
Kapital
-, betriebsnotwendiges 208 f., 381
-, genehmigtes 117
-, gezeichnetes 45, 381
-, notwendiges 31
Kapitalerhaltung
-, nominelle 26
-, substanzielle 26
Kapitalerhöhung 117, 381
-, aus Gesellschaftsmitteln 117
-, bedingte 117
-, ohne Geldmittelzufluss 117
-, ordentliche 117
Kapitalflussrechnung 168, 381
Kapitalgesellschaft
-, Größenklassen 87
Kapitalkosten 381
Kapitalmarktorientierung 382
Kapitalrücklage 46, 116 f., 382
Kassenbestand 45
Kaufmann 37
Kaufmannseigenschaft 35
Kleinstkapitalgesellschaft 89, 136
Konsolidierung 149, 382
Konsolidierungsarten 154
Konsolidierungsgrundsätze 157
Kontengruppe 51, 53
Kontenklasse 51 f.
Kontenplan 50, 382
Kontenrahmen 50 f., 382
Konto 50, 382
-, Grundaufbau 50
Kontrolle 22
Konzern 145 f., 382
-, kapitalmarktorientierter 155

Konzernabschluss 90 f., 145, 151, 155 ff., 382
-, Aufgaben 150
-, Bestandteile 156
-, Pflicht zur Aufstellung 151 f.
Konzernanhang 177
Konzernbilanz 159
Konzerneigenkapitalspiegel 167
Konzern-Gewinn- und Verlustrechnung 159, 165
Konzernherstellungskosten 165
Konzernlagebericht 177
-, Bestandteile 174
Konzernrechnungslegung 145
Kosten 31 ff., 185, 382
-, fixe 190, 382
-, kalkulatorische 33, 200, 382
-, primäre 197, 382
-, sekundäre 197, 382
-, variable 190, 382
Kostenarten 195, 260
-, kalkulatorische 201
-, primäre 196
-, sekundäre 196
Kostenartenrechnung 23, 185, 191 ff., 383
Kostenartenzeitrechnung 231
Kostenauflösung 383
-, buchtechnische 256
-, Verfahren 255
Kostenrechnung 20 f., 23 f., 185
-, Aufgaben 186
-, Teilgebiete 191
Kostenstelle 214 ff., 383
-, Bildung 214
-, Gliederung 214
Kostenstellenplan 214 f.
Kostenstellenrechnung 23, 185, 191 f., 213 f., 260, 383
-, Durchführung 216
-, Zwecke 214
Kostenstellenzeitrechnung 231
Kostenträger 225, 260, 383
Kostenträgerrechnung 23, 191 f., 226
-, Aufgaben 226
Kostenträgerstückrechnung 185 f., 192, 226, 237, 383
Kostenträgerzeitrechnung 186, 192, 225 ff., 229, 231, 383
Kosten- und Leistungsrechnung 24, 185, 188, 191, 193, 383
-, Eigenschaften 186
-, externe Aufgaben 187
-, interne Aufgaben 187
-, System 190
Kreditorenbuchhaltung 23
Kulanzrückstellung 127
Kundenbonus 77
Kundenrabatte 75
Kundenskonto 77, 79
Kuppelproduktkalkulation 251, 383

L

Lagebericht 143, 383
-, Bestandteile 174
Leerkosten 383
Leistung 31 ff., 185
-, innerbetriebliche 225
-, kalkulatorische 33 f., 383
Leistungsrechnung 191
Leistungsverrechnung
-, innerbetriebliche 217, 234, 383
Lieferantenbonus 75
Lieferantenrabatte 75
Lieferantenskonto 77 f.
LIFO 198
Liquide Mittel 383
Liquidität 384
Liquiditätssaldo 384
Lohn 64, 199 f.
Lohn- und Gehaltsaufwand 64
Lucky Buy 164 f., 384

M

Make-or-Buy-Entscheidung 277 f., 384
Management Approach 183
Marktpreis 198
Maschinenstundensatz 384
Maschinenstundensatzermittlung 245
Maschinenstundensatzrechnung 244, 384
Maßgeblichkeitsprinzip 95
Mäßigkeit der Buchführung 92
Materialeinzelkosten 384
Materialgemeinkosten 384
Materialgemeinkostenzuschlag 224
Materialkosten 197
Materialverbrauch
-, Ermittlung 39
Mehrproduktfertigung 239
-, unverbundene 239 f.
-, verbundene 239 f.

Mehrwertsteuer 61
Mehrwertsteuerverrechnung 63
Mengenabweichung 286, 289, 384
Methode
-, buchtechnische 384
Miete
-, kalkulatorische 201, 384
Minimax-Methode 257, 384
Minimax-Verfahren 256
MwSt-Verrechnung 63 f.

N

Nachkalkulation 237
Nebenbuchhaltung 24
Nettoarbeitsentgelt 64
Nettogehalt 64, 66
Nettolohn 64
Nettomethode 75
Nettovermögen 40
Nichtkaufmann 37
Niederstwertprinzip 94 f., 112
-, strenges 111
Normalkosten 189, 384
Normalkostenrechnung 190
Nutzkosten 384
Nutzungsdauer 108 f.

O

Offenlegungspflicht 87, 384
Operating Segments 183
Operative Cashflow 169 f.
Optionsanleihe 121

P

Passiva 40 f.
Passivierungsfähigkeit 96, 120
Passivierungsgebot 129
Passivierungspflicht 125
Passivierungsverbot 129
Passivierungswahlrecht 97
Passivtausch 57
Periodenabgrenzung 95
Personalaufwand
-, Buchung 67
Personalkosten 199 f.
Plankosten 189 f., 384
Planungsrechnung 23 ff.
Prämienlohn 200
Preisabweichung 286 ff., 384
Preisnachlass
-, Verbuchung 74
Preisuntergrenze 274 f., 385
Privateinlagen 79
-, Buchungssatz 80
Privatentnahme
-, Buchung 80
Produktkalkulation 186
Programmplanung
-, engpassbezogene 272
Prozessgliederungsprinzip 51
Prozesskostenrechnung 246

Q

Quotenkonsolidierung 154

R

Rabatt 74 f.
Rating 385
Realisationsprinzip 93
Rechengröße 32
Rechnungsabgrenzung 385
-, aktive 385
-, passive 385
Rechnungsabgrenzungsposten 41, 45, 129
-, aktiver 123 f., 129
-, passiver 129
Rechnungskreis 196
Rechnungslegung 21 f., 87
-, Merkmale 182
-, nach IFRS 179
Rechnungswesen
-, Aufgaben 21 f.
-, Bereiche 22
-, betriebliches 22
-, betriebswirtschaftliches 25
-, externes 21, 24 f., 27, 385
-, Grundbegriffe 30
-, Grundlagen 19
-, Instrumente 25
-, internes 21, 24 f., 27, 186, 385
-, System 27 f.
-, Teilgebiete 22, 32
Regression
-, lineare 257, 385
Reinvermögen 30, 40, 385
Reporting 188
Reporting Standards 155

Restwertmethode 208 f., 251
Retrograde Methode 198 f.
Revision
-, interne 26
Rückstellung 46, 103, 124 ff., 385
-, Auflösung 128
-, Außenverpflichtungen 125
-, für Abraumbeseitigung 126
-, für ungewisse Verbindlichkeiten 126
-, für unterlassene Instandhaltung 125
-, Innenverpflichtung 125
Rückstellungsausweis 128

S

Sachanlage 45, 105, 108
Sammelposten 109
Scheck 45
Schlussbilanz 84
Schlussbilanzkonto 84
Schulden 41
Schuldenkonsolidierung 159, 162
Schuldscheindarlehen 122
Schwebendes Geschäft 122
Segment
-, berichtspflichtiges 184
Segmentberichterstattung 183, 385
Selbstkosten 214, 385
Share Deal 107, 385
Skonto 74, 77 f.
Skontrationsmethode 198 f.
Soll 385
Sollseite 50
Sondereinzelkosten 243
Sondereinzelkosten des Vertriebs und der Fertigung 385
Sozialaufwand 64
Sozialkosten 200
-, gesetzliche 200
Sozialversicherung
-, Arbeitnehmeranteile 64
Sozialversicherungsbeiträge 66
Starre Plankostenrechnung 290, 386
Statistik 24
Stetigkeit
-, formelle 94
-, materielle 94
Steuer
-, aktive latente 131
-, latente 131 f., 386
-, passive latente 131 f.
Steuerbilanz 89, 132
Steuerrecht 35 f.
Stichtagsinventur 38
-, ausgeweitete 38
Stichtagswert
-, niedriger beizulegender 386
Stille Last 164
Stille Reserve 120, 158 f., 163
Stromgröße 32
-, negative 30
-, positive 30
Stufenleiterverfahren 219, 221, 234
Summen-Gewinn- und Verlustrechnung 158
Sunk Costs 267

T

Tagespreis 198
Teilkostenrechnung 190, 253 ff., 259 f., 263, 286, 386
Thesaurierung 164 f.
Tochterunternehmen 152 ff., 157
Tragfähigkeitsprinzip 227
Transitorische Posten 386
Treasury 26
Treppenleiterverfahren 219

U

Umlaufvermögen 41, 45, 111, 386
-, Bewertung 111
-, Positionen 111
Umsätze
-, Kategorien 61
-, steuerbare 62
-, steuerbefreite 62
Umsatzerlös 135
Umsatzkostenverfahren 47, 49, 73 f., 136, 161, 227 ff., 386
Umsatzsteuer 61
Umsatzsteuerbuchungen 61
Umsatzsteuergesetz (UStG) 61
Umsatzsteuerschuld-Konto 62
Unterkonto 51
Unternehmen 154
-, assoziierte 154, 165 f., 386
-, gewerbliche 37
Unternehmensverbindung 154
Unternehmerlohn
-, kalkulatorischer 201, 386

Unterschiedsbetrag
-, aktiver 164
-, aus der Kapitalkonsolidierung 164, 386
-, passiver 164 f.
USt-Schuld 62 f.

V

Verbindlichkeit 41, 103, 120 ff., 386
-, aus Lieferungen und Leistungen 122
-, gegenüber Kreditinstituten 122
-, in fremder Währung 123
Verbindlichkeitenspiegel 142, 387
Verbindlichkeitsrückstellung 125
Verbrauchsabweichung 292 ff., 387
Verbrauchsfolgeverfahren 102
-, nach FIFO 103
-, nach LIFO 103
Verlustvortrag 46, 119, 387
Vermögensgegenstand
-, Ansatz 95
-, Ausweis 95
-, Bewertung 95, 98
-, immaterieller 45, 105, 387
Vermögenskonsolidierung 159, 162
Verteilungsmethode 251 f.
Vertriebsgemeinkosten 387
Vertriebsgemeinkostenzuschlag 224
Vertriebsgemeinkostenzuschlagssatz 225
Verursachungsprinzip 226, 387
Verwaltungsgemeinkosten 387
Verwaltungsgemeinkosten-zuschlag 224
Verwaltungsgemeinkosten-zuschlagssatz 225
Vollkonsolidierung 154 f., 157 f., 387
-, Voraussetzungen 157
Vollkosten-BAB 261
Vollkostenrechnung 185, 190 f., 254 f., 387
-, Mängel 253
Vorkalkulation 237
Vorkostenstelle 216 f.
Vorräte 45, 111, 387
Vorsichtigkeitsprinzip 93
Vorsteuer 61 f.
Vorsteuer-Konto 62 f.

W

Wagnis 212
-, kalkulatorisches 201, 212 f., 387
Währungsumrechnung 165
Wandelanleihe 121
Waren 71
Wareneinkauf 71
-, Verbuchung 72
Wareneinsatz 71 f.
Warenverkauf 71
Warenverkehr
-, Buchung 71
Wert
-, niedriger beizulegender 387
Wertansatz 198
Wertaufholung 110
Wertaufholungsgebot 110
Wertbegründung 93
Werterhellung 93
Wertminderung
-, dauernde 109
-, vorübergehende 109 f.
Wertobergrenze 387
Wertpapiere 45, 111
Wertschöpfungsstufe 196
Wertuntergrenze 387
Wiederbeschaffungskosten 201
Wirtschaftlichkeitskontrolle 214

Z

Zahlungsmittelbestand 30
Zeitlohn 200
Zins
-, kalkulatorischer 201, 207 f., 211, 387
Zinssatz 207
-, kalkulatorischer 207 f.
Zugangsbewertung 97
Zusatzkosten 31, 34, 193, 200 f., 387
Zusatzleistung 31, 34, 387
Zuschlagskalkulation 241
-, differenzierende 241 f., 244, 388
-, summarische 241, 388
Zuschreibung 110
Zuschreibungspflicht 113
Zweckaufwand 31, 33 f., 388
Zweckertrag 31, 33 f., 388
Zweikreissystem 196
Zwischenergebniseliminierung 388
Zwischenergebniskonsolidierung 160
Zwischenkalkulation 237